U0386870

西藏驱龙斑岩–夕卡岩铜钼矿床

秦克章　　夏代祥　李光明　肖　波　　　著
　　　　　多　吉　蒋光武　赵俊兴

科学出版社
北　京

内 容 简 介

西藏驱龙铜钼矿床是我国规模最大的铜矿床，基于矿区勘探丰富的第一手资料，本书对其进行了深入解剖研究。本书有四大特色：多达5期的岩浆侵位序列、含矿斑岩的岩浆来源及演化研究；利用岩浆和热液硬石膏以及磷灰石来确定高氧化岩浆–流体性质及矿质富集机理；精细刻画岩浆–流体–蚀变–矿化过程；厘定斑岩–夕卡岩成矿系统完整的演化序列、晚碰撞背景下斑岩铜矿成矿模型及关键控矿因素。对同类矿床的勘查与研究具有借鉴意义。

本书对从事青藏高原地质矿产、斑岩–夕卡岩铜钼矿床的研究人员、找矿勘探人员及高等院校师生具有重要参考价值。

图书在版编目（CIP）数据

西藏驱龙斑岩–夕卡岩铜钼矿床／秦克章等著．—北京：科学出版社，2014.6

　ISBN 978-7-03-040693-4

　Ⅰ．①西…　Ⅱ．①秦…　Ⅲ．①斑岩矿床–夕卡岩矿床–钼铜矿–地质勘探–西藏　Ⅳ．①P618.650.8

中国版本图书馆 CIP 数据核字（2014）第 105367 号

责任编辑：王　运　韩　鹏／责任校对：胡小洁
责任印制：钱玉芬／封面设计：耕者设计工作室

科学出版社 出版
北京东黄城根北街 16 号
邮政编码：100717
http://www.sciencep.com
中国科学院印刷厂 印刷
科学出版社发行　各地新华书店经销
*

2014 年 6 月第 一 版　开本：787×1092　1/16
2014 年 6 月第一次印刷　印张：20 1/2
字数：480 000

定价：148.00 元
（如有印装质量问题，我社负责调换）

序

我并不从事内生金属矿床学研究，但由于以往工作岗位性质的关系，早在 20 世纪 70~80 年代，就常常听到国内外地质界讨论斑岩铜矿问题，知道斑岩铜矿是最重要的矿床类型、规模大、宜大规模露天开采，而我国恰恰缺少巨型的铜矿。那时就在讨论：我国究竟有没有世界级斑岩铜矿的产出条件？能不能找到巨型斑岩铜矿？可以说那么多年，我国为何没能发现世界级斑岩铜矿床一直困扰着中国地质学家。到 20 世纪 90 年代获悉，西藏玉龙铜矿在规模上超过江西德兴铜矿，但仍达不到世界级。20 世纪 80 年代末西藏地质队伍发现驱龙铜矿，2001 年以来历经预查、地质大调查的普查及西藏巨龙铜业公司详查、勘探与外围夕卡岩矿区勘探，迄今已探明铜储量达 1100 万 t，一举跃居我国第一大铜矿，从而实现了我国世界级规模铜矿零的突破，这是极其令人鼓舞的地质勘查和地质科研成果。

在藏南冈底斯带上，形成了众多的碰撞造山背景下的新生代斑岩型铜矿床，其形成环境迥然不同于经典的俯冲岛弧环境，驱龙铜矿就是其中的典型代表。解剖驱龙这一我国迄今规模最大、形成时代最新、记录保存最完整、晚碰撞构造环境比较明确的典型矿床，将有助于深入理解碰撞造山背景下的岩浆-成矿过程，有望突破"碰撞环境斑岩大规模成矿机制"这一核心科学问题，从而发展碰撞造山带环境斑岩成矿理论。

据我的了解，在巨龙铜业公司、西藏地质矿产勘查开发局、科技部 973 课题、国家自然科学基金、国家科技支撑计划项目与国土资源部危机矿山办公室典型矿床综合研究等多个项目持续支持下，自 2006 年详查伊始，中国科学院地质与地球物理研究所与巨龙铜业公司、西藏地质矿产勘查开发局的同事们通力合作，对驱龙铜矿展开了为期 7 年的系统研究，在海拔 5000 多米的东冈底斯崇山峻岭中攀越填图，沿 4 条剖面对 6 万余米的岩芯进行仔细描述与编录，对上千件光薄片、包裹体片进行观察鉴定，在实验室度过多少不眠之夜，呈现在我们面前的《西藏驱龙斑岩-夕卡岩铜钼矿床》一书就是这一集大成的研究成果。我有机会读了书稿清样，深切感到作者们大量精细的写实描述引人入胜，而学术思想的活跃与分析论断的严谨，以及对深部成矿潜力的乐观展望，堪称研究精品。

野外和实验室的研究实践是包括矿床学科在内的地质科学研究的关键。从该书的叙述可以看到，研究伊始作者们就与现场调查结下了不解之缘，对矿区各种地质现象扎实、详尽的野外观察与精细刻画为加速这一世界级铜矿的早日探明奠定了基础。继而开展了大量细致、配套的现代分析测试工作，进行综合解释，清晰地阐明驱龙矿床完整的岩浆-热液-蚀变-矿化过程并建立其成岩-成矿模式。

我认为该书的理论总结可圈可点，该书提出了一系列创新认识，例如，对 5 期岩浆侵位序列、含矿斑岩的岩浆来源及演化的研究；利用岩浆和热液硬石膏以及磷灰石来确定高氧化岩浆流体性质及矿质富集机理；岩浆-流体-蚀变-矿化过程的精细刻画；斑岩-夕卡岩成矿系统完整演化序列的厘定、晚碰撞背景下斑岩铜矿成矿模型的建立；关键控矿因素的鉴别与配置等。从而丰富和发展了碰撞造山环境下斑岩铜矿的成矿理论，同时也有助于深化认识青藏高原南部的地质演化历史，推动特提斯成矿域资源勘查的长远发展。

　　该专著资料丰富，图文并茂，推论有据，脉络清晰，可读性强。我相信，该专著将成为我国继 20 世纪 80~90 年代德兴、玉龙、多宝山等一批典型斑岩铜矿床专题总结之后的又一部经典力作。是为序。

孙 枢

甲午年正月于北京

前　言

伴随印度与欧亚大陆发生陆–陆碰撞，大规模的地壳缩短、加厚作用，形成了著名的青藏高原。在藏南冈底斯岩浆岩带上，由于渐新世—中新世的埃达克质岩浆活动，形成了众多的碰撞造山背景下的新生代斑岩–夕卡岩型矿床。

近十年来，随着西藏地质调查工作的开展与商业地质工作的推动，冈底斯构造–岩浆带内新发现了一大批斑岩型铜钼、夕卡岩型铁铜、金、铅锌矿床。其中，驱龙–甲玛地区在几十千米的范围内集中了2个超大型铜钼多金属矿床和知不拉、拉抗俄和帮浦等一系列大中型斑岩型铜钼矿床和夕卡岩型铜多金属矿床，构成冈底斯东段最重要的矿化集中区。西藏新近探明的驱龙斑岩型铜钼矿床，外围同期的夕卡岩型矿床与之共同构成了一个复杂的斑岩–夕卡岩成矿系统（Cu≥1100 万 t，平均品位 0.5wt%；Mo≥50 万 t，平均品位 0.03wt%），超过藏东玉龙铜矿（650 万 t）和江西铜厂铜矿（500 万 t），亦已跃居为我国第一大铜矿，也是我国第一个具世界级规模（>1000 万 t）的铜矿。

国内外的大量研究揭示，以铜为主的斑岩型铜矿床通常与大洋板块俯冲作用有关，形成于岛弧、陆缘岩浆弧体系。基于对环太平洋俯冲构造带上的斑岩型矿床的广泛研究，建立了经典的与俯冲作用有关的斑岩成矿理论。然而近些年来中国科学家的研究证明，与大洋俯冲作用无关的陆–陆碰撞造山背景也是斑岩型矿床产出的重要环境，西藏冈底斯中新世驱龙斑岩铜矿带就是典型代表。冈底斯斑岩铜矿带的发现和研究极大地丰富和拓展了人们对斑岩铜矿的认识和理解。

驱龙矿床的发现、评价与研究史：驱龙斑岩铜钼矿床位于拉萨市以东直距约 67km，墨竹工卡县西南约 20km 处；矿区位于冈底斯山脉中段东侧，距雅江缝合带平距约 50km，地势险峻，切割强烈，海拔 4950～5400m。驱龙矿床的发现与探明历经了较长的找矿勘探工作。早期发现阶段：西藏自治区地质矿产勘查开发局（以下简称西藏地矿局）在地质普查过程中发现了驱龙化探异常及查证该异常，发现了矿体。西藏地矿局 1986～1988 年开展 1：20 万拉萨幅水系沉积物测量，圈出驱龙铜金多金属元素异常；西藏地矿局区调大队进行异常三级查证，发现存在斑岩型和夕卡岩型铜矿体；1994 年开展地质草测 36km²，圈出驱龙一带斑岩体。

初步评价阶段：2001 年西藏地质二队对驱龙铜矿进行预查工作，2002 年中国地质调查局将驱龙铜矿区纳入"西藏雅鲁藏布江成矿区东段多金属勘查"项目，2002～2005 年西藏地质二队和六队分别对驱龙铜矿中北段和南段开展普查工作，投入钻探 5000 余米，初步查明区内地层、岩浆岩的分布特征、构造格架、蚀变分带和矿化体。中国地质大学、中国地质科学院矿产资源研究所、地质研究所及成都地质矿产研究所等专题组开展了西藏铜金锑多金属矿远景评价与冈底斯带斑岩铜矿研究，认为驱龙有多个矿化中心，成矿温度集中于 320～380℃，成岩成矿时代在 18～14Ma，辉钼矿 Re-Os 同位素年龄揭示驱龙斑岩铜矿与知不拉夕卡岩铜矿于约 16Ma 同期形成。

详查-勘探阶段：2006～2008 年，西藏巨龙铜业有限公司以夏代祥教授级高工为总工程师、多吉院士为技术顾问，组织对该矿区中段和北段（原西藏地质二队普查区）进行了详查和勘探工作，进行了 50000 余米的机械岩芯钻探及系统采样工作。于 2008 年提交勘探地质报告并通过国土资源部评审验收。以铜边界品位 0.2wt%、最低工业品位 0.4wt% 圈定矿体，平均控制深度 500m，求获 331～333 类铜金属资源量 719 万 t，伴生钼 331～333 类金属资源量 35 万 t（西藏巨龙铜业有限公司，2008）。《西藏驱龙矿区铜多金属矿勘探报告》2011 年获国土资源科学技术奖一等奖。

中国科学院地质与地球物理研究所秦克章研究员课题组应邀承担了驱龙铜矿综合研究项目（2006～2008 年），进行岩体侵位序列划分、破裂裂隙统计、岩相-蚀变填图，完成了上千件薄片、光片、包体片的显微镜下鉴定，在此基础上开展了大量系统配套的分析测试，并参加了矿区勘探报告的编写工作，2009～2012 年开展了矿区深化研究和外围夕卡岩铜矿成矿规律研究。期间还有其他科研院所在矿区开展相应科研活动。

2008～2010 年，西藏巨龙铜业有限公司对驱龙矿区南段（原为西藏地质六队普查区）进行了系统的普查工作，提交了 333 类别铜金属资源量约 300 万 t。2011～2012 年以来公司对外围知不拉和新发现的浪母家果夕卡岩型铜矿进行了系统评价，探获资源量约 50 万 t。

综上，目前在驱龙铜矿累计提交的铜金属资源量接近 1100 万 t。一举跃为我国第一大铜矿，跨入世界级铜矿行列。

研究目标与研究概况：驱龙铜矿自从普查以来，就吸引了众多地质学者前来研究。但是由于前期找矿勘探工作程度和高海拔的制约，总结起来，前人对驱龙矿床的研究，主要集中在成岩-成矿年代学、岩石地球化学两个方面，为我们的研究奠定了较好的基础。然而产出于碰撞造山带环境下的斑岩型矿床作为一种新的斑岩铜矿类型，相应的研究工作刚刚起步，矿床成因的许多关键科学问题尚未解决。但以往的研究均把这一复杂的岩浆-流体成矿演化过程简化，缺乏对该规模宏大的蚀变-矿化体系的精细解剖和成矿流体来源与演化过程的研究，驱龙斑岩矿床外围存在知不拉夕卡岩型铜矿，新近又发现了浪母家果夕卡岩型铜矿，它们与驱龙斑岩矿床之间的相互关系、成因联系以及是否可以构成统一的成矿系统等方面也亟待研究。

解剖驱龙这一我国迄今规模最大、形成时代最新、记录保存最完整、晚碰撞构造环境比较明确的典型斑岩铜钼矿床，查明其成矿特色，厘清其与俯冲背景成因斑岩铜矿的异同，将有助于深入了解碰撞造山背景下的岩浆-成矿过程，有望突破"碰撞环境斑岩大规模成矿机制"这一核心科学问题，揭示重大深部事件和斑岩矿床大规模成矿的耦合关系，建立碰撞环境超大型斑岩矿床的成矿模型，从而发展碰撞造山带环境斑岩成矿理论，将极大地丰富斑岩型矿床的成矿理论及拓宽找矿思路；尤其有助于增强西藏寻找世界级铜矿的信心，同时也有助于深化认识和理解青藏高原南部的地质演化历史，服务于国家在特提斯成矿域的资源勘查。

驱龙矿床的研究工作，力求以扎实、详尽的野外观察、采样和室内系统的岩矿鉴定工作为基础，应用多种现代测试技术方法和手段，进行岩石地球化学成分、矿物学和同位素、成矿流体性质的精细测定，获得可靠的、高质量分析数据，进行综合的解释和推论。野外地质调查方面具体工作方法如下：

（1）对驱龙矿区地表进行详细全面的观察和填图，主要查明矿区范围内所有出露岩石的类型以及各种岩石之间的接触关系；驱龙斑岩矿床与邻近 2 个夕卡岩型矿床的时空关系；地表蚀变-矿化类型和平面分带特征，系统采集相关新鲜的和蚀变矿化的地表样品。对地表露头上的热液脉系产状和发育丰度进行统计，以探讨驱龙斑岩矿床中岩浆侵位和矿化中心的空间分布。

（2）对驱龙矿区内代表性的钻孔岩芯，进行详细的岩芯观察-编录-采集工作。尤其是选择矿区内穿过成矿斑岩——二长花岗斑岩的 0 号、4 号勘探线，贯穿矿区的南北向 8 号勘探线剖面，以及贯穿矿区的东西向 05 号钻孔剖面为重点进行系统的岩石类型、蚀变-矿化观察和采样。

（3）对知不拉和浪母家果夕卡岩型矿床，进行全面的地表填图和坑道、钻孔岩芯的编录，系统观察追索夕卡岩的分带、产状，夕卡岩矿体的产状，围岩地层的特征，以及与夕卡岩有关岩体的分布特征；全面认识斑岩-夕卡岩矿床的空间位置关系。

基于矿区勘探丰富的第一手资料，我们对驱龙这一我国规模最大、时代最新、保存完整、晚碰撞构造环境清晰的斑岩-夕卡岩铜钼矿床进行了深入解剖，通过详细的野外地质观察，结合室内岩相学、矿相学、构造地质学、岩石地球化学、年代学、同位素地球化学、交代蚀变岩岩相学、流体包裹体、稳定同位素等技术手段深入研究该成矿系统的岩浆-流体-蚀变-矿化特征，力图查明驱龙矿床完整的蚀变-矿化过程并建立其成岩-成矿模式，完成本专著。研究工作中，我们尽可能地从写实的角度出发，对驱龙矿床进行准确描述与系统研究。

通过我们近 6 年的研究，取得如下主要成果：

1. 系统厘定了驱龙高氧化性岩浆多期次演化序列及岩浆来源

识别出西藏驱龙矿区受多期次中心式杂岩体控制，二长花岗斑岩（15.6±0.8Ma）为成矿斑岩，5 期岩浆活动（17.9～13.1Ma）时限为 4.8Ma，成矿事件相对岩浆活动时限是"瞬时"发生的。中新世侵入岩具有埃达克质属性，Sr-Nd-Pb-Hf 同位素研究揭示它们具有相同的岩浆起源——基性的新生下地壳（岛弧根部），深部具有统一的岩浆房。藏南大规模的岩石圈拆沉作用是造成冈底斯区域性岩浆活动与成矿作用的地球动力学机制。岩浆硬石膏和富硫磷灰石的产出表明其成矿母岩浆具有高氧化性、富硫、富水的特征。表明冈底斯碰撞造山带背景下同样能形成类似俯冲背景下的高氧化性成矿岩浆，该成果为确定斑岩矿床成矿岩浆的性质提供了最直接有力的证据。

2. 对驱龙矿床系统的蚀变岩石学研究及细致的蚀变组合和分带划分

我们根据野外观察、蚀变-矿化填图和近千件薄片的岩矿鉴定，系统厘定了驱龙矿床的蚀变类型及蚀变分带。从斑岩体内向外、由深部到浅部，依次出现钠长石-榍石-硬石膏-绿帘石化带、钾硅酸盐化蚀变带、石英-绢云母-绿泥石化带、石英-弱绢云母化-黏土化蚀变带、硅化-绿泥石蚀变带、青磐岩化带以及外围的角岩化和夕卡岩化带。矿化与钾化、石英-绢云母化和硬石膏化蚀变密切相关，强烈且普遍的硬石膏化是该矿床显著的特征。各蚀变带相互交织和叠加而使整个蚀变显得比较复杂，但是钾化带较弱，主要表现为出现钾长石细脉和稀疏浸染状的钾长石，弥散状的钾化（钼矿化的主带）在深部尚待揭露。

3. 系统研究了矿化与脉系特征，勾画出原生金属矿物分带与矿化中心

矿石最主要的类型是细脉状、细脉浸染状，大部分矿化都分布在各种热液脉中。识别出驱龙斑岩 Cu-Mo 矿床中脉系种类包括 A 脉、EB 脉、B 脉、C 脉及 D 脉。划分为钾硅酸盐–硫化物阶段、硅化–绢云母化–绿泥石–硫化物阶段、硅化–绢云母化–黏土化–硫化物阶段、石英–多金属硫化物阶段。总体上，钼矿化稍晚于铜矿化，以石英+辉钼矿细脉为主。黄铁矿在剖面上趋于在蚀变–矿化区域的上部和边部富集，而黄铜矿的分布则与之相反。铜钼矿化与钾化和绢云母化蚀变密切相关。

4. 流体包裹体及稳定同位素研究揭示驱龙矿床的正岩浆流体成矿过程

驱龙斑岩成矿流体成分以富 SO_4^{2-} 为显著特征，包裹体子矿物出现大量硬石膏（$CaSO_4$）；成矿流体为复杂的 $H_2O-NaCl-KCl-CaSO_4$ 体系。对矿床中各种产状、不同期次的流体包裹体的测温结果表明：二长花岗斑岩的石英斑晶及 A 脉石英中含有沸腾包裹体（460~510℃）；从石英斑晶到 A 型脉、B 型脉、D 型脉，包裹体的均一温度逐渐降低（428℃→398℃→293℃→252℃），盐度也逐渐降低。流体的早阶段沸腾、晚阶段冷却是导致成矿作用的发生、促使硫化物大量沉淀的主要机制。矿区所有硫化物的硫同位素变化范围很小（-3.93‰ ~ +1.17‰），热液体系中总硫同位素组成（$\delta^{34}S_{\Sigma S}$）为 1.36‰，反映了成矿体系中的硫均来自于成矿岩浆。初始流体的氢–氧同位素组成平均为 $\delta^{18}O = 7.6‰$、$\delta D = -113.8‰$。以成矿斑岩体为中心往外往上，流体的氧同位素组成呈现由高到低的变化趋势（$\delta^{18}O$：7‰→2‰）。下伏岩浆房持续不断的去气为驱龙在 2.5Ma 的时间间隔内形成千万吨级铜矿提供了物质条件，系碰撞造山背景下典型的正岩浆成矿实例。

5. 归纳建立驱龙的成岩–成矿过程、成矿模式，查明成矿关键控制因素

与驱龙矿床成矿作用直接相关的侵入岩为同源演化的复式岩体，新生基性下地壳起源的高氧化性、富硫、埃达克质岩浆在地壳浅部形成统一的岩浆房，岩浆侵位活动从约 18Ma 一直持续到约 13Ma，从中不断分异演化出中酸性岩浆侵入地壳浅部。浅部的斑岩株扎根于深部成矿母岩浆房，起着成矿流体上升的"导管"的作用；斑岩体与成矿之间是"兄弟"关系而非"父子"关系。驱龙斑岩铜钼矿床与外围的知不拉和浪母家果夕卡岩铜矿床，在成矿时代上具有良好的一致性，在空间上密切共生，三者共同组成一个完整的斑岩–夕卡岩成矿系统。矿化类型有角岩型、夕卡岩型、脉型和斑岩型，建立起该矿区的成岩–成矿过程和斑岩–夕卡岩复合成矿模式。

超大型矿床和富矿体，不仅在储量和品位方面，而且在主要控矿因素以及与其有关的地质特征方面，可能都是极其独特的。至关重要的是，是什么因素产生了超大型矿床和富矿体，而在只产生"矿化"显示的地方，可能缺少某些关键性的因素。驱龙成矿关键控制因素主要有：藏南中新世加厚的、新生基性下地壳发生大规模的拆沉作用，东西向伸展的扳机（触发）效应，褶皱–断裂构造圈闭，源于深部同一岩浆房的多期次活动的富硫高氧化岩浆系统，大规模的岩浆去气、流体活动、水解和氧化还原反应，使岩浆中以硫酸盐存在的硫（S^{6+}）有效地转化为还原态的硫（S^{2-}），促使金属元素的沉淀，这些关键因素在时空上的最佳配置导致了千万吨级的驱龙铜钼矿床的形成。

　　驱龙矿床形成以后没有遭受明显的剥蚀，矿区现有勘探深度（主体 500m，少数钻孔达 980m）还未将弥散状的强烈钾长石化和更深处的硅化网脉带揭示出来。预计其蚀变矿化深度可从目前钻探所控制的 1350m 深度至少延至 1800～2000m 深度，深部找矿特别是钼矿找矿的潜力还相当大，矿区范围在中新世侵入体与围岩接触部位以及知不拉深部寻找夕卡岩矿化还有很大潜力。谨慎乐观估计铜储量还能增加 1/3，铜储量有 1500 万 t 远景，钼储量增加至 200 万 t。建议将来实施深部钻探工程，力求系统揭露驱龙铜钼矿床的完整体系，为青藏高原今后的找矿勘查提供范例和借鉴。

　　全书分十一章，重点研究揭示了矿区区域地质背景、区域地球物理−地球化学特征、完整的岩浆−热液演化历史、高氧化成矿岩浆−流体系统的性质、流体的出溶机制、完整的蚀变−矿化特征及水平与垂直分带、流体来源及演化过程，以及驱龙斑岩铜钼矿与外围知不拉和浪母家果夕卡岩型矿床之间的联系，建立了精细写实的矿床描述模型和成矿模型，分析了关键控矿因素和找矿潜力。对认识大陆碰撞环境斑岩大规模成矿机制和勘查模型具有重要启发意义。

　　本书有四大特色：多达 5 期的岩浆侵位序列、含矿斑岩的岩浆来源及演化研究；利用岩浆和热液硬石膏以及磷灰石来确定高氧化岩浆−流体性质及矿质富集机理；精细刻画岩浆−流体−蚀变−矿化过程；厘定斑岩−夕卡岩成矿系统完整的演化序列、晚碰撞背景下斑岩铜矿成矿模型及关键控制因素。将有助于提高对碰撞背景斑岩铜矿床形成演化的理解，以期对同类矿床的勘查具有借鉴作用。

　　专著编写分工：秦克章编写前言、第一、三、六、十、十一章，参与第五章编写；夏代祥编写第二章，参与第一、三、五、七章编写；李光明编写第五、七、九章，参与第一、八、十一章编写；肖波编写第四、八章，参与三、五、六、七、九、十章编写；多吉参与编写第三、五、七、十章；蒋光武参与编写第二、三、九章；赵俊兴参与编写第四、七、八、九章。肖波在此完成《冈底斯驱龙巨型斑岩铜−钼矿床高氧化岩浆−热液成矿过程》的博士学位论文（2006～2011 年），承担完成主要的分析测试。秦克章、李光明、夏代祥对全书进行统稿。

　　研究工作得到西藏巨龙铜业有限公司、西藏地矿局委托中国科学院地质与地球物理研究所承担的"驱龙铜矿成矿条件与成矿模式综合研究"项目（2006～2009 年）、973 课题"藏东−冈底斯斑岩铜−钼−金成矿作用"（2003～2008 年）、多吉院士主持的国家"十一五"科技支撑计划项目（2006BA01A04）"冈底斯成矿带典型矿床研究课题"（2007～2010 年）、国家自然科学基金项目"冈底斯驱龙斑岩铜钼矿的岩浆侵位序列、流体演化与巨量金属富集机理"（40772066，2008～2010 年）以及全国危机矿山接替资源找矿综合研究项目"新藏地区典型矿床与斑岩铜矿成矿机制研究"（2009～2012 年）（20089932）的联合资助。

　　参加野外和室内工作的还有李金祥副研究员、陈雷博士、曹明坚博士、范新硕士等，几年来一同体验了艰苦而又令人眷念的青藏野外工作。

　　工作期间，始终得到孙枢院士、陈毓川院士、莫宣学院士、钟大赉院士、滕吉文院士、翟裕生院士、朱日祥院士、翟明国院士、叶天竺总工、李继亮研究员、潘桂棠研究员、张旗研究员和邓晋福教授的关心、支持与指导，丁仲礼院士、姚檀栋院士一行 2008

年亲临矿区考察与看望。孙枢先生浏览初稿，欣然作序。在驱龙铜矿野外工作中，得到西藏巨龙铜业有限公司肖永明董事长、王平总经理的热情支持和关心，感谢周敏、吴兴炳、朱长应高工、苟昌利经理、彭秀运、路文、韩强工程师等对我们在矿区的日常生活保障、住宿安排、野外用车等方面的积极配合和大力支持，使野外工作得以顺利进行，每次重返矿区都有宾至如归的亲切感。在高原工作中还得到西藏地矿局苑举斌局长、李金高、陆彦副总工、杜光伟教授级高工，西藏地调院刘鸿飞院长、潘凤雏总工、张金树副院长，西藏地矿局第二地质大队郭建慈、张华平总工，第六地质大队粟登奎书记、杜刚强、黄卫总工、姜雨春高工等的支持和帮助。还就一些问题与吴福元、侯增谦、张旗、丁林、王二七、丁俊、李光明（成都地质矿产研究所）、唐菊兴、王强、梁华英、许继峰、曲晓明研究员、赵志丹、郑有业教授、杨志明、纪伟强副研究员等同仁讨论切磋，颇受启发，在此一并致以衷心感谢！

实验测试过程中，承蒙范宏瑞、王莉娟研究员，朱和平高工（流体包裹体），闫欣高工（扫描电镜），张福松、冯连君高工（稳定同位素），李禾高工（XRF），靳新娣高工（微量元素 ICP-MS 分析），毛骞高工，马玉光工程师（电子探针），储著银、李潮峰、王秀丽高工（固体同位素），李献华、李秋立研究员（Camaca 离子探针），杨进辉研究员，杨岳衡、谢烈文高工、孙金凤、刘志超博士（MC-ICP-MS 测年与 Hf 同位素），中国地质大学（武汉）LA-ICP-MS 实验室刘勇胜、胡兆初教授（硬石膏原位分析），为相关实验分析、测试工作和实验数据处理方面提供指导和帮助，(U-Th)/He 热年代学测试由曹明坚博士在澳大利亚科廷大学 Brent McInnes 教授、Noreen Evans 研究员的指导下完成，在此一并向他们表示诚挚的谢意。

本书的出版，是矿业公司、地勘单位和科研院所通力合作的结果。在某种意义上可以说是从事西藏驱龙铜矿勘查、研究的所有高原地质人集体劳动成果的结晶。但鉴于时间仓促以及作者的水平所限，所获得的大量数据还未完全消化，本专著中一定还存在诸多不足之处，有待在将来的工作中进一步深化，敬请各位专家和读者批评指正。

目　　录

第一章　绪　论

第一节　斑岩铜钼矿研究现状与存在问题

斑岩型矿床是指与中-酸性浅成-超浅成侵入岩（斑岩）有关的低品位、大规模、以浸染状-细脉浸染状为主要矿化形式的一类岩浆热液矿床，是全球铜、钼、金的最重要来源（芮宗瑶等，1984；王之田等，1994），提供了全世界工业所需75%的Cu，90%的Mo，20%的Au，以及绝大部分的Re（Sillitoe，2010）；按照矿床中成矿金属元素含量可细分为斑岩铜矿、斑岩钼矿、斑岩金矿，以及它们之间的过渡类型（Kesler，1973；Sillitoe，2000；Kesler et al.，2002；Singer et al.，2008）。与富Au斑岩Cu矿有关的斑岩SiO_2<65wt%，分异系数DI（58~70）较低；而与斑岩型铜-钼矿床有关的斑岩SiO_2>65wt%，DI（68~80）较高；而斑岩型钼矿床的斑岩大多SiO_2>70wt%，DI（>84）最高（李金祥等，2006）；且与大型以上规模斑岩型铜-钼-金矿床有关的岩浆-热液系统几乎都是以高氧化性为特征。

斑岩型矿床，近60年来一直是矿床学研究的热点，许多杰出的矿床学家从不同方面对该类型矿床进行了深入研究，逐渐认识到与钙碱性岩体/斑岩体有关的斑岩矿床、夕卡岩矿床、高/低硫型浅成低温矿床可能在一定区域内共同构成斑岩成矿系统（Qin et al.，1995；秦克章，1998b；Sillitoe，2010）；它们绝大多数产出在与俯冲作用有关的板块汇聚边缘（Sillitoe，1972；Qin and Ishiaraha，1998；Richards，2003；Sillitoe and Perelló，2005），如经典的南美安第斯陆缘弧带、西南太平洋岛弧带和中亚造山带。目前被广泛接受和认同的正岩浆成因模式（orthomagmatic genesis model）（Gustafson and Hunt，1975；Burnham，1979）正是建立在对这些经典斑岩型矿床的详细研究基础上（Lowell and Guilbert，1970；Sillitoe，1973；Hollister et al.，1974；李光明等，2007）；这些斑岩型矿床与俯冲背景下的钙碱性岩浆活动具有密切的时间、空间和成因联系（Titley and Beane，1981；Beane and Titley，1981；Dilles，1987；Cline and Bodnar，1991；Dilles and Einaudi，1992；Hedenquist et al.，1994；Candela，1997；Hedenquist and Richards，1998；华仁民等，2000；薛春纪等，2010）。

岛弧和陆缘弧背景是其产出的重要环境；然而，相对于漫长而持续的弧岩浆活动历史，斑岩型矿床往往形成在岩浆活动的晚期阶段，相对应的为地壳加厚、平板俯冲、洋底高原-海底山链俯冲或是洋脊俯冲等特殊的动力学背景（Cooke et al.，2005；孙卫东等，2010；曹明坚等，2011），且单个斑岩铜矿床倾向定位于挤压背景下或挤压向伸展过渡的局部扩容部位（Tosdal and Richard，2001；Qin et al.，2005）。近年来的研究表明，斑岩型矿床也可以产于与俯冲作用无关的碰撞造山带-后俯冲背景（postsubduction）（Richards，

2009），如额尔古纳成矿带上中侏罗世陆内背景的乌奴格吐山斑岩铜钼矿床（王之田和秦克章，1988；秦克章等，1999b）、青藏高原晚碰撞走滑环境产出的玉龙斑岩铜矿带（唐仁鲤等，1995）、后碰撞环境产出的冈底斯斑岩铜矿带（侯增谦等，2001，2004；Hou et al.，2004）。

与俯冲作用有关的弧造山型含矿斑岩主要为钙碱性，少数为高钾钙碱性；而碰撞造山型含矿斑岩主要为高钾钙碱性和少量橄榄安粗质（shoshonitic）。两种环境的含矿斑岩往往都具有埃达克质岩浆亲和性，但前者主要来源于俯冲的大洋板片或受俯冲作用交代地幔楔的部分熔融（Sillitoe，1972；Cooke et al.，2005），岩浆演化可能经历了 AFC 或 MASH 过程（Richards，2003），地幔直接提供了大量成岩–成矿物质，俯冲板片的脱水作用（dehydration）被认为是形成有利斑岩成矿岩浆的关键因素，因为板片脱水作用可以将大量的"挥发分、卤素、S、LILE 和成矿金属元素"物质迁移并带入上覆的楔形地幔中，进而发生部分熔融过程形成有利的高氧化、钙碱性岩浆，矿化组合以铜–金为主。后者主要来源于碰撞加厚的下地壳（Chung et al.，2003；Hou et al.，2004；Gao et al.，2007；Guo et al.，2007；Li et al.，2012），地幔物质对成矿作用的直接贡献较少，但是目前还不清楚岩浆源区是否有外来流体或熔体的加入以及对成矿物质的贡献，矿化组合以铜–钼组合为主。

近 20 年来，矿床学家注重研究区域尺度上的构造–岩浆活动与斑岩矿床之间的相互联系（Richards et al.，2001；Richards，2003），以及成矿岩浆形成的深部作用过程和地球动力学背景（Richards，2003；Cooke et al.，2005）。同时，随着新技术的应用，通过对单个包裹体的主量–微量及成矿元素的精确测定，矿床学家开始尝试着精细地定量化讨论岩浆挥发分的组成和出溶过程（Harris et al.，2004；Heinrich，2005；Li et al.，2011）、成矿元素（Cu、Au、S 等）在不同物相之间的分配和地球化学行为（Ulrich et al.，1999；Heinrich et al.，1999；Harris et al.，2003；Halter et al.，2005；Nagaseki and Hayashi，2008）、成矿流体详细的演化过程及成矿元素沉淀机制（Ulrich and Heinrich，2002；Rusk et al.，2004；Sun et al.，2004；Harris et al.，2005；Liang et al.，2009；Xiao et al.，2012；Li et al.，2012）的研究。最近十年，随着过渡族金属元素 Fe、Cu 同位素测试技术方法的日益成熟，关于 Cu 同位素已经积累较多的数据，已有研究者（Li et al.，2010）通过系统原位测定斑岩铜矿中原生硫化物的 Cu 同位素组成来探讨斑岩矿床成矿过程，尤其是成矿金属元素的地球化学行为。

虽然近年来在斑岩铜矿的研究方面有长足进展，但目前还有不少问题值得进一步探索：

（1）在世界范围里发现巨型斑岩型铜–钼矿床倾向于与钙碱性岩石、埃达克质岩石密切相关，但少数的几个实例是与高钾钙碱性岩石有关，是否高钾钙碱性岩浆在形成巨型斑岩铜矿方面有其特殊性，碰撞造山背景与俯冲背景的钙碱性岩浆的成矿属性有何差异？

（2）硫在形成斑岩铜矿中的作用：在斑岩铜矿的形成过程中，硫起到了关键作用。但是，究竟硫饱和对成矿有利或是硫不饱和对成矿有利？Audétat 和 Pettke（2006）认为虽然导致斑岩铜矿形成的基本原理较好理解，但还不清楚硫在整个金属富集过程中的作用。铜与硫的联系表现在：铜和硫在源区的部分熔融；岩浆上升和停歇过程中铜和硫的同化作用；岩浆硫化物或不混溶硫化物熔体在岩浆结晶过程中的形成和分解；铜和硫同时分配进入出溶的热流体。要较好地解释这些过程还需要定量理解斑岩铜矿体系中铜和硫的演化。

（3）岩浆硫化物熔体及硫酸盐熔体的作用：在斑岩铜矿的研究中均强调高氧化的岩浆体系有利于斑岩铜矿的形成。但是部分学者强调在原始岩浆中硫化物熔体对成矿有重要贡献，如Keith等（1997）、Larocque等（2000）和Redmond等（2004）提出岩浆中硫化物熔体在美国犹他州Bingham Canon巨型斑岩铜钼金矿床中起着关键的作用。而另外的学者则强调原始岩浆中硫是以硫酸盐的形式存在，在结晶分异过程中金属优先进入挥发相而有利于成矿。因此，目前对金属元素在原始岩浆中的性质还不清楚，尤其是碰撞造山背景下的形成机制，还有待进一步研究。

（4）巨量金属的来源及富集过程仍然不清楚：虽然，不同的学者对巨型斑岩铜矿的形成做出了近似的解释，但巨量金属的来源和富集过程仍然不清楚。

由于新特提斯洋持续向北俯冲，大约在70～35Ma，印度大陆在不同部分开始与欧亚大陆发生陆-陆碰撞（Yin and Harrison，2000；Aitchison et al.，2007；Pan et al.，2012），伴随着大规模的地壳缩短、加厚作用，导致青藏高原隆升；在拉萨地体南部形成了著名的冈底斯岩基；年代学研究表明其侵位时代最主要峰期集中在古新世—始新世（65～41Ma）（Schärer et al.，1984；Harrison et al.，2000；McDermid et al.，2002；Dong et al.，2005；Mo et al.，2005a，b；Xia et al.，2007；Wen et al.，2008；吴福元等，2008；Ji et al.，2009）；局部有零星的侏罗纪花岗岩和渐新世—中新世钾质-超钾质、钙碱性火山岩以及具埃达克地球化学特征的斑岩体出露（Chung et al.，2003；Hou et al.，2004；Chu et al.，2006；Zhang et al.，2007；Ji et al.，2009）。伴随着冈底斯中新世埃达克质性质的岩浆活动，在冈底斯岩浆带上形成了大规模的斑岩-夕卡岩成矿过程（Hou et al.，2004，2009），如驱龙（13.0～17.9Ma；孟祥金等，2003；芮宗瑶等，2003；郑有业等，2004，2007；Hou et al.，2004；莫济海等，2006；Yang et al.，2009）、甲玛（15.18±0.98Ma，李光明等，2005；15.34±0.10Ma，应立娟等，2009）、白容（12.0～16.9Ma，李金祥等，2007）、厅宫（14.2～17.0Ma，芮宗瑶等，2003；李金祥等，2007）、冲江（11.4～16.8Ma；曲晓明等，2003；侯增谦等，2003b；芮宗瑶等，2003；郑有业等，2004；莫济海等，2006）、拉抗俄（12.0～12.9Ma；李光明和芮宗瑶，2004）、知不拉（16.9Ma；李光明等，2005）、邦铺（15.32±0.97Ma；孟祥金等，2003）、羌堆（16.7±0.9Ma；李金祥等，2011）、汤不拉（20.9±1.3Ma；王保弟等，2010）、努日（21～23Ma；李光明等，2006；陈雷等，2012；闫学义等，2012）。这些斑岩-夕卡岩矿床构成了著名的西藏冈底斯斑岩成矿带。

在斑岩铜矿的研究中，众多研究者均强调高氧化性的岩浆体系有利于斑岩铜矿的形成。在岛弧或陆缘弧背景下来自俯冲板片的流体加入地幔楔可形成高氧化性的岛弧岩浆已经得到公认（Richards，2003）。但是陆-陆碰撞造山背景下，尤其是"后碰撞环境"，下地壳部分熔融，是否也能产生高氧化性的成矿岩浆？高氧化性的岩浆主要是受源区性质制约还是受后期岩浆的演化控制？抑或是岩浆在上升过程中，同化混染了地壳蒸发盐？

前人大量卓越的研究（Sillitoe，1973；Gustafson and Hunt，1975；Titley and Beane，1981；Dilles and Einaudi，1992；Hedenquist and Richards，1998；Ishihara，1998；Ulrich et al.，1999；Cooke et al.，2005）主要集中在与俯冲作用有关的斑岩型矿床，系统厘定了含

矿斑岩岩浆起源及地球动力学机制、岩浆侵位过程、成矿流体的出溶过程和流体运移及演化过程、围岩蚀变的成因及分带规律，以及成矿元素的来源、聚集、运移及沉淀机制等重要科学问题（Richards，2003，2005；Cooke et al.，2005）。

然而产出于碰撞造山带及陆内环境下的斑岩型矿床作为一种新的斑岩铜矿类型（侯增谦，2010；Hou et al.，2011；Qin，2012），相应的研究工作刚刚起步，许多矿床成因的关键科学问题尚未解决，制约了对产于碰撞造山带、与洋壳俯冲无关的斑岩铜矿的成矿岩浆性质、起源与演化、成矿物质富集–沉淀机制、构造控矿模式与深部地球动力学背景意义等的理解与认识。

第二节　位置交通、自然地理、经济概况

一、驱龙矿区交通位置

矿区位于墨竹工卡县西南约20km处，矿区大部分属墨竹工卡县甲玛乡管辖，矿区西部属达孜县章多乡管辖，矿区向北沿简易公路行30km到318国道，沿318国道往东约8km到墨竹工卡县城，往西67km达自治区首府拉萨市，交通方便（图1.1）。

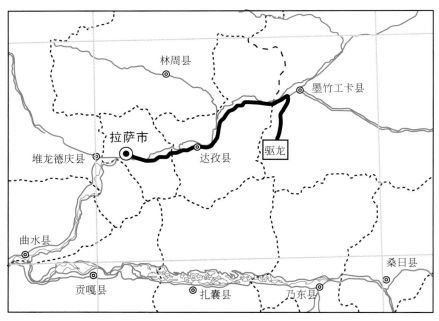

图1.1　驱龙斑岩矿区交通位置图

二、驱龙矿区自然地理经济概况

矿区位于冈底斯山脉与念青唐古拉山脉结合部位，地势险峻，切割强烈，平均海拔在

5000m 以上，且有冰川地貌。矿区属高原温带半干旱季风型气候，低温干燥，空气稀薄，日照充足，年日照近 3000h，昼夜温差大，年平均气温 0℃左右，旱、雨季分明，年降水量 400mm 左右，多集中在 6～9 月，常有暴雨、雪、冰雹，造成山洪和泥石流暴发。年蒸发量约 2000mm；10 月底开始冰冻，翌年 4～5 月解冻，最大冻结深度可达 40m。矿区为牧区，居民为藏族，农作物多为青稞。所需工作、生活物资全部外购，条件艰苦。矿区水源较充足，目前电力供应不足，尚不能满足矿产开发之需要。

第三节 驱龙矿区以往地质工作情况

驱龙斑岩铜钼矿床位于拉萨市以东约 67km，墨竹工卡县境内；矿区距雅江缝合带平距约 50km，地势险峻，切割强烈，平均海拔>5000m。

一、驱龙矿床以往区域地质、矿产工作

驱龙矿床经历了较长的找矿勘探工作（表 1.1）。

表 1.1 驱龙矿床以往找矿工作

时间	单位	工作内容	取得成果
1986～1988 年	西藏地矿局区调大队	1:20 万拉萨幅水系沉积物测量	圈出驱龙铜金多金属元素异常
1988 年		异常三级查证	发现存在斑岩型和夕卡岩型铜矿体
1994 年		异常二级查证	地质草测 36km²，并圈出驱龙一带斑岩体
2001 年	西藏地质二队	驱龙铜矿预查工作	初步查明区内地层、岩浆岩的分布特征、构造格架、蚀变分带和矿化体
2002～2005 年		驱龙铜矿普查工作	

2000 年以前十多年间，驱龙的地质工作主要是西藏地矿局区调大队在地质普查过程中发现了驱龙化探异常及查证该异常，发现了矿体。

2001 年，西藏地质二队对驱龙铜矿进行预查，初步查明了工作区地层、岩浆岩的分布特征、蚀变分带和矿化体等。2002 年伊始，中国地质调查局将驱龙铜矿纳入"西藏雅鲁藏布江成矿区东段多金属勘查"项目，开展普查评价，投入钻探约 6000m。

2000～2002 年，中国地质科学院矿产资源所开展了西藏铜金锑多金属矿远景评价，研究认为驱龙矿床成矿温度集中于 320～380℃，成岩成矿时代在 18～14Ma。

2006～2008 年，西藏巨龙铜业有限公司对该矿区进行了详查和勘探工作，进行了系统全面的机械岩芯钻探（50000 余米）及系统采样工作。于 2008 年年初提交勘探地质报告并通过国土资源部评审验收；以铜边界品位 0.2wt%、最低工业品位 0.4wt%圈定矿体，求获 331～333 类铜金属资源量 719 万 t，伴生钼 331～333 类金属资源量 35 万 t（西藏巨龙铜业有限公司，2008）。

2006～2008 年，西藏地矿局第六地质大队对驱龙斑岩矿床的南部进行了系统的普查工作，提交了 333 类铜金属资源量约 300 万 t。

2009 年后西藏巨龙铜业有限公司对驱龙矿区南段进行了勘探评价，并对外围知不拉和

新发现的浪母家果夕卡岩型矿段进行了普查评价,新增铜资源量 50 万 t。

中国科学院地质与地球物理研究所课题组应邀承担了驱龙铜矿综合研究项目(2006~2012 年),并参加了矿区填图与勘探报告的编写工作,以及外围夕卡岩矿区评价研究。

综上,目前在驱龙铜矿累计提交的铜金属资源量大于 1100 万 t。

二、驱龙矿床研究现状及存在问题分析

自驱龙铜矿在 20 世纪 90 年代发现以来,随着中国地质大调查及 973 "印–亚主碰撞带成矿作用"等一系列科研项目的实施,国内众多研究单位对冈底斯成矿带上的斑岩铜矿进行了大量研究工作,其中包括驱龙铜矿。这些研究主要集中在以下 5 个方面。

(一) 区域成矿地质背景方面

通过印–亚主碰撞带成矿作用 973 项目的实施,对印度–欧亚大陆碰撞造山过程及其成矿作用进行初步厘定。侯增谦等(2006a,b,c)提出印度–亚洲大陆碰撞造山带是一个相继经历了主碰撞(65~41Ma)、晚碰撞(40~26Ma)和后碰撞过程(25~0Ma)的,而目前仍处于活动状态的、全球最典型的大陆碰撞带。初步建立了主碰撞造山成矿作用、晚碰撞转换成矿作用、后碰撞伸展成矿作用的成矿模型。中新世,藏南地区东西向延伸的藏南拆离系(STDS)和高喜马拉雅,上地壳强烈逆冲推覆,在拉萨地体发育东西向展布的逆冲断裂系;晚期阶段主要发生地壳伸展与裂陷(<18Ma):垂直碰撞带的东西向伸展,形成一系列横切青藏高原的南北向正断层系统(≤13~15Ma)及其围陷的裂谷系和裂陷盆地。其间,岩浆作用以钾质–超钾质火山岩、埃达克岩、钾质钙碱性花岗岩与淡色花岗岩为特征,集中发育于冈底斯构造–岩浆带和藏南喜马拉雅构造带。斑岩型铜矿及夕卡岩型多金属矿床就是形成在此构造–岩浆活动背景,认为岩浆起源于加厚的镁铁质新生下地壳。

(二) 含矿斑岩岩石学、地球化学及其成因

通过以驱龙铜矿为代表的区域含矿斑岩研究,现在普遍认为冈底斯的含矿斑岩具有埃达克质岩的特征,以高 K 钙碱性系列为主,钾玄岩系列次之。与典型的由俯冲板片熔融的埃达克岩相比,以高 $Mg^\#$(0.32~0.74)和高 K(K_2O 为 2.6wt%~8.7wt%)为特征(侯增谦等,2004;Hou et al.,2004)。岩石富集 LILE(K、Rb、Ba、Sr),强烈亏损 HFSE(Nb、Ta、Ti);以较低的 HREE(19×10^{-6}~119×10^{-6})、Y 含量(10.6×10^{-6}~19.3×10^{-6})、较高的 Sr/Y 和 La/Yb 值,显示典型的埃达克岩特征(Defant and Drummond,1990)。

高顺宝和郑有业(2006)、王亮亮等(2006)、郑有业等(2007)、杨志明等(2008)对驱龙含矿斑岩的研究表明驱龙含矿斑岩(二长花岗斑岩)具有高钾、富碱、过铝,强烈富集轻稀土元素,无 Eu 异常,亏损 Nb、Ta,高 Sr/Y、La/Yb 值等地球化学特征,具有明显的埃达克岩石地球化学性质。这与整个冈底斯带上中新世的浅成斑岩的普遍特征相一致。

虽然目前大多数研究者都认为含矿斑岩为埃达克质岩,但对埃达克质岩的成因仍存在

争议。Chung 等（2003）将冈底斯中新世埃达克岩解释为来自加厚下地壳的碰撞带型埃达克岩。侯增谦等基于岩石微量元素和同位素综合研究，提出这些后碰撞埃达克岩起源于碰撞加厚的新生镁铁质下地壳，部分熔融的热能来自透过板片断离窗而上涌的软流圈物质（侯增谦等，2004；Hou et al.，2004），而 Mo 等（2007）认为地壳加厚的原因是由于地幔物质的加入（约 30wt%）。Qu 等（2004）认为这些埃达克岩源于消减板片的部分熔融，Gao 等（2007）认为是板片熔体交代的岩石圈地幔的结果。

（三）成矿特征方面

郑有业等（2004）和康亚龙等（2004）初步描述了矿区的蚀变及矿化特征、成矿期次，认为驱龙矿床具有多个斑岩体及侵位-成矿中心（图1.2）；孟祥金等（2003）初步总结了包括驱龙铜矿在内的冈底斯斑岩铜矿蚀变分带模式；Yang 等（2009）总结了驱龙斑岩铜钼矿床的特征。但是前人的研究没有完全认识和准确划分矿床的岩石类型，且往往将矿床的蚀变矿化过程及特征简化，未能精细刻画蚀变与矿化的水平与垂直分带。

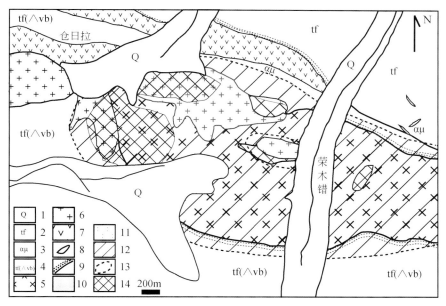

图 1.2　驱龙斑岩矿床地质简图（郑有业等，2004）

1. 第四系；2. 流纹质凝灰岩；3. 安山玢岩及英安岩；4. 英安质含火山角砾凝灰岩；5. 黑云母二长花岗岩；6. 石英斑岩、二长花岗斑岩；7. 流纹斑岩；8. 脉岩类；9. 角岩化；10. 黄铁绢英岩化；11. 高岭土化；12. 青磐岩化；13. 蚀变界线；14. 铜矿化范围及矿化体编号

根据脉体穿插关系、矿物共生组合及矿物生成顺序等，前人将驱龙矿床成矿过程划分为残浆期、热液期和表生期3期5个阶段。主要的矿化发生在热液期，可进一步分为3个阶段：①多金属硫化物阶段形成最早，构成重要的工业矿体；②硬石膏-硫化物阶段，此阶段广泛发育于含矿斑岩体的深部，主要由硬石膏、黄铁矿、黄铜矿等组成；③石英-辉钼矿阶段，构成脉状、网脉状辉钼矿的主体。表生期是原生矿石在表生条件下，由风化、淋滤及次生富集形成的孔雀石、蓝铜矿、辉铜矿、铜蓝、钼华等，地表局部见次生富集带。

（四）成矿流体研究方面

杨志明等（2005，2006）、郑有业等（2006）和余宏全等（2006）、杨志明和侯增谦（2009）对斑岩中石英斑晶、辉钼矿石英脉、黄铁矿石英脉和硬石膏中的流体包裹体进行了包裹体岩相学、包裹体显微测温分析和包裹体成分的激光拉曼探针分析。驱龙矿床中主要有以下四类流体包裹体：Ⅰ. 富液相包裹体；Ⅱ. 富气相包裹体；Ⅲ. 含子晶多相包裹体；Ⅳ. 纯液相包裹体。石英中以富液相包裹体（Ⅰ类）、富气相包裹体（Ⅱ类）与含子晶多相包裹体（Ⅲ类）共存为特征；而硬石膏中则以Ⅰ、Ⅱ、Ⅳ类包裹体为主。它们的均一温度为 190～650℃；盐度为 0.18wt% NaCl equiv. ～52.5wt% NaCl equiv.。气、液相成分以 H_2O 为主。含子晶多相包裹体与不同气相充填度的富液相包裹体、富气相包裹体共存，且均一温度相近，但盐度相差很大，表明成矿流体经历了沸腾作用。成矿流体富含 Cl^-、SO_4^{2-}、Na^+、K^+、Ca^{2+}、CO_3^{2-}，具有较高盐度和较强 Cu 的溶解能力。

Ⅲ类包裹体中子矿物除含大量石盐外，同时亦可见少量难溶透明子矿物。扫描电镜/能谱研究表明，驱龙矿床中多相包裹体中的子矿物，除常见的石盐及钾盐外，还含有重晶石、方解石、黄铜矿、钛铁矿及其他以 Fe、Cu–Fe 为主要元素的未知矿物。这些结果表明，成矿流体为富含 Cu、Fe、Ti、Mn、S 等成矿元素的高氧化态岩浆热液；黄铜矿、钛铁矿、重晶石等子矿物与石盐、钾盐子矿物共同产出。成矿流体总体显示出高温、高盐度、高矿化度、高氧逸度的特征。

郑有业等（2006）还进行了成矿流体水中的氢氧同位素研究，认为成矿物质主要来源于斑岩岩浆体系，而成矿流体主要来源于岩浆水、天然热卤水有关的混合水，且天然热卤水占优势。这与斑岩型矿床岩浆水占优势的主流认识大相径庭。杨志明和侯增谦（2009）则认为驱龙成矿初始流体是直接从岩浆房出溶的中等盐度（约9wt% NaCl equiv.）、近临界密度的高温（550～650℃）的气相，而不是高温、高盐度流体。

（五）成岩成矿年代学方面

许多研究者（侯增谦等，2003b；芮宗瑶等，2003；孟祥金等，2003；李光明和芮宗瑶，2004；李光明等，2005；莫济海等，2006；杨志明等，2008）在进行区域成岩成矿作用研究时，均对驱龙含矿斑岩（二长花岗斑岩）及其辉钼矿进行了锆石高灵敏度高分辨率离子探针（SHRIMP）年龄和 Re-Os 年代学研究。得出驱龙二长花岗斑岩的成岩年龄为 17.5～16Ma，成矿年龄为 16～15Ma，成岩和成矿时差约为 1Ma。这一时间明显晚于新特提斯洋壳向北俯冲的时间（125～70Ma）及印度板块与欧亚板块主体碰撞的时间（约65Ma），而与冈底斯山陆内造山向伸展走滑体制转换的过渡时间一致，其成矿环境明显不同于经典斑岩铜矿的成矿环境（岛弧和陆缘弧环境）。

（六）存在问题分析

通过我们的野外地质调查和钻孔岩芯观察，驱龙矿床产于一个复式杂岩体中，岩浆活动历史复杂，相应地，在各种岩石中均发育类型多样的含矿脉系，并且发育丰富的硬石膏。虽然，有许多研究者对该矿床进行了多方面的研究，但多集中在成岩–成矿年代学、岩石地球化学方面，以往的研究均把这一复杂的岩浆–流体成矿演化过程简化，缺乏对该规模宏大的蚀变–矿化体系的精细解剖和成矿流体演化过程的研究。因此，还有以下问题有待深入研究：

（1）矿区内完整的岩浆–热液演化历史。前人年代学的研究集中关注驱龙矿床的成矿年龄和成矿斑岩——二长花岗斑岩的成岩年龄，而缺乏对矿区内其他侵入体，如花岗闪长岩、黑云母二长花岗岩、花岗闪长斑岩、石英闪长玢岩等的系统研究和认识；不同学者的研究或是只针对某种岩性或是采用不同技术手段，造成研究结果欠缺系统性。因而，驱龙矿区内复杂的岩浆演化、侵位序列及活动时限、与成矿有关岩浆起源、定位机制、构造动力学背景等还不清楚。此外，仍然缺乏对该矿床热液演化时限的研究。

（2）成矿岩浆–流体系统的性质。前人研究表明驱龙斑岩矿床的成矿岩石具有埃达克质性质；尽管全球范围内很多斑岩矿床都与埃达克岩石有关，但是并非所有埃达克岩石都成矿。巨型斑岩型矿床的形成需要许多有利条件的高度耦合，或是某些特殊条件。目前对于产出在与俯冲作用无直接关系的陆–陆碰撞造山背景下的该巨型斑岩矿床的成矿岩浆–流体系统的性质（如岩浆的氧逸度、硫含量，流体中硫的属性等）还知之甚少。

（3）矿区完整的蚀变–矿化特征及分带。由于前期受矿床地质勘探程度的限制，前人研究工作未能揭示驱龙完整的蚀变–矿化分带，同时也缺乏对该矿床蚀变矿物学、热液蚀变–矿化关系、水平与垂直分带、多期岩浆侵位与多期热液蚀变叠加的复杂过程及其岩浆侵位中心–热液蚀变中心–矿化中心的识别及分布的研究。

（4）流体来源及演化过程。目前，还缺乏对驱龙斑岩矿床流体来源和流体演化以及流体–蚀变过程的研究。不同成矿阶段，对应流体的温度、盐度以及 SO_4^{2-}/H_2S 等信息还不清楚。

（5）驱龙斑岩与外围夕卡岩矿床的联系。驱龙斑岩矿床外围存在知不拉夕卡岩型铜矿，新近又发现了浪母家果夕卡岩型铜矿，它们与驱龙斑岩矿床之间的相互关系、成因联系以及是否可以构成统一的成矿系统等方面亟待研究。

第四节　研究意义

最近的研究表明，与大洋俯冲作用无关的陆–陆碰撞造山背景也是斑岩型矿床产出的重要环境，亦具有产出大型–超大型斑岩型矿床的潜力；西藏冈底斯中新世斑岩铜矿带就是典型代表（侯增谦等，2004；Hou et al.，2004；Qu et al.，2004；李光明等，2006；秦克章等，2008；肖波等，2009；Li et al.，2012）。西藏冈底斯中新世斑岩铜矿带的发现和研究极大地丰富和拓展了人们对斑岩铜矿的认识和理解。尽管产出的构造背景不同，但形成在碰撞造山背景的斑岩型矿床与经典的与俯冲作用有关的斑岩型矿床，在矿化蚀变特征、蚀变分带等宏观特征上具有很多相似性。学术界对冈底斯带上新发现的这些斑岩型矿床的成矿机制、物质来源、成岩成矿模式等关键问题的研究还相对薄弱。深入研究这些与俯冲作用无直接关联的后俯冲（postsubduction）斑岩型矿床，将极大地丰富斑岩型矿床的成矿理论及拓宽找矿思路；尤其有助于增强西藏寻找世界级铜矿的信心，同时也有助于深化认识和理解青藏高原南部的地质演化历史。

勘探工作表明，驱龙斑岩铜钼矿床铜的总资源量超过1100万t，钼至少达50万t以上，从而跻身于世界级斑岩铜矿（>1000万t）（Clark，1993）的行列，超过藏东玉龙铜矿（650万t）和江西铜厂铜矿（500万t），亦已成为我国第一大铜矿。吸引了众多地质学者的研究，但是由于前期找矿勘探工作程度的制约，总结起来，前人对驱龙矿床的研究，主要集中在成岩–成矿年代学、岩石地球化学两个方面，而缺乏对矿床精细的解剖；此外，前人的研究未涉及该矿床外围毗邻的、同时代的2个夕卡岩型矿床（知不拉和浪母家果）之间的成因联系。

本书以驱龙巨型斑岩矿床及其外围的夕卡岩型矿床为研究对象，通过详细的野外工作和系统配套的室内研究，以求达到以下目的：

（1）全面揭示驱龙巨型斑岩–夕卡岩成矿系统的成岩–成矿–蚀变–矿化过程，建立该成矿系统的成岩–成矿模式。

（2）揭示碰撞造山背景下高氧化性斑岩成矿系统的岩浆起源及成矿作用；加深西藏冈底斯斑岩–夕卡岩成矿系统的研究，为区域勘查选区提供理论依据及参考实例。

（3）有助于深化对冈底斯中新世碰撞造山背景下斑岩–夕卡岩成矿系统的特点及高原南部新生代演化历史、成矿地球动力学背景的认识。

第五节　研究内容及研究方法

一、研究内容

本项研究以冈底斯中新世成矿带上规模最大的驱龙巨型斑岩铜钼矿及其外围的知不拉和浪母家果夕卡岩型矿床为研究对象，以多期次高氧化岩浆侵入–热液流体性质、演化及蚀变–矿化、斑岩–夕卡岩成矿系统为研究主线，对矿床的成岩年代学、成矿岩石学、成岩演化、矿物学、矿相学、流体作用下的热液蚀变–矿化过程以及系统综合的稳定同位素研究，以查明含矿斑岩侵入序列、岩浆来源、成矿物质来源、热液演化过程、铜–钼富集和沉淀机制，反演该矿床的成岩–成矿演化过程，查明冈底斯超大型斑岩铜钼矿床的控制因素、成矿体系的平–剖面分带，初步建立精细写实的矿床描述模型和成矿模型。

因此，确定以下几方面主要研究内容：

（1）成矿岩浆侵位序列、含矿斑岩的岩浆来源及演化研究：通过详细的野外地质调查，查明矿区的基本地质特征，从宏观上确定各种岩石单元的接触关系，查明各种浅成侵入岩与围岩地层、爆破角砾岩的接触关系，成矿斑岩与不成矿斑岩之间的相互接触关系及空间分布特征，以及斑岩–夕卡岩矿床的空间关系。通过岩相学鉴定、单颗粒锆石的LA-ICP-MS U-Pb定年，来确定矿区内各类岩石组成及形成时代，最终建立矿区完整的岩浆演化序列，探索矿区内与成矿有关的岩浆活动时限。通过全岩地球化学组成、放射性同位素分析，探索成矿岩浆的源区性质、源岩组合、起源机制和地球动力学背景，以及深部岩浆房中的岩浆演化。

（2）高氧化性的成矿岩浆–热液系统对成矿元素的富集作用研究：在俯冲背景下，高氧化的岩浆体系有利于斑岩铜矿的形成。然而在陆–陆碰撞造山背景下形成的斑岩系统，是否也具有高氧化的特征？拟通过对岩浆热液体系氧逸度敏感的矿物（如硬石膏、磷灰石、黑云母、榍石、磁铁矿等）以及全岩的 Fe^{3+}/Fe^{2+} 的详细研究来确定驱龙斑岩矿床的成矿岩浆的氧化还原状态。期望能确定冈底斯碰撞造山背景下的巨型斑岩矿床的岩浆–热液系统的氧逸度条件，探讨高氧化岩浆–流体对碰撞造山型斑岩矿床的巨量成矿元素的富集机制。

（3）斑岩成矿系统的成矿流体特征及蚀变–矿化过程的研究：在详细全面的对驱龙矿床中各种脉系、蚀变–矿化期次和蚀变类型的划分基础上，对不同期次脉系中的流体包裹体进行系统的对比研究，恢复完整的成矿热液系统的温度–盐度演化过程。通过对流体包裹体的形态学研究和各项参数的测定工作，确定成矿流体的物理化学条件，以及估算和限定斑岩体的侵位深度和流体出溶深度等问题。通过包裹体和蚀变矿物（黑云母、绿泥石、石英、硬石膏）的 H-O 同位素的研究，确定成矿流体的来源以及演化过程。探讨在流体作用下的主量元素、微量元素及稀土元素迁移和富集规律。通过对蚀变矿物（黑云母、绢云母）的 Ar-Ar 年代学的研究，查明成矿热液活动的时限，以及成矿热液活动在整个岩浆–热液体系中所处的时间阶段。通过以上研究，力求揭示驱龙巨型斑岩成矿系统精细的岩浆热液演化和矿化–蚀变过程。

（4）成矿物质来源及流体中硫的演化研究：通过对矿石矿物和共生热液硬石膏进行系统的硫同位素组成分析，探讨成矿物质来源，特别是成矿必需元素——硫的来源。此外，利用硫化物–硫酸盐共生矿物对的 $\delta^{34}S-\Delta^{34}S$ 图解来获得成矿热液的总硫同位素组成（总硫同位素（$\delta^{34}S_{\Sigma S}$）相应的 $X_{SO_4^{2-}}$ 物质的量）以及各个成矿阶段流体中硫的演化。

二、研究方法

矿区研究工作以碰撞造山成岩成矿理论、斑岩–夕卡岩成矿系统模型为指导思想，以扎实、详尽的野外观察、采样和室内系统的岩矿观察、鉴定工作为基础，应用多种现代测试技术方法和手段，进行岩石地球化学成分和同位素、成矿流体性质的精细测定，获得可靠的、高质量分析数据，进行综合的解释和推论。具体工作方法介绍如下。

1. 野外地质调查方面

在广泛收集并消化前人资料的基础上，进行全面的野外地质调查。

（1）对驱龙矿区地表进行详细全面的观察和填图，主要查明矿区范围内所有出露岩石的类型以及各种岩石之间的接触关系；驱龙斑岩矿床与邻近 2 个夕卡岩型矿床的时空关系；地表蚀变–矿化类型和平面分带特征，系统采集相关新鲜的和蚀变矿化的地表样品。对地表露头上的热液脉系产状和发育丰度进行系统测量和统计，以探讨驱龙斑岩矿床中岩浆侵位和矿化中心的空间分布。

（2）对驱龙矿区内代表性的钻孔岩芯，进行详细的岩芯观察–编录–采集工作。尤其是选择矿区内穿过成矿斑岩——二长花岗斑岩的 0 号、4 号勘探线，贯穿矿区的南北向 8 号勘探线剖面，以及贯穿矿体的东西向 05 号钻孔剖面为重点岩石类型、蚀变–矿化进行系统观察和采样。

（3）对知不拉和浪母家果夕卡岩型矿床，进行全面的地表填图和坑道、钻孔岩芯的编录，系统观察与收集夕卡岩的分带、产状，夕卡岩矿体的产状，围岩地层的特征，以及与夕卡岩有关岩体的分布特征，全面地认识斑岩–夕卡岩矿床的空间位置关系及成因联系。

2. 实验室测试方面

（1）系统整理野外采集的样品，首先是对典型的岩石、矿化、蚀变样品进行室内详细的描述和拍照；然后从中挑选出具有代表性的样品作为实验测试的对象，包括磨制岩石光薄片、包裹体片、探针片、光面以及岩石粉末样的制备、单矿物的挑选等。对磨制的岩矿光薄片，进行详细、系统的镜下鉴定工作，主要针对岩石矿物组成、岩石定名、岩矿鉴定、岩石蚀变类型、蚀变矿物鉴定和统计、矿石矿物组成及结构构造的鉴定，并拍摄相应的显微照片；在此基础上编制驱龙斑岩铜矿剖面上的蚀变矿物、金属矿物分带，勾画该斑岩成矿系统的全貌。

（2）针对驱龙矿区出露岩石类型，集中挑选了矿区各种新鲜岩石样品的锆石单矿物。分析测试采用中国科学院地质与地球物理研究所的多接收等离子质谱仪实验室的 LA–ICP–MS 仪器进行高精度的单颗粒锆石的 U–Pb 定年以及锆石微量元素和 Lu–Hf 同位素分析，同时配合热液黑云母和绢云母的 Ar–Ar 年代学的测试，查明热液成矿活动时限，建立驱龙矿区岩浆活动的演化序列以及探讨岩浆源区性质。

（3）根据岩石样品显微镜下的观察鉴定结果，选择矿区所有岩石类型中较新鲜的样品以及相同岩石类型不同蚀变程度样品进行主量元素、微量元素以及相应的 Sr–Nd–Pb 同位素的分析测试工作。为探讨成矿岩浆来源、部分熔融机制、成矿斑岩岩浆上升过程中是否受到地壳物质的混染、岩浆氧逸度条件等方面提供重要判据，进而探讨热液蚀变过程中元素的迁移富集规律。

（4）选择矿区南北向勘探线 0 线、8 线以及东西向 05 线的不同钻孔以及同一钻孔中不同深度的各种矿化脉系进行系统的流体包裹体测试工作。从中挑选部分样品进行包裹体的气相、液相成分分析和固相组成鉴定。为探讨成矿流体性质、成矿元素迁移沉淀、成矿深度等物理化学条件提供数据支持。

（5）重点针对矿区代表性的南北向 8 号勘探线以及东西向 05 号钻孔的剖面线进行研究工作，选择各种热液脉系，重点挑选各种期次脉系中共生的石英、磁铁矿、硬石膏、硫化物、绿泥石、黑云母，进行氢–氧–硫同位素分析测试，讨论成矿热液流体的性质和演化，以及成矿过程中是否有地表水或地壳硫的参与。

（6）在翔实的野外地质工作和细致的岩相学、矿相学工作基础上，运用化学分析、电子探针、激光剥蚀对造岩矿物、副矿物、蚀变矿物及金属硫化物进行系统的矿物学研究，确定矿物成分，尤其是原生矿物与次生矿物之间、不同蚀变带中相同矿物之间的差别，为探讨岩石成因、热液蚀变过程提供岩相学和矿物学证据，为岩浆–热液过程中的水岩反应提供矿物学依据和计算数据。

上述研究方法、技术路线及实验方案都是针对具体问题而设计，实验方法和技术条件合理可行，除辉钼矿 Re–Os 年龄和硬石膏原位微量元素 LA–ICP–MS 测定在国家地质测试中心和中国地质大学（武汉）、锆石–磷灰石（U–Th)/He 热年代学在澳大利亚科廷大学完成外，其他分析测试均在中国科学院地质与地球物理研究所由课题组自己动手完成。

第六节 创新及特色

本项研究以野外宏观地质调查为基础，结合室内各项现代分析测试，对西藏冈底斯中新世成矿带上最典型的驱龙巨型斑岩铜钼矿床进行全面系统的深入研究，以斑岩成矿系统为理论指导，从成岩-成矿及流体蚀变-矿化过程的角度进行研究，对丰富冈底斯中新世成矿带的研究，对深入认识碰撞造山背景下巨型斑岩矿床的特色、成岩成矿过程等方面具有创新性。本书有以下创新之处：

（1）结合矿床学、岩相学、矿物学、地球化学综合的研究和认识典型碰撞造山背景下巨型斑岩矿床的特征及其形成条件，运用多期次岩浆侵位序列、多种同位素（Sr-Nd-Pb-Hf）手段来示踪成矿岩浆来源、岩浆演化过程与巨量成矿物质富集之间的成因联系，揭示该构造背景下巨型矿床的形成机制与剥露过程。

（2）利用岩浆硬石膏这一特殊的指示性矿物，以及共生的富硫磷灰石来确定驱龙斑岩矿床岩浆成矿系统的高氧逸度状态，同时结合热液硬石膏的分带特征来共同探讨高氧化性岩浆-热液体系中氧逸度、温度、pH的变化对成矿元素的富集、迁移和沉淀的制约。

（3）系统的流体包裹体、稳定同位素（氢-氧-硫）以及热液蚀变年代学研究相结合，分析成矿流体的性质、流体活动时限和成矿岩浆-热液系统中硫的组成及演化，精细反演该矿床的蚀变-矿化过程。

（4）将驱龙斑岩矿床与其外围的夕卡岩矿床作为统一的成矿系统进行解剖，建立碰撞造山背景下该典型斑岩-夕卡岩成矿系统完整的演化序列和成矿模型。

第二章 区域地质

第一节 区域大地构造位置

驱龙斑岩铜钼矿床位于世界三大斑岩铜矿成矿域之一的特提斯–喜马拉雅成矿域的冈底斯 Cu、Mo、Pb、Zn、Au、Fe 成矿带上；大地构造位于冈底斯–念青唐古拉板片次级构造单元冈底斯陆缘火山–岩浆弧的东段。冈底斯–念青唐古拉板片（又称拉萨地体）南界为雅鲁藏布江缝合带，北界为班公湖–怒江缝合带。中生代以来南北两大板块之间俯冲、碰撞作用引起的强烈火山–岩浆活动和复杂的地质构造演化历程，造成了地球圈层间物质、能量交换（夏代祥，1985；Zhu et al.，2011），并伴随着强烈的成矿作用。

拉萨地块内部由南向北又可划分为南拉萨地块（即传统的冈底斯）、冈底斯弧背断隆带、中拉萨地块和北拉萨地块四个部分（朱弟成等，2008；纪伟强，2010）（图 2.1）。主要次级构造单元的基本地质特征简述如下，这里重点对研究矿床所在的南拉萨地体（南冈底斯）进行详细介绍。

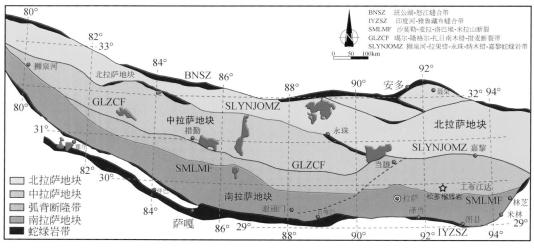

图 2.1 拉萨地块构造分区图（底图引自纪伟强，2010）

南拉萨地体主要由冈底斯火山–岩浆弧构成，以大面积火山喷发和中酸性岩浆侵入为特征。冈底斯岩基，指位于拉萨地块南缘，沿着雅鲁藏布缝合带北侧近东西向展布的一条狭长花岗岩带；其西端起始于冈仁波齐峰地区，以喀喇昆仑断裂为界与科希斯坦–拉达克岩基断开，东侧延伸到林芝地区；主要由闪长岩和 I 型花岗岩组成（Debon et al.，1986；Harris et al.，1988a，b）。此外还分布有中新生代火山岩和沉积地层，如中–下侏罗统叶巴组火山岩（耿全如等，2005，2006；董彦辉等，2006；Zhu et al.，2008）、上侏罗统—下白垩统桑日群（姚鹏等，2006；Zhu et al.，2009b）、古近系林子宗群火山-沉积地层（刘鸿飞，1993；莫宣学等，2003；周肃等，2004；He et al.，2007；Mo et al.，2008；Lee et al.，2009）、渐新世—中新世钾质-超钾质火山岩（Coulon et al.，1986；Turner et al.，1993，1996；Miller et al.，1999；Williams et al.，2001，2004；Nomade et al.，2004；赵志丹等，2006；Zhao et al.，2009；Zhou et al.，2010）。在拉萨地块北缘安多地区出露有前寒武纪片麻岩，被认为是拉萨地块前寒武纪基底的出露区（Xu et al.，1985；Dewey et al.，1988；Guynn et al.，2006）。

一、南拉萨地体

南拉萨地体主要由冈底斯火山-岩浆弧构成，以大面积火山喷发和中酸性岩浆侵入为特征（图2.2）。

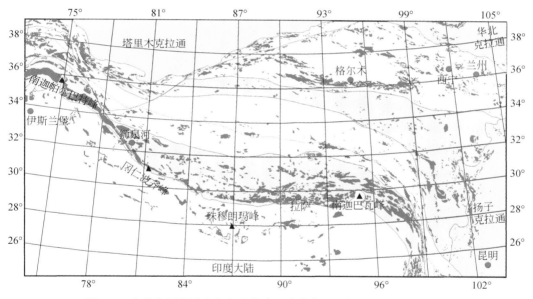

图2.2 青藏高原花岗岩与新生代火山岩分布图（据吴福元等，2008）

火山作用主要集中于晚古生代—新生代，岩性以安山岩、英安岩、石英斑岩、凝灰岩、凝灰质熔岩、火山角砾岩等为主；以当雄-羊八井大型走滑断裂为界，西部的火山活动要明显强于东部。侵入岩主要形成于燕山晚期和喜马拉雅期，冈底斯斑岩成矿系统即产于冈底斯岩浆带中。侵入岩以发育巨大的复式花岗岩基为特点，主要岩性为石英闪长岩、石英二长岩、花岗闪长岩、黑云二长花岗岩、二云二长花岗岩、微斜长石花岗岩、花岗斑岩及花岗细晶岩脉等，主要为与洋壳俯冲、陆-陆碰撞造山、造山后伸展有关的I型及I-S型花岗岩。

在冈底斯火山-岩浆弧之上，发育有近东西向展布的弧间盆地沉积，主要为一套中生代滨海相碳酸盐岩、砂岩、页岩夹中酸性火山岩建造。地层主要为上侏罗统多底沟组、中侏罗统叶巴组和下白垩统林布宗组。该带的岩浆岩分布面积占拉萨地块岩浆岩总面积的一半以上，也是冈底斯火山-岩浆弧的主要分布区域（图2.2）。

冈底斯岩基，指位于拉萨地块南缘，沿着雅鲁藏布缝合带北侧近东西向展布的一条狭长花岗岩带；其西端起始于冈仁波齐峰地区，以喀喇昆仑断裂为界与科希斯坦-拉达克岩基断开，东侧延伸到林芝地区。该岩基是主要由闪长岩和I型花岗岩组成的侵入杂岩带（Debon et al.，1986；Harris et al.，1988a）。此外还分布有中新生代火山岩和沉积地层，如中-下侏罗统叶巴组火山岩（耿全如等，2005；董彦辉等，2006；Zhu et al.，2008）、上侏罗统—下白垩统桑日群（李海平和张满社，1995；姚鹏等，2006；Zhu et al.，2009a）、古近系林子宗群火山-沉积地层（刘鸿飞，1993；莫宣学等，2003；周肃等，2004；He et al.，2007；Mo et al.，2008；Lee et al.，2009）、渐新世—中新世钾质-超钾质火山岩（Coulon et al.，1986；Turner et al.，1993，1996；Miller et al.，1999；Williams et al.，2001，2004；Nomade et al.，2004；赵志丹等，2006；Zhao et al.，2009；Zhou et al.，2010）；在日喀则及以西地区分布有日喀则弧前复理石建造（Einsele et al.，1994；Dürr，1996），为世界上出露最好的弧前序列之一（Dürr，1996），碎屑锆石年代学和Hf同位素研究表明日喀则弧前盆地主要沉积了来自北部冈底斯岩基中生代岩浆岩的剥蚀物质（Wu et al.，2010）。

中拉萨地块和北拉萨地块地区以广泛发育早白垩世火山岩和同期花岗岩为特征，如早白垩世则弄群、多尼组火山岩（朱弟成等，2008；Zhu et al.，2009a）。在拉萨地块北缘安多地区出露有前寒武纪片麻岩，被认为是拉萨地块前寒武纪基底的出露地区（Xu et al.，1985；Dewey et al.，1988；Guynn et al.，2006）。

二、雅鲁藏布江缝合带

雅鲁藏布江缝合带为拉萨地体和喜马拉雅地体的分界线，是一条典型的板块俯冲消减缝合带，通常认为它是新特提斯洋向北俯冲的产物。雅鲁藏布江结合带规模大、保存好，垂直结合带由北向南一般可以划分为冈底斯山前磨拉石带、昂仁-日喀则弧前盆地复理石楔形带和雅鲁藏布江蛇绿-混杂岩带（夏代祥等，1993）。

冈底斯山前磨拉石带分布于冈底斯岩浆弧与昂仁-日喀则弧前盆地复理石楔形带之间，由具有磨拉石特征的秋乌组和大竹卡组构成。

雅鲁藏布江蛇绿-混杂岩带是雅鲁藏布江缝合带中最重要的组成部分，分布于昂仁-日喀则弧前盆地复理石楔形带南侧，包括雅鲁藏布江蛇绿岩群、构造混杂岩带及高压低温变质带。前人研究认为该蛇绿-混杂岩带可能属于仰冲作用（suprasubduction）的产物（王成善等，2005）。

第二节　区域地层

地层区划属冈底斯-腾冲区之拉萨-察隅地层分区，该区是冈底斯铜多金属矿带中最主要的地层分区。在此将对拉萨-察隅地层分区进行重点论述。

拉萨-察隅地层分区西边以念青唐古拉山前大断裂为界（当雄-羊八井断裂），北、东接永珠–嘉黎–波密构造带，南边为雅鲁藏布江缝合带。该地层分区最老的地层为前震旦系念青唐古拉群，主要分布在羊八井地区。古生界石炭系以来的地层发育较全。

空间上，该分区地层主线呈近东西向，多呈片状、带状展布，在侵入岩较发育的地区，地层呈孤岛状零星分布。从南到北，在雅江北岸东部地区主要分布着中新元古代念青唐古拉岩群老变质岩系，中西部地区分布着晚侏罗世—早白垩世林布宗组、门中组、温区组等，另外还有少量古近纪林子宗群火山岩；往北至拉萨—墨竹工卡一带，侏罗纪—白垩纪弧间沉积地层广泛发育，还有中侏罗世叶巴组和古近纪林子宗群火山岩；再往北，从林周—松多—工布江达一线至地层分区北部边界，主要大量发育石炭纪—二叠纪地层，岩性为一套浅海–滨海沉积碎屑岩和生物碎屑岩，古近纪林子宗群火山岩成片分布在其中。由上述分布特征可以看出，地层时代在总体上从南到北有变老的趋势，石炭纪—二叠纪地层主要分布在念青唐古拉弧背断隆带，而三叠纪—白垩纪地层主要分布在拉萨–日多弧间盆地内，火山岩地层分布很广但较分散。

时间上，从中新元古代至第四纪，中新元古代念青唐古拉岩群为一套中深变质的老变质岩系，原岩为沉积碎屑岩，沉积环境为比较稳定的广海台地沉积区；古生代早石炭世诺错组为一套浅海相碳酸盐岩夹硅质岩建造，晚石炭世—早二叠世来姑组岩性则为浅海–滨海沉积碎屑岩；到了中生代中二叠世洛巴堆组和晚二叠世蒙拉组，以及中生代早中三叠世查曲浦组，岩性则变为一套浅变质的灰岩、沉积碎屑岩夹少量火山岩岩系；从中生代晚三叠世至中侏罗世，地层又复变为一套沉积岩系，岩性主要为沉积碎屑岩、生物碎屑灰岩、页岩等，其中的火山岩成分减少；到了中侏罗世，火山活动加强，形成了叶巴组钙碱性中酸性火山岩；之后，从晚侏罗世多底沟组至晚白垩世温区组，地层岩性以沉积碎屑岩和生物碎屑灰岩为主，局部地区或地段夹有火山熔岩或火山碎屑岩，总体上火山岩成分较少；古近纪火山活动急剧加强，形成了该时段具有代表性的林子宗群火山岩，岩性主要为中酸性、钙碱性火山岩；中新世乌郁群主要为一套陆相山间沉积岩系夹少量火山岩，形成环境为山间盆地河湖环境；第四系大量发育，主要为冲积、残坡积、冰碛和冰水碛，以大量发育冰碛物为特征。

第三节　区域岩浆岩

区域上岩浆岩很发育，分布广泛，既有出露面积巨大的深成侵入体，又有巨厚的火山喷发沉积岩层。主要分布在雅江断裂以北，是冈底斯火山–岩浆弧的重要组成部分之一。

一、火　山　岩

冈底斯地区火山岩出露厚度为 4500 ~ 18044m，占火山岩地层总厚度的 46% ~ 66%。主要出露于拉萨–察隅地层分区和隆格尔–南木林地层分区的地层中，是冈底斯陆缘火山–岩浆弧的重要组成部分之一。

冈底斯火山岩带位于拉萨地体南部（南拉萨地体）。火山岩呈近东西向展布，东西纵贯拉萨、申扎。以中部南木林–拉萨附近火山岩出露宽度最大；东部当雄附近火山岩出露零散，宽度较小。

火山岩在时空分布上，表现出明显的阶段性和带状展布特点。大致以拉贡拉–冬古拉–米拉山逆冲断层、谢通门–拉萨–沃卡脆韧性–韧性剪切带为界，分为北、中、南三个火山喷发岩带（表2.1）。

表 2.1　冈底斯火山–岩浆弧带含火山岩地层一览表

火山喷发岩带	地层单位	代号	火山岩厚度/m	占地层厚度百分比/%	岩石类型	火山岩组合
松多喷发岩带	蒙拉组	P_3m	0~256.3	0~64.3	中基–中性	玄武安山岩–安山岩
	洛巴堆组	P_2l	59.6~292.5	15.4~82.9	中性	安山岩
	松多岩群	AnOc	1231	100	基性	变基性火山岩或变玄武岩
设兴–拉萨–日多–青稞结喷发岩带	乌郁群	NW		（夹层）	酸性	酸性晶屑岩屑凝灰岩
	帕那组	E_2p	248.5~1015.43	80~98.32	中性–酸性	安山玄武岩–流纹岩
	年波组	E_2n	105~650.43	74.8~91	中–中酸性	安山岩–英安岩–流纹岩
	典中组	E_1d	667.7~1162.1	81.6~100	中–中酸性	安山岩–英安岩
	林子宗群	J_2el	1797.8	100	中–酸性	安山岩–流纹岩
	塔克拉组	K_1t	0~108.8	0~31.5	基–中性	玄武岩–安山岩
	林布宗组	J_3k_1l	0~480	0~16.0	中酸性	流纹岩–粗面岩
	却桑温泉组	J_2q	0~54.6	0~28	基–中性	细碧岩–安山岩
	叶巴组	K_2el	6906~9498.5	89~99.3	基–酸性	安山岩–英安岩
	麦隆岗组	T_3m	82.7	5.2	基–中性	玄武岩–安山岩
	查曲浦组	$T_{1-2}ch$	881.9	73.6	基–中性	玄武岩–安山岩
	温区组	K_2w	45.4	0.3	中酸性–酸性	英安岩–流纹岩
	比马组	K_1b	773.6~2519.4	63.3	基性–中性	玄武岩–英安岩
	麻木下组	J_3k_1m	720.6	39.5	基性–中性	玄武岩–安山岩

（1）念青唐古拉喷发岩带（北带），火山岩赋存于松多岩群、洛巴堆组、蒙拉组中。

（2）设兴–拉萨–日多–青稞结喷发岩带（中带），火山岩地层有查浦曲组、叶巴组、却桑温泉组、林布宗组、塔克拉组、林子宗群、典中组、年波组、帕那组、乌郁群。

（3）尼木–曲水–门中–桑日县喷发岩带（南带），火山岩地层有麻木下组、比马组、温区组。

火山活动时间，从前奥陶纪开始，一直到新近纪都有火山喷发及潜火山活动，以侏罗纪、白垩纪、古近纪最为强烈。火山活动环境，早白垩世及其以前的火山岩均属海相环境，晚白垩世—上新世火山岩属陆相环境（部分属陆相水下环境）。

二、侵　入　岩

青藏高原花岗岩分布广泛，有多条花岗岩带（图2.2）。尤其是高原南部沿印度河–雅鲁藏布缝合带北侧，分布着一条巨型岩浆岩带，即 Transhimalayan 岩基。全长超过3000km，其规模可以与美洲西海岸的安第斯（Andes）岩基或落基山（Rocky Mountain）岩基相媲美。该岩基带自西向东可分为三部分，分别是西部巴基斯坦的科希斯坦–拉达克岩基、西藏南部的冈底斯岩基，以及东南部的察隅–滇西–缅甸岩基，它们有时又统称为"广义"冈底斯岩基。以前认为俯冲型岩浆作用停止即代表了俯冲作用的结束（Schärer et al.，1984）；冈底斯岩基研究表明，俯冲结束后如果古老俯冲带下部源区性质没有改变，具有弧型特征的岩浆作用可以持续几十百万年。驱龙铜矿就是在这种环境下形成的。

（一）基本特征

冈底斯岩浆岩带东段侵入岩较为发育，出露面积20319km^2。岩性上有基性–中性–酸性；时间上有海西–印支、燕山–喜马拉雅期，尤以燕山期、喜马拉雅期最发育；在空间上，侵入岩在各构造单元内均有分布，只是各构造单元的成岩环境不同造成了侵入岩特征各有差异（图2.2）。侵入岩是冈底斯区岩浆带的主要组成部分，代表着中–新生代特提斯构造演化过程中板块俯冲–碰撞事件的产物。

1. 多期次、多阶段岩浆演化

冈底斯地区侵入岩的形成与板块构造运动的发生、发展、消亡密切相关。新特提斯洋向冈底斯陆块下消减至少从白垩纪开始，于古近纪中晚期印度板块与冈底斯大陆边缘碰撞，以后由于印度板块继续向北推挤而进入陆内俯冲阶段，使冈底斯区侵入岩的形成也经历了一个长期的演化过程。

冈底斯侵入岩体中已获同位素年龄值多在130～15.9Ma，为白垩纪至中新世。在冈底斯区中部米拉山口以北地区发现了晚三叠世中酸性侵入岩体，同位素年龄为218.0～235.6Ma（K–Ar法；夏代祥等，1993）。

侵入岩多以复式岩体（岩基）产出，形态以呈近东西向展布的似椭圆形为主，其内部往往由两种或两种以上岩石类型组成，一般边部分布的是较中性的岩石类型，往内为中酸性和酸性岩石类型，岩体具多次脉动和涌动特征。花岗岩类的分布特征受控于板块机制，I 型、I–S 型和个别 S 型花岗岩出露于雅江北冈底斯火山–岩浆弧（活动陆缘），而在雅江南侧的喜马拉雅构造带内则为 S 型花岗岩。

2. 岩石类型复杂，岩石演化系列较完整

侵入岩岩石类型有：辉长苏长岩、辉长辉绿岩、辉长闪长岩、闪长岩、石英闪长岩、英云闪长岩、花岗闪长岩、二长花岗岩、中（细）粒斑状角闪黑云花岗闪长岩、中粒斑状角闪黑云二长花岗岩、中粗粒巨斑角闪黑云二长花岗岩、中粗粒角闪钾长花岗岩、细中粒斑状角闪黑云二长花岗岩、细粒斑状黑云二长花岗岩、中粒黑云二长花岗岩、细中粒钾长花岗岩、细粒白岗岩、黑云花岗斑岩等。总的特征以成分演化为主，也有结构演化系列及成分和结构双重演化系列。空间上，一般边部为基性–中性，中心为酸性；时间上，早期为基–中性，晚期为酸性。I 型和 I–S 型花岗岩类岩体从早到晚成分演化明显，S 型花岗岩类岩体结构演化明显。

3. 岩浆侵入与火山喷发关系密切

空间上侵入岩与火山岩伴生，成生关系密切。如比马组、旦师庭组中基性、中酸性火山岩，与辉长苏长岩、辉长闪长岩、辉长辉绿岩、闪长岩、石英闪长岩、石英二长闪长岩、英云闪长岩、花岗闪长岩都分布于冈底斯区南部的尼木—曲水—昌果—藏巴一带。典中组和帕那组中—酸性火山岩与主侵入期（始新世）二长花岗岩展布于帕布—羊应—古荣—林周一带。时间上，侵入岩稍晚于火山岩，侵入岩与火山岩呈侵入接触关系。侵入岩的形成与火山活动有明显的对应关系，二者岩石成分特征十分相似。

4. 侵入岩（体）呈带状分布

冈底斯区内呈串珠状分布的复式岩体和侵入体组成了一个巨大的东西向岩浆岩带，根据构造控制规律，由北而南可以划分为那曲-沙丁、措勤-申扎、念青唐古拉-工布江达、拉萨-墨竹工卡、谢通门-曲水五个次级构造岩浆带。侵入岩主要为花岗岩类，时间上从早二叠世到新近纪都有出露，其中燕山期和喜马拉雅期为侵入高峰。在时代演化方面，有从北往南、从东到西由老变新的趋势。

（二）构造岩浆岩带侵入岩（体）特征

1. 拉萨-墨竹工卡构造岩浆带

分布于冈底斯-下察隅晚燕山期—喜马拉雅期火山岩浆弧带内的北部拉萨弧间盆地，共发育约232个侵入岩体，主要为花岗（斑）岩、二长花岗（斑）岩、黑云母二长花岗（斑）岩、正长花岗岩、花岗闪长（斑）岩、石英闪长（玢）岩、石英闪长岩、斜长花岗岩等。此外，该岩带中段古近纪末期基性和酸性超浅成次火山岩体很发育。

2. 谢通门-曲水构造岩浆带

分布于冈底斯-下察隅晚燕山期—喜马拉雅期火山岩浆弧带内的冈底斯南缘岩浆弧带，北以谢通门-拉萨-沃卡脆韧性-韧性剪切带为界，南以恰布林-江当断裂和雅鲁藏布江结合带北缘断裂为界，共发育侵入岩体约209个，主要为白垩纪基性-中酸性岩体，其次为古近纪中酸性岩体。岩石类型主要为：花岗闪长（斑）岩、二长花岗闪长（斑）岩、二长花岗（斑）岩、石英闪长岩、石英二长岩、辉长闪长岩、正长花岗岩等。

根据统计结果，冈底斯地区共发育斑岩约75个（不包括潜火山岩和岩脉），分布在上述三个构造岩浆带中。目前在墨竹工卡县的驱龙、谢通门县的洞嘎，东西长约400km，南北宽约50km的范围里，发现多个具有找矿前景的斑岩型铜-钼矿床（点）、铜金矿床和夕卡岩型铜铅锌（金）矿床（点）（图2.3）。

综上所述，冈底斯巨大的火山-岩浆带，东西延伸长度达3000km以上。它的形成与雅鲁藏布江洋盆的俯冲消亡和印度-亚洲大陆碰撞造山作用密切相关，其主体形成于燕山晚期—喜马拉雅早期，冈底斯斑岩铜矿带即产于冈底斯中-新生代火山-岩浆弧带的中部花岗质岩石中。在20~14Ma左右，冈底斯造山带发生东西向走滑伸展，产生近南北走向的正断层、随后向裂谷方向演化，与高原加速隆升和南北向裂谷事件相对应。冈底斯造山带发育一套深源钾质高位花岗质小岩体侵入，这可能是冈底斯斑岩-夕卡岩矿化的主要地质事件。

始新世花岗岩仅分布在林周盆地的东部边缘，区内出露面积约311.66km²。主要岩性为石英二长斑岩，局部出现石英二长岩和二长花岗岩。该岩石侵入于石炭系-二叠系来姑组中，后又被同时代的火山岩呈火山沉积不整合覆盖。始新世侵入岩的岩性单一，主要为石英二长斑岩，局部因为石英含量的增高过渡为二长花岗斑岩。二者之间呈渐变过渡关系。

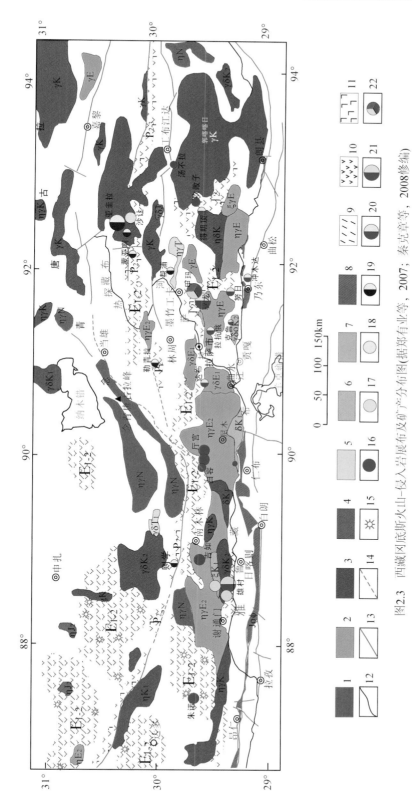

图2.3 西藏冈底斯火山-侵入岩展布及矿产分布图(据郑有业等, 2007; 秦克章等, 2008修编)

1.新近纪酸性-中酸性侵入岩;2.古近纪酸性-中酸性侵入岩;3.白垩纪酸性-中酸性侵入岩;4.侏罗纪酸性-中酸性侵入岩;5.三叠纪酸性-中酸性侵入岩;6.中性侵入岩;7.基性侵入岩;8.蛇绿岩;9.酸性火山岩;10.中性火山岩;11.基性火山岩;12.地质界线;13.实测断层;14.推测断层;15.火山口机构;16.铜矿床;17.金矿床;18.钼矿床;19.铅锌矿床;20.铜钼矿床;21.铜金矿床;22.多金属矿床

石英二长斑岩多呈灰白色、肉红色、斑状结构，基质多为微晶结构或隐晶质结构。主要由斑晶和基质组成，斑晶平均占 30% 左右，而基质占 70% 左右，斑晶由钾长石、斜长石、石英、黑云母、角闪石和辉石组成，其中石英和辉石斑晶只在个别岩石中出现，其平均含量小于 1.0%。

（三）赋矿斑岩特征

冈底斯成矿带含矿斑岩体岩石学性质具有以下特征：

（1）含矿斑岩体为复成分花岗质复式岩体中的浅成或超浅成相中酸性小型侵入体，复式岩体在喜马拉雅期侵位于冈底斯南缘燕山晚期—喜马拉雅早期弧火山–沉积建造或中酸性侵入岩浆岩建造中，受南北向或北西向、北东向断裂构造的控制，控矿构造为两组或多组构造的交汇部位。

（2）主要的含矿岩石类型有：石英二长斑岩、黑云母二长花岗斑岩、二长花岗斑岩、黑云母花岗闪长斑岩和似斑状黑云母花岗岩、似斑状二长花岗岩等，尤以（黑云母）二长花岗斑岩、（黑云母）花岗闪长斑岩、石英二长斑岩最为重要。

（3）斑岩呈斑状结构，块状构造，斑晶含量介于 15%～45%，粒度介于 0.2～3cm 不等，斑晶由斜长石、钾长石、石英和黑云母等组成。基质为显微晶质，主要由长英质矿物组成。

（4）斑岩体的形成时代较新，通过对冈底斯成矿带的部分成矿斑岩进行的 SHRIMP、Re-Os 和 K-Ar 同位素年龄测试，斑岩铜矿的成岩年龄、蚀变年龄和成矿年龄介于 22.2～12.2Ma，与曲晓明等（2001）用辉钼矿 Re-Os 法测定的成矿年龄（为 14.67±0.2Ma）显示出较好的一致性，为喜马拉雅期晚阶段的产物。

（5）冈底斯斑岩铜矿带的含矿斑岩体呈串珠状分布的小岩株状产出，或呈椭圆状、岩脉状、不规则带状、环带状、近圆状，单一岩相（斑）岩体，复式杂岩体多数为 1～3km²，个别可达 11km²。岩体的产出受控于近东西向大型脆韧性剪切带北侧的北东、北西向和南北向几组次级断裂的交汇部位。

（6）大多数矿区的斑岩体刚被剥露至地表，多数岩体还见有残留的围岩顶盖，显示出含矿斑岩体的剥蚀深度较浅。另外，尼木矿田部分斑岩体施工的钻孔中，亦见较多的萤石和电气石化，因为 F、B 等元素是斑岩铜矿中典型的蚀变前锋元素，显示出主矿体目前尚未剥露出地表。

（7）在同一个矿区范围内，斑岩型矿床常常与夕卡岩型矿床以及热液脉型矿床密切共生（如驱龙斑岩矿床旁边的知不拉夕卡岩 Cu 矿和浪母家果夕卡岩 Cu 矿），但是也存在单一的斑岩型矿床和单一的夕卡岩型矿床；矿化类型除铜是主要的成矿元素之外，还常常伴生钼、铅、锌、金、银等；这些矿床往往形成一组矿床组合系列，其形成与斑岩有成因联系。

综上所述，西藏冈底斯成矿带斑岩型铜矿床的含矿斑岩体的岩石学性质与我国广大地区的其他同类型矿床总体相似（表 2.2），与斑岩铜矿床有关的岩浆岩主要是花岗闪长斑岩、石英二长斑岩、二长花岗斑岩、花岗斑岩（芮宗瑶等，1984；冶金地质研究所，1984）。与国外斑岩型铜矿对比（表 2.3），我国斑岩铜矿的主要特点基本一致，即这类矿床的成矿作用主要与中偏酸性的浅成–超浅成小型侵入体有成因联系，但冈底斯新生代斑岩铜矿床的成矿斑岩偏向中酸性一侧。

表 2.2　我国 54 个斑岩型矿床含矿斑岩体的岩石类型

铜（钼）型矿床			钼（铜）型矿床		
岩石类型	岩体个数	比例/%	岩石类型	岩体个数	比例/%
花岗闪长斑岩	19	42.22	花岗斑岩	4	44.44
二长花岗斑岩	13	28.89	（似）斑状花岗岩	2	22.22
（似）斑状花岗岩	2	4.44	二长花岗斑岩	1	11.11
花岗闪长岩	2	4.44	花岗闪长斑岩	1	11.11
石英二长斑岩	2	4.44	石英闪长岩	1	11.11
闪长岩	2	4.44			
石英闪长岩	1	2.22			
石英闪长玢岩	1	2.22			
石英闪长斑岩	1	2.22			
花岗斑岩	1	2.22			
流纹斑岩	1	2.22			
合计	45	100	合计	9	100

注：据芮宗瑶等（1984）补充，其中铜（钼）型矿床补充乌奴格吐山、驱龙、甲玛、多龙、土屋、延东、包古图、朱诺、厅宫、冲江、岗讲；钼（铜）型矿床补充圆珠顶和纳日贡玛。

表 2.3　国外斑岩铜矿区含矿岩浆岩岩石类型统计表

成矿带		花岗闪长岩–石英二长岩类（以中酸性岩为主）	石英闪长岩–闪长岩类（以中性岩为主）	闪长岩–花岗闪长岩–花岗岩类（以酸性岩为主）
太平洋成矿带	太平洋两岸大陆边缘及其内侧构造活动带	32	9	8
	岛弧区	5	11	—
阿尔卑斯–喜马拉雅成矿带		7	6	
蒙古–鄂霍次克成矿带		11	—	1
合计		55（占 61.1%）	26（占 28.9%）	9（占 10%）

注：据《矿床学参考书上册》，1985，90 个矿区资料统计。

（四）含矿斑岩的矿化蚀变特征及地表矿物特征

冈底斯南带斑岩铜矿床沿吉如—厅宫—达布—驱龙—吹败子一线分布。冈底斯斑岩铜矿床具有以下特点：

（1）矿化深度和剥蚀程度。冲江、厅宫矿区的铜矿化以浸染状和团斑状为主，次为细脉状，矿化出露的标高为 4600～4700m；金属矿物主要为黄铜矿、黄铁矿、辉钼矿和斑铜矿，显示出中部和中浅部矿化的特点。驱龙铜矿以细脉状矿化为主；矿化地表出露标高为

5000～5350m，黄铁矿多于黄铜矿，辉钼矿和斑铜矿少量，外围有夕卡岩矿体伴生，显示出浅部或顶部矿化的特点。

（2）蚀变带特征。驱龙矿区的蚀变带分布面积达30km²余，在地表主要发育黄铁绢英岩化、黏土化和青磐岩化等蚀变，且蚀变带的分布不连续，钾化硅化主要见于深部钻孔中，同时还见有大量的硬石膏等蚀变；而冲江、厅宫等矿区的蚀变带分布面积略小于10km²，且在地表岩体的蚀变带发育齐全而完整，具由钾硅化—石英绢云母化—青磐岩化的完整的蚀变分带（李金祥等，2007），泥化带受断裂破碎带控制，并主要分布于青磐岩化带和绢英岩化带之间或叠加于青磐岩带之上。钾化、硅化在地表即可见及。

（3）矿化与蚀变的关系。斑岩铜矿化与钾化、硅化和绢英岩化三种蚀变作用密切相关。如厅宫矿区主要的铜矿体主要产于钾化带或钾化带叠加绢英岩化带的部位，以钾化带叠加绢英岩化带部位铜品位相对较高，构成主要的工业矿体。找矿评价工作重点部署在钾硅化–绢英岩化叠加带部位最为有利，其次为钾硅化带。

（4）成岩成矿年龄。驱龙矿区的成岩成矿年龄较冲江、厅宫等矿区稍老，显示冈底斯铜矿带斑岩侵位年龄和蚀变矿化年龄似有从东向西逐渐变新的变化趋势。

第四节　区域构造变形

一、构 造 格 架

区域构造主线呈东西向展布，既有因南北两大板块碰撞挤压而形成的以近东西向为主的超岩石圈断裂，也有因构造转换而形成的以拉张为特征的北东向和近南北向构造及因岩浆活动、热穹窿构造等引起的环形构造。

二、主要断裂构造特征

（一）谢通门–拉萨–沃卡脆韧性–韧性剪切带

谢通门–拉萨–沃卡脆韧性–韧性剪切带横穿冈底斯中部，它是冈底斯–下察隅晚燕山期—喜马拉雅期火山岩浆弧带内一条重要界线，它控制了白垩纪和古近纪的火山和岩浆活动。该剪切带平面上呈舒缓波状近东西向展布，宽窄不一，一般宽约1.5km，主要显露在塔玛乡、努玛、师布弄等地，宽可达2.5～3.1km。

该剪切带穿切地质体复杂，从而也就出现了多样的构造岩。主要构造岩石类型有构造片岩、糜棱岩、初糜棱岩、糜棱岩化花岗岩和构造角砾岩、碎裂岩、碎斑岩、碎粉岩等。其中构造片岩较为少见，糜棱岩和糜棱岩化岩石分布于整个构造带。剪切带中常见S-C组构、旋转碎斑、核幔结构、拉伸线理、动态重结晶、双晶弯曲、晶体错位、波状消光、边缘粒化、拔丝构造，局部出现压力影、多米诺骨牌、"S"形旋斑、石英蠕虫状亚颗粒以及包体压扁拉长和S形弯曲变形。由于受应力变形作用，沿糜棱面理形成Bi+Ep+Zo+Ser+Pl+Q变质矿物组合，属低绿片岩相，为与应力作用同步、温压条件相当的构造变质作用。

该韧性剪切带表现其具有逆冲、斜冲和平移剪切的不同阶段、性质的多重动力学特征，是一个经历长期活动、多阶段演化，并具不同方向、不同性质、不同动力学机制和运动学特点的复杂构造带。该断裂带横跨驱龙矿区中北部，它可能控制了驱龙矿区含矿斑岩的北部边界。

（二）恰布林–江当断裂

恰布林–江当断裂是日喀则弧前盆地与冈底斯–下察隅晚燕山—喜马拉雅期火山岩浆弧带的分界断裂。该断裂在走向上呈缓波形态。沿断裂常见昂仁组复理石逆冲至大竹卡组三段之上。在恰布林南局部并见透镜状灰岩沿断裂逆冲其上，发育构造破碎带，宽 0.2 ~ 1.5m，其中见断续出现的挤压透镜体和构造角砾岩，断面上见有擦痕。产状为 200° ∠69°，破碎带一般宽 8 ~ 10m。总体来看，恰布林–江当断裂各种特征均表现为由南而北的挤压上冲、逆掩叠盖的特点。它控制着白垩纪至古近纪的磨拉石沉积。

（三）雅鲁藏布江复合深大断裂带

雅鲁藏布江复合深大断裂带是冈底斯地区最大的区域性断裂带，也是一级构造单元印度陆块和拉达克–冈底斯–拉萨陆块之间的雅鲁藏布江结合带部位。西起仁布县墨卓村，东至朗县子峰，东西两端分别延入邻区；大体沿雅鲁藏布江展布，长近 300km，宽 0.5 ~ 9km 不等，泽当一带出露最宽；走向近东西，向南倾，倾角 50° ~ 60°；很多地段被第四系覆盖。它通过的部位就是构造混杂堆积带，也即雅鲁藏布江结合带的位置。

该断裂带是长期活动的复合断裂。据目前所获资料，它至少有三期活动。早期是冈底斯–念青唐古拉板块和喜马拉雅板块碰撞活动，其边界为韧性断裂，断裂带由若干个冲断岩片（块）组成，岩片之间亦为韧性断裂所隔。中期为走滑活动，属脆–韧性变形，有大量的旋转碎斑系和一系列配套的褶皱为佐证。晚期表现为脆性断裂活动，被卷入的地层是大竹卡组。根据温泉和地震等资料，该断裂至今仍在活动。

（四）当雄–大竹卡走滑断裂带

当雄–大竹卡北东向大型走滑断裂是该区最为重要的一条断裂构造，由当雄经羊八井、麻江至大竹卡延伸至藏南，是一条长期活动的左行断裂带，是隆格尔–南木林地层分区和拉萨–察隅地层分区的界线。与此断裂构造相伴生的侵入岩年龄为 21 ~ 23Ma（西藏地质志，1993）。

此外在当雄–大竹卡北东向大型走滑断裂的西侧发育一套与走滑断裂基本平行的大型韧性剪切带，发育于中新元古代念青唐古拉岩群及古近纪和新近纪花岗质侵入体中，宽约 6km。

（五）米拉山–松多晚古生代碰撞结合带

位于米拉山–松多晚古生代碰撞结合带北缘，该碰撞结合带呈近东西向展布，经扎日南木错南、措麦、查仑至纳木错一带，是一条区域性大断裂，主断面总体向南倾，倾角 46° ~ 75°，局部断面向北陡倾（60° ~ 74°），早期为中深层次构造作用，后期为走滑断层，发育断层角砾岩、破裂岩、碎粉岩。在德庆一带被第四系覆盖。东部夹于念青唐古拉岛链带和南部的冈底斯火山–岩浆弧之间，以侵位于念青唐古拉群中的一系列超基性岩体为特征。

第五节　区域地球物理场与成矿

一、区域地面岩矿石磁性特征

主要地质体磁性测量结果见表2.4。从表中可见，叶巴组是驱龙矿区出露的主要地层，属中等磁性，具磁性不均匀、变化范围大的特点。其他地层属无–弱磁性层。

表2.4　各时代地层磁化率和剩余磁化强度统计一览表

地层时代		岩石地层	块数	$\kappa/$ ($10^{-6} \times 4\pi$SI)		$Ir/$ ($10^{-3} \times$A/m)	
				变化范围	平均值	变化范围	平均值
白垩纪	晚白垩世	设兴组（K_2s）	3	61～184	121	7～16	12
	早白垩世	塔克那组（K_1t）	7	76～305	153	6～27	15
		楚木龙组（K_1c）	62	0～310	118	0～117	22
	早白垩世—晚侏罗世	林布宗组（J_3K_1l）	41	37～345	139	2～144	28
侏罗纪	中–晚侏罗世	多底沟组（$J_{2-3}d$）	67	0～637	118	0～150	19
	中侏罗世	却桑温泉组（J_2q）	3	61～143	110	8～12	10
		叶巴组（J_2y）	169	31～4260	816	5～1464	335

岩浆岩的磁性具有随基性程度的增加而增强，随酸性程度的增加而降低的一般规律。由于成岩时物理、地质条件的差异，这类岩石具有磁性不均匀，变化范围大的特征。该区岩浆岩广泛分布，因此，岩浆岩的种类及分布是引起磁异常并使其复杂化的主要原因。

中侏罗世火山岩为一套浅海相中酸性–酸性火山岩，构成叶巴组（J_2y）地层主体，其中，安山岩磁化率平均值：$1079 \times (10^{-6} \times 4\pi$SI)，变化范围：（100～3290）$\times (10^{-6} \times 4\pi$SI)；火山角砾岩磁化率平均值：$894 \times (10^{-6} \times 4\pi$SI)，变化范围：（95～4260）$\times (10^{-6} \times 4\pi$SI)；凝灰岩磁化率平均值：$727 \times (10^{-6} \times 4\pi$SI)，变化范围：（86～3299）$\times (10^{-6} \times 4\pi$SI)。火山岩具有弱–中等强度的磁性，具有磁性不均匀，变化范围较大的特点，是造成叶巴组地层出露区磁异常变化的主要原因。

区内侵入岩类型复杂，中性–酸性–酸碱性岩均有出露，前已叙述，其岩石类型以花岗闪长岩及二长花岗岩为主，次为石英闪长岩、英云闪长岩等。侵入体之间存在着内在的演化关系，以复式岩体出现，表现为在空间上边部偏中性，中心部位为酸性；时间上早期为中性，晚期为酸性。区内与区域构造断裂、裂隙有关的脉岩发育，岩石类型较多，成分上与早期浅成侵入体和深成侵入体相似，多偏中性–基性，测定结果也说明了这一特点，测定结果见表2.5，其中花岗岩磁化率平均值：$508 \times (10^{-6} \times 4\pi$SI)，变化范围：（64～2401）$\times$（$10^{-6} \times 4\pi$SI）；花岗闪长岩磁化率平均值：$765 \times (10^{-6} \times 4\pi$SI)，变化范围：（68～2459）$\times$

（$10^{-6}\times4\pi SI$）；石英闪长岩磁化率平均值：$701\times$（$10^{-6}\times4\pi SI$），变化范围：（$110\sim2759$）×（$10^{-6}\times4\pi SI$）；英云闪长岩磁化率平均值：$818\times$（$10^{-6}\times4\pi SI$），变化范围：（$63\sim2589$）×（$10^{-6}\times4\pi SI$）；二长花岗岩磁化率平均值：$706\times$（$10^{-6}\times4\pi SI$），变化范围：（$85\sim3273$）×（$10^{-6}\times4\pi SI$）。侵入岩具有弱–中等强度的磁性，且变化范围较大，说明侵入岩体是引起本区局部磁异常并使其复杂化的主要机制，见表 2.5。

表 2.5 岩（矿）石磁性参数统计一览表

岩 性			块数	$\kappa/(10^{-6}\times4\pi SI)$		$Ir/(10^{-3}\times A/m)$	
				变化范围	平均值	变化范围	平均值
变质岩		板岩	6	$99\sim549$	198	$9\sim150$	68
沉积岩		灰岩	67	$0\sim637$	118	$0\sim66$	16
		砂岩	114	$0\sim345$	123	$0\sim117$	23
岩浆岩	火山岩	安山岩	30	$100\sim3290$	1079	$21\sim1291$	519
		火山角砾岩	42	$95\sim4260$	894	$5\sim1464$	419
		凝灰岩	93	$86\sim3299$	727	$7\sim1385$	251
	侵入岩	安山玢岩	41	$85\sim2745$	459	$6\sim1056$	175
		石英闪长玢岩	18	$42\sim3406$	669	$29\sim1338$	330
		玢岩	9	$128\sim2286$	923	$7\sim1723$	261
		花岗闪长岩	41	$68\sim2459$	765	$26\sim2047$	564
		花岗岩	22	$64\sim2401$	508	$16\sim1413$	316
		石英闪长岩	49	$110\sim2759$	701	$5\sim1457$	365
		英云闪长岩	12	$63\sim2589$	818	$22\sim1471$	521
		二长花岗岩	47	$85\sim3273$	706	$21\sim1626$	376
		流纹斑岩	39	$67\sim2537$	595	$15\sim1295$	312

二、地面高精度磁场特征

驱龙地区地面高精度磁测资料显示，驱龙地区磁异常特征较复杂，总体呈现平稳背景场上叠加剧烈跳跃的特征。磁异常最大值为 1780nT，位于测区西部的拉木洛日，最小值为 –940nT，位于测区西部的拉木洛日北约 2km 处。测区北部为平稳背景场，其间异常曲线有个别的小幅跳跃变化；东南部为平缓变化的线性梯度带；测区中部磁异常复杂多变，为正负交替的剧烈跳跃变化。

按磁异常展布特征，北以贡堆岗–土加–巴嘎日断裂西段和扎西岗沟为界，南大致以亚玛雄—章普—敦冲—希隆朗一线为界，将测区磁异常划分为 3 大区域：拉木–巴洛平稳背景区；主西–普隆岗–加嘎巴强烈变化区；有泽–阿党过渡区（图 2.4）。

（一）拉木–巴洛平稳背景区

该区磁异常曲线表现为平缓特征，以正值为主，异常变化范围为 –80~160nT。在甲马

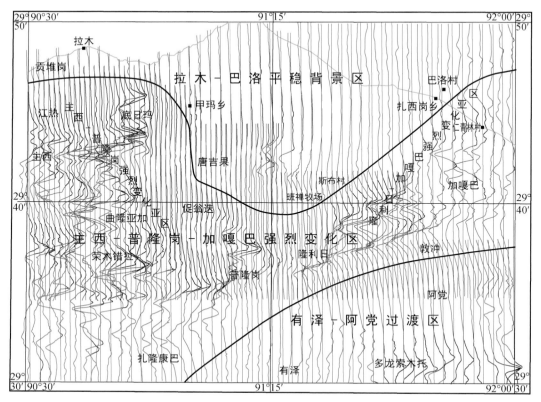

图 2.4　驱龙地区磁力（ΔT）异常分区图

地区、巴洛以北地区，磁异常曲线在背景场上叠加有小幅的跳跃变化，异常强度最大为 480nT。

此区发育众多的复背斜、向斜。主要出露楚木龙组地层，东北角零星出露塔克那组、设兴组等地层，背象山一带出露多底沟、林布宗组等地层。各地层磁化率约为 $100 \times (10^{-6} \times 4\pi \text{SI})$，均为无–弱磁性火山碎屑沉积物，与该区平稳的磁场特征相对应。

（二）主西–普隆岗–加嘎巴强烈变化区

该区是测区内最显著的高磁异常区，最高极值近 1800nT。按磁异常的起因及形态特征的不同，该区出露的叶巴组地层属弱–中等磁性层，但受层内安山岩等中性火山岩的影响，磁性变化较大，所形成的磁异常并不明显。黑云二长花岗岩、石英闪长花岗岩等侵入岩体也为弱–中等磁性体，且分布范围较大。经分析对比，侵入体与该区磁异常对应关系较好，在出露边界及内部均显示正磁异常，因此可以认为，侵入岩体是该区磁异常形成的磁源体，尤其是侵入岩体内的中性成分——闪长质包体使该区磁场更加复杂化，或强或弱，显示出叠加磁异常特征。

区内南北、北西向断裂较为发育，沿断裂带附近已发现多个矿床点（底日玛、驱龙等多金属矿床与矿点），是勘测的重点区域。

（三） 有泽–阿党过渡区

区内大部分区域为平缓变化的过渡带，东部及南部异常曲线有小幅跳跃，东部以正值为主，南部以负值为主。由于东南边为测区边界，异常形态表现不完整，表现为自中间向南北两侧由平缓变化逐渐过渡到跳跃变化的态势，并以较宽缓的梯度带形式表现这一过渡，梯度变化约50nT/km。

该区断裂发育，近南北向、北东向、北西向断裂纵横交错，南部边缘出露新生代陆缘岛弧S型、I–S型花岗岩体，其他大部分区域出露中生代陆缘岛弧火山岩叶巴组地层。叶巴组地层是区内弱–中等磁性层［层段内大部分标本磁化率为（30～1500）×（10^{-6}×4πSI）］，可形成强度较小的磁异常，并叠加在上述过渡区磁场之内，说明该区磁异常特征与地质条件相吻合，基本反映了该区域的物性特点。

综上所述，驱龙地区磁力（ΔT）异常总体呈现平稳背景场上叠加剧烈跳跃的特征。由于测区处于冈底斯岩浆弧带上，发生过多期岩浆侵入活动，形成了众多的深、浅成侵入岩体，并且分布广泛，使叶巴组地层这一弱–中等磁性层形成的磁异常淹没于侵入岩体异常之中，造成了测区磁异常以岩体形成的强烈变化异常为主导并叠加在背景场上的格局。尤其是主西–普隆岗强烈变化亚区，呈正负交替剧烈跳跃的特征，异常梯度变化大，异常曲线陡窄，是驱龙地区变化幅值最大的区域，对找矿具有明显的指示意义。

三、大地电磁、地震剖面特征

（一） 深反射地震剖面特征

根据赵文津和INDEPTH项目组（2001）的广角地震观测结果（图2.5），冈底斯地区地壳结构总体可以分为三层：第一层为沉积层，层地震波速度为5.2～6.0km/s，厚度平均约15km。第二层包含结晶地壳、高速夹层、速度逆转层等，结构较复杂，层速度6.8～6.5km/s（高速夹层除外），层厚平均约30km；高速夹层速度最高达6.8km/s，呈透镜状，最厚处约5km，相当于在江孜–羊八井地段之下，长度约140km。第三层为下地壳，层速度6.8～7.8km/s，层厚约30～40km，该层速度横向变化较大，在相当于雅鲁藏布江缝合带处，70～80km深度范围内下地壳有一个7.4～7.8km/s的高速异常；而在相当于麻江–雪古拉处的模型上，70～80km深度范围又出现速度相对较低的异常（6.4～6.8km/s）。

穿越雅鲁藏布江缝合带进行的深反射地震观测结果显示，在雅鲁藏布江缝合带以下的中地壳中发现了反射层（被称为"横穿雅鲁藏布江反射层"），位于雅鲁藏布江以南约25km到雅鲁藏布江以北约50km的地下，向北倾斜，倾角从南部的大约8°增加到北部的大约30°。该反射层之上的地壳的P波速为5.5～6.4km/s，发射层之下P波速为6.4～6.8km/s。"横穿雅鲁藏布江反射层"被解释为藏南中地壳部分熔融带的顶部，它截断了雅鲁藏布江缝合带向下的延伸，表明该缝合带在深部为一些年轻的构造切断或叠覆（Alsdorf et al.，1998）。在冈底斯岩基之下深地壳（深40～60km）中出现的、向北约40°倾斜的明显反射层，可能标志雅鲁藏布江缝合线的下倾，或说明下地壳中有一年轻的逆断层或者两者都有（Alsdorf et al.，1998）。在亚东–谷露裂谷的东段，特别是羊八井地热区，

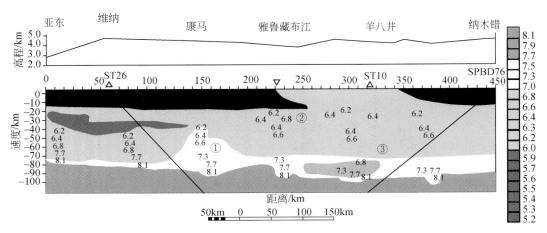

图 2.5　地壳结构模型二维速度（km/s）等值线图（据赵文津和 INDEPTH 项目，2001）
①壳内低速带；②高速夹层；③正常下地壳

下面也有许多亮点反射，在 15～18km 深处，共同组成明显的反射层或反射带，被称为羊
八井–当雄反射层，说明与该反射层重合的熔融体界面之上局部有固体出现，推测该反射
层代表该区下面的中地壳部分熔融层，石耀霖（1992）认为该熔融层的产生与洋壳俯冲完
毕后陆内俯冲带的消亡有关。

（二）　大地电磁剖面特征

根据穿越研究区的大地电磁测量（INDEPTH–MT）结果（图 2.6），研究区具以下电
性特征（赵文津和 INDEPTH 项目组，2001）：①从亚东至雪古拉，以 20km 深度为界，岩
石圈可以分为上下两个部分，其中上部地壳由南到北，地壳视电阻率呈低、高、低、高相
间分布。②雅鲁藏布江高阻区（220～10000Ω·m）跨越了雅鲁藏布江，深达 20～25km，
截断了南北低阻层。③雪古拉高导电层，深为 5km 左右，其深部 25km 以下是高阻区
（100～250Ω·m）；江孜–雪古拉下 30km 深处的极低阻区（几欧姆米至 22Ω·m）与南部
的导电层断断续续地连接，大体上从康马向北延伸到雪古拉以北。④雪古拉–当雄为北东
向楔状高阻区，南西薄、北东厚，北东段最厚为 25kn，视电阻率为 100～1500Ω·m，近
地表电阻率已很高；深部为低阻区，为几十欧姆米，在南部和北部 10～20km 深处都有低
阻层出现，这就是有名的羊八井地热区所在。⑤当雄附近地表几千米深范围内有一低视电
阻率体，向西南倾斜，其上下均为高阻区，而在高阻区之下，约 5km 深处有一局部极低阻
区，低到 1Ω·m 以下，下延达 40km 深，这一低阻体向东南延伸到林周，水平距离可达
60km。⑥达孜–当雄，在 10～20km 以上为高电阻层，仅仅在当雄裂谷附近有一低电阻体，
它是纳木错附近地表处向当雄地堑之下延伸，深度达几千米；而在 10～20km 之下，整条
剖面的电阻率是相对较高的（<200Ω·m），导电的中地壳有几个高导区（几欧姆米），其
中位于当雄–羊八井地堑下方的高导区与 INDEPTH 深反射剖面上的亮点相一致。在 30km
之下整个测量地段视电阻率随着深度增加而加快降低，但是裂谷东南部电阻率更低一些。

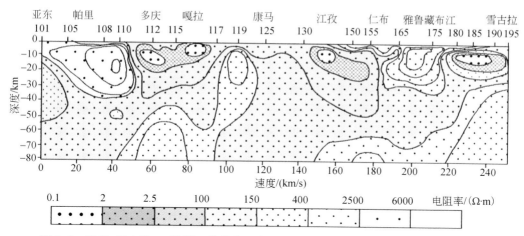

图 2.6　亚东–雪古拉 V5 数据二维联合反演图（据赵文津和 INDEPTH 项目组，2001）

四、区域磁场与矿产分布的关系

根据区内已知主要矿床、矿（化）点的分布，结合区域重、磁场分布规律，可得出以下 4 点基本认识。

（1）与基性、超基性岩有关的矿产。以铬、铂、金、金刚石、蛇纹岩玉、翡翠等为主，主要在雅鲁藏布江缝合带中，并受"雅江"大断裂控制，有条带状高磁异常。

（2）与中基性、中酸性岩浆岩有关的矿产。以铜、钼、金、银、铅锌等矿产为主，主要分布于冈底斯火山–岩浆杂岩带中南部。如谢通门—南木林—尼木—拉萨—墨竹工卡一线，为中高磁异常，反映出成矿与断裂构造关系密切，岩性多与斑岩类有关。

（3）与酸性岩浆岩有关的矿产。以钨、锡、钼、铅、锌、放射性稀有金属等矿产为主，主要分布于冈底斯火山–岩浆弧的北侧，对应弱磁异常。

（4）与火山岩有关的矿产。以金、银、铅、锌、砷、锑等矿产为主，主要分布于冈底斯火山杂岩区，与较强的磁场变化区相对应。

第六节　区域地球化学场与成矿

雅鲁藏布江地区除东经 90°以东，北纬 30°以南地区开展过 1:20 万水系沉积物测量工作外，其他地区只开展过 1:50 万水系沉积物测量工作。

一、区域地球化学背景分布特征

根据区内 1:20 万、1:50 万水系沉积物测量 13 种主要成矿元素及伴生元素的分析结果，分别剔除大于 X±3S 数据后，计算出各元素的区域丰度值（表 2.6）。与全国平均值比较，本区除 Au、Cu、W、As、Sb、Cr、Sn 元素明显高于全国平均值，Ag、Pb、Bi 元素接近全国平均值外，其余元素背景含量低于全国平均值，显示了上述成矿元素在本区具有较高的区域丰度值。以雅鲁藏布江缝合带为界，北部地区（相当于冈底斯–念青唐古拉板片部分地区）Au、Cu、Pb、Zn、W、As、Sb、Bi、Sn元素背景含量高于全国平均值，其中Au、Cu、W、Bi元素背景含量高于藏东"三江"地区，Pb、Zn、Mo背景含量接近藏东"三江"地区。表明本区北部地区以富含Au、Cu、Pb、Zn、W、Mo、Bi元素为主；南部地区（相当于喜马拉雅板片部分地区）Au、Pb、W、As、Sb、Cr、Sn元素背景含量高于全国平均值，其中Au、W、As、Sb、Cr背景含量高于藏东"三江"地区，表明本区南部地区以富含Au、W、As、Sb、Cr元素为主。

表2.6 西藏主要元素区域丰度值

元素	雅鲁藏布江地区	藏东"三江"地区	南部地区	北部地区	全国
Au	8.9	1.55	4.5	1.73	1.31
Ag	79	92.5	74.8	79	80.4
Cu	23.1	25.1	18.8	27.9	21.6
Pb	24.3	29.7	26.8	27.9	26
Zn	57.5	83.6	67.4	79.8	68.5
W	2.92	2.1	2.71	3.04	2.2
Mo	0.61	0.86	0.75	0.85	1.23
As	17.3	19.5	25.9	18.9	9.09
Sb	0.81	1.43	1.49	1.0	0.74
Bi	0.47	0.4	0.47	0.52	0.48
Hg	13	41.1	31.1	18.3	45.9
Sn	4.87	3.21	3.64	3.44	3.43
Cr	60.7	67.7	69.5	50.6	58.5

注：①全国平均值系任天祥资料（水系沉积物）；

②藏东"三江"地区平均值依据16个1:20万区化图幅统计；

③含量单位Au、Ag、Hg为10^{-9}，其余元素为10^{-6}。

综上所述，Au、Cu、Pb、Zn、Ag、As、Sb、Cr元素在本区具有较高的区域丰度值，部分元素背景含量超过了藏东"三江"成矿区，处于区域背景相对较高的地球化学块体中，具备了地球化学成矿条件，具有较大的成矿优势，是本区优势矿种。同时由于大地构造位置的差异性，元素的背景分布特征不尽相同，北部地区以Cu、Pb、Zn多金属元素相对富集为主，而南部地区则以Au、As、Sb、Cr元素相对富集为主，与本区矿产分布特征相吻合。

二、区域地球化学元素组合特征

为揭示元素在地质作用和地球化学作用过程中的亲疏关系，结合区内地质矿产特征，对本区39种元素（氧化物）进行聚类分析，39种元素可分为7种组合，特征如下：

（1）CuO、Sr、Na$_2$O、Ba 组合。主要反映区内碳酸盐沉积建造特征，为碳酸盐岩的基本组分，在碳酸盐分布区呈高背景及局部异常显示。

（2）Be、W、Sn、U 组合。这是一组与中酸性岩浆活动关系密切的元素组合，在中酸性侵入岩及其与围岩接触带呈现高背景及局部异常显示，其中 Be 为中酸性侵入岩的基本组分，在藏南中酸性侵入岩中，往往形成 W、Sn、Bi、U 等元素异常，其为由于岩浆侵入，在热液变质作用及高中温热液成矿作用下，元素局部富集所致，对找矿有一定指示意义。在本区与中酸性侵入岩关系密切的铜多金属矿床中，不同程度地叠加有 W、Sn、U、Bi 等元素异常，反映为不同矿化活动期的产物，同时也反映了矿床的剥蚀程度。

（3）La、Nb、Th、Zr、F、P 组合。该组合主要与中酸性侵入岩关系密切，背景含量低，分布较均匀，为中酸性侵入岩的基本组分。

（4）Co、Cr、Ni、Mn、V、Ti、B、Li、Hg、Y、As、Sb 组合。总体为亲铁元素组合。Mn、V、Ti、B、Li、Y 元素主要与本区中基性火山岩关系密切，在中基性火山岩分布区呈高背景及局部异常显示，而 Cr、Ni、Co 稳定组合，主要反映超基性岩及蛇绿岩的组分特征，在雅鲁藏布江缝合带呈明显高背景及异常显示；Hg 与其余元素相关系数较低，其高背景及局部异常主要沿断裂构造（带）分布；As、Sb 元素具有较高的背景平均值，在本区南部呈条带状高背景及局部异常显示，其上往往叠加有 Au、Hg、Pb、Zn 等元素异常，主要与中低温火山热液矿化作用有关。

（5）Ag、Pb、Bi、Cd、Zn、Mo、Cu 组合。为本区主要成矿元素及伴生元素组合，组合类型多样，成矿作用复杂。不同成矿地质背景，上述元素组合特征不同，在念青唐古拉弧背断隆构造带主要出现 Pb、Zn、Ag、Cu 组合，与中低温热液成矿作用有关；在冈底斯火山-岩浆弧出现 Cu、Pb、Zn、Mo、Ag、Cd 组合，多显示为斑岩型 Cu、Mo 矿床和火山岩型 Cu 矿特征，其上叠加有 V、Ti 等元素异常时，往往为夕卡岩型铜多金属矿床的反映。主要成矿元素的这种组合分布特征为区内矿产资源预测评价提供了极好的地球化学找矿标志。

Au 区域背景值较高，在区域上分布极不均匀，与其他元素的相关系数较小，往往形成 Au、Hg；Au、As、Sb 或 Au、Ag 组合，主要反映独立金矿特征，并与热液活动有关，Au 为单一组合时，多与砂金成矿密切相关，而出现 Au、Ag、Cu、Pb、Zn 组合时，反映为多金属矿伴生 Au 的特点。

三、区域地球化学异常分布特征

元素的迁移、富集与构造运动、岩浆活动、沉积作用、变质作用及表生作用等密切相关，根据 1∶20 万、1∶50 万水系沉积物测量成果，雅江地区 Cu、Mo、Pb、Zn、Au、Ag 等异常总体呈近东西向带状分布，其元素组合特征表现出明显的规律性。沿着雅江缝合带往北依次为 Cu-Au 异常、Au-Cu 异常、Cu-Mo-Pb-Zn-Ag 异常到 Ag-Pb-Zn 异常，但局部由于受到成矿期同生构造和隐伏断裂构造等影响，异常展现出北东向、近东西向、北西西向或近南北向的分布特征。近东西向展布的异常一般具有相同或相近的元素组合，而北东向、北西西向、近南北向分布的异常，由于穿切了不同地层或岩浆岩，很难有相近的元素组合，多具几种不同的元素组合特征。按照异常元素组合规律、总体控制因素和空间展布等条件，将区域异常总体划分为 3 个异常带和 12 个异常亚带，见表 2.7。

表 2.7　区域地球化学异常分带一览表

异常带	异常亚带	元素组合	主要异常	主要矿（点）名称
南木林–林周	秧颠–则学–郭拉–旁堆	Ag、Pb、Zn、伴 Cd、As、Sb、Sn、Bi、Mo、W	日–5、7、9、11、12	则学、秧颠
	那露果–新嘎果–萨当	Ag、Pb、Zn、伴 Cd、As、Sb、Sn、Bi、Mo、W	曲–3、5、6、9、拉–1	新嘎果、那露果
	干昌俄–亩百–麻江–那哽	Ag、Pb、Zn、伴 Cd、As、Sb、Sn、Bi、Mo、Mg	日–13、24、25。曲–14、17、18、27，拉–25	干昌俄
谢通门–尼木–曲水	侧布–吉如–勒宗	Cu、W、Mo、Bi、伴 Ag、Pb、Zn、Cd	日–8、21、23	吉如
	冲江–松多握–达布	Cu、W、Mo、Bi、伴 Ag、Pb、Zn、Cd	日–36，曲–23、28、34	冲江、达布
	安张–仁钦则–帮勒	Au、伴 Cu、Ag、Mo、Bi、Pb	日–19、20、22、27、	洞嘎、安张
	宗嘎–曲米–金珠	Au、Cu	日–37、浪–1、2、3、4、6，曲–37、40、47、48、49	曲米、宗嘎
达孜–墨竹工卡–工布江达	尼玛江热–日多乌–杰池松多	Cu、Ag、Pb、Zn、Au、伴 Cd、As、Sb、Hg、W、Mo	拉–8、9、17、沃–2、3、5、6、9	帮浦、同龙卜、日乌多
	扎西岗–松多雄–夏玛嘎–吹败子–雪拉	Cu、Mo–Pb、Zn、Ag–Cu、Pb、Ag	拉–24、沃–8、12、15、16、19	吹败子、松多雄、夏玛日
	甲玛南–弄如日–胜利	Au、伴 Ag、As、Sb、Zn、Mo	拉–41、43、沃–18、20、21	弄如日
	普下–拉抗俄–驱龙–甲玛	Cu、Mo、Pb、Zn、Ag、W、Bi	拉–13、14、15、26、27、28	甲玛、驱龙、拉抗俄
	朗打–哪布–罗布莎	Cu、Au、伴 Mo、W、Bi、Pb、Zn、Ag、As、Sb	拉–48、泽–1、3、加–38	克鲁、劣布

雅鲁藏布江地区主要成矿元素背景值较高、地球化学异常组合复杂、规模大、强度高、浓度分带明显、多元素异常套合好，反映了本区不同类型、多期次、长时间叠加的矿化作用，具有寻找大型、超大型矿床的前景和条件。

第七节　区域矿产

一、矿产种类及其分布

雅鲁藏布江成矿区矿产非常丰富，包括黑色金属矿产、有色金属矿产、贵金属矿产、燃料矿产、建筑材料及非金属矿产及地热资源等，其中有色金属（铜、铅、锌等）、建筑材料和地热资源是本区的优势矿产。总体上，冈底斯成矿带矿产具有种类多、储量大、优势矿种明显、勘查程度低、找矿前景大等特点（表2.8）。

表 2.8　冈底斯地区矿产地统计表

矿种		内生矿产			外生（变质）矿产			合计
		矿床	矿点	矿化点	矿床	矿点	矿化点	
黑色金属	铁	1	18	15				34
	锰			2				2
	铬	4	8	9				21
	钛	1	1	1				3
有色及其他金属	铜	7	9	11				27
	铅锌（多金属）	5	7	14				26
	锑		1					1
	钨			2				2
	锡		1					1
	汞		3	4				7
	金	2	7	2				11
	铂族		4	2				6
	钼	1	1	1				3
化工原料	硫	1	7					8
	磷			18				18
	明矾石		1					1
特种非金属	硼				2	6	1	9
	云母		1					1
	水晶		2	6				8
建筑材料及其他非金属	菱镁矿				1	2		3
	瓷土					1	4	5
	石膏					1	1	2
	石墨		1					1
	石灰岩					10		10
	大理岩		1					1
	石英岩					2		2
	萤石			1				1
	仁布玉		1					1
	蛇纹石					1		1
	滑石				1			1
	高岭土					1		1

续表

矿种		内生矿产			外生（变质）矿产			合计
		矿床	矿点	矿化点	矿床	矿点	矿化点	
地下热水	温泉		1					1
	热泉	2	4					6
可燃矿产	煤	3	4	11				18
	泥炭	5	8	10				23
	油页岩		3					3
	石油		1					1
合计		32	94	110	4	24	6	270

二、空间分布规律

冈底斯斑岩成矿带产于冈底斯火山-岩浆弧内（图2.3），已发现的矿床（点）东起工布江达县，西到昂仁县，大致均分布于雅鲁藏布江北岸20～100km范围内，集中分布于25～70km，其中西部斑岩铜矿距缝合带的距离要略远于东部（达50～60km或更远）；总体具有东西成带、北东成群分布的规律。如图2.3所示，从东到西，依次可以划分出汤不拉-吹败子-得明顶、拉抗俄-驱龙-甲玛-松多雄、冲江-厅宫-宗嘎、吉如-雄村、朱诺等五个斑岩铜矿产出集中区，各矿床（点）集中区之间大致呈等间距分布（约在60～80km），但是这种规律在中部地段（冲江矿床附近）由于受到大型走滑断层及其他性质断层活动的影响而变得不太明显。另外，按照各矿床的成矿特征，由东向西可以依次分为东、中、西三个区，每个区之间的成矿特征具有一定的差异，主要表现为：

（1）东区：以驱龙、甲玛、吹败子、得明顶、汤不拉、羌堆、拉抗俄等矿床（点）为代表，含矿斑岩体一般呈小岩株或岩枝产于白垩纪末期—新生代的花岗岩体（基）或侏罗系的火山沉积岩中，岩石具斑状结构，围岩地层主要为中侏罗统叶巴组火山岩夹碳酸盐岩地层，矿化类型组合为斑岩型-夕卡岩型-热液脉型，成矿元素组合为 Cu-Mo-Pb-Zn-Ag，斑岩铜矿床均以富 Mo 为特征。

（2）中区：以达布、冲江、厅宫、白容、岗讲等矿床（点）为代表，含矿斑岩体较复杂，岩石具斑状、似斑状结构，围岩地层为上白垩统设兴组和古新统典中组的火山岩夹碎屑岩地层，矿化类型多以单一的斑岩型矿化，成矿元素组合为 Cu-Mo-Au-Ag。

（3）西区：以朱诺、吉如、洞嘎、雄村等矿床（点）为代表，含矿斑岩体一般呈小岩株、似脉状产于早期侵位的花岗岩岩基边部以及火山岩系中，围岩地层为侏罗系桑日群及古近系林子宗群火山岩，矿化类型组合在有些地区为单一斑岩型铜矿化（朱诺）、有些地区为斑岩型铜金矿化（雄村、洞嘎等），成矿元素组合主要为 Cu-Au-Zn，以富 Au 为特征。

三、时间演化规律

不同的构造演化阶段常常伴随着不同的火山–侵入活动，形成不同的地质建造，而不同地质建造中又会有不同矿化类型和矿种的产出。冈底斯成矿带的构造演化大致经历了结晶基底形成、新特提斯洋盆拉张开裂、洋壳向北俯冲闭合、碰撞造山（逆冲推覆与地壳缩短）到整体隆升后的伸展走滑（产生断陷）等深部过程。相应地，该区岩浆岩演化也经历了洋盆拉张、火山弧形成（弧内扩张）、碰撞造山、隆升后伸展走滑等进程中的火山喷发和岩浆侵入阶段。冈底斯火山–岩浆弧的这些演化过程都伴随着不同程度的流体活动和成矿作用，从而形成了与该区构造–岩浆演化相对应的五大成矿系列：①与新特提斯洋壳拉张作用有关的岩浆型（Cr、Pt、Cu）矿床系列；②新特提斯洋壳俯冲作用导致的岛弧斑岩型（Cu、Au）矿床系列；③与新特提斯洋壳俯冲作用导致的弧内拉张有关的火山喷流沉积型（Cu、Pb、Zn、Ag）矿床系列；④与弧–陆碰撞造山作用有关的斑岩钼矿、中低温热液型（Au、Ag、Pb、Zn、Sb）及夕卡岩型（Cu、Fe、Pb、Zn）矿床系列；⑤与晚碰撞或造山期后挤压–伸展走滑转换作用有关的斑岩型（Cu、Mo）、隐爆角砾岩型（Cu、Au、Pb、Zn）、剪切带型（Au）及夕卡岩型（Cu、Fe）矿床系列。

冈底斯斑岩铜矿带中的矿化类型属于上述第五种矿床系列，形成时间集中于 20～10Ma，为始新世末—中新世晚碰撞或造山期后挤压–伸展走滑转换体制下的产物。在冈底斯大规模隆升（达到极限）之后，冈底斯造山带由汇聚造山体制向伸展走滑转变，由于软流圈上涌、深部物质减压分熔等因素，诱发深熔作用，形成富含挥发分、侵位能力极强的花岗质岩浆，沿北东、北西及南北向构造侵位产生一系列的小斑岩体及火山岩，从而形成了以斑岩型矿化为主、兼与其在成因上具有联系的次火山热液型和夕卡岩型矿化类型同时出现的成矿作用。

第三章 矿床地质特征

第一节 矿区地质

驱龙斑岩铜钼矿床位于西藏拉萨市以东，距拉萨市直线距离 50km，墨竹工卡县境内，矿区海拔 4950~5450m。构造背景上，位于雅鲁藏布江缝合带以北 50km，冈底斯岩浆弧东段；矿区内主要有侏罗纪的火山沉积岩–火山岩地层和中新世多期次中酸性侵入体 2 套地质体，矿区出露的各种岩石特征总结见表 3.1。矿区地层主要发育有中侏罗世叶巴组和第四系沉积，出露面积约 31km² （图 3.1）。整体近东西向大面积展布在矿区南部和北部，呈倒转褶皱；岩性以流纹斑岩、晶屑凝灰岩、凝灰岩为主，夹少量碳酸盐岩。靠近斑岩体的流纹斑岩和晶屑凝灰岩含有少量细脉浸染状矿化，外围碳酸盐岩地层中发育有典型的夕卡岩型矿化（知不拉和浪母家果）。年代学及岩石地球化学研究表明，叶巴组火山岩形成于中侏罗世（174.4±1.7Ma，董彦辉等，2006；182.3Ma，Yang et al.，2009）；具有明显的岛弧型钙碱性火山岩特征（耿全如等，2005；董彦辉等，2006）。多数学者认为其是新特提斯洋早期俯冲的产物（Chu et al.，2006；董彦辉等，2006；Zhu et al.，2008）。

表 3.1 驱龙矿床内各种岩石的岩相学特征

岩石类型	面积/km²	结构构造	矿物组成		蚀变	矿化
凝灰岩	>20	层状地层；流纹构造	斜长石（25%~30%）+石英（5%~10%）晶屑；石英+长石基质		角岩化+夕卡岩化+青磐岩化	夕卡岩 Cu 矿化
流纹斑岩	>5	层状地层；流纹构造，斑状结构	石英（15%）+斜长石（25%）+黑云母（5%）斑晶；石英+长石基质		绢云母化+黏土化	细脉状黄铁矿+黄铜矿化
花岗闪长岩	>8	大岩株；中–粗粒花岗结构，局部为似斑状	造岩矿物	副矿物	黏土化+弱青磐岩化+弱黑云母化	细脉状黄铁矿+黄铜矿化
			石英（10%~15%）+斜长石（40%~45%）+钾长石（15%~20%）+角闪石（5%~10%）+黑云母（10%）	锆石+磷灰石+榍石+磁铁矿		
黑云母二长花岗岩	4.5	岩株；中–粗粒花岗结构，局部为似斑状	石英（20%~25%）+斜长石（35%~40%）+钾长石（20%~25%）+黑云母（10%~15%）	锆石+磷灰石+磁铁矿	黑云母化+钾长石化+黏土化+硬石膏化	细脉浸染状黄铁矿+黄铜矿+辉钼矿化，含矿主体

续表

岩石类型	面积/km²	结构构造	矿物组成		蚀变	矿化
			斑晶	基质		
二长花岗斑岩	0.5	小岩株；斑状结构	石英（10%~15%）+斜长石（15%~20%）+钾长石（10%~15%）+黑云母（5%~8%）	石英+长石	钾长石化+黑云母化+黏土化	细脉浸染状黄铁矿+黄铜矿+辉钼矿化，含矿主体
花岗闪长斑岩	0.4	小岩株；斑状结构	石英（5%~8%）+斜长石（20%~25%）+钾长石（5%~10%）+黑云母（5%~10%）+硬石膏（2%）	石英+长石+黑云母+硬石膏+磁铁矿	弱黏土化	少量细脉状及星点状黄铁矿+黄铜矿化
石英闪长玢岩	0.015	岩脉；斑状结构	钾长石（10%）+斜长石（5%）+石英（3%）+角闪石（10%~15%），偶见硬石膏	斜长石+角闪石+少量石英	弱碳酸盐化	星点状黄铁矿

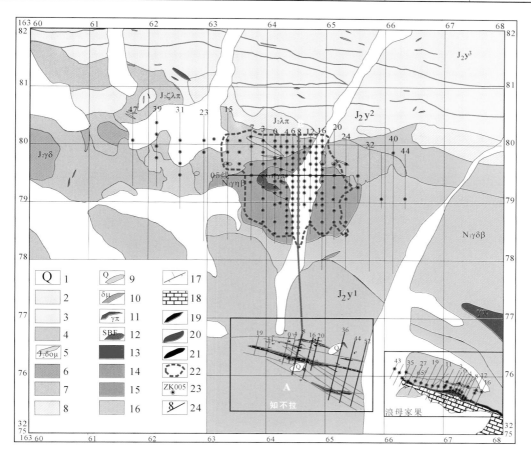

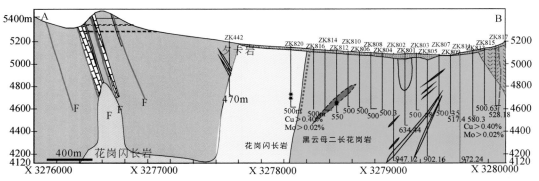

图 3.1　驱龙矿区平面、剖面地质图（据西藏巨龙铜业有限公司，2008①；肖波等，2009 修改）

1. 第四系；2. 中侏罗统叶巴组第三段粉砂质板岩、泥质板岩夹大理岩化灰岩、底部见砾岩层；3. 中侏罗统叶巴组第二段英安岩夹流纹质晶屑凝灰岩、安山质晶屑凝灰岩、凝灰质板岩；4. 中侏罗统叶巴组第一段安山质晶屑凝灰岩、凝灰岩夹英安质晶屑凝灰岩、板岩夹灰岩；5. 中侏罗世石英闪长玢岩；6. 中侏罗世花岗闪长岩；7. 中侏罗世流纹斑岩；8. 中侏罗世安山流纹斑岩；9. 石英脉；10. 石英闪长玢岩；11. 花岗斑岩脉；12. 热液角砾岩；13. 花岗闪长斑岩；14. 二长花岗斑岩；15. 似斑状黑云母二长花岗岩；16. 黑云母花岗闪长岩；17. 断裂；18. 大理岩化灰岩；19. 石榴子石夕卡岩；20. 夕卡岩型铜矿体；21. 夕卡岩型磁铁矿矿体；22. 驱龙斑岩铜矿体地表界线；23. 完成钻孔；24. 勘探线

一、矿 区 地 层

　　叶巴组为矿区内地层主体，为一套火山岩、火山碎屑岩、沉积岩，出露面积22km²，占矿区总面积的53.6%。矿区南西的巴纳错堆南北两侧较大面积出露，往北至曲加拉莫错东侧因岩体侵入而呈零星的不规则块状。矿区北侧总体呈近东西向条带大面积展布；在南东方向也有一定面积的出露，呈不连续的块状。本组在矿区内沉积较为连续，其主体为一套以火山岩沉积为主的岩性组合，共划分为 4 段，总厚度>3044m。一段（J_2y^1）为一套火山碎屑岩沉积，以安山质晶屑凝灰岩、熔结晶屑凝灰岩为特征，未见顶，厚度>796m；二段（J_2y^2）主要为一套喷溢相熔岩组合，以英安岩为代表，与第一段呈断层接触，厚度>648m；三段（J_2y^3）主要发育于矿区的中北侧，基本为一套碎屑岩组合，以泥砂质碎屑沉积岩为特征，局部夹有少量的火山沉积碎屑岩（沉凝灰岩），与第二段呈断层接触，厚度>635m；四段仍以一套安山质火山岩为特色，下部为火山碎屑岩，上部则以熔岩为主，所见为安山岩，与第三段呈断层接触，厚度>963m。

　　青藏高原在中生代是分化最为明显的时期，新特提斯洋壳向北俯冲，特提斯洋趋于萎缩，中侏罗世在青藏高原总体上仍属一海洋环境，可能处于一弧间盆地，从中部发育的碎屑岩沉积也证明了这一点，钙质粉砂岩中见有大量的海相腕足类及腹足类化石，属典型的浅海环境。因此从总体上分析，叶巴组属弧间盆地滨浅海相火山沉积。叶巴组火山岩的岩性主要有：具流纹构造的细粒晶屑–岩屑凝灰岩（图3.2 A-1）、粗粒晶屑凝灰岩（图3.2

　　① 西藏巨龙铜业有限公司 . 2008. 西藏自治区墨竹工卡县驱龙矿区铜多金属矿勘探报告

A-2）、流纹斑岩（图3.2 A-3）。

图 3.2　驱龙矿床中的岩浆岩

A-1. 侏罗系叶巴组凝灰岩；A-2. 侏罗系叶巴组晶屑凝灰岩；A-3. 侏罗系叶巴组流纹岩；A-4. 中新世花岗闪长岩；
B-1. 中新世黑云母二长花岗岩；B-2. 中新世二长花岗斑岩；B-3. 中新世花岗闪长斑岩；B-4. 中新世石英闪长玢岩

（一）火山岩岩石及岩相

以侏罗系叶巴组为代表的火山岩在驱龙矿区出露面积最大，整体呈近东西向展布，主要由中酸性火山岩、火山碎屑岩组成，夹少量沉积岩夹层。根据火山喷发类型、火山物质搬运方式和定位环境，将区内火山岩相划分为爆发相、爆溢相、喷溢相、喷发–沉积相等四大类型。

1. 爆发相

在矿区内仅发育有火山碎屑岩类，主要见以下几种类型：安山质熔结凝灰角砾岩、变质玻屑熔结凝灰岩、安山质火山角砾凝灰岩、火山角砾凝灰岩、绢云母化绿泥石化玻屑岩屑凝灰岩、弱硅化绢云母化绿泥石化安山质岩屑晶屑凝灰岩、英安质岩屑晶屑凝灰岩、变质流纹质凝灰岩、绿帘石化火山尘凝灰岩、火山角砾岩。

2. 爆溢相

在矿区内发育较差，分布也较为零星，仅见有火山碎屑熔岩类，主要有以下几种岩石类型：石英安山质凝灰熔岩、变质（角岩化）英安质凝灰熔岩、弱硅化中酸性凝灰熔岩。

3. 溢流相

在矿区内广泛发育，呈较大面积分布，主要岩性包括弱硅化绢云母化流纹岩、（变质）英安岩、变质（蚀变）安山岩。

4. 喷发–沉积相

在矿区内也发育较差，仅在叶巴组第三段出现，包括沉积火山碎屑岩类与火山碎屑沉积岩类，具体岩性特征如下：

（1）沉积火山碎屑岩类：沉凝灰岩，主要见于叶巴组三段。

（2）火山碎屑沉积岩类：包括凝灰质砂岩，见于叶巴组一段和三段；凝灰质砾岩，见于叶巴组三段。

（二）火山岩相组合及火山活动旋回

火山岩相序是指一个火山活动过程中所形成的火山岩相及其生成顺序，火山岩相组合则是指火山活动过程中一个火山喷发次序形成的火山岩相及其生成顺序，相组合的划分是建立在相序的基础上进行的，在纵向上常表现为规律性的重复出现。火山活动旋回是指一次或一期火山活动的发生发展到最后停息的演化过程，是某一阶段火山岩浆作用旋回划分的基础。因此对火山岩相序、相组合及旋回的研究，有助于恢复古火山机构及火山活动历史。

矿区不同时代，不同地区火山岩相序及相组合是不同的，具有多样性。根据区内火山活动特点，火山相序及相组合特征，结合火山沉积地层及其接触关系，将本区侏罗系火山活动划分四个喷发–沉积旋回，依序对应于一段、二段、三段、四段。

1. 第一旋回

该旋回相当于叶巴组一段，主要分布在矿区的南侧和仓日拉一带。火山地层厚度>796m，所见基本为火山岩组合，主要见有喷出相、喷溢相。

在仓日拉剖面中可大致划分为两个阶段。

第一阶段仅发育有喷出相，属碎屑流相，以安山质晶屑凝灰岩为主，有从早到晚由弱增强的趋势，底部发育安山质晶屑凝灰岩、安山质凝灰岩，向上转为弱熔结晶屑凝灰岩、火山角砾晶屑凝灰岩。

第二阶段仍以碎屑流相为主，但在成分上由下往上有由中酸性往酸性演变的趋势，底部以英安质晶屑凝灰岩为特征，往上演变为熔结角砾晶屑凝灰岩、流纹质晶屑凝灰岩、流纹岩，熔结结构、角砾结构较为发育，也反映出在经历第一阶段后，火山活动减弱的趋势又得到加强。早期为爆发相，晚期属溢流相。

该旋回火山活动经历了由基性岩浆向中酸性岩浆的演化，并最终以流纹岩结束。从整体上反映出该旋回较为完整的成分演化火山沉积特征。

2. 第二旋回

该旋回相当于叶巴组二段，主要见于矿区中部，呈近东西向展布，该段基本由火山岩地层组成，厚度达>648m。根据其内部火山岩组合特征，大致可将其划为两个阶段：

第一阶段为该旋回的主体部分，以溢流相为特征，基本为一套浅灰–灰绿色英安岩，常显假流纹构造特征，该段是在较为平静的环境下溢流堆积而致。

第二阶段出露厚度较小，仅有99m，是在经历了第一阶段较为平静的环境后，进入相对活跃的阶段，其不仅由第一阶段的溢流相转为火山碎屑岩相，而且在成分上也有突变，由第一阶段的英安岩转为安山质凝灰岩→流纹质晶屑凝灰岩→弱熔结安山质晶屑凝灰岩，火山岩成分呈现较大的变动，说明了该时期动荡的活动特点。

3. 第三旋回

相当于叶巴组三段，为喷发–沉积相，火山岩厚度较小，仅呈夹层状产出。该旋回为较为特征的岩性组合，基本以正常砂泥质碎屑沉积为主，局部夹有少量的薄层沉凝灰岩。就其内部至少可以划分出三个以上的沉积韵律，其组合规律为沉凝灰岩、凝灰质砂岩、钙

质砂岩、钙质粉砂岩、钙质泥岩，钙质粉砂岩中普遍含有较多的海相生物化石。以上岩石组合表明其总体形成于滨浅海环境，在这种相对稳定的环境下，仍然有着不同程度的火山活动，以沉积沉凝灰岩为特征。

4. 第四旋回

相当于叶巴组四段，构成矿区内火山岩主体，均由火山岩组成，仅划分出喷出相、喷溢相，出露厚度>796m，主要出露于矿区的北侧，呈近东西向条带状延伸。根据其内部岩性组合特征，可进一步划分出两个火山活动阶段。

第一阶段基本为喷出相之碎屑流相，至少存在三个以上的火山沉积韵律。其组合规律为：安山质晶屑凝灰岩–弱熔结凝灰岩–熔结角砾凝灰岩。以火山碎屑流相为特征，局部见有空落相火山尘凝灰岩。

第二阶段见于该段之中上部，由喷溢相和喷出相构成。喷溢相岩性单一，基本由安山岩组成；喷出相岩性组合也相对简单，所见为安山质晶屑凝灰岩，由早到晚表现出晶屑含量由多→少→多的变化。本阶段由喷溢相转为喷出相，也表明了向晚期有活动加强的趋势。

（三）叶巴组凝灰岩

叶巴组凝灰岩是矿区分布面积最广的岩石（约 5km²），呈似层状分布在矿区南北两侧，呈深灰黑色，具弱流纹构造，局部见明显的变形构造。岩石中含大量的细粒晶屑–岩屑，粒度不均匀，形状不规则；基质主要是隐晶质的石英–黑云母–长石（图 3.2A-1、图 3.2A-2、图 3.3A）。在矿区南部，该凝灰岩直接与中新世花岗闪长岩接触，接触带富集发育弱的夕卡岩化、孔雀石化，局部角岩化；在矿区北部，凝灰岩与流纹斑岩及黑云母二长

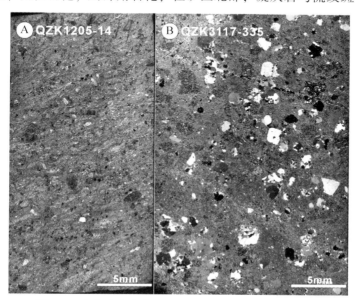

图 3.3　驱龙矿床中侏罗世凝灰岩及流纹斑岩显微照片
A. 具流纹构造的晶屑–岩屑凝灰岩；B. 流纹斑岩

花岗岩接触，发育明显的黄铁矿化。该凝灰岩总体蚀变较弱，主要发育有弱绿泥石+绿帘石+硅化，黄铜矿化不明显。

（四）叶巴组流纹斑岩

该流纹斑岩前人又称为西部斑岩，岩性为英安流纹斑岩、粗粒石英斑岩（图3.3 B）。产于矿区中西部，侵位于叶巴组凝灰岩中，为与成矿无关的流纹斑岩、英安流纹斑岩、粗粒石英斑岩体，即原Ⅱ、Ⅲ及Ⅳ号斑岩体（郑有业等，2004）。总体上，该流纹斑岩出露面积较大，约为5km^2，与二长花岗斑岩、花岗闪长斑岩相比，该流纹斑岩石颜色明显发白，暗色矿物极少（图3.2 A-3、图3.3B）。斑岩的斑晶主要以石英（20%～25%）、钾长石（8%～10%）为主，斑晶总约为30%～35%；基质为长英质，以石英为主，含少量钾长石，黑云母很少（<2%）。石英斑晶以聚斑为主，由多个小的石英颗粒组合而成；钾长石斑晶为半自形，多发生了黏土化及石英−绢云母化。裸露于地表的该套斑岩由于遭受强烈风化，长石斑晶变得非常模糊。野外的观察发现：其蚀变以石英−绢云母化为主；矿化主要为黄铁矿化，黄铜矿少见。这些特征均表明该流纹斑岩整体处于斑岩矿化系统的黏土化−弱硅化带，并没有像东部的二长花岗斑岩、花岗闪长斑岩一样出现以斑岩体为中心、呈同心环状分带的蚀变及矿化系统。且该流纹斑岩局部发生了明显的韧性变形，经历了复杂的地质演化过程，其形成时限明显早于东部的二长花岗斑岩、花岗闪长斑岩（即原Ⅰ号斑岩体）；新的年代学研究表明，该套斑岩形成于早侏罗世（182.3±1.5Ma），与中新世成矿没有直接关联，仅为成矿围岩（Yang et al.，2009），是叶巴组火山岩的组成部分。

新近的年代学及岩石地球化学研究结果表明，叶巴组火山岩形成于中侏罗世（174.4±1.7Ma，董彦辉等，2006；182.3Ma，Yang et al.，2009）。虽然有人认为叶巴组火山岩与班公湖−怒江洋的向南俯冲有关（耿全如等，2005），但是考虑到这些岩浆岩分布位置离雅鲁藏布江缝合带更近，以及中生代时期拉萨地体发生强烈的缩短，这些岩浆岩离北部的班公湖−怒江的位置在400km以上，超过了一般俯冲带岩浆活动的分布范围（150～300km）。因此，主流观点认为叶巴组火山岩是新特提斯洋早期俯冲的产物（Chu et al.，2006；董彦辉等，2006；Zhu et al.，2008）。

本次研究采集了地表及钻孔中较新鲜的代表性叶巴组岩石样品进行岩石地球化学以及锆石U-Pb年代学研究。岩石主微量分析结果见表3.2，叶巴组所有火山岩均为酸性岩石（SiO$_2$>66wt%），Al$_2$O$_3$含量较低≤15wt%，凝灰岩中FeO$_t$、MgO含量较流纹岩高，Na$_2$O较低，K$_2$O含量变化较大。微量元素组成上，相对富集轻稀土元素，亏损重稀土元素，具有明显的Eu的负异常；富集大离子亲石元素（Rb、K、Sr、Ba等），亏损高场强元素（Nb、Ta、Ti、P等），具有明显的Pb的正异常。相比已发表的冈底斯带上其他时代及类型的岩石，中侏罗世火山岩明显不同于中新世岩石的微量组成（图3.4），具有明显的岛弧型钙碱性火山岩特征（耿全如等，2005；董彦辉等，2006）。

表3.2 驱龙矿床中侏罗世火山岩主量、微量元素分析数据

样品号	QD31	QD28	QD78-1	QPD07-1
岩石类型	流纹斑岩	凝灰岩	凝灰岩	流纹斑岩
SiO_2	76.16	67.42	71.05	74.32
TiO_2	0.14	0.63	0.31	0.17
Al_2O_3	12.27	15.43	14.75	12.60
Fe_2O_3	0.54	1.93	1.00	1.97
FeO	0.05	2.76	1.28	0.22
MnO	0.00	0.05	0.08	0.04
MgO	0.08	1.51	1.27	0.30
CaO	0.03	4.30	0.92	1.23
Na_2O	0.42	2.89	1.12	1.19
K_2O	9.46	1.39	5.63	4.24
P_2O_5	0.02	0.14	0.14	0.03
Total	99.91	99.44	99.33	99.41
$Mg^{\#}$	0.21	0.37	0.51	0.21
V	6.09	96.73	43.19	9.20
Cr	1.80	8.06	0.15	1.25
Ni	0.01	3.60	2.58	2.53
Co	1.93	7.78	2.72	2.93
Rb	202.56	54.36	189.32	125.78
Sr	150.99	452.42	107.97	84.19
Y	19.80	22.94	14.99	15.60
Zr	114.92	198.19	148.59	109.48
Nb	10.56	6.75	6.39	7.96
Ba	1893.59	496.42	1113.45	1348.41
La	28.32	22.23	19.00	25.15
Ce	49.03	41.23	34.43	42.72
Pr	5.28	4.62	3.97	4.48
Nd	17.91	17.21	14.46	15.00
Sm	3.15	3.88	2.73	2.52
Eu	0.33	1.14	0.47	0.27
Gd	2.71	3.75	2.46	2.33
Tb	0.48	0.65	0.38	0.38
Dy	3.23	4.07	2.33	2.41
Ho	0.72	0.87	0.50	0.54
Er	2.19	2.53	1.47	1.62

续表

样品号	QD31	QD28	QD78-1	QPD07-1
Tm	0.39	0.38	0.23	0.28
Yb	2.53	2.51	1.63	1.98
Lu	0.45	0.40	0.28	0.33
Hf	4.15	5.18	3.74	3.39
Ta	1.10	0.51	0.53	0.77
Pb	57.89	15.40	23.08	14.67
Th	14.47	5.85	7.25	12.62
U	2.46	1.66	3.23	3.07

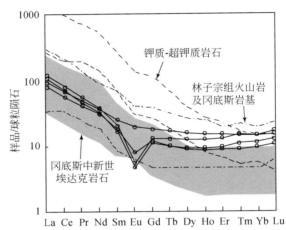

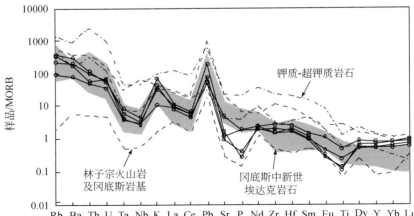

图 3.4　驱龙矿床中侏罗世叶巴组火山岩微量元素图解（标准化数据据 Sun and McDonough，1989；其他相关数据见 Guo et al.，2007 及其中参考文献）

本次研究分别对地表样品凝灰岩（QD36-2）和钻孔样品流纹斑岩（QZK002-1.1）测定锆石 U-Pb 同位素、微量元素分析。试验测试在中国科学院地质与地球物理研究所采用装配有 Geolas193nm 激光取样系统的 Neptune 多接收电感耦合等离子体质谱仪（LA-ICP-

MS）完成。采用国际标准锆石 91500 进行同位素分馏校正，详细的分析原理及流程见 Wu 等（2006，2010）。实验中采用 Ar 为载气，激光频率为 8Hz，能量密度为 100mJ/cm²，束斑直径为 60μm，信号采集时间为 30s。锆石测定点的同位素比值、U-Pb 表面年龄和 U-Th-Pb 含量计算采用 GLITTER 4.0 程序，采用 Andersen（2002）方法对普通 Pb 进行校正，并采用 ISOPLOT 3.0 程序（Ludwig，2003）进行锆石 U-Pb 加权平均年龄的计算及谐和图的绘制。

　　锆石 U-Pb 谐和年龄见图 3.5，其中凝灰岩（QD36-2）的谐和年龄为 166.2±2.6Ma（MSWD＝3.4）；流纹斑岩（QZK002-1.1）的谐和年龄为 159.8±2.9Ma（MSWD＝6.7）。锆石的微量元素表现出明显富集重稀土元素，Ce 的正异常，弱的 Eu 负异常，为典型的岩浆成因锆石（图 3.6）。

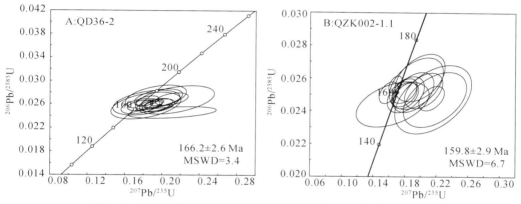

图 3.5　驱龙矿床中侏罗世凝灰岩及流纹斑岩 U–Pb 年龄谐和图

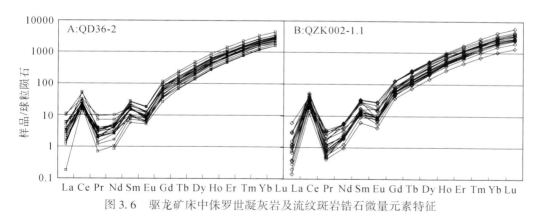

图 3.6　驱龙矿床中侏罗世凝灰岩及流纹斑岩锆石微量元素特征

二、矿区侵入岩

（一）主要侵入岩

　　驱龙矿区内的侵入岩为中新世的与成矿密切有关的中酸性杂岩体（图 3.1、图 3.2）。

中新世侵入岩有：花岗闪长岩（图3.2 A-4）、黑云母二长花岗岩（图3.2 B-1）、二长花岗斑岩（图3.2 B-2）、花岗闪长斑岩（图3.2 B-3）以及石英闪长玢岩（图3.2 B-4）。习惯上将中新世的花岗闪长岩和黑云母二长花岗岩称为荣木错拉复式岩体。

这些中新世岩体本身具有多期侵位的特点，岩性变化不大。通过详细的野外观察及年代学研究，矿区内侵入体的早晚关系已基本明朗。整体上，产于矿区西部具有韧性变形的中侏罗统流纹斑岩为矿床的围岩，中新世荣木措拉花岗闪长岩次之，然后为黑云母二长花岗岩与成矿有关的二长花岗斑岩–花岗闪长斑岩侵位，以岩枝产出的石英闪长玢岩最晚，切穿上述岩体和斑岩矿体。

矿区侵入岩较发育，属中酸性岩，岩体出露面积>12km²，约占矿区17.9%。矿区侵入岩类型较多，多期次岩浆侵位活动构成一个复杂的岩浆系统（图3.1）。矿区内的侵入岩，根据野外地质观察和岩石之间的接触、穿插关系（图3.7），驱龙矿床内中新世侵入岩有：花岗闪长岩、黑云母二长花岗岩、二长花岗斑岩、花岗闪长斑岩、细晶岩、石英闪长玢岩（图3.1、图3.2）。

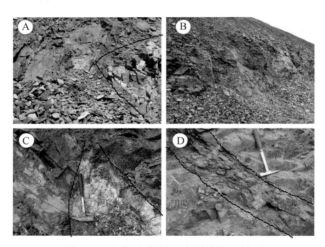

图3.7　驱龙矿床侵入岩野外穿插关系

A. 花岗闪长岩与叶巴组凝灰岩直接接触；B. 二长花岗斑岩侵入黑云母二长花岗岩，接触面孔雀石化；
C. 黑云母二长花岗岩侵入花岗闪长岩；D. 石英闪长玢岩侵入二长花岗斑岩

现将中新世侵入岩按从老至新叙述如下。

1. 中新世花岗闪长岩（$N_1\gamma\delta$）

花岗闪长岩分布于矿区驻地西侧与东侧，位于矿区的中部，呈近东西向侵入于叶巴组地层中，南部与晶屑凝灰岩、西部与流纹斑岩呈直接侵入接触关系；矿区内呈大岩株状产出，总体呈近东西向延伸，东部出露范围广，延伸出矿区范围，西部出露面积小；矿区内总体出露面积约为>8km²，接触界面附近造成叶巴组地层发生角岩化及弱夕卡岩化。最近通过驱龙矿床东南部的浪母家果夕卡岩矿床的钻探工作揭示来看，该花岗闪长岩一直往东南延伸，呈大的岩株状岩体底侵到叶巴组地层之下。岩性为很新鲜的中粗粒花岗闪长岩，只是具有轻微的绿泥石化+绿帘石化，局部呈脉状的黏土化明显。岩石呈灰白色，以中粗粒花岗结构为主，局部呈似斑状结构。花岗闪长岩体中常可见闪长质包体。岩浆岩中普遍出现的含水矿物——角闪石，表明岩浆的 H_2O 含量至少为2wt% ~ 4wt%，压力至少1 ~ 2kbar（Naney，1983）；花岗闪长岩中出现磁铁矿+榍石+石英的共生组合，表明形成该岩石的岩浆是强氧化性的（fO_2 = NNO+1.5 ~ NNO+2.0）（Wones，1989）。

2. 中新世黑云母二长花岗岩（$N_1\beta\eta\gamma$）

黑云母二长花岗岩，主要分布于矿区驻地中部和南部，系荣木错拉复式岩体的重要组成部分，呈岩株状产出，矿区内出露面积约4.50km²，岩体北部、西部与叶巴组地层呈侵入接触，南部和东南与花岗闪长岩呈过渡接触关系，没有明显截然的接触界线。岩石手标本上呈灰–浅灰白色，中粒花岗结构及似斑状结构，块状构造。该岩石在矿区西部与叶巴组地层接触带附近，局部呈明显的似斑状结构，且黑云母含量明显较多，将其定为似斑状黑云母二长花岗岩。钻孔工作显示，该黑云母二长花岗岩产状为向西南陡倾，延伸很大。

在5477.22高地北西（ZK717）处围岩受岩浆热变质作用产生角岩化，岩石类型有角岩化英安质晶屑凝灰岩等。岩体的边缘顶部挤压破碎现象较发育，并可见围岩残留顶盖，这表明岩体侵位浅，剥蚀程度低。

3. 中新世二长花岗斑岩（$N_1\eta\gamma\pi$）

二长花岗斑岩，主要分布于矿区驻地西侧一带，呈岩株状产出，二长花岗斑岩侵位于荣木错拉复式岩体之中，为矿区出露面积最大、最主要的斑岩；产状近直立；露头呈近北西向椭圆状延伸，出露面积约0.05km²，其东侧部分被第四纪坡积物覆盖，推测整体出露面积约0.1km²。其岩石类型为二长花岗斑岩，顶部相变为超浅成相–花岗斑岩与细粒石英斑岩，岩石呈浅灰–灰白色、浅肉红色，斑状结构。岩体属浅成相，局部可见围岩捕房体和残留顶盖，故岩体剥蚀程度为浅剥蚀。

4. 中新世花岗闪长斑岩（$N_1\gamma\delta\pi$）

花岗闪长斑岩，出露在二长花岗斑岩的西侧、钻孔305孔机台的西南150处，近椭圆形出露，面积约0.04km²，钻孔301孔、805孔、812孔、604孔、606孔、610孔、612孔、614孔都有零星发现，尤其在矿区中南部的钻孔812、612孔中发育较厚，钻孔岩芯中未见到它与二长花岗斑岩直接接触；据地表以及钻孔情况推测该斑岩体呈不规则岩枝状向东南陡倾斜。手标本上岩石为深灰色，斑状结构，很新鲜几乎未发生蚀变。

5. 中新世石英闪长玢岩（$N_1\delta o\mu$）

石英闪长玢岩，呈厚度不等的岩枝（2~30m）侵入黑云母二长花岗岩中，上下接触界线清晰，接触界面局部出现少量的角砾岩。岩石呈深绿色，斑状结构。岩石新鲜，几乎没有发生蚀变；局部见弱碳酸盐化。主要分布于矿区东段20~24的中北部，不规则圆形，大小30m×50m，面积0.0015km²。

（二）脉　　岩

细晶岩，呈厚度不等（0.05~2m）的小岩枝穿插在黑云母二长花岗岩中，接触界线不截然，往往为渐变过渡接触关系，且接触界线两侧也未发育明显晕。岩石呈明显的浅白色，白色，细晶–隐晶质结构，矿物颗粒成砂糖状，矿物几乎全部为细粒的石英和长石。该细晶岩可能是在黑云母二长花岗岩未完全冷却情况下岩浆房中残余岩浆热液的产物；也可能是岩浆热液活动最早期的产物。

（三）角　砾　岩

通过野外工作及室内岩芯的详细观察，在驱龙斑岩铜矿识别出两类角砾岩，但是由于两者相隔很近且地表冰川漂砾覆盖严重，地表工作难以划分（图3.1）。

第一类的角砾岩见于钻孔401和001中及附近地表，露头大小约200m×250m，形态近似等轴状。岩石露头表面由于褐铁矿化和硅化强烈呈红褐色，具明显的角砾状构造，角砾主要为硅化的黑云母二长花岗岩和细粒二长花岗斑岩，大小从数厘米到60cm不等，胶结物遭受强烈淋滤。空间上该角砾岩位于二长花岗斑岩的顶部，与二长花岗斑岩关系密切。

第二类角砾岩为岩浆蒸气角砾岩（Sillitoe，2010）：在钻孔305和相邻的钻孔005中出现，地表未见露头或转石，钻孔305的岩芯大部分是角砾岩，暗示该角砾岩筒的产状较陡。该角砾岩往往产出在花岗闪长斑岩的底部或与黑云母二长花岗岩接触部位，因此从空间上判断，它的形成与花岗闪长斑岩关系密切。

第二节　地球物理、地球化学特征

一、地球物理特征

（一）幅频电测剖面测量

在矿区19线和27线进行了两条1∶1万幅频电测剖面测量工作，分别绘出了视幅频率 P_s 和电阻率 ρ_s 的拟断面图（图3.8）。

从Q27线视幅频率 P_s 拟断面图（图3.8A）的分析，可得出以下认识：

（1）在109～111点，尤其是129～133点的浅部，异常表现出向上突起的特征，与2002年平面图对比得知，它们分别与平面图上的异常J43和J41相对应。

（2）在左侧，异常的边界等值线束出现在108～100点；而在右侧的12、10与8、6、4点分别形成了两个等值线束，表明右侧异常体分成了幅度较高、因而可能矿化较强的内侧，以及幅度较低、因而可能矿化较弱的外侧两部分。

（3）在中部存在明显的顶部等值线束，它大体反映了异常体的顶界。于是可得出异常体顶部109点及131点附近矿化体埋藏最浅，前者可能在20～30m，而后者则可能更浅，而在115点附近的顶面则比较深，大约在80m左右。如果仔细搜寻，或通过减小极距的加密探测找准位置，有可能用浅井即可把131点附近的异常体揭露出来。

（4）矿化较强部分的宽度大约600m，而矿化较弱部分的宽度则可达千米，甚至更宽。从整体上看，矿化是连续的；在中段的中浅部异常幅度较高，似乎表明存在一个相对富集层；其圈闭的不连续，则表明中部的富集矿化并不是连续和均匀的。

（5）测线北侧140点到153点浅部的幅频效应很低，表明被极化地质体覆盖，而且向北覆盖厚度逐步加大，直到100m以上。

（6）在测线南侧101～104点的浅部出现了强烈负异常，这种情况很罕见，而且它又正处于地表铜矿化体Cu Ⅱ的中心部位的下方，需要在以后工作中查明原因。

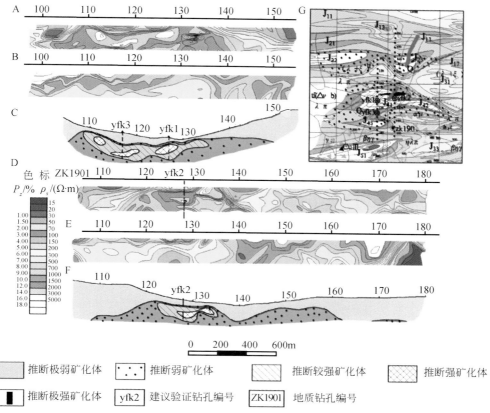

图 3.8 驱龙矿区 Q27、Q19 线视幅频率及视电阻率拟断面图

A. Q27 线视幅频率断面；B. Q27 线视电阻率断面；C. Q27 线拟断面成果推断图；D. Q19 线视幅频率断面；
E. Q19 线视电阻率断面；F. Q19 线拟断面成果推断图；G. 矿化体平面推断图

从 Q27 线视电阻率 ρ_s 拟断面图（图 3.8B）的分析，可得出以下认识：

（1）与 110 和 131 点下方的 J43、J41 视幅频率高值异常相对应的部位也出现了明确的相对视电阻率的低值异常 D43、D41，而 149 点附近下方的视电阻率相对低值的显示则可能与断层有关。其原因可能是由于硫化和富集并导致地下水矿化度提高所造成的。

（2）视电阻率异常与视幅频率异常的特征在整体上具有一致性：幅频率值高的异常内带部位所对应的视电阻率值较低，而视幅频率值较低的异常外带电阻率值则偏高。但视电阻率的等值线的密集度较差，表明异常体电阻率界面的清晰度较低。

（3）就整体而言，视电率较高，表明矿化体主要为浸染状态，不存在较强烈的泥化现象，次生富集带也不甚发育。

根据上述分析，我们在图 3.8C 中绘出了 Q27 线的推断剖面图。

从 Q19 线视幅频率 P_s 拟断面图（图 3.8D）的分析，可得出以下认识：

（1）D 中的左半段与 A 相似，也存在着左（即南）、右（即北）、顶三个部位的等值线束，并由它们圈定了一个异常（矿化）体的三个边界；中心矿化较强部分也有不连续的局部圈闭。

（2）与 A 不同的是，在左侧的等值线却有两束，可能也分别圈定了较弱与较强矿化部分；而在 135 点右侧的等值线束则仅有一束，而且非常密集，不像左侧分裂为两束。它表明强矿化体直接与相当"干净"的非矿化体直接接触。而该非矿化体似乎仅是一个局部漂浮体，其下部与右侧也存在弱矿化体。

（3）在 D 中 147～160 点的幅频率值异常向下增强，且常与平面异常 J23 相吻合，它标志该部位存在弱矿化体。在 170～180 点深部的较强异常则有可能是由电磁耦合所引起，需要进一步研究和查证。

（4）在 131 点附近异常出现零乱状态，似乎意味着附近有断裂存在。但其具体情况不清楚。

从 Q19 线视电阻率 ρ_s 拟断面图（图 3.8E）的分析，可以得出以下认识：

（1）在 120～130 点的下部出现了较强的低电阻率异常，它与该范围的中部存在较强视幅频率异常相对应，表明该部位异常体的矿化程度较强，可能为稠密浸染甚至网脉状，因而很可能会达到富矿水平。不过它也可能与 130 点附近存在断层有关系。

（2）在 133 点附近的极强视幅频率异常与及低阻相对应，表明该部位附近存在网脉至块状的富集硫化体。由于其体积较小，因而需要缩短极距的密集测量，以准确圈定异常之后，才能确定如何布置浅井或浅钻工程。

（3）在 110～130 点的下方存在视电阻率低部位，与该部位的中等幅频效应相对应，表明该部位存在浸染硫化体。在 150～160 点的下方也相类似。

（4）在 177 点附近出现极低阻带，与平面图中的 D24 相对应，该处幅频率低表明矿化差。其深部幅频率较强，可能与电磁耦合效应有关；而其浅部亦有中等偏弱的视幅频率，表明该部位仍存在散染硫化物，因而该低阻带可能是火山碎屑地层，且含有大量高矿化水溶液所形成。

综合推断：根据两条拟断面，结合平面图异常加以综合推断，可以得出图 3.8G 所示的矿化体平面推断结果。它表明：

（1）浸染状弱矿化体将 J21、J22、J23、J41、J42、J23 连成了一片，其分布范围可能达到 2km² 或更大。因其范围较广，其中心厚度应达数百米。在 Q27 线有一小块非矿化体，东北部被北东向断层和北西西向界线圈出一块楔形非矿化块体。

（2）稠密浸染或网脉状较强矿化体（相当于富矿）的分布范围可能达到 0.5km² 左右，其厚度可达数十米。

（3）块状极强矿化体（相当于特富矿）主要分布在异常较窄而强的东段，长度可能达到数百米，甚至 1km，但宽度很窄，延深可能也不会很大。需要通过加密圈定和断面探测确定其状态。它虽然储量较小，但近期利用的经济价值非常巨大。

（二）双频激电剖面测量

据中南大学 1∶1 万视极化率资料（图 3.9），主要存在下述 3 个异常带，北东向高极化率异常带（Ⅰ号），区域高背景上的北西–南东向高极化率异常带（Ⅱ号）、测区南部近东西向低负异常带（Ⅲ号），Ⅰ号和Ⅲ号异常带推测是由地层及其中的矿化等引起。Ⅱ号异常带以目前所掌握的地表地质情况看，区域高背景上的北西–南东向两条高极化率异常带，尤其是高背景值区范围，基本位于测区二长花岗斑岩体上，异常带基本属岩体内的高极化率异常。由该区岩（矿）石电性参数测定结果知，无论是二长花岗斑岩还是黑云母二长花岗岩，当存在硫化物矿化就会产生极化率异常，极化率除与矿石的高岭土化孔隙湿度有微弱关系外，决定极化率高低的关键是岩石的矿化程度、矿化的分布情况及导电矿物颗粒粗细。出现如此高的"激电"异常，完全可以排除观测误差、随机干扰等因素，初步推断该异常为矿致异常，故认为Ⅱ号斑岩体为全岩成矿。

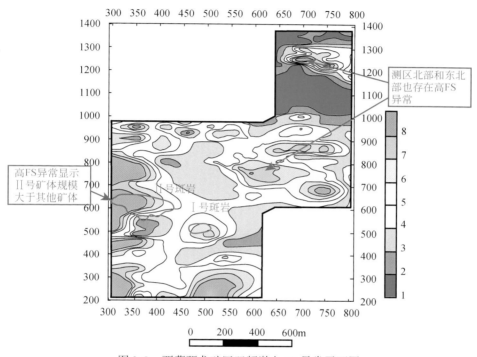

图 3.9 西藏驱龙矿区双频激电 FS 异常平面图

典型剖面激电测深在定性分析的基础上，进行了半定量反演解释推断，由半定量反演成果绘制了该剖面地电断面图（图 3.10）。可见，在该剖面上，第四系（含基岩风化壳）厚度大致在 20～80m，低阻基岩厚度最薄处约 130m，最厚处大致为 380m，平均 200 余米。电阻率大致为 60～360Ω·m，极化率为 3%～11%。这一层也就是"低电阻高极化"层，

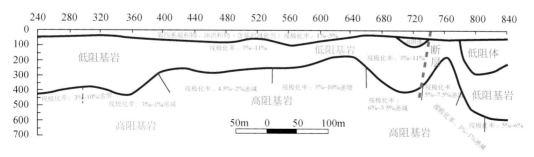

图 3.10 激电测深成果半定时反演解释推断断面示意图

该剖面普遍存在这一层位,且连续性非常好,将之与Ⅰ号斑岩铜矿体对比分析,推测该层为矿化层。该层位跨越了多个不同岩性段,故认为该剖面下覆基岩可能具有全岩矿化现象。向下有一层高阻基岩,埋深最浅 200 余米,最深 550m 左右,电阻率由 250Ω·m 到无穷大,一般均在几千欧姆米,极化率有递增或递减变化,我们认为极化率 3% 以上,无论在高阻或低阻基岩,或者是递增、递减关系,都可划分为极化率异常值范围,故认为Ⅰ号斑岩矿体向下宽度很大,并有可能与Ⅱ号斑岩矿体合二为一。

(三) 高密度电法测量

东山剖面 (起点坐标: $X = 3279865.13$; $Y = 31366139.26$; $H = 5290.27m$。终点坐标: $X = 3280665.13$; $Y = 31366139.26$; $H = 5130.00m$) (Ⅰ–Ⅰ′) 电阻率曲线比较有规律: 地表 15 ~ 100m 为相对连续的高阻区 (电阻率在 1043Ω·m 以上),其余为三个相对孤立的低阻区 (电阻率在 1043Ω·m 以下)。三号低阻区不仅规模小而且比较规则,一、二号低阻区规模较大并略向地表穿刺,但远未直接穿透到地表。地表高阻区反映的主要应为冻土层,其中不排除有少量残坡积、冲洪积碎(砾)石土;低阻区可肯定为富水岩土。剖面反应冻土层较为连续,厚度 15 ~ 100m (图 3.11)。

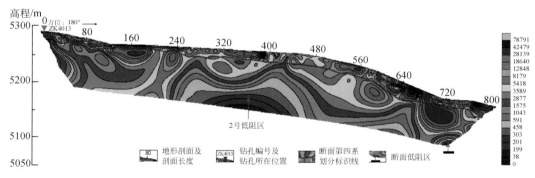

图 3.11　驱龙矿区东山剖面 (Ⅰ–Ⅰ′) 高密度电阻率二维反演成果图
测试方位: 以 ZK4013 钻孔为起点,正南方向 (180°)

中山剖面 (起点坐标: $X = 3279065.53$; $Y = 31365152.04$; $H = 5290.00m$。终点坐标: $X = 3279065.53$; $Y = 31364302.04$; $H = 5160.00m$) (Ⅱ–Ⅱ′) 电阻率曲线相对有规律: 地表 10 ~ 100m 为相对连续的高阻区 (电阻率在 839Ω·m 以上),在其间夹有多个很小的低阻体;在相对连续的高阻区之下,共有四个相对孤立或连接的范围较大的低阻区 (电阻率在 839Ω·m 以下)。一号、二号低阻区规模大,实际可视为连接成一体;三号、四号低阻区规模中等,相对孤立,其中四号低阻区明显向地表穿刺,但尚未直接穿透到地表。高阻区反映的主要应为冻土层,其中所夹的多个小低阻体可能为局部富含溶化冰水混合体的岩土体;低阻区可肯定为富水岩土。剖面反映冻土层较为连续,但在 4 号低阻区顶部,地下水快要或已经溶穿冻土层 (图 3.12)。

西山剖面 (起点坐标: $X = 3279865.07$; $Y = 31363008.30$; $H = 5312.00m$。终点坐标: $X = 3279865.07$; $Y = 31361539.30$; $H = 5310.00m$) (Ⅲ–Ⅲ′) 西山剖面电阻率总体较高,其电阻率在地表 15 ~ 100m 为连续的高阻区 (电阻率在 1138Ω·m 以上),在其间夹有多

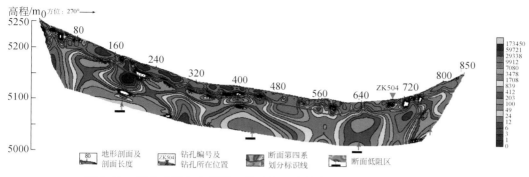

图 3.12 驱龙矿区中山剖面（Ⅱ-Ⅱ'）高密度电阻率二维反演成果图

测试方位：以 ZK604 钻孔为起点，正东西方向（270°）

个较小的低阻体；在相对连续的高阻区之下，共有四个孤立且范围较大的低阻区（电阻率在 1138Ω·m 以下）。其中，一号低阻区并非严格意义上的低阻区，二号低阻区规模较大、上下各有一个极低阻中心，三、四号低阻区规模中等、形态比较规则。高阻区反映的主要应为冻土层，其中所夹的多个小低阻体可能为局部富含溶化冰水混合体的岩土体；低阻区可肯定为富水岩土。剖面反映冻土层连续性较差，最大厚度在 100m 左右（图 3.13）。

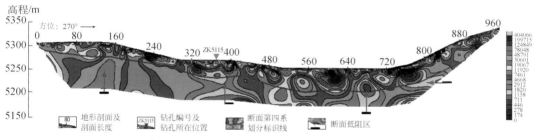

图 3.13 驱龙矿山西山剖面（Ⅱ-Ⅱ'）高密度电阻率二维反演成果图

测线方位：跨 ZK3113 钻孔，正东西向（270°）

二、地球化学特征

（一）水系沉积物测量

西藏地矿局区调大队对驱龙矿区进行了 1:5 万水系沉积物测量工作，获得以 Cu、Mo、W 为主，伴有 Bi、Ag、Pb、Zn、Cd、As、Au 的组合异常（图 3.14）。异常规模大，强度高，浓集中心明显，具有浓度分带，组分分带为 Cu-Mo-W-B-Cd-Ag-Zn-Pb-Au-Sb-As。

另外在矿区的东南部仍存在较强的 Cu、Mo 组合异常，东西向长度大于 4km，推测该异常一方面地表存在青磐岩化、硫化物矿化，另一方面深部存在斑岩铜矿体。在矿区的西部较强的 Cu、Mo 异常延伸达 4km，证明Ⅳ号斑岩体仍是值得注意的成矿地质体。故驱龙铜矿床的外围尚有较大的找矿前景。

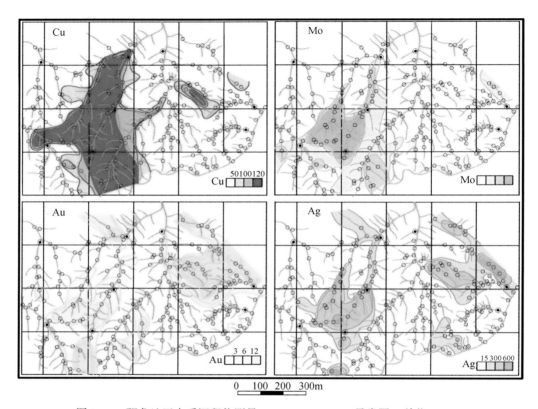

图 3.14　驱龙地区水系沉积物测量 Cu、Mo、Au、Ag 异常图（单位：ppm）

（二）　土壤地球化学测量

西藏地矿局二大队对驱龙矿区进行了 1∶1 万土壤地球化学测量，共获得了 4 个以 Cu、Mo 为主的异常（图 3.15），其中 Ⅰ 号异常反映 Ⅰ、Ⅱ、Ⅲ 号矿（化）体，Ⅱ 号异常向东未圈闭。2003 年度主要获得两个 Cu、Mo 为主的异常，分别编号为 Ⅴ、Ⅵ 号。

Ⅴ 号异常位于黑云母二长花岗岩的北侧与叶巴组地层的内外接触带附近，为 Ⅱ 号异常向东的延续部位上，两者共计长度大于 1200m，最宽可达 1000m，呈不规则的带状分布，异常强度大，峰值高，浓集中心明显；Ⅵ 号异常位于黑云母二长花岗岩体的南部内接触带，西部与 2002 年所获得的未编号 Cu、Mo 异常相连，连续长度大于 2000m，最宽处可达 1000m，一般宽 300～600m，带状分布，异常强度大，连续分布，浓集中心明显。Ⅴ、Ⅵ 号异常明显具有斑岩矿化的特征，其规模之大，足以反映黑云母二长花岗岩在矿区东部为全岩含矿，结合 2002 年的土壤测量工作成果，可见驱龙矿区异常及矿化不仅与石英斑岩体有关，它也与黑云母二长花岗岩关系极为密切，反映有的地段两种岩性的岩石均可全岩成矿，也预示着驱龙铜矿的铜资源量有较大的上升空间。

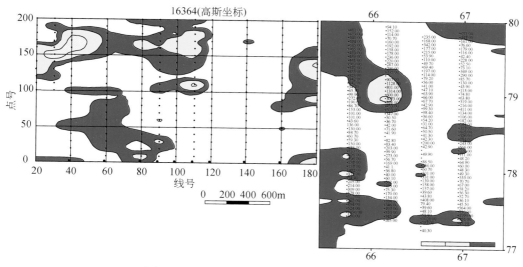

图 3.15　驱龙土壤地球化学测量异常平面图

第四章 成矿构造

由于地处高寒高海拔地区，地表90%以上的区域被第四纪坡积和冰积物所覆盖，并且所有钻孔中均未观察到明显的断裂构造。驱龙斑岩矿床的成矿构造主要是由于岩浆热液流体活动形成的各种热液脉系及微小破裂裂隙。

第一节 矿区构造

一、褶皱构造

矿区褶皱构造较简单，走向大致呈北西西向，在矿区范围内地层总体表现为向北倾的单斜构造；倾向5°～20°，倾角60°～85°。在矿区南部矿权范围以外，见叶巴组二段重复出露，叶巴组在驱龙矿区及其以南地区可能为背斜构造。中新世杂岩体侵位于驱龙矿区叶巴组第一段中。

二、断裂构造

矿区断裂构造较发育，可分韧性剪切变形带和脆性断裂两类。

（一）韧性剪切带变形带

韧性剪切变形带是指变质岩石中由强烈韧性剪切变形和塑性流动而形成的线性构造带。在矿区北部的侏罗纪地层中共有韧性剪切变形带2条，属中浅部构造相韧性变形带，构成中侏罗世叶巴组段之间界线。

1. 曲加拉莫错–炸药库北西西向韧性剪切变形带

位于矿区中南部，展布于曲加拉莫错北、特哥南和炸药库北一带。断裂规模大，出露宽度变化大，一般300～600m，东、西段窄，宽300～400m，中段出露宽，宽600m，向西具分枝复合现象。断层总体走向北西西，断层倾向北350°～20°，倾角60°～80°。断层切割中侏罗世叶巴组二段和三段，并为两段之分界线。主要表现为韧性片理化带，岩石中以发育密集片理为特征。卷入变形带的原岩主要有英安岩、晶屑凝灰岩、板岩和花岗闪长斑岩、花岗斑岩等，形成糜棱岩、糜棱岩化岩石和片理化岩石（表4.1）。板岩和晶屑凝灰岩主要发育密集片理，岩石具鳞片变晶结构，定向构造；沿片理面具新生矿物绢云母和绿泥石分布。英安岩、花岗斑岩、花岗闪长斑岩发育片麻理，岩石中斑晶、变斑晶压扁拉长，呈透镜体，长条状，定向排列。构造带中见旋转碎斑，指示右行活动特点。

表4.1　韧性剪切变形带动力变质岩特征表

岩石类型	结构构造	变形变质特征
片理化安山岩	变余斑状结构定向构造	斜长石斑晶被绿帘石交代蚀变，基质粒径0.05～0.15mm，以斜长石为主，长条状、定向平行排列。硅化石英呈微脉状穿插于岩石中
片理化英安岩	变余斑状结构片状构造	斑晶粒径0.2～2mm，石英波状消光明显，裂纹发育。斜长石多绢云母化。基质重结晶明显，为显微鳞片状绢云母和霏细状长英质，显定向平行排列
糜棱岩化英安岩	初糜棱结构定向构造	石英斑晶大部分被碾碎，并具动态重结晶，斜长石具绢云母化，部分见双晶弯曲变形和边缘碎粒化。角闪石等暗色矿物有拉长变形现象
花岗质糜棱岩	糜棱结构定向构造	碎斑呈椭圆状、眼球状、透镜状，定向分布，大小一般0.15～6mm，石英波状消光强烈，部分具亚颗粒结构，边缘碎粒化；碎基粒径<0.1mm，为碾碎的长英质矿物，以及显微鳞片状绢云母
糜棱岩化花岗闪长斑岩	糜棱结构定向构造	碎斑一般0.3～3mm，石英波状消光强烈，部分具亚颗粒结构，边缘碎粒化；斜长石可见双晶具弯曲及晶体边缘碎粒化，碎基粒径<0.1mm，定向排列，长英质矿物，具动态重结晶
片理化绢云板岩	鳞片变晶结构片状构造	岩石片理十分发育，绢云母呈显微鳞片状集合体，石英呈棱角状、次棱角状为主，具强烈的波状消光

　　显微特征：构造岩显微构造变形强，片理化岩石主要为动态重结晶作用，形成大量绢云母和石英，矿物定向排列。糜棱岩、糜棱岩化岩中石英、长石斑晶具压扁拉长，呈透镜状、眼球状、扁豆状，基质动态重结晶明显，形成显微粒状石英和鳞片状绢云母定向构造。残余石英颗粒普遍具强烈波状消光，裂纹发育；部分石英见亚颗粒结构和边缘碎粒化现象（406-1，PT002-4）。部分长石颗粒边缘具碎粒化，斜长石双晶具弯曲变形。

2. 佐玛拉莫错-曲隆亚加近东西向剪切变形带

　　位于矿区中部，展布于佐玛拉莫错南、且津朗和曲隆亚加一带。断裂规模不大，变形带相对较窄，延伸不稳定，出露宽度东段宽，西段窄，宽十几米～100m。断层总体走向近东西，断层倾向北180°～200°，倾角65°～80°。断层切割中侏罗世叶巴组三段和四段，并为两段之分界线。主要表现为韧性片理化带，岩石中以发育密集片理为特征。卷入变形带的原岩主要有板岩、晶屑凝灰岩和花岗闪长斑岩等，主要形成片理化岩石，其次为糜棱岩、糜棱岩化岩。板岩和晶屑凝灰岩主要发育密集片理，岩石具鳞片变晶结构，定向构造；沿片理面具新生矿物绢云母和绿泥石分布。花岗闪长斑岩发育片麻理，岩石中斑晶、变斑晶压扁拉长，呈透镜体，长条状，定向排列。显微特征：构造岩显微构造变形强，片理化岩石主要为动态重结晶作用，形成大量绢云母和石英，矿物定向排列。长英质糜棱岩化岩石石英、长石斑晶具压扁拉长，基质动态重结晶明显，形成显微粒状石英和鳞片状绢云母，具定向构造。残余石英颗粒普遍具强烈波状消光，裂纹发育。

（二）脆　性　断　裂

　　矿区内脆性断层不很发育，有近东西、北西西和北西向三组。断层主要发育于北部火山碎屑岩中，规模小，延长小于1km。断层一般切割中侏罗世叶巴组，破碎带宽 1 ~ 15m 不等，多形成碎裂岩。破碎带往往可见石英脉充填，脉宽 5 ~ 30cm 不等，呈不规则透镜状、长条状。有的断层具分带现象，具碎裂岩带、片理化带等。

（三）破裂裂隙分布及其产状、密度统计

矿区裂隙构造发育，产状变化较大，各方向均可见，陡倾角者大于 70°居多。在斑岩体顶部，发育近垂直的构造裂隙，往往呈网脉状，厚度变化较大，多为 0.1 ~ 30mm，充填物以石英为主，其次为硫化物、绢云母、白云母、绿泥石等，局部充填物占岩石体积的 10%以上。斑岩体的外接触带主要发育断裂构造派生羽状裂隙、共轭剪切裂隙等，许多裂隙是在爆破或隐爆作用下形成的，且距接触带越近，裂隙越发育；充填物主要为硫化物（以黄铁矿为主）、石英、绿泥石，其次有绢云母、高岭土、绿帘石、碳酸盐等。

野外工作中，在矿区地表布设了 76 个测量点对破裂裂隙率（条/m）进行了统计，得出了矿区范围内破裂裂隙率的平面分布情况（图 4.1），驱龙矿区由于多期次的岩浆活动及晚期热液在斑岩体顶部聚集，使岩体内外接触带应力持续集中，岩石发生多次破裂，致使斑岩体和围岩破裂，破裂裂隙密集分布，构成了极为有利的容矿构造。岩浆后期，含矿气液流体由深部沿破裂裂隙脉动上升，产生各种蚀变及矿化。面型蚀变和浸染状矿化的矿液都是通过裂隙向外扩散交代的，裂隙直接控制着细脉浸染状矿化，裂隙发育程度影响着矿化的强度（图 4.2）。

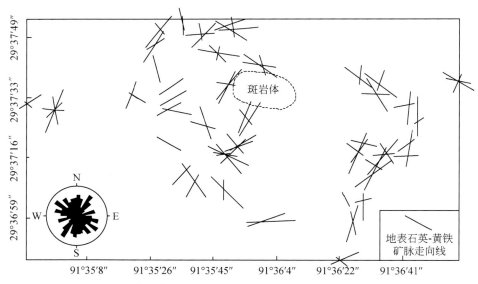

图 4.1　驱龙矿床地表破裂裂隙走向线投影图（肖波等，2008）

矿区范围内，破裂裂隙率在 50 条/m 以上的较广，且位于勘探区的中间部位；其中局部出现的破裂裂隙率较低的范围是由于地形条件太差、人员无法到达而未能测得数据，或地表冰积物、坡积物覆盖严重造成的。从图 4.1 上对比可以看出，超过钻孔 006、606、1006、1406 位置一线往南，裂隙率还是很高的，那里也是矿化较好的区域（即原西藏地

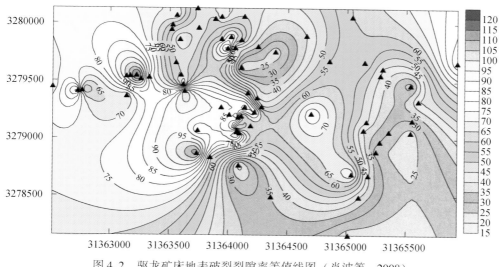

图 4.2 驱龙矿床地表破裂裂隙率等值线图（肖波等，2008）
图中三角号（▲）为野外记录点，数字为裂隙率，单位为条/m

质六大队普查区）。在矿区勘探线 15 线和 12 线之间裂隙率较高，平均在 70 条/m 以上；此范围内钻孔见矿好，Cu、Mo 品位较高，与裂隙分布范围一致。

矿区岩石中破裂裂隙很发育，破裂裂隙率普遍在 50 条/m 以上，分布范围很大，破裂裂隙率越高的区域，同时也是矿化较好的区域，表现为 Cu、Mo 元素的品位较高，往南，破裂裂隙发育的范围超过了现有钻探工程的控制范围，在现有矿权南部可能也是矿化发育的区域。

第二节 脉系产状及丰度统计

该项工作系统地测量了驱龙钻孔岩芯样品中各种脉系的宽度和产状（轴心倾角），尤其是针对 0 号勘探线剖面以及东西向 05 号钻孔剖面的样品进行了系统的统计。其中脉系的统计采用两种密度统计，即单位长度岩芯中脉系的数量（条/m）和单位体积岩芯中脉系的体积百分含量（vol%）。现分别介绍如下：

0 号勘探线剖面中，由于该剖面穿过成矿的二长花岗斑岩体，因此绝大多数脉系的产状（轴心倾角）>50°，集中在 55°~85°（图 4.3A），各种脉系中石英-硬石膏（Qz+Anh）脉最为丰富，产状变化较大，且在低倾角范围内（<30°）也有明显分布；代表早期热液阶段的含黑云母（Bi）和钾长石（Kf）的 A 型脉的产状几乎为陡倾角（45°~85°），很少小于 45°。空间上，该勘探线剖面中脉系的体积百分含量（vol%）高值区域（>15vol%）集中在海拔 4500~5100m（图 4.3B），这与矿化分布关系一致，符合我国主要斑岩型矿床脉系丰度与矿化强弱之间的正相关性（秦克章，1993）。

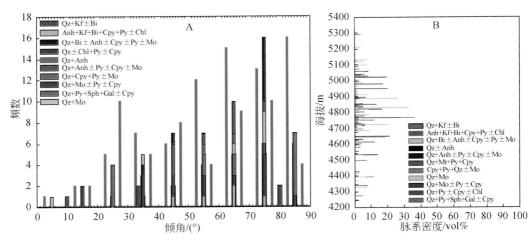

图 4.3　驱龙斑岩矿床 0 号勘探线剖面脉系产状和密度统计

空间分布上，单位长度范围内脉系的数量（条/m）及单位体积岩芯中脉系的体积百分含量（vol%）的分布与成矿斑岩体的空间位置关系密切（图 4.4A、B），脉系丰度的高值区域出现在斑岩体的附近，而远离斑岩体，脉系的丰度降低，表明流体的活动降低。

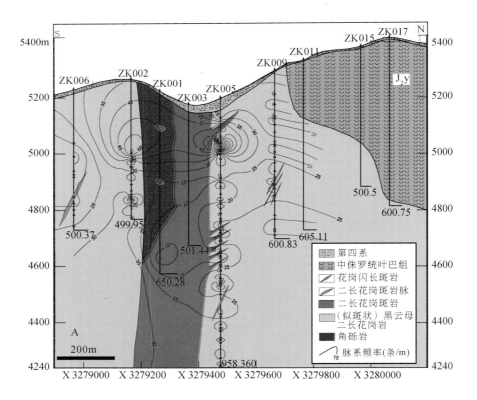

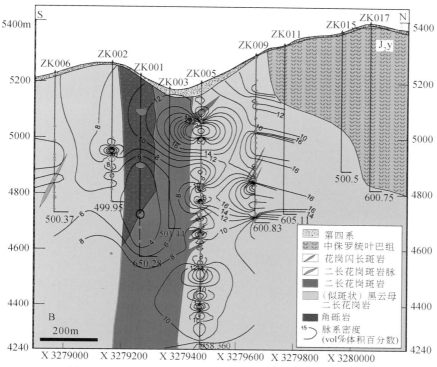

图 4.4 驱龙斑岩矿床 0 号勘探线剖面岩芯脉系密度统计

A. 脉系密度（条/m）；B. 脉系密度（vol%）

05 号钻孔剖面中，该剖面穿过成矿的二长花岗斑岩体且东西向跨越范围很大（> 2km），其中脉系的产状（轴心倾角）集中的区域变化范围较大（图 4.5A），在 <40° 范围内也有很多分布。与 0 号勘探线类似，05 号钻孔剖面中，石英-硬石膏（Qz+Anh）脉最为丰富，产状变化较大，且明显存在 55°~80° 和 25°~40° 两个集中区间。而代表早期热液阶段的含黑云母（Bi）和钾长石（Kf）的 A 型脉的产状几乎为陡倾角（40°~85°），很少小于 40°。空间上，该勘探线剖面中脉系的体积百分含量（vol%）高值区域（>15vol%）

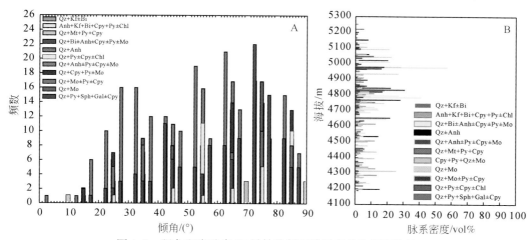

图 4.5 驱龙斑岩矿床 05 号钻孔剖面脉系产状和密度统计

集中在海拔 4000～5100m（图 4.5B），且在 4600～5000m 范围内存在明显的脉系密度（vol%）高值区域（>25vol%），与矿化分布关系一致，符合斑岩型矿床脉系丰度与矿化强弱之间的正相关性。

　　同样，在该剖面上，单位长度范围内脉系的数量（条/m）及单位体积岩芯中脉系的体积百分含量（vol%）的空间分布与成矿斑岩体的空间位置关系密切（图 4.6A、B），脉

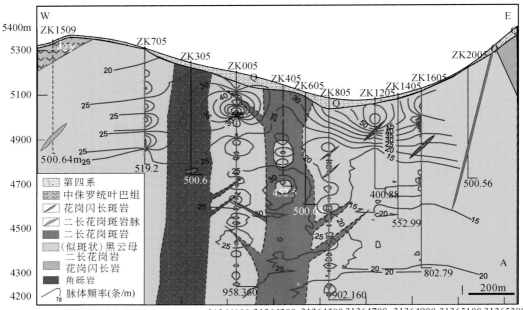

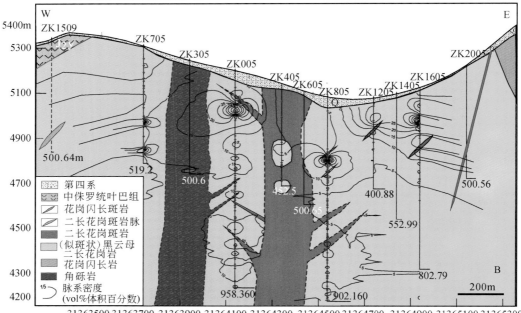

图 4.6　驱龙斑岩矿床 05 号钻孔剖面脉系密度统计

A. 脉系密度（条/m）；B. 脉系密度（vol%）

系丰度的高值区域出现在斑岩体的附近，而远离斑岩体的地方脉系发育较少，尤其是在剖面东、西两端，热液脉系很少。并且尤其是在小的斑岩脉富集，脉系的丰度较高。同时由于成矿的斑岩是从西南方向侵入，05 号钻孔剖面正好位于斑岩体的前锋位置，因此该剖面中脉系很发育，矿化作用也很强。

从以上对驱龙斑岩矿床南北向的 0 号勘探线及东西向的 05 号孔剖面的脉系产状及丰度的统计可以得出：驱龙矿床中各种脉系的产状变化范围较大，成矿斑岩体附近的脉系产状较陡倾，远离斑岩体产状较缓；没有明显的产状优选方位，这与地表脉系测量结果一致；同时也暗示驱龙矿床没有受到后期的断层或是区域构造应力的作用，即未受到后期构造的改造。

第三节　脉系穿插关系

驱龙斑岩矿床中脉系穿插关系复杂（图 4.7）。通过对钻孔岩芯的详细观察和描述，鉴别出矿区各种脉系的发育先后顺序。驱龙矿区各种岩石中脉系发育的先后情况为：不规则石英细脉、黑云母±石英±硬石膏±绿泥石±黄铁矿±黄铜矿细脉、石英+钾长石±辉钼矿±黄铜矿±黄铁矿±斑铜矿细脉、磁铁矿±石英±硬石膏±黄铁矿细脉→石英+绿泥石±黑云母±硬石膏±黄铁矿±黄铜矿脉、石英+黄铁矿+黄铜矿+硬石膏脉、石英+硬石膏±辉钼矿±黄铜矿±黄铁矿脉、紫色硬石膏脉、黄铁矿+黄铜矿±辉钼矿细脉→石英+辉钼矿+黄铁矿+黄铜矿脉、石英–辉钼矿脉→硬石膏+石英+黄铁矿+黄铜矿+闪锌矿+方铅矿脉、无色透明硬石膏脉→黄铁矿+绿泥石+石英脉、石英+黄铁矿脉→无矿石英脉。在所有的钻孔中，普遍发育石英+辉钼矿脉、辉钼矿脉穿插石英+黄铁矿+黄铜矿脉、黄铁矿+黄铜矿+绿泥石脉等，据此得出矿区大致的成矿期次：早期黄铁矿+黄铜矿化为主，含少量的辉钼矿化，晚期穿插有石英+辉钼矿细脉和黄铜矿细脉。

驱龙矿床中，辉钼矿矿化，具有明显的早、晚两期：早期主要表现为不太规则的石英±硬石膏+黑云母+黄铜矿+黄铁矿+辉钼矿细脉（属于早期 A 脉或 EB 脉），发育较少，辉钼矿与黄铜矿等共生，且粒度通常很细；晚期为规则的石英+辉钼矿脉，最为普遍，是矿床内辉钼矿矿化的主要形式，脉系中很少发育其他硫化物，偶尔见到少量硬石膏，辉钼矿呈中–粗粒的片状，表明驱龙矿床中大规模的辉钼矿矿化相对黄铜矿矿化稍晚。而伊朗西北部 Azarbaijan 省的中新世 Sungun 斑岩矿床中辉钼矿矿化出现在早期高温阶段的脉系中，明显早于铜矿化（Hezarkhani and Williams-Jones，1998）；可能暗示不同斑岩矿床中矿化过程存在着明显差异，但是尚不清楚造成这种差异的本质原因是什么。

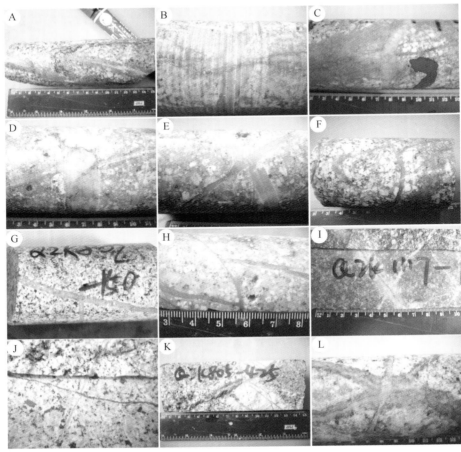

图 4.7　驱龙矿床中脉系穿插图版

A. 石英+黑云母+硬石膏+黄铜矿+辉钼矿脉截断石英细脉；B. 不规则黄铜矿细脉穿插石英细脉；C. 石英+硬石膏脉截断黄铜矿+黄铁矿细脉；D. 石英+黑云母脉截断石英细脉；E. 石英脉截断石英+钾长石脉；F. 石英+辉钼矿脉截断不规则细脉；G. 石英+辉钼矿脉截断石英+长石脉；H. 二长花岗斑岩中石英细脉错断石英细脉；I. 凝灰岩中石英+黄铁矿脉截断石英细脉；J. 黑云母细脉截断石英细脉；K. 黑云母+绿泥石+石英+黄铁矿+黄铜矿脉截断细晶岩脉及石英细脉；L. 石英+辉钼矿脉截断石英+黑云母+黄铁矿脉

第五章　高氧化岩浆侵位序列与岩石成因研究

第一节　中新世花岗质杂岩体地质特征

一、岩体穿插关系

矿区内的中新世侵入岩，根据野外地质观察和岩石之间的接触、穿插关系（图3.7），从老到新顺序为：花岗闪长岩、（似斑状）黑云母二长花岗岩、二长花岗斑岩、花岗闪长斑岩、细晶岩、石英闪长玢岩（图3.1、图3.2）。各个中新世侵入体的野外特征总结见表5.1。各个中新世侵入岩的产状、侵位关系及空间分布情况，在钻孔剖面中可清楚辨别。

表5.1　驱龙矿床主要侵入体特征表

花岗闪长岩（$N_1\gamma\delta$）	矿区驻地南东（ZK2801～4404以东）	近东西向长条带状延伸，南部、东端延出图外，大小 850m×1600m，面积1.36km²	北部侵入叶巴组一段中，围岩具角岩化，西部被黑云母二长花岗岩侵位破坏，岩石具绿泥石-绿帘石化，局部黏土化
	矿区驻地西侧23～47线	近东西向长条带状延伸，东西端延出图外，大小 1000m×600m，面积0.6km²	侵入叶巴组一段，东部被黑云母二长花岗岩侵位破坏，围岩具角岩化，岩石具绿泥石-绢云母化
	矿区西侧南部（17～55线）	近东西向长条弯月状延伸，大小 600m×200m，面积0.12km²	北侧侵入叶巴组一段，围岩具角岩化，岩石具绿泥石化，南侧被第四系覆盖
（似斑状）黑云母二长花岗岩（$N_1\beta\eta\gamma$）	矿区驻地东、西两侧23～28线，北侧至平硐1，南侧至ZK1015	南北向延伸，近长椭圆形，大小 2500m×1800m，面积4.5km²	外侧侵入中侏罗世流纹英安斑岩和粗粒石英斑岩及凝灰岩中，内侧侵入到花岗闪长岩中，南部被第四系掩盖，岩石具硅化、黏土化、黄铁绢英岩化
二长花岗斑岩（$N_1\eta\gamma\pi$）	3～2线北侧	北西向延伸，岩枝，长500m，宽100～150m，面积0.05km²	主体为二长花岗斑岩，侵位于黑云母二长花岗岩，具硅化-钾化
花岗闪长斑岩（$N_1\gamma\pi$）	7～0线其面积前后不一致岩相中0.04km²	北西向延伸，岩枝，长400m，宽30～60m，面积0.05km²	主体为花岗闪长斑岩，侵位于黑云母二长花岗岩中，很新鲜几乎无蚀变
闪长玢岩（$N_1\delta\mu$）	矿区驻地东20～24线	不规则圆形，大小30m×50m，面积0.0015km²	主体为中细粒、中粒石英闪长玢岩，北部侵位于叶巴组一段，具黏土化，局部碳酸盐化；基本无矿化

　　本书根据对矿床中50余个钻孔岩芯的观察以及西藏巨龙铜业有限公司2008年的勘探报告资料，修编出驱龙矿床中代表性勘探线的勘探剖面图（图5.1、图5.2、图3.1），图中清楚地展示了矿区内中新世侵入岩的形态、产状及相互穿插关系，注意其中花岗闪长斑岩与二长花岗斑岩未见到直接的接触关系。

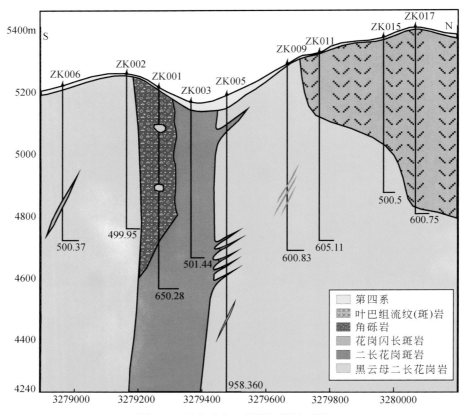

图5.1　驱龙矿床0号勘探线剖面图

二、岩石学特征

　　我们通过详细的野外地表和钻孔岩芯的观察，以及室内近300余片岩石薄片的鉴定，已全面地鉴定了矿区岩石的岩相学特征（表3.1）；现分别叙述矿区出露岩石的岩相学特征如下。

（一）花岗闪长岩（$N_1\gamma\delta$）

　　岩石呈灰白色，中粗粒花岗结构为主，局部为似斑状。镜下特征为：花岗结构–似斑状结构，块状构造，主要矿物有斜长石（40%～45%）、钾长石（15%～20%），石英（10%～15%）、角闪石（5%～10%）、黑云母（10%）；副矿物主要有榍石、磷灰石、锆

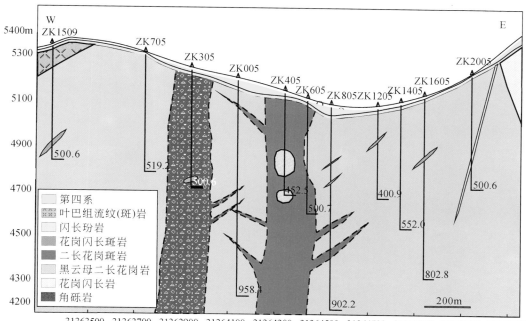

图 5.2　驱龙矿床 05 号孔勘探线剖面图

石、磁铁矿及不透明金属矿物等（图 5.3A）。角闪石通常发生弱的黑云母化和绿泥石化蚀变。矿化主要表现为弱的黄铁矿+黄铜矿化，南部岩体中偶见雌黄+雄黄+硬石膏的产出。

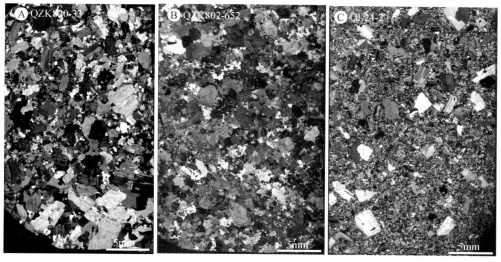

图 5.3　驱龙矿床中新世花岗闪长岩–黑云母二长花岗岩–似斑状黑云母二长花岗岩显微照片

A. 花岗闪长岩；B. 黑云母二长花岗岩；C. 似斑状黑云母二长花岗岩

　　角闪石和榍石的出现，指示岩浆熔体富水（3wt% ~4wt%）、高氧化性的特征（$fO_2 =$ NNO+1）（Carroll and Rutherford，1988；Candela，1997；Cloos，2001），这符合绝大多数

Ⅰ型花岗岩的特征。

（二）黑云母二长花岗岩（$N_1\beta\eta\gamma$）

岩石手标本上呈灰–浅灰白色，中粒花岗结构，块状构造。岩石手标本上呈灰–浅灰白色，中粒花岗结构，块状构造。镜下岩相学特征为：花岗结构，块状构造；主要成分：石英，半自形–他形粒状，含量20%～25%；长石以斜长石为主，环带、卡式、聚片、卡纳复合双晶发育，含量约为35%～40%；钾长石，含量约为20%～25%。黑云母，自形–半自形片状，含量约为10%～15%。副矿物：柱状磷灰石，含量约为3%；偶见锆石及不透明金属矿物（图5.3B）。该岩石在矿区西部与叶巴组地层接触带附近，局部呈似斑状结构，且黑云母含量明显较多，暂将其定为似斑状黑云母二长花岗岩（图5.3C），除了结构上存在差异以外，矿物组成上与黑云母二长花岗岩没有差别。

（三）二长花岗斑岩（$N_1\eta\gamma\pi$）

主要分布于矿区驻地西侧一带，呈岩株状产出，二长花岗斑岩呈岩株状侵位于荣木错拉复式岩体之中，为矿区出露面积最大、最主要的斑岩；产状近直立；露头呈近北西向椭圆状延伸，地表出露面积约0.05km^2，其东侧部分被第四纪坡积物覆盖，推测其总的出露面积约0.1km^2（其面积属于我国斑岩铜矿区中斑岩体规模最大者）。岩石类型为二长花岗斑岩，顶部相变为花岗斑岩与细粒石英斑岩，岩石呈浅灰–灰白色、浅肉红色，斑状结构。岩相学特征为：灰白色，斑状结构，块状构造；斑晶含量约为35%～45%，主要有：斜长石，自形–半自形粒状，粒度（2～6mm），含量约为15%～20%；钾长石，自形–半自形板柱状，粒度（4～8mm），含量约为15%；石英，半自形粒状，粒度（1～8mm），含量10%～15%；黑云母，半自形片状，粒度（1～4mm），含量5%～8%。基质：主要为隐晶质石英和长石类矿物。副矿物：星点状分布的少量不透明矿物及磷灰石、锆石。基质为具隐晶质的石英+钾长石+斜长石组成（图5.4A）。岩体属浅成相，局部可见围岩捕房体和残留顶盖，故岩体剥蚀程度为浅剥蚀。通常认为斑岩中细晶质–隐晶质的基质是岩浆快速上升冷却以及挥发分大量出溶的结果。

（四）花岗闪长斑岩（$N_1\gamma\delta\pi$）

出露在二长花岗斑岩的西侧、钻孔305孔机台的西南150m处，近椭圆形出露，面积约0.04km^2，钻孔301孔、805孔、812孔、604孔、606孔、610孔、612孔、614孔都有零星发现，尤其在矿区中南部的钻孔812、612孔中发育较厚，钻孔岩芯中未见到它与二长花岗斑岩直接接触；据地表以及钻孔情况推测该斑岩体呈不规则岩枝状向东南陡倾斜。手标本上岩石为深灰色，斑状结构，较新鲜，蚀变较弱。岩相学特征为：斑状结构，块状构造；斑晶含量约为40%，以自形–半自形奥长石–中长石为主（20%～25%），钾长石（约10%）次之，少量的黑云母（7%～10%）、石英（5%），偶见硬石膏斑晶（2%）；基质主要为钠长石、钾长石、黑云母和石英；含少量（<5%）星点状的磁铁矿、黄铁矿、黄铜矿（图5.4B）。

对比二长花岗斑岩和花岗闪长斑岩，二者在蚀变类型、矿化程度、脉系特征上存在明显区别：宏观上，二长花岗斑岩暗色矿物少，因较强的硅化、黏土化蚀变，很少见新鲜的黑云母斑晶，因此颜色明显比花岗闪长斑岩浅（图5.4）；此外，二长花岗斑岩发育较丰富的石英细脉、石英–硫化物细脉，矿化程度明显高于花岗闪长斑岩，而花岗闪长斑岩中脉系发育极少。微观上，二长花岗斑岩的石英斑晶中发育更丰富的流体包裹体。根据以上推断，二长花岗斑岩经历了强烈的流体蚀变–矿化过程，应为成矿的主体斑岩，而晚期的花岗闪长斑岩与大规模成矿关系不大。

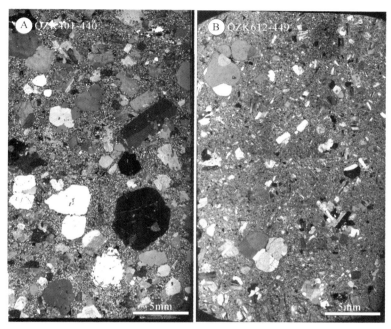

图5.4　驱龙矿床中二长花岗斑岩与花岗闪长斑岩显微照片
A. 二长花岗斑岩；B. 花岗闪长斑岩

（五）中新世石英闪长玢岩（$N_1\delta\mu$）

主要分布于矿区东段20～24的中北部，不规则圆形，露头大小30m×50m，面积0.0015km^2。钻孔中呈厚度不等的岩枝（2～30m）侵入黑云母二长花岗岩中，上下接触界线清晰，接触界面局部出现少量的角砾岩。岩石呈灰绿色，斑状结构。岩石新鲜，几乎没有发生蚀变；局部偶见弱碳酸盐化。镜下特征为：灰绿色，斑状结构，块状构造；斑晶：石英，自形–半自形粒状，粒度（1～8mm），含量5%～10%，往往具有明显的被熔蚀结构（图5.5A）；钾长石，半自形–他形粒状、板柱状，粒度差别很大（1～25mm），含量20%～25%，钾长石斑晶中往往包含有斜长石+角闪石+榍石等矿物（图5.5B）；角闪石，自形粒状，粒度（0.2～1mm），含量10%～15%；基质：主要为显微晶质–细粒结构的长石及角闪石；长石呈针状，交织结构（图5.5C）；偶见硬石膏斑晶（<1%）。副矿物：柱状磷灰石较发育，约为5%。钾长石巨晶和石英斑晶的普遍出现以及发育强烈的熔蚀结构与基质中大量的角闪石形成鲜明对比，表明这两种斑晶与岩石的基质成分是不平衡的，暗

示存在岩浆混合作用。

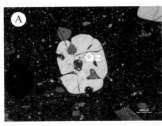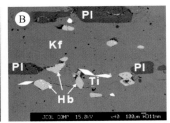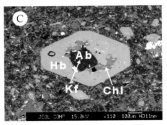

图 5.5　驱龙矿床石英闪长玢岩显微照片

A. 石英闪长玢岩中的石英（Qz）斑晶具明显的熔蚀结构；B. 钾长石（Kf）斑晶中包裹的斜长石（Pl）+
角闪石（Hb）+榍石（Ti）；C. 角闪石斑晶中的钠长石（Ab）和绿泥石（Chl）

通过详细的岩相学观察表明，驱龙矿床内中新世侵入的造岩矿物结晶顺序为：磷灰石+锆石→磁铁矿+硬石膏+黄铁矿+榍石→角闪石+黑云母+斜长石+钾长石+石英。

（六）细 晶 岩 脉

呈厚度不等（0.05~2m）的小岩枝穿插在黑云母二长花岗岩中，接触界线不截然，往往为渐变过渡接触关系，且接触界线两侧也未发育明显蚀变晕（图5.6）。岩石呈明显的浅白色、白色，细晶–隐晶质结构，矿物颗粒呈砂糖状，矿物几乎全部为细粒的石英和长石。该细晶岩可能是在黑云母二长花岗岩未完全冷却情况下岩浆房中残余岩浆热液的产物；也可能是岩浆热液活动最早期的产物。细晶岩通常产于斑岩体的顶部（Burnham，1979），而驱龙发现的细晶岩从地表以下100~500m均大量存在，表明驱龙矿床形成后并没有发生明显剥蚀。

图 5.6　驱龙矿床中的细晶岩脉

A. 细晶岩脉造成黑云母二长花岗岩黏土化；B. 细晶岩脉灌入新鲜的黑云母二长花岗岩；C. 细晶岩脉中的后期石英脉

（七）角 砾 岩

通过野外工作及室内岩芯的详细观察，在驱龙斑岩铜矿识别出两类角砾岩。

第一类的角砾岩见于钻孔401和001中及附近地表，露头大小约200m×250m，形态近似等轴状。岩石露头表面由于褐铁矿化和硅化强烈呈红褐色，具明显的角砾状构造，角砾主要为硅化的黑云母二长花岗岩和细粒二长花岗斑岩，大小从数厘米到60cm不等，胶结物遭受强烈淋滤，出现很多空洞（图5.7A-1、A-2，图5.7B-1、B-2，图5.8A）。在钻孔001岩芯中，该热液角砾岩的主要特征是：岩石呈灰白色，角砾状构造，角砾成分主要为黑云母化-黏土化的黑云母二长花岗岩、黏土化的二长花岗斑岩及少量叶巴组凝灰岩，角砾大小0.2cm～>50cm，角砾主要为次棱角状、次圆状，少量棱角状，角砾之间有时可以拼合，大部分角砾具有明显的铜矿化，其中在黑云母二长花岗岩角砾中多发育石英+辉钼矿+黄铁矿+黄铜矿细脉和磁铁矿细脉；胶结物中发育大量的粗粒紫色硬石膏和石英以及少量的黑云母、黄铁矿及黄铜矿等热液矿物。这类热液角砾岩的最大特点是胶结物中含有大量的硬石膏，角砾中大部分发生铜矿化，表明这类热液角砾岩是成矿同期及成矿晚期的产物，为典型的岩浆热液角砾岩（Sillitoe，2010）。空间上该角砾岩位于二长花岗斑岩的顶部，与二长花岗斑岩关系密切。

图5.7　驱龙矿床中的角砾岩

A-1、A-2. 角砾岩地表滚石；B-1、B-2. 钻孔001中的热液角砾岩；C-1、C-2. 钻孔305中的岩浆角砾岩

第二类角砾岩为岩浆蒸气角砾岩（Sillitoe，2010）：在305号钻孔和相邻的005号钻孔中出现，地表未见露头或滚石，钻孔305的岩芯大部分是这类角砾岩（图5.7C-1、C-2，图5.8B），暗示该角砾岩筒的产状较陡。其特点是：岩石呈深灰色，具有角砾状构造，角砾成分主要为硅化-弱黏土化-黑云母化的黑云母二长花岗岩和弱硅化-弱黏土化-边部绿

泥石化的花岗闪长斑岩，角砾大小约 1~10cm 不等，呈棱角状、次棱角状、浑圆状及不规则状，角砾中还发育有石英细脉（厚度为 1~3mm）、石英+辉钼矿细脉（厚度为 8mm），辉钼矿呈星点状产在脉中间，后者切穿前者。胶结物主要为灰色、深灰色的隐晶质物质的石英+长石+少量黑云母和硬石膏，含少量星点状黄铁矿和黄铜矿、磁铁矿，偶尔发育石英+辉钼矿细脉及磁铁矿+黄铜矿细脉，石英+辉钼矿细脉（1~1.5mm）边部不规则、不平直，磁铁矿+黄铜矿脉（1~2mm）不平直，脉边部呈锯齿状。该角砾岩往往产出在花岗闪长斑岩的底部或与黑云母二长花岗岩接触部位，因此从空间上判断，它的形成与花岗闪长斑岩关系密切。

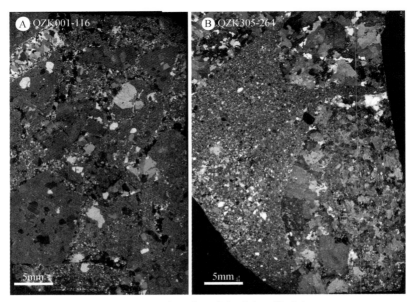

图 5.8　驱龙矿床两类角砾岩显微照片

A. 001 钻孔中的热液角砾岩，胶结物为石英+长石；B. 305 孔的岩浆蒸气角砾岩，胶结物为隐晶质的花岗质，含硬石膏

第二节　成岩时代

　　驱龙矿床内各类中新世侵入岩的锆石 U-Pb 定年分析结果列于表 5.2。

　　锆石样品利用标准重矿物分离技术分选，然后在双目镜下挑选出晶形较完整、无明显包裹体和透明度好的锆石，在玻璃板上用环氧树脂固定，并抛光至锆石中心。在原位分析之前，进行光学显微镜的透射和反射以及阴极发光（CL）图像观察，详细研究锆石的晶体形貌和内部结构特征，以选择 U-Pb 年龄分析的最佳测试点。锆石阴极发光（CL）观察是在中国科学院地质与地球物理研究所电子探针实验室的 CAMECA SX51 型仪器上完成的。所有测试样品的锆石都发育有规律的韵律生长环带（图 5.9），说明这些锆石都是典型岩浆成因的（吴元保和郑永飞，2004）。

表5.2　驱龙矿床中新世侵入岩锆石 U-Pb 同位素表

测试点	$^{207}Pb/^{206}Pb$ 比值	1σ	$^{207}Pb/^{235}U$ 比值	1σ	$^{206}Pb/^{238}U$ 比值	1σ	$^{238}U/^{232}Th$	$^{207}Pb/^{235}U$ 年龄	1σ	$^{206}Pb/^{238}U$ 年龄	1σ
QZK2404-174：花岗闪长岩											
1	0.05669	0.01896	0.01892	0.0061	0.00242	0.00022	2.08	19	6	16	1
2	0.05482	0.00505	0.02178	0.00187	0.00288	0.0001	2.32	22	2	18.5	0.6
3	0.04605	0.00475	0.01823	0.00175	0.00287	0.00011	2.36	18	2	18.5	0.7
4	0.06189	0.00484	0.02354	0.0017	0.00276	0.00009	2.05	24	2	17.8	0.6
5	0.07547	0.01227	0.02933	0.00428	0.00282	0.0002	2.13	29	4	18	1
6	0.06284	0.00826	0.02506	0.00306	0.00289	0.00014	2.43	25	3	18.6	0.9
7	0.05232	0.00446	0.01913	0.00153	0.00265	0.00008	2.62	19	2	17.1	0.5
8	0.05537	0.00527	0.0195	0.00173	0.00255	0.00009	1.84	20	2	16.4	0.6
9	0.04605	0.00955	0.0163	0.0029	0.00257	0.00027	2.18	16	3	17	2
10	0.04905	0.00792	0.01723	0.00269	0.00255	0.00011	2.57	17	3	16.4	0.7
11	0.0413	0.00496	0.01566	0.0018	0.00275	0.0001	1.91	16	2	17.7	0.6
12	0.0507	0.00794	0.01978	0.0029	0.00283	0.00016	2.74	20	3	18	1
13	0.05031	0.00654	0.01848	0.00226	0.00266	0.00012	1.8	19	2	17.1	0.8
14	0.05335	0.00956	0.01802	0.00304	0.00245	0.00015	2.34	18	3	15.8	1
15	0.04978	0.00916	0.0193	0.00342	0.00281	0.00014	1.84	19	3	18.1	0.9
16	0.04605	0.00945	0.01682	0.0033	0.00265	0.00016	1.37	17	3	17	1
17	0.05313	0.00723	0.02	0.00253	0.00273	0.00014	2.26	20	2	17.6	0.9
18	0.05337	0.00556	0.02116	0.00207	0.00288	0.0001	2.05	21	2	18.5	0.6
19	0.04605	0.00392	0.01764	0.00143	0.00278	0.00007	2.19	18	1	17.9	0.5
20	0.05452	0.00804	0.02064	0.00295	0.00275	0.0001	2.25	21	3	17.7	0.6
QZK1604-380：黑云母二长花岗岩											
1	0.04606	0.0057	0.01724	0.00205	0.00272	0.0001	1.93	17	2	17.5	0.6
2	0.05412	0.0082	0.02084	0.00298	0.00279	0.00014	2.14	21	3	18	0.9
3	0.05442	0.00991	0.02236	0.00377	0.00298	0.00021	2.07	22	4	19	1
4	0.05316	0.00526	0.01977	0.00183	0.0027	0.0001	1.86	20	2	17.4	0.6
5	0.05717	0.00995	0.02271	0.0036	0.00288	0.00021	1.82	23	4	19	1
6	0.05669	0.01531	0.02137	0.00537	0.00273	0.00027	1.6	21	5	18	2
7	0.05661	0.00893	0.02033	0.00301	0.0026	0.00014	2.1	20	3	16.7	0.9
8	0.05501	0.00538	0.02112	0.00194	0.00278	0.00009	2.55	21	2	17.9	0.6
9	0.04605	0.00651	0.01608	0.00213	0.00253	0.00012	2.04	16	2	16.3	0.8
10	0.06076	0.01436	0.02291	0.00495	0.00273	0.00026	2.3	23	5	18	2
11	0.04605	0.00606	0.01745	0.00216	0.00275	0.00012	2.37	18	2	17.7	0.8
12	0.04833	0.00403	0.02095	0.00164	0.00314	0.00009	1.02	21	2	20.2	0.6

续表

测试点	$^{207}Pb/^{206}Pb$		$^{207}Pb/^{235}U$		$^{206}Pb/^{238}U$		$^{238}U/^{232}Th$	$^{207}Pb/^{235}U$		$^{206}Pb/^{238}U$	
	比值	1σ	比值	1σ	比值	1σ		年龄	1σ	年龄	1σ
QZK1604-380：黑云母二长花岗岩											
13	0.04605	0.00361	0.01694	0.00122	0.00267	0.00008	2.18	17	1	17.2	0.5
14	0.06258	0.00844	0.02203	0.00271	0.00255	0.00014	2.02	22	3	16.4	0.9
15	0.05325	0.00551	0.01933	0.00187	0.00263	0.0001	1.95	19	2	16.9	0.6
16	0.05673	0.01147	0.02122	0.00405	0.00271	0.00018	2	21	4	17	1
17	0.05051	0.01088	0.02138	0.00435	0.00307	0.00022	1.69	21	4	20	1
QD4-1：似斑状黑云母二长花岗岩											
1	0.05062	0.00932	0.01795	0.0031	0.00257	0.00016	1.82	18	3	17	1
2	0.07128	0.01036	0.02621	0.00337	0.00267	0.00018	2.04	26	3	17	1
3	0.05709	0.0092	0.02056	0.00303	0.00261	0.00017	2.61	21	3	17	1
4	0.04605	0.00363	0.01641	0.00118	0.00258	0.00008	2	17	1	16.6	0.5
5	0.04605	0.00261	0.01581	0.00077	0.00249	0.00007	2.18	15.9	0.8	16	0.5
6	0.05267	0.00559	0.01734	0.00178	0.00239	0.00006	1.95	17	2	15.4	0.4
7	0.05808	0.0078	0.02102	0.00275	0.00262	0.00008	2.11	21	3	16.9	0.5
8	0.04752	0.00628	0.01687	0.00217	0.00257	0.00008	1.89	17	2	16.6	0.5
9	0.05085	0.0071	0.02024	0.00265	0.00289	0.00014	2.42	20	3	18.6	0.9
10	0.05455	0.00596	0.01975	0.00205	0.00263	0.00009	1.99	20	2	16.9	0.6
11	0.04605	0.00792	0.01733	0.00277	0.00273	0.00017	0.94	17	3	18	1
12	0.04606	0.00471	0.01778	0.00174	0.0028	0.00009	2.34	18	2	18	0.5
13	0.05064	0.01547	0.01737	0.00518	0.00249	0.00016	1.99	17	5	16	1
14	0.05687	0.00989	0.01915	0.00323	0.00244	0.0001	1.86	19	3	15.7	0.7
15	0.04174	0.02251	0.0177	0.00945	0.00308	0.00024	1.67	18	9	20	2
16	0.0466	0.00356	0.01745	0.00126	0.00272	0.00007	2.17	18	1	17.5	0.5
17	0.06603	0.01116	0.02415	0.00367	0.00265	0.0002	1.94	24	4	17	1
18	0.05438	0.00934	0.01883	0.00313	0.00251	0.00011	2.05	19	3	16.2	0.7
19	0.04658	0.0071	0.01741	0.00256	0.00271	0.00011	1.83	18	3	17.5	0.7
QZK401-440：二长花岗斑岩											
1	0.07342	0.0231	0.02794	0.00855	0.00276	0.0002	0.84	28	8	18	1
2	0.04605	0.01215	0.01534	0.0039	0.00242	0.00017	0.88	15	4	16	1
3	0.04605	0.0078	0.01708	0.00269	0.00269	0.00017	1.03	17	3	17	1
4	0.07284	0.04084	0.02418	0.0134	0.00241	0.00021	0.63	24	13	16	1
5	0.06429	0.00581	0.02287	0.00191	0.00258	0.00009	1.29	23	2	16.6	0.6
6	0.06198	0.0075	0.02038	0.00226	0.00238	0.00012	2	20	2	15.3	0.8
7	0.05216	0.00862	0.01792	0.00285	0.00249	0.00011	1.77	18	3	16	0.7

测试点	$^{207}Pb/^{206}Pb$		$^{207}Pb/^{235}U$		$^{206}Pb/^{238}U$		$^{238}U/^{232}Th$	$^{207}Pb/^{235}U$		$^{206}Pb/^{238}U$	
	比值	1σ	比值	1σ	比值	1σ		年龄	1σ	年龄	1σ
QZK401-440：二长花岗斑岩											
8	0.06693	0.00293	0.02027	0.0008	0.0022	0.00005	0.65	20.4	0.8	14.2	0.3
9	0.04606	0.01455	0.01652	0.00507	0.0026	0.00019	1.43	17	5	17	1
10	0.04605	0.00284	0.01653	0.00085	0.0026	0.00009	1.49	16.6	0.8	16.8	0.6
11	0.04827	0.00722	0.01744	0.00252	0.00262	0.0001	1.55	18	3	16.9	0.6
12	0.04605	0.0026	0.01461	0.00074	0.0023	0.00006	4.57	14.7	0.7	14.8	0.4
13	0.05398	0.0039	0.01837	0.00123	0.00247	0.00007	0.91	18	1	15.9	0.5
14	0.06362	0.00635	0.02391	0.00216	0.00273	0.00012	1.54	24	2	17.6	0.8
15	0.05304	0.0032	0.01586	0.00089	0.00217	0.00005	1	16	0.9	14	0.3
16	0.04725	0.00606	0.01542	0.00191	0.00237	0.00008	1.61	16	2	15.2	0.5
17	0.04605	0.00449	0.0156	0.00114	0.00246	0.00016	1.1	16	1	16	1
18	0.04605	0.00385	0.01651	0.00125	0.0026	0.00009	1.61	17	1	16.7	0.6
QZK812-475：花岗闪长斑岩											
1	0.07464	0.01434	0.02413	0.00409	0.00235	0.00022	0.74	24	4	15	1
2	0.07011	0.00362	0.02226	0.00103	0.0023	0.00006	0.70	22	1	14.8	0.4
3	0.05728	0.00314	0.018	0.00089	0.00228	0.00006	2.13	18.1	0.9	14.7	0.4
4	0.08873	0.00673	0.02733	0.00179	0.00223	0.00009	0.57	14	3	13.6	0.6
5	0.08551	0.00709	0.02749	0.00198	0.00233	0.0001	0.81	20	5	14.6	0.7
6	0.04464	0.00617	0.01462	0.00189	0.00237	0.00012	0.77	15	2	15.3	0.8
7	0.05421	0.00484	0.01786	0.00144	0.00239	0.0001	1.93	18	1	15.4	0.6
8	0.07378	0.00731	0.02293	0.00202	0.00225	0.00011	1.17	17	4	14.2	0.7
9	0.06005	0.00833	0.01931	0.00243	0.00233	0.00014	3.35	15	1	14.7	0.8
10	0.05006	0.00635	0.01531	0.00178	0.00222	0.00012	0.71	15	2	14.3	0.8
11	0.07073	0.00989	0.02476	0.00309	0.00254	0.00016	1.33	16	1	15.8	0.9
12	0.05282	0.01303	0.01813	0.00415	0.00249	0.00023	1.05	18	4	16	1
13	0.05556	0.00578	0.01837	0.00173	0.0024	0.00011	0.43	18	2	15.5	0.7
14	0.06274	0.00514	0.02132	0.00156	0.00246	0.0001	0.53	21	2	15.8	0.6
15	0.05594	0.0115	0.01947	0.00363	0.00252	0.00022	1.20	20	4	16	1
16	0.07359	0.00436	0.02588	0.00136	0.00255	0.00008	0.29	15.7	0.6	15.8	0.5
17	0.05763	0.00469	0.01973	0.00145	0.00248	0.00009	0.97	20	1	16	0.6
18	0.04155	0.00849	0.0134	0.00253	0.00234	0.00018	1.94	14	3	15	1
19	0.09833	0.00843	0.03194	0.0023	0.00236	0.00011	0.78	15	4	14.3	0.7
20	0.08096	0.00771	0.02631	0.00218	0.00236	0.00012	1.50	17	4	14.7	0.8
21	0.05181	0.00482	0.01737	0.00146	0.00243	0.0001	1.25	17	1	15.6	0.6

续表

测试点	$^{207}Pb/^{206}Pb$		$^{207}Pb/^{235}U$		$^{206}Pb/^{238}U$		$^{238}U/^{232}Th$	$^{207}Pb/^{235}U$		$^{206}Pb/^{238}U$	
	比值	1σ	比值	1σ	比值	1σ		年龄	1σ	年龄	1σ
QZK1602-518：闪长玢岩											
1	0.04488	0.00589	0.01628	0.00197	0.00263	0.00014	1.31	16	2	16.9	0.9
2	0.05143	0.00435	0.01514	0.00118	0.00214	0.00008	2.50	15	1	13.8	0.5
3	0.04588	0.00119	0.01626	0.00038	0.00257	0.00005	3.08	16.4	0.4	16.5	0.3
4	0.05158	0.00424	0.01691	0.00127	0.00238	0.00009	0.80	17	1	15.3	0.6
5	0.05816	0.00786	0.01561	0.0019	0.00195	0.00012	2.56	12.3	0.9	12.4	0.7
6	0.05332	0.00829	0.01537	0.00218	0.00209	0.00014	1.56	15	2	13.5	0.9
7	0.0474	0.00913	0.01693	0.00301	0.00259	0.0002	1.54	17	3	17	1
8	0.04662	0.00439	0.01609	0.00142	0.0025	0.00009	0.73	16	1	16.1	0.6
9	0.0515	0.00681	0.01851	0.00223	0.00261	0.00015	0.93	19	2	16.8	1
10	0.05273	0.01114	0.01865	0.0036	0.00256	0.00022	1.21	19	4	16	1
11	0.0591	0.00653	0.01681	0.00168	0.00206	0.0001	2.32	13	1	13	0.6
12	0.05027	0.00768	0.01691	0.00236	0.00244	0.00016	1.24	17	2	16	1
13	0.06073	0.00596	0.01743	0.00153	0.00208	0.0001	0.28	18	2	13.4	0.6
14	0.05033	0.00826	0.01446	0.00217	0.00208	0.00014	2.72	15	2	13.4	0.9
15	0.06707	0.00662	0.01984	0.00174	0.00214	0.0001	0.27	20	2	13.8	0.6
16	0.05715	0.00412	0.01673	0.0011	0.00212	0.00007	1.00	17	1	13.7	0.5
17	0.05144	0.00551	0.0147	0.00144	0.00207	0.00009	2.29	15	1	13.3	0.6
18	0.04984	0.00807	0.01434	0.00214	0.00209	0.00013	2.75	14	2	13.5	0.8
19	0.05532	0.00454	0.01462	0.00109	0.00192	0.00007	0.42	15	1	12.4	0.5
20	0.06972	0.01053	0.01876	0.00252	0.00195	0.00014	0.33	19	3	12.6	0.9
21	0.05282	0.00343	0.01384	0.00082	0.0019	0.00006	2.14	14	0.8	12.2	0.4
22	0.05128	0.00377	0.01475	0.00099	0.00209	0.00007	1.36	14.9	1	13.5	0.5
23	0.04721	0.00615	0.01686	0.00204	0.00259	0.00013	1.05	17	2	16.7	0.8
24	0.05881	0.00884	0.0157	0.00213	0.00194	0.00013	2.25	12.2	1	12.3	0.8

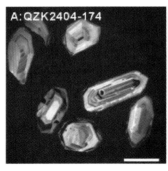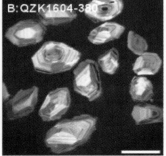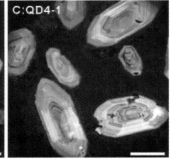

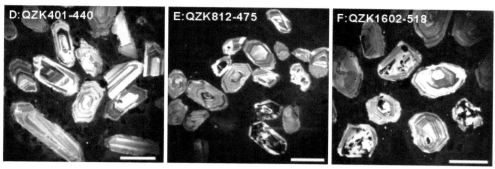

图 5.9　驱龙矿床中新世侵入岩锆石 CL 图像

花岗闪长岩（QZK2404-174）：锆石粒径约 30 ~ 140μm，晶形以无色透明自形粒状及半自形粒状为主；晶面棱角发育，长短轴之比为 1 : 1 ~ 2.5 : 1；CL 图像中锆石的振荡环带发育。锆石 Th/U 值介于 1.8 ~ 2.8，平均为 2.17。20 个测试点的年龄均分布在谐和线上，U-Pb 谐和年龄为 17.9±0.5Ma（MSWD = 1.2）（图 5.10A）；$^{206}Pb/^{238}U$ 年龄加权平均值为 17.6±0.4Ma（MSWD = 1.2），该年龄代表了矿区花岗闪长岩的成岩年龄。

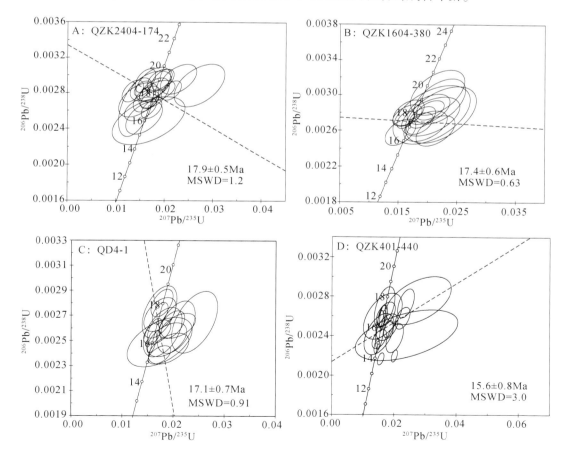

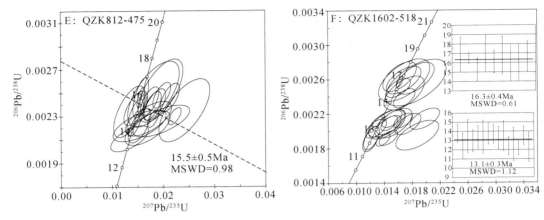

图 5.10　驱龙矿床中新世侵入岩的锆石 LA-MC-ICP-MS 测试 U-Pb 年龄

黑云母二长花岗岩（QZK1604–380）：锆石粒径约 20～150μm，晶形以无色透明自形粒状及半自形粒状为主；晶面棱角发育，长短轴之比为 1:1～2:1；CL 图像中锆石的振荡环带发育。锆石 Th/U 值介于 0.34～0.98，平均为 0.51。20 个测试点中 17 点的年龄分布在谐和线上，U-Pb 谐和年龄为 17.4±0.6Ma（MSWD=0.63）；17 个点的^{206}Pb/^{238}U 年龄加权平均值为 17.4±0.4Ma（MSWD=0.81）（图 5.10B），该年龄代表了矿区黑云母二长花岗岩的成岩年龄。

似斑状黑云母二长花岗岩（QD4–1）：锆石粒径约 30～180μm，晶形以无色透明自形粒状及半自形粒状为主；晶面棱角发育，偶见连生双晶，长短轴之比为 1:1～2.5:1；CL 图像中锆石的振荡环带发育。锆石 Th/U 值介于 0.38～2.1，平均为 0.60。20 个测试点中 19 个点的年龄分布在谐和线上，U-Pb 谐和年龄为 17.1±0.7Ma（MSWD=0.91）（图 5.10C）；19 个点的^{206}Pb/^{238}U 年龄加权平均值为 16.7±0.4Ma（MSWD=1.9），该年龄代表了矿区似斑状黑云母二长花岗岩的成岩年龄。

二长花岗斑岩（QZK401–440）：存在两种类型的锆石。一类锆石粒径约 20～100μm，晶形以无色透明自形粒状及半自形粒状为主，晶面棱角发育，长短轴之比为 1:1～1.5:1；另一类锆石粒径约 20～120μm，晶形以无色透明的自形柱状为主，长短轴之比为 2:1～3:1；两类锆石的 CL 图像中振荡环带发育。锆石 Th/U 值介于 0.2～1.6，平均为 0.86。20 个测试点中 18 个测点的年龄分布在谐和线上，U-Pb 谐和年龄为 15.6±0.8Ma（MSWD=3.0）（图 5.10D）；20 个点的^{206}Pb/^{238}U 年龄加权平均值为 15.3±0.6Ma（MSWD=4.7），该年龄代表了矿区二长花岗斑岩的成岩年龄。

花岗闪长斑岩（QZK812–475）：锆石粒径约 30～120μm，晶形以无色透明自形粒状及半自形粒状为主；晶面棱角发育，长短轴之比为 1:1～2:1；CL 图像中锆石的振荡环带发育。锆石 Th/U 值介于 0.29～3.35，平均为 1.15。21 个测点的年龄分布在谐和线上，U-Pb 谐和年龄为 15.5±0.5Ma（MSWD=0.98）（图 5.10E）；20 个点的^{206}Pb/^{238}U 年龄加权平均值为 15.0±0.28Ma（MSWD=1.1），该年龄代表了矿区花岗闪长斑岩的成岩年龄。

石英闪长玢岩（QZK1602–518）：锆石粒径约 20～100μm，晶形以无色透明自形粒状及半自形粒状为主；晶面棱角发育，长短轴之比为 1：1～1.5：1；CL 图像中锆石的振荡环带发育。锆石 Th/U 值介于 0.39～1.46，平均为 1.22；有一个测试点的 Th/U 值高达 9.4，可能为锆石中包体的影响。24 个测点的年龄分布在谐和线上，但是明显分为两组：较老的一组的 $^{206}Pb/^{238}U$ 年龄加权平均值为 16.3±0.4Ma（MSWD=0.62）；较年轻的一组的 $^{206}Pb/^{238}U$ 年龄加权平均值为 13.1±0.3Ma（MSWD=1.12）（图 5.10F），较年轻的谐和年龄代表了矿区石英闪长玢岩的成岩年龄，而具有较老年龄的锆石可能为捕获锆石。

第三节　矿物学研究

通过详细的镜下鉴定，结合电子探针分析，驱龙矿区中新世侵入岩的主要造岩矿物有：斜长石、钾长石、石英、黑云母、角闪石；副矿物有：锆石、磷灰石、榍石、磁铁矿、钛铁矿、金红石和岩浆硬石膏。现分述如下。

一、造岩矿物特征

（一）长　石

中酸性岩石中，长石（钾长石、斜长石）是最主要的造岩矿物之一。驱龙矿区中新世侵入岩，手标本上肉眼观察长石、石英含量相似；黑云母含量变化较明显。斜长石是矿区中新世侵入岩中最主要的造岩矿物，所有岩石中均有分布；其中在花岗闪长岩和黑云母二长花岗岩中含量最高（40% 和 30%），在石英闪长玢岩中含量最少（5%～15%），且仅以基质和矿物包裹体的形式产出。矿物晶形多呈自形-半自形粒状（4～8mm），少数为他形，往往发育有卡式双晶和韵律环带结构（图 5.11）。矿区内的斜长石绝大多数为原生岩浆斜长石，少量为后期蚀变形成的低钙斜长石，甚至为钠长石。

图 5.11　驱龙矿床中新世侵入岩中的斜长石
A、C. 斜长石的韵律环带；B. 斜长石的双晶

电子探针分析结果显示（图 5.12、表 5.3），矿区的斜长石其成分 SiO_2 在 55.7wt%～66.7wt%；K_2O 的含量在 0.11wt%～0.57wt%、Al_2O_3 在 21.25wt%～28.14wt%、Na_2O 在 5.86wt%～10.7wt%。其 An 牌号为 7～47，集中在 20～30，属于中-奥长石。各种岩性中的斜长石成分变化不明显，其中二长花岗斑岩的斜长石 An 牌号相对较高，而其他岩性中的斜长石 An 牌号较低。

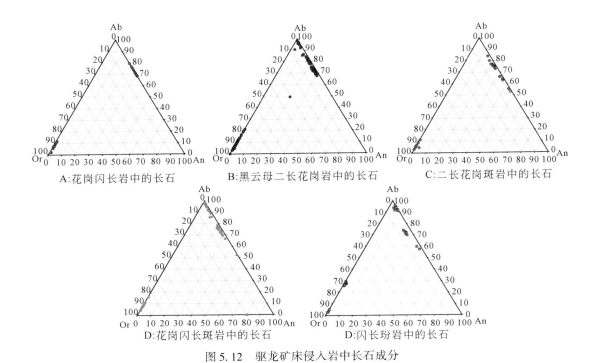

A:花岗闪长岩中的长石　　　B:黑云母二长花岗岩中的长石　　　C:二长花岗斑岩中的长石

D:花岗闪长斑岩中的长石　　　D:闪长玢岩中的长石

图 5.12　驱龙矿床侵入岩中长石成分

表 5.3　驱龙矿床中新世侵入岩中斜长石电子探针分析结果

岩性	花岗闪长岩							
样号	820-474	820-474	820-474	442-310	442-310	442-310	442-310	442-310
SiO$_2$	62.60	60.97	61.23	61.56	63.33	62.07	61.54	61.80
TiO$_2$	0.00	0.00	0.00	0.00	0.00	0.00	0.00	0.00
Al$_2$O$_3$	23.34	24.63	24.45	24.34	23.57	23.97	23.87	24.13
FeO	0.18	0.19	0.20	0.23	0.20	0.20	0.20	0.21
MnO	0.00	0.02	0.00	0.00	0.00	0.01	0.04	0.03
MgO	0.00	0.02	0.01	0.00	0.00	0.01	0.02	0.00
CaO	4.66	5.80	5.68	5.41	4.31	4.93	5.22	5.36
Na$_2$O	8.51	8.15	7.69	8.31	9.19	8.32	8.13	8.37
K$_2$O	0.36	0.27	0.45	0.43	0.38	0.44	0.51	0.57
Cr$_2$O$_3$	0.04	0.01	0.04	0.01	0.04	0.00	0.01	0.01
NiO	0.00	0.00	0.00	0.00	0.00	0.02	0.00	0.00
总计	99.72	100.10	99.74	100.32	101.02	99.95	99.56	100.54
基于 8 个 O 原子计算								
Si	2.779	2.708	2.724	2.730	2.780	2.750	2.740	2.730
Al	1.221	1.289	1.282	1.270	1.220	1.250	1.250	1.260
Fe^{2+}	0.007	0.007	0.007	0.010	0.010	0.010	0.010	0.010

续表

岩性	花岗闪长岩							
样号	820-474	820-474	820-474	442-310	442-310	442-310	442-310	442-310
基于8个O原子计算								
Mn^{2+}	0.000	0.001	0.000	0.000	0.000	0.000	0.000	0.000
Cr	0.001	0.000	0.002	0.000	0.000	0.000	0.000	0.000
Ti	0.000	0.002	0.000	0.000	0.000	0.000	0.000	0.000
Ca	0.222	0.276	0.271	0.260	0.200	0.230	0.250	0.250
Na	0.733	0.701	0.663	0.710	0.780	0.720	0.700	0.720
K	0.020	0.016	0.026	0.020	0.020	0.020	0.030	0.030
端元成分								
An	0.23	0.28	0.28	0.26	0.20	0.24	0.25	0.25
Ab	0.75	0.71	0.69	0.72	0.78	0.73	0.72	0.72
Or	0.02	0.02	0.03	0.02	0.02	0.03	0.03	0.03

岩性	黑云母二长花岗岩											
样号	802-60	802-60	802-310	802-310	805-834	811-770	811-942	802-906	802-946	802-946	805-175	805-834
SiO_2	62.37	62.72	60.11	60.85	61.60	62.79	63.33	61.53	64.99	61.99	60.23	61.23
TiO_2	0.02	0.03	0.00	0.01	0.00	0.03	0.05	0.02	0.00	0.04	0.06	0.00
Al_2O_3	23.79	23.92	24.67	24.59	24.57	23.39	22.66	24.36	21.99	23.98	24.95	24.76
FeO	0.10	0.04	0.11	0.06	0.03	0.05	0.07	0.05	0.03	0.13	0.13	0.05
MnO	0.00	0.00	0.00	0.00	0.01	0.00	0.00	0.00	0.00	0.02	0.00	0.00
MgO	0.02	0.00	0.02	0.00	0.00	0.01	0.00	0.00	0.01	0.00	0.00	0.02
CaO	4.88	4.84	5.85	5.88	5.42	4.31	3.45	5.26	2.91	4.96	6.02	5.95
Na_2O	8.70	8.78	7.98	8.23	8.47	8.96	9.62	8.56	9.68	8.53	7.96	8.20
K_2O	0.46	0.32	0.34	0.36	0.21	0.26	0.27	0.22	0.28	0.36	0.41	0.26
Cr_2O_3	0.05	0.00	0.01	0.00	0.00	0.00	0.00	0.01	0.00	0.00	0.03	0.02
NiO	0.01	0.00	0.00	0.00	0.00	0.00	0.00	0.01	0.02	0.02	0.04	0.02
总计	100.41	100.62	99.15	100.01	100.30	99.82	99.55	100.03	99.94	100.05	99.87	100.56
基于8个O原子计算												
Si	2.757	2.761	2.699	2.708	2.725	2.783	2.814	2.730	2.863	2.749	2.690	2.710
Al	1.239	1.241	1.305	1.290	1.281	1.222	1.186	1.274	1.142	1.253	1.310	1.290
Fe^{2+}	0.004	0.002	0.004	0.002	0.001	0.002	0.003	0.002	0.001	0.005	0.000	0.000
Mn^{2+}	0.000	0.000	0.000	0.000	0.000	0.000	0.000	0.000	0.000	0.000	0.000	0.000
Cr	0.002	0.000	0.000	0.000	0.000	0.000	0.000	0.000	0.000	0.000	0.000	0.000
Ti	0.001	0.001	0.000	0.000	0.000	0.001	0.002	0.001	0.000	0.001	0.000	0.000
Ca	0.231	0.228	0.281	0.280	0.257	0.205	0.164	0.250	0.137	0.236	0.290	0.280
Na	0.746	0.749	0.694	0.710	0.727	0.770	0.829	0.737	0.827	0.733	0.690	0.700
K	0.026	0.018	0.019	0.020	0.012	0.015	0.015	0.013	0.016	0.020	0.020	0.010

续表

岩性	黑云母二长花岗岩											
样号	802–60	802–60	802–310	802–310	805–834	811–770	811–942	802–906	802–946	802–946	805–175	805–834
端元成分												
An	0.23	0.23	0.28	0.28	0.26	0.21	0.16	0.25	0.14	0.24	0.29	0.28
Ab	0.74	0.75	0.70	0.70	0.73	0.78	0.82	0.74	0.84	0.74	0.69	0.70
Or	0.03	0.02	0.02	0.02	0.01	0.02	0.02	0.01	0.02	0.02	0.02	0.01

岩性	二长花岗斑岩											
样号	805–543	805–543	805–543	805–543	805–543	805–543	805–543	805–543	805–543			
SiO_2	63.38	62.42	63.14	61.06	66.72	64.88	61.94	62.15	62.00			
TiO_2	0.00	0.00	0.04	0.00	0.00	0.04	0.00	0.00	0.00			
Al_2O_3	23.06	23.37	23.41	24.68	21.25	22.15	23.37	23.56	23.82			
FeO	0.08	0.14	0.09	0.10	0.02	0.03	0.13	0.10	0.00			
MnO	0.00	0.00	0.00	0.00	0.00	0.00	0.00	0.00	0.01			
MgO	0.00	0.01	0.00	0.01	0.00	0.01	0.05	0.03	0.00			
CaO	4.19	4.43	4.41	5.85	1.69	2.45	4.63	4.67	4.69			
Na_2O	9.13	8.72	8.93	8.22	10.70	9.75	8.78	8.49	8.83			
K_2O	0.27	0.53	0.48	0.37	0.19	0.34	0.49	0.47	0.19			
Cr_2O_3	0.00	0.02	0.01	0.05	0.00	0.00	0.00	0.00	0.00			
NiO	0.00	0.00	0.00	0.00	0.02	0.01	0.01	0.00	0.02			
总计	100.14	99.73	100.51	100.34	100.59	99.69	99.39	99.47	99.58			
基于8个O原子计算												
Si	2.799	2.776	2.782	2.708	2.912	2.863	2.765	2.768	2.758			
Al	1.200	1.225	1.216	1.290	1.093	1.152	1.230	1.236	1.249			
Fe^{2+}	0.003	0.005	0.003	0.004	0.001	0.001	0.005	0.004	0.000			
Mn^{2+}	0.000	0.000	0.000	0.000	0.000	0.000	0.000	0.000	0.000			
Cr	0.000	0.001	0.000	0.002	0.000	0.000	0.000	0.000	0.000			
Ti	0.000	0.000	0.001	0.000	0.000	0.001	0.000	0.000	0.000			
Ca	0.198	0.211	0.208	0.278	0.079	0.116	0.222	0.223	0.224			
Na	0.782	0.752	0.763	0.706	0.905	0.834	0.760	0.733	0.762			
K	0.015	0.030	0.027	0.021	0.011	0.019	0.028	0.027	0.011			
端元成分												
An	0.20	0.21	0.21	0.28	0.08	0.12	0.22	0.23	0.22			
Ab	0.79	0.76	0.76	0.70	0.91	0.86	0.75	0.75	0.77			
Or	0.02	0.03	0.03	0.02	0.01	0.02	0.03	0.03	0.01			

续表

岩性	花岗闪长斑岩										
样号	802－906	802－906	802－906	802－906	802－906	805－518	805－518	805－518	805－518		
SiO_2	61.68	60.66	61.53	59.94	55.73	61.46	62.54	62.72	61.47		
TiO_2	0.03	0.03	0.02	0.01	0.02	0.03	0.00	0.00	0.00		
Al_2O_3	24.24	24.59	24.36	25.34	28.14	24.02	23.60	23.13	24.21		
FeO	0.21	0.31	0.05	0.13	0.17	0.10	0.05	0.12	0.14		
MnO	0.01	0.00	0.00	0.00	0.02	0.01	0.00	0.00	0.00		
MgO	0.00	0.04	0.00	0.00	0.00	0.00	0.01	0.00	0.01		
CaO	5.36	5.93	5.26	6.51	9.54	5.22	4.50	4.29	5.43		
Na_2O	8.34	8.03	8.56	7.57	5.86	8.36	9.02	8.59	8.22		
K_2O	0.47	0.43	0.22	0.32	0.11	0.45	0.34	0.53	0.37		
Cr_2O_3	0.00	0.00	0.00	0.03	0.04	0.01	0.01	0.01	0.02		
NiO	0.05	0.00	0.00	0.00	0.02	0.01	0.00	0.00	0.00		
总计	100.38	100.02	100.02	99.89	99.64	99.68	100.07	99.40	99.89		
基于 8 个 O 原子计算											
Si	2.732	2.701	2.730	2.673	2.512	2.738	2.769	2.791	2.732		
Al	1.265	1.290	1.274	1.332	1.495	1.261	1.231	1.213	1.269		
Fe^{2+}	0.008	0.011	0.002	0.005	0.006	0.004	0.002	0.005	0.005		
Mn^{2+}	0.000	0.000	0.000	0.000	0.001	0.000	0.000	0.000	0.000		
Cr	0.000	0.000	0.000	0.001	0.002	0.000	0.000	0.000	0.001		
Ti	0.001	0.001	0.001	0.000	0.001	0.001	0.000	0.000	0.000		
Ca	0.254	0.283	0.250	0.311	0.461	0.249	0.214	0.205	0.259		
Na	0.716	0.693	0.737	0.654	0.512	0.722	0.774	0.741	0.708		
K	0.027	0.024	0.013	0.018	0.006	0.026	0.019	0.030	0.021		
端元成分											
An	0.26	0.28	0.25	0.32	0.47	0.25	0.21	0.21	0.26		
Ab	0.72	0.69	0.74	0.67	0.52	0.72	0.77	0.76	0.72		
Or	0.03	0.02	0.01	0.02	0.01	0.03	0.02	0.03	0.02		

　　钾长石在矿区所有岩石中均有分布；在黑云母二长花岗岩中含量最高（20%～25%），在石英闪长玢岩中多以粒度很大的斑晶形式产出，其中包裹有其他矿物（图5.5B）。矿物晶形多呈自形－半自形粒状（3～6mm），少数为他形，往往发育有卡斯巴律、肖钠长石律双晶（图5.13）。矿区内除了大多数为原生岩浆钾长石外，还发育有大量的后期热液成因的次生钾长石，交代其他矿物（图5.13C）。

　　驱龙矿床中新世侵入岩中钾长石电子探针分析结果见表5.4。

图 5.13　驱龙矿床中新世侵入岩中的钾长石

A. 二长花岗斑岩中的钾长石斑晶；B. 钾长石的复合双晶；C. 次生钾长石交代原生斜长石

表 5.4　驱龙矿床中新世侵入岩中钾长石电子探针分析结果

岩性	花岗闪长岩						
样号	820-474	820-474	820-474	820-474	820-474	820-474	820-474
SiO_2	64.12	63.95	64.83	65.80	65.15	64.76	64.88
TiO_2	0.10	0.00	0.00	0.00	0.00	0.00	0.00
Al_2O_3	18.81	18.64	18.48	18.68	18.71	18.17	18.18
FeO	0.13	0.11	0.11	0.07	0.14	0.05	0.03
MnO	0.00	0.00	0.00	0.00	0.00	0.00	0.00
MgO	0.02	0.04	0.03	0.02	0.01	0.00	0.00
CaO	0.08	0.12	0.04	0.01	0.00	0.01	0.02
Na_2O	1.25	1.27	1.32	0.65	1.02	0.64	1.07
K_2O	14.69	14.41	14.71	15.80	15.44	15.63	15.15
Cr_2O_3	0.04	0.00	0.03	0.05	0.04	0.20	0.15
NiO	0.00	0.00	0.04	0.00	0.03	0.00	0.01
总计	99.26	98.55	99.58	101.08	100.59	99.45	99.48
基于 8 个 O 原子计算							
Si	2.973	2.981	2.994	2.999	2.986	3.003	3.003
Al	1.028	1.024	1.006	1.003	1.011	0.993	0.992
Fe^{2+}	0.005	0.004	0.004	0.003	0.005	0.002	0.001
Mn^{2+}	0.000	0.000	0.000	0.000	0.000	0.000	0.000
Cr	0.002	0.000	0.001	0.002	0.002	0.007	0.006
Ti	0.004	0.001	0.000	0.000	0.002	0.000	0.000
Ca	0.004	0.006	0.002	0.001	0.000	0.000	0.001
Na	0.112	0.115	0.118	0.057	0.091	0.058	0.096
K	0.869	0.857	0.867	0.919	0.903	0.924	0.895
端元成分							
An	0.00	0.01	0.00	0.00	0.00	0.00	0.00
Ab	0.11	0.12	0.12	0.06	0.09	0.06	0.10
Or	0.88	0.88	0.88	0.94	0.91	0.94	0.90

岩性	黑云母二长花岗岩							
样号	802-60	802-60	802-60	802-60	802-310	802-310	802-906	802-946
SiO_2	64.61	65.10	63.42	63.98	64.19	64.96	65.18	65.26
TiO_2	0.02	0.02	0.05	0.02	0.02	0.04	0.01	0.01
Al_2O_3	18.76	18.14	19.94	18.56	18.30	18.27	18.67	18.52
FeO	0.04	0.04	0.10	0.00	0.02	0.00	0.06	0.02
MnO	0.00	0.00	0.00	0.00	0.00	0.00	0.02	0.01
MgO	0.01	0.00	0.07	0.00	0.01	0.03	0.01	0.04
CaO	0.03	0.01	0.01	0.00	0.02	0.00	0.00	0.01
Na_2O	1.40	0.78	0.74	1.53	0.34	1.35	1.08	1.03
K_2O	14.75	15.16	15.27	14.42	16.21	14.50	15.41	15.36
Cr_2O_3	0.03	0.01	0.03	0.00	0.08	0.00	0.00	0.00
NiO	0.00	0.00	0.04	0.00	0.00	0.00	0.00	0.01
总计	99.65	99.37	99.73	98.62	99.20	99.27	100.49	100.38
基于 8 个 O 原子计算								
Si	2.983	3.014	2.934	2.984	2.993	3.006	2.990	2.997
Al	1.021	0.990	1.088	1.020	1.006	0.996	1.010	1.003
Fe^{2+}	0.002	0.002	0.004	0.000	0.001	0.000	0.002	0.001
Mn^{2+}	0.000	0.000	0.000	0.000	0.000	0.000	0.001	0.000
Cr	0.001	0.001	0.001	0.000	0.003	0.000	0.000	0.000
Ti	0.001	0.001	0.002	0.001	0.001	0.001	0.000	0.000
Ba	0.000	0.000	0.000	0.000	0.000	0.000	0.000	0.000
Ca	0.001	0.001	0.000	0.001	0.001	0.000	0.000	0.000
Na	0.125	0.070	0.067	0.139	0.031	0.121	0.096	0.092
K	0.869	0.895	0.901	0.858	0.964	0.856	0.902	0.900
端元成分								
An	0.00	0.00	0.00	0.00	0.00	0.00	0.00	0.00
Ab	0.13	0.07	0.07	0.14	0.03	0.12	0.10	0.09
Or	0.87	0.93	0.93	0.86	0.97	0.88	0.90	0.91

岩性	二长花岗斑岩					
样号	805-518	805-51	805-543	805-543	805-543	805-543
SiO_2	65.19	64.99	64.61	64.53	64.52	64.99
TiO_2	0.01	0.00	0.05	0.04	0.06	0.04
Al_2O_3	18.53	18.67	18.49	18.32	18.24	18.70
FeO	0.07	0.06	0.01	0.02	0.01	0.00
MnO	0.01	0.00	0.03	0.00	0.02	0.00

续表

岩性	二长花岗斑岩					
样号	805-518	805-51	805-543	805-543	805-543	805-543
MgO	0.01	0.02	0.01	0.00	0.00	0.01
CaO	0.00	0.04	0.00	0.00	0.00	0.00
Na_2O	0.77	0.87	0.66	0.51	0.58	0.65
K_2O	15.56	15.22	15.82	15.98	15.62	15.85
Cr_2O_3	0.00	0.03	0.02	0.00	0.15	0.02
NiO	0.00	0.00	0.00	0.00	0.01	0.00
总计	100.15	99.89	99.72	99.40	99.22	100.26
基于 8 个 O 原子计算						
Si	2.998	2.993	2.991	2.998	2.999	2.990
Al	1.004	1.013	1.009	1.003	0.999	1.014
Fe^{2+}	0.003	0.002	0.000	0.001	0.001	0.000
Mn^{2+}	0.000	0.000	0.001	0.000	0.001	0.000
Cr	0.000	0.001	0.000	0.000	0.006	0.001
Ti	0.000	0.000	0.002	0.001	0.002	0.001
Ca	0.000	0.002	0.000	0.000	0.000	0.000
Na	0.069	0.078	0.059	0.046	0.052	0.058
K	0.913	0.895	0.935	0.947	0.926	0.930
端元成分						
An	0.00	0.00	0.00	0.00	0.00	0.00
Ab	0.07	0.08	0.06	0.05	0.05	0.06
Or	0.93	0.92	0.94	0.95	0.95	0.94

岩性	花岗闪长斑岩							
样号	005-780	005-780	802-906	802-906	802-906	802-906	802-906	802-906
SiO_2	64.44	64.11	64.83	64.40	64.55	64.96	64.90	65.27
TiO_2	0.00	0.00	0.00	0.00	0.00	0.00	0.03	0.03
Al_2O_3	18.71	18.71	18.52	18.45	18.71	18.51	18.53	18.36
FeO	0.00	0.00	0.06	0.00	0.06	0.02	0.03	0.05
MnO	0.00	0.01	0.01	0.02	0.00	0.04	0.01	0.00
MgO	0.01	0.01	0.00	0.03	0.00	0.01	0.00	0.03
CaO	0.03	0.08	0.00	0.01	0.05	0.00	0.06	0.01
Na_2O	0.47	0.30	0.48	0.70	0.96	1.15	1.26	1.14
K_2O	16.03	16.17	16.04	15.69	15.12	15.06	14.77	14.97
Cr_2O_3	0.00	0.04	0.00	0.00	0.01	0.08	0.00	0.00
NiO	0.00	0.00	0.04	0.02	0.03	0.00	0.00	0.01
总计	99.69	99.43	99.97	99.30	99.49	99.84	99.62	99.87

续表

岩性	花岗闪长斑岩							
样号	005-780	005-780	802-906	802-906	802-906	802-906	802-906	802-906
基于8个O原子计算								
Si	2.990	2.980	2.995	2.992	2.987	2.995	2.995	3.004
Al	1.020	1.030	1.008	1.011	1.020	1.006	1.008	0.996
Fe^{2+}	0.000	0.000	0.002	0.000	0.002	0.001	0.001	0.002
Mn^{2+}	0.000	0.000	0.000	0.001	0.000	0.002	0.000	0.001
Cr	0.000	0.000	0.000	0.000	0.000	0.003	0.000	0.000
Ti	0.000	0.000	0.000	0.000	0.000	0.000	0.001	0.001
Ca	0.000	0.000	0.000	0.000	0.002	0.000	0.003	0.000
Na	0.040	0.030	0.043	0.063	0.086	0.103	0.113	0.102
K	0.950	0.960	0.945	0.930	0.892	0.886	0.869	0.879
端元成分								
An	0.00	0.00	0.00	0.00	0.00	0.00	0.00	0.00
Ab	0.04	0.03	0.04	0.06	0.09	0.10	0.11	0.10
Or	0.96	0.97	0.96	0.94	0.91	0.90	0.88	0.90

　　电子探针分析结果显示，原生钾长石主量元素组成（表5.4、图5.12）为：SiO_2集中在63.4wt%～65.8wt%；K_2O的含量在14.1wt%～16.2wt%、Al_2O_3在18.1wt%～19.9wt%、Na_2O在0.3wt%～1.5wt%。其Or的含量在86～97；Ab含量在3.0～14，属于钾长石。钾长石的成分总体变化不大，黑云母二长花岗岩中钾长石成分变化范围相对较大；而闪长玢岩中的钾长石明显分为两组（富钠及贫钠），岩相学观察结果表明石英闪长玢岩的钾长石捕获晶中长石具有多期生长过程：早期为富钠的钾长石，后期被贫钠的钾长石交代。

（二）角　闪　石

　　角闪石在矿区中新世侵入岩中比较少见，只出现在最早期的新鲜花岗闪长岩和最晚期的石英闪长玢岩中，且含量较少（10%～15%），矿物晶形多呈自形-半自形粒状（1～4mm）。在花岗闪长岩中角闪石粒度较大（1～4mm），解理清晰（图5.14A、B），但多发生了弱的黑云母化+绿泥石化+绿帘石化，以及阳起石化。在石英闪长玢岩中，角闪石几乎没有蚀变，主要有3种产状：①以斑晶形式产出，粒度（0.2～0.8mm）；②以矿物包裹体的形式被包裹在钾长石斑晶中（图5.5B）；③呈细粒状产出在基质中（图5.14C），并具有韵律环带。

　　电子探针分析结果显示（表5.5），矿区的角闪石其成分SiO_2在47.4wt%～49.8wt%；FeO的含量在11.75wt%～12.95wt%；Al_2O_3在5wt%～6.58wt%，MnO在0.37wt%～0.51wt%，MgO在14.24wt%～15.74wt%，TiO_2在0.98wt%～1.23wt%，Na_2O在1.09wt%～1.40wt%，K_2O在0.40wt%～0.69wt%，CaO在11.27wt%～11.56wt%；K+Na=（0.16～

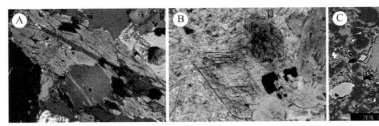

图5.14 驱龙矿床中新世侵入岩中的角闪石

A、B. 花岗闪长岩中的角闪石，具两组清晰的解理（A 为正交偏光，B 为单偏光）；C. 闪长玢岩基质中的角闪石

0.31）<0.5，Mg/（Mg+Fe^{2+}）= 0.76 ~ 0.81；Fe^{3+}/（Fe^{3+}+Al^{VI}）= 0.8 ~ 0.99。角闪石全铝压力计是估算花岗质岩体结晶压力及侵位深度的最重要方法之一。实验岩石学证明，火成岩中钙铝质角闪石在结晶过程中，角闪石的全铝含量与结晶时的压力成正比（Hammarstrom and Zen，1986；Hollister et al.，1987；Johnson and Rutherford，1989；Schmidt，1992），这是确定岩体结晶深度的一种有效方法。项目采用静压压力（0.25kbar/km）并且利用角闪石中的全铝含量来估算驱龙花岗闪长岩的侵位深度，计算结果表明花岗闪长岩侵位的深度范围为 1.6 ~ 8.8km，主要集中在 3 ~ 7km；结合该岩体的野外产状以及岩石结构构造等因素，认为该估算深度是合理的。由于石英闪长玢岩呈岩脉状产出，其中的角闪石产状复杂，成分变化范围较大，且可能是在快速冷却条件下结晶的，因此本项目未对其侵位深度进行估算。

表5.5 驱龙矿床花岗闪长岩中角闪石电子探针分析结果

岩性	花岗闪长岩 QZK2404-425											
SiO$_2$	48.31	49.34	49.75	49.66	48.65	47.41	48.74	48.58	49.29	49.28	49.50	49.25
TiO$_2$	1.20	1.04	1.12	0.98	1.14	1.23	1.13	1.02	1.02	1.03	1.01	1.08
Al$_2$O$_3$	6.35	5.42	5.47	5.31	6.19	6.58	5.98	5.86	5.59	5.42	5.00	5.40
Cr$_2$O$_3$	0.02	0.03	0.00	0.00	0.03	0.00	0.02	0.00	0.06	0.02	0.04	0.03
FeO	12.75	12.03	12.07	12.06	12.78	12.95	12.53	12.62	12.11	11.74	11.84	11.88
Fe$_2$O$_3$*	4.47	4.85	4.96	5.55	5.03	5.28	5.59	5.68	5.90	5.04	6.07	5.14
FeO*	8.73	7.67	7.61	7.07	8.26	8.20	7.50	7.51	6.80	7.20	6.38	7.26
MnO	0.37	0.41	0.39	0.41	0.51	0.43	0.48	0.45	0.46	0.46	0.42	0.49
MgO	14.51	15.31	15.10	15.29	14.55	14.24	14.81	14.60	15.48	15.45	15.74	15.23
NiO	0.00	0.00	0.02	0.03	0.01	0.02	0.02	0.03	0.02	0.00	0.00	0.00
CaO	11.47	11.47	11.27	11.34	11.54	11.40	11.33	11.33	11.56	11.51	11.46	11.38
Na$_2$O	1.40	1.34	1.22	1.17	1.20	1.28	1.31	1.09	1.19	1.28	1.14	1.19
K$_2$O	0.66	0.48	0.45	0.40	0.57	0.69	0.50	0.50	0.52	0.44	0.40	0.50
F	0.00	0.00	0.00	0.00	0.00	0.00	0.00	0.00	0.00	0.00	0.00	0.00
Cl	0.00	0.00	0.00	0.00	0.00	0.00	0.00	0.00	0.00	0.00	0.00	0.00
H$_2$O*	2.06	2.07	2.08	2.07	2.07	2.04	2.07	2.05	2.08	2.07	2.07	2.06
总计	99.54	99.40	99.43	99.27	99.74	98.81	99.49	98.71	99.99	99.19	99.22	98.99

续表

岩性	花岗闪长岩 QZK2404-425											
	以 23 个 O 原子为基准											
Si	7.03	7.15	7.19	7.18	7.06	6.96	7.07	7.10	7.10	7.14	7.16	7.15
Al^{IV}	0.97	0.85	0.81	0.82	0.94	1.04	0.93	0.90	0.90	0.86	0.84	0.85
Al^{VI}	0.12	0.07	0.12	0.09	0.11	0.10	0.09	0.11	0.04	0.07	0.01	0.08
Ti	0.13	0.11	0.12	0.11	0.12	0.14	0.12	0.11	0.11	0.11	0.11	0.12
Cr	0.00	0.00	0.00	0.00	0.00	0.00	0.00	0.00	0.01	0.00	0.00	0.00
Fe^{3+}	0.49	0.53	0.54	0.60	0.55	0.58	0.61	0.62	0.64	0.55	0.66	0.56
Fe^{2+}	1.06	0.93	0.92	0.85	1.00	1.01	0.91	0.92	0.82	0.87	0.77	0.88
Mn	0.05	0.05	0.05	0.05	0.06	0.05	0.06	0.06	0.06	0.06	0.05	0.06
Mg	3.15	3.31	3.25	3.30	3.15	3.12	3.20	3.18	3.32	3.34	3.39	3.30
Ni	0.00	0.00	0.00	0.00	0.00	0.00	0.00	0.00	0.00	0.00	0.00	0.00
Ca	1.79	1.78	1.74	1.76	1.79	1.79	1.76	1.77	1.78	1.79	1.78	1.77
Na	0.39	0.38	0.34	0.33	0.34	0.36	0.37	0.31	0.33	0.36	0.32	0.33
K	0.12	0.09	0.08	0.07	0.11	0.13	0.09	0.09	0.10	0.08	0.07	0.09
OH^*	2.00	2.00	2.00	2.00	2.00	2.00	2.00	2.00	2.00	2.00	2.00	2.00
总计	17.31	17.24	17.17	17.16	17.24	17.29	17.22	17.17	17.21	17.23	17.17	17.20

（Ca+Na）（B）	2	2	2	2	2	2	2	2	2	2	2	2
Na（B）	0.21	0.22	0.26	0.24	0.21	0.21	0.24	0.23	0.22	0.21	0.22	0.23
（Na+K）（A）	0.31	0.24	0.17	0.16	0.24	0.29	0.22	0.17	0.21	0.23	0.17	0.20
Mg/（Mg+Fe^{2+}）	0.75	0.78	0.78	0.79	0.76	0.76	0.78	0.78	0.80	0.79	0.81	0.79
Fe^{3+}/（Fe^{3+}+Al^{VI}）	0.80	0.88	0.82	0.88	0.83	0.85	0.87	0.85	0.94	0.89	0.99	0.88
压力/kbar												
Hammarstrom and Zen, 1986	1.56	0.73	0.76	0.62	1.40	1.80	1.22	1.16	0.85	0.73	0.36	0.73
Johnson and Rutherford, 1989	1.15	0.45	0.48	0.37	1.01	1.36	0.86	0.81	0.55	0.45	0.14	0.45
Schmidt, 1992	2.18	1.39	1.42	1.30	2.02	2.41	1.86	1.8	1.50	1.39	1.04	1.39

岩性	花岗闪长岩 QZK2404-425											
SiO_2	51.82	51.74	52.11	52.12	52.45	53.11	51.96	52.97	51.17	53.00	53.49	51.41
TiO_2	0.55	0.62	0.61	0.63	0.56	0.41	0.77	0.41	0.80	0.47	0.41	0.78
Al_2O_3	3.22	3.54	3.44	3.52	3.37	2.69	3.39	3.10	3.92	3.02	2.71	3.93
Cr_2O_3	0.00	0.04	0.00	0.00	0.06	0.02	0.00	0.00	0.03	0.03	0.02	0.02
FeO	10.22	10.82	10.72	10.64	10.53	9.94	10.53	10.54	10.64	10.24	10.19	10.99
$Fe_2O_3^*$	4.96	4.93	4.70	6.04	4.64	4.35	4.45	4.85	4.50	4.92	5.24	5.42
FeO^*	5.76	6.39	6.50	5.21	6.35	6.02	6.52	6.18	6.59	5.82	5.48	6.11
MnO	0.51	0.55	0.41	0.51	0.55	0.50	0.50	0.50	0.47	0.49	0.46	0.52

续表

岩性	花岗闪长岩 QZK2404-425											
MgO	16.88	16.59	16.53	16.88	16.63	17.22	16.58	17.10	16.33	17.13	17.54	16.47
NiO	0.01	0.00	0.00	0.02	0.02	0.00	0.02	0.00	0.00	0.00	0.02	0.01
CaO	11.67	11.75	11.56	11.58	11.61	11.72	11.61	11.82	11.59	11.74	11.82	11.56
Na$_2$O	0.70	0.82	0.77	0.70	0.74	0.68	0.79	0.77	0.86	0.62	0.68	0.89
K$_2$O	0.32	0.30	0.29	0.28	0.31	0.22	0.31	0.28	0.37	0.27	0.22	0.41
H$_2$O*	2.08	2.09	2.09	2.10	2.10	2.10	2.09	2.11	2.08	2.11	2.12	2.09
总计	98.48	99.35	99.00	99.58	99.38	99.05	98.99	100.08	98.71	99.60	100.21	99.60
以 23 个 O 原子为基准												
Si	7.47	7.42	7.48	7.43	7.50	7.59	7.46	7.51	7.39	7.53	7.55	7.36
Al^{IV}	0.53	0.58	0.52	0.57	0.50	0.41	0.54	0.49	0.61	0.47	0.45	0.64
Al^{VI}	0.02	0.02	0.06	0.02	0.06	0.04	0.04	0.03	0.05	0.04	0.00	0.02
Ti	0.06	0.07	0.07	0.07	0.06	0.04	0.08	0.04	0.09	0.05	0.04	0.08
Cr	0.00	0.00	0.00	0.00	0.01	0.00	0.00	0.00	0.00	0.00	0.00	0.00
Fe^{3+}	0.54	0.53	0.51	0.65	0.50	0.47	0.48	0.52	0.49	0.53	0.56	0.58
Fe^{2+}	0.69	0.77	0.78	0.62	0.76	0.72	0.78	0.73	0.80	0.69	0.65	0.73
Mn	0.06	0.07	0.05	0.06	0.07	0.06	0.06	0.06	0.06	0.06	0.06	0.06
Mg	3.63	3.55	3.54	3.58	3.54	3.67	3.55	3.62	3.51	3.63	3.69	3.51
Ni	0.00	0.00	0.00	0.00	0.00	0.00	0.00	0.00	0.00	0.00	0.00	0.00
Ca	1.80	1.81	1.78	1.77	1.78	1.79	1.79	1.80	1.79	1.79	1.79	1.77
Na	0.20	0.23	0.21	0.19	0.20	0.19	0.22	0.21	0.24	0.17	0.19	0.25
K	0.06	0.05	0.05	0.05	0.06	0.04	0.06	0.05	0.07	0.05	0.04	0.07
OH*	2.00	2.00	2.00	2.00	2.00	2.00	2.00	2.00	2.00	2.00	2.00	2.00
总计	17.06	17.09	17.04	17.01	17.04	17.02	17.06	17.06	17.10	17.01	17.01	17.09

(Ca+Na)(B)	2.00	2.00	1.99	1.96	1.98	1.98	2.00	2.00	2.00	1.96	1.97	2.00
Na(B)	0.20	0.19	0.21	0.19	0.20	0.19	0.21	0.20	0.21	0.17	0.19	0.23
(Na+K)(A)	0.06	0.09	0.05	0.05	0.06	0.04	0.06	0.06	0.10	0.05	0.04	0.09
Mg/(Mg+Fe^{2+})	0.84	0.82	0.82	0.85	0.82	0.84	0.82	0.83	0.82	0.84	0.85	0.83
Fe^{3+}/(Fe^{3+}+Al^{VI})	0.97	0.97	0.89	0.98	0.89	0.92	0.93	0.94	0.90	0.93	1.00	0.97

注：Fe$_2$O$_3$*、FeO*、H$_2$O*、OH* 为计算值。

（三）黑　云　母

黑云母在矿区中新世侵入岩中很普遍，出现在除最晚期的闪长玢岩外所有的岩石中，尤其是在黑云母二长花岗岩中含量最丰富（10%～15%），粒度约为 1～5mm。黑云母主要分为原生岩浆黑云母及次生热液黑云母，原生岩浆黑云母为直接从岩浆中结晶，晶形好，多呈自形–半自形片状（图5.15A、B），颜色深棕褐色；次生热液黑云母指的是由于后期热液蚀变形成的，直接从热液流体中结晶或是交代其他镁铁质矿物形成的细小鳞片状黑云母，粒度较小，晶形较差（图5.15C）。原生黑云母往往发生弱的绿泥石化+钾长石化。

图5.15　驱龙矿床中新世侵入岩中的黑云母
A. 岩浆黑云母发生弱的蚀变，其上析出针状金红石；B. 较新鲜的岩浆黑云母；C. 鳞片状的次生黑云母

电子探针分析结果显示（表5.6），矿区原生黑云母的成分 SiO_2 在 37.18wt% ~ 39.93wt%；而 FeO 的含量在6.32wt% ~ 16.53wt%；Al_2O_3 在13.63wt% ~ 16.03wt%，MnO 在0.09wt% ~ 0.30wt%，MgO 在12.85wt% ~ 19.67wt%，Fe_2O_3 在 1.47wt% ~ 1.95wt%，TiO_2 在2.60wt% ~ 4.30wt%，Na_2O 在 0.08wt% ~ 0.26wt%，K_2O 在9.12wt% ~ 9.97wt%。另外，还含有一定含量的 F（0wt% ~ 0.73wt%）和 Cl（0.02wt% ~ 0.14wt%）。但是通过对比各种岩性中的黑云母成分，发现：花岗闪长岩中的黑云母具有 FeO 含量最高（15.65wt% ~ 16.53wt%，平均16.20wt%），MgO 含量最低（12.85wt% ~ 14.38wt%，平均13.73wt%）的特征，相应的 $Fe/Fe+Mg$ = 0.37 ~ 0.41；而黑云母二长花岗岩中的黑云母具有 FeO 含量最低（6.32wt% ~ 12.35wt%，平均9.84wt%），MgO 含量最高（16.43wt% ~ 19.67wt%，平均18.05wt%）的特征，相应的 $Fe/Fe+Mg$ = 0.15 ~ 0.29。而花岗闪长斑岩的黑云母成分特征介于二者之间。黑云母中的 FeO、MgO 含量的变化，可能暗示不同岩体经历了不同程度的热液蚀变，蚀变作用造成黑云母向富镁的方向演化。

表5.6　驱龙矿床中新世侵入岩中原生黑云母电子探针分析结果

岩性	花岗闪长岩							
样号	820-474	820-474	820-474	820-474	442-310	442-310	442-310	442-310
SiO_2	38.73	38.35	37.48	37.33	37.99	38.13	38.00	37.89
TiO_2	3.00	3.20	3.10	3.10	4.30	3.80	4.20	3.90
Al_2O_3	14.44	14.95	14.61	14.72	13.76	13.79	13.73	13.63
FeO	16.48	16.53	16.44	16.45	15.93	16.03	15.65	16.10
MnO	0.13	0.16	0.12	0.11	0.20	0.22	0.30	0.24
MgO	13.78	13.56	13.37	12.85	14.19	14.14	14.38	13.56
CaO	0.00	0.02	0.06	0.00	0.00	0.02	0.00	0.06
Na_2O	0.14	0.08	0.16	0.11	0.23	0.22	0.26	0.20

续表

岩性	花岗闪长岩							
样号	820-474	820-474	820-474	820-474	442-310	442-310	442-310	442-310
K₂O	9.54	9.43	9.34	9.12	9.39	9.56	9.43	9.43
F	0.18	0.14	0.03	0.00	0.00	0.00	0.00	0.00
Cl	0.08	0.07	0.09	0.09	0.13	0.11	0.09	0.08
Cr₂O₃	0.06	0.02	0.08	0.03	0.07	0.06	0.22	0.21
NiO	0.00	0.00	0.02	0.00	0.01	0.02	0.00	0.00
总计	96.51	96.46	94.92	93.89	96.15	96.05	96.28	95.33
O = (F.Cl)	0.09	0.08	0.03	0.02	0.03	0.02	0.02	0.02
校正后总计	96.42	96.38	94.89	93.87	96.12	96.02	96.25	95.32
Fe₂O₃*	2.87	2.95	2.78	2.94	2.81	2.72	2.73	2.83
FeO*	13.90	13.88	13.94	13.80	13.40	13.59	13.19	13.55

基于 11 个 O 原子计算

Si	3.1084	3.0775	3.0678	3.0801	3.0651	3.0830	3.0652	3.0915
Al^{IV}	0.8916	0.9225	0.9322	0.9199	0.9349	0.9170	0.9348	0.9085
Al^{VI}	0.4738	0.4913	0.4767	0.5116	0.3732	0.3973	0.3707	0.4019
Ti	0.1732	0.1779	0.1714	0.1827	0.1704	0.1655	0.1659	0.1739
Fe³⁺	0.1732	0.1779	0.1714	0.1827	0.1704	0.1655	0.1659	0.1739
Fe²⁺	0.9331	0.9313	0.9538	0.9525	0.9043	0.9188	0.8896	0.9246
Mn	0.0088	0.0106	0.0085	0.0079	0.0135	0.0149	0.0205	0.0167
Mg	1.6490	1.6221	1.6312	1.5801	1.7073	1.7042	1.7288	1.6495
Ca	0.0000	0.0016	0.0049	0.0000	0.0000	0.0014	0.0000	0.0048
Na	0.0221	0.0118	0.0257	0.0171	0.0357	0.0346	0.0402	0.0316
K	0.9763	0.9648	0.9756	0.9605	0.9664	0.9860	0.9705	0.9819
总计	8.4096	8.3893	8.4192	8.3952	8.3412	8.3883	8.3520	8.3588
OH⁻	1.9433	1.9550	1.9800	1.9880	1.9821	1.9854	1.9870	1.9888
F	0.0465	0.0355	0.0080	0.0000	0.0000	0.0001	0.0001	0.0001
Cl	0.0102	0.0095	0.0119	0.0120	0.0179	0.0145	0.0129	0.0111

岩性	黑云母二长花岗岩							
样号	802-906	802-906	802-906	802-946	802-946	802-946	802-946	802-310
SiO₂	38.36	38.84	38.81	39.27	39.93	38.95	39.29	39.87
TiO₂	3.28	3.39	3.32	2.85	2.60	3.09	2.82	3.03
Al₂O₃	14.73	14.82	14.40	14.58	14.88	14.74	14.56	16.03
FeO	12.20	12.35	12.11	7.84	7.74	10.15	10.04	6.32
MnO	0.14	0.15	0.12	0.25	0.24	0.17	0.19	0.13
MgO	16.43	16.52	16.69	19.49	19.67	17.85	17.90	19.62

续表

岩性	黑云母二长花岗岩							
样号	802-906	802-906	802-906	802-946	802-946	802-946	802-946	802-310
CaO	0.05	0.01	0.03	0.02	0.04	0.04	0.03	0.06
Na_2O	0.15	0.23	0.23	0.13	0.20	0.11	0.17	0.21
K_2O	9.74	9.81	9.62	9.84	9.73	9.50	9.76	9.97
F	0.06	0.00	0.00	0.12	0.00	0.00	0.05	0.27
Cl	0.07	0.05	0.09	0.06	0.03	0.08	0.05	0.02
Cr_2O_3	0.00	0.06	0.09	0.08	0.00	0.08	0.07	0.00
NiO	0.00	0.00	0.04	0.00	0.00	0.00	0.05	0.01
总计	95.21	96.24	95.55	94.52	95.06	94.75	94.96	95.54
O=（F.Cl）	0.04	0.01	0.02	0.06	0.01	0.02	0.03	0.12
校正后总计	95.17	96.22	95.53	94.45	95.05	94.73	94.92	95.42
$Fe_2O_3^*$	2.28	2.31	2.30	1.66	1.68	2.09	2.02	1.47
FeO^*	10.15	10.27	10.04	6.34	6.23	8.27	8.21	5.00
基于11个O原子计算								
Si	3.070	3.077	3.094	3.106	3.128	3.098	3.121	3.089
Al^{IV}	0.930	0.923	0.906	0.894	0.872	0.902	0.879	0.911
Al^{VI}	0.460	0.461	0.447	0.466	0.502	0.479	0.483	0.552
Ti	0.137	0.138	0.138	0.099	0.099	0.125	0.121	0.086
Fe^{3+}	0.137	0.138	0.138	0.099	0.099	0.125	0.121	0.086
Fe^{2+}	0.680	0.681	0.670	0.419	0.408	0.550	0.546	0.324
Mn	0.010	0.010	0.008	0.017	0.016	0.012	0.012	0.008
Mg	1.960	1.951	1.983	2.298	2.297	2.117	2.119	2.266
Ca	0.004	0.001	0.002	0.002	0.003	0.003	0.002	0.005
Na	0.023	0.035	0.035	0.019	0.030	0.017	0.026	0.031
K	0.994	0.991	0.979	0.993	0.972	0.964	0.988	0.985
总计	8.405	8.406	8.401	8.412	8.427	8.390	8.419	8.343
OH^-	1.974	1.993	1.989	1.963	1.996	1.990	1.981	1.931
F	0.016	0.000	0.000	0.029	0.000	0.000	0.012	0.067
Cl	0.010	0.007	0.011	0.008	0.004	0.010	0.007	0.002
岩性	花岗闪长斑岩							
样号	802-906	802-906	802-906	802-906	805-518	805-518	805-518	805-518
SiO_2	37.41	37.18	38.49	38.63	38.07	38.50	38.15	38.51
TiO_2	3.38	3.40	3.46	2.87	2.8	3.0	3.1	3.0
Al_2O_3	14.52	14.49	14.52	14.29	14.57	14.91	14.77	14.99
FeO	14.08	13.83	13.19	11.30	10.41	10.84	10.45	10.63

续表

岩性	花岗闪长斑岩							
样号	802–906	802–906	802–906	802–906	805–518	805–518	805–518	805–518
MnO	0.09	0.11	0.15	0.13	0.17	0.21	0.20	0.20
MgO	15.22	15.03	16.22	17.14	17.43	17.40	17.43	17.71
CaO	0.03	0.03	0.02	0.01	0.02	0.05	0.06	0.06
Na_2O	0.22	0.23	0.26	0.10	0.10	0.18	0.18	0.24
K_2O	9.44	9.43	9.69	9.46	9.67	9.75	9.78	9.66
F	0.00	0.00	0.00	0.00	0.73	0.60	0.52	0.70
Cl	0.14	0.13	0.09	0.08	0.06	0.07	0.05	0.07
Cr_2O_3	0.13	0.13	0.00	0.10	0.04	0.01	0.04	0.03
NiO	0.02	0.00	0.00	0.05	0.00	0.00	0.00	0.00
总计	94.69	93.98	96.07	94.14	94.08	95.52	94.70	95.79
O= (F.Cl)	0.03	0.03	0.02	0.02	0.32	0.27	0.23	0.31
校正后总计	94.65	93.95	96.05	94.12	93.76	95.25	94.47	95.48
$Fe_2O_3^*$	2.42	2.40	2.35	2.21	2.00	2.07	1.99	2.02
FeO^*	11.91	11.67	11.08	9.31	8.61	8.98	8.66	8.81
基于11个O原子计算								
Si	3.046	3.047	3.067	3.111	3.062	3.054	3.052	3.043
Al^{IV}	0.954	0.953	0.933	0.889	0.938	0.946	0.948	0.957
Al^{VI}	0.439	0.447	0.430	0.468	0.442	0.448	0.444	0.439
Ti	0.148	0.148	0.141	0.134	0.121	0.123	0.120	0.120
Fe^{3+}	0.148	0.148	0.141	0.134	0.121	0.123	0.120	0.120
Fe^{2+}	0.811	0.800	0.738	0.627	0.579	0.596	0.580	0.582
Mn	0.006	0.008	0.010	0.009	0.012	0.014	0.014	0.013
Mg	1.847	1.836	1.926	2.058	2.090	2.057	2.078	2.086
Ca	0.002	0.002	0.002	0.001	0.002	0.004	0.005	0.005
Na	0.035	0.037	0.039	0.015	0.016	0.027	0.027	0.037
K	0.981	0.986	0.986	0.972	0.992	0.987	0.998	0.974
总计	8.416	8.411	8.413	8.418	8.375	8.379	8.386	8.376
OH^-	1.981	1.982	1.988	1.989	1.806	1.841	1.863	1.815
F	0.000	0.000	0.000	0.000	0.186	0.150	0.130	0.175
Cl	0.019	0.018	0.012	0.011	0.008	0.009	0.007	0.010

注：$Fe_2O_3^*$、FeO^*为计算值。

黑云母分类图中（图5.16A），所有的黑云母基本都属于富镁黑云母，由于花岗闪长斑岩是矿区相对最新鲜的侵入岩，蚀变程度低，因此其中的黑云母成分相对集中；而黑云母二长花岗岩以及花岗闪长斑岩中的黑云母成分变化较大，少部分数据落在金云母范围内或其他区域，可能是由于蚀变作用造成 Mg 增加而 Fe 降低。黑云母中 $Mg-Fe^{3+}-Fe^{2+}$ 含量可以估计其形成时氧逸度状态（Wones and Eugster，1965）；驱龙矿床中所有的黑云母都处于 NNO 与 HM 两种缓冲剂线之间（图 5.16B），说明黑云母形成时岩浆的氧逸度是比较高的，是在高氧化性岩浆中结晶的。

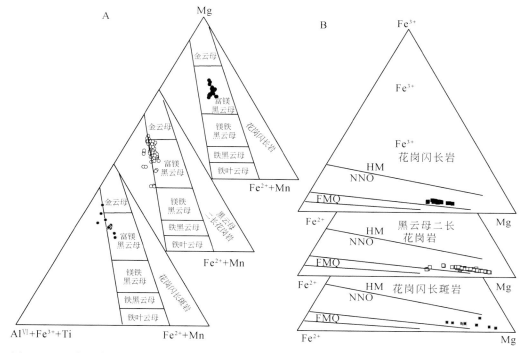

图 5.16　驱龙矿床黑云母的分类图解（A）（据 Forster，1960）及黑云母 $Mg-Fe^{3+}-Fe^{2+}$ 图解（B）

但是，所有分析测试的原生黑云母，在 $10×TiO_2-FeO_{total}-MgO$ 图解中（Nachit et al.，2005），原生岩浆黑云母绝大多数为再平衡原生黑云母（图 5.17），表明原生岩浆黑云母的化学组成受到了后期热液阶段的影响；但是花岗闪长岩中的黑云母成分较集中，且更接近原生黑云母区域，而黑云母二长花岗岩和花岗闪长斑岩中的黑云母成分变化较大，且远离原生黑云母区域；这种差异反映了不同岩石所经历的热液过程的强度不同。

由于二长花岗斑岩中黑云母含量很少，且基本都发生了强烈的次生黑云母化或绢云母化蚀变，因此本研究中没有获得相应的电子探针数据。

（四）石　　英

石英是驱龙矿床的所有中酸性岩石中最普遍的矿物，含量变化不大，只是产状有所不同：在等粒状的花岗闪长岩和黑云母二长花岗岩中是以他形的充填形式产出在长石-黑云母矿物之间；而在斑状及似斑状岩石中，既有斑晶形式也有基质形式的石英；且石英斑晶往往具有被基质熔蚀以及次生加大的现象。石英中多含有丰富的流体包裹体。

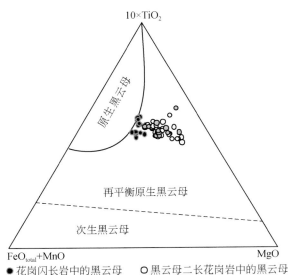

图 5.17　驱龙矿床原生黑云母 $10 \times TiO_2$-FeO_{total}-MgO 图解 （Nachit et al.，2005）

二、副矿物特征

驱龙矿区中新世中酸性侵入岩中，副矿物主要有：锆石、磷灰石、榍石、磁铁矿、钛铁矿、金红石以及硬石膏。各个副矿物的特征描述如下。

（一）榍　　石

在驱龙矿床中，榍石主要出现在新鲜的中新世花岗闪长岩和石英闪长玢岩中 （<0.5%），斑岩中含量较低且个体较小。在花岗闪长岩中榍石多以单晶形式出现，晶形呈扁平的楔形 （信封状）（图 5.18），横断面为菱形，散布在花岗闪长岩中。而在闪长玢岩中，榍石是以矿物的包裹体形式存在于钾长石巨斑中 （图 5.5B），在基质中却未见榍石。与锆石相似，岩浆成因的榍石普遍含一定量的初始 U，并且具有较高的 U–Pb 同位素体系封闭温度 （>700°），因而也是一种重要的定年矿物 （Frost et al.，2000；Castelli and Rubatto，2002）。但与锆石相比，榍石更易与其他矿物、熔体和流体等发生反应，对于压力、温度、氧逸度 （fO_2）和水活度 （fH_2O）等较为敏感 （Wones，1989；Scott and St Onge，1995；Tropper et al.，2002；Troitzsch and Ellis，2002），因而能够记录各类热事件或变质事件的重要信息。例如，花岗岩中出现榍石+磁铁矿+石英组合，常指示岩浆体系相。

对较高的氧逸度 （Ishihara，1981；Wones，1989）。在相对富含 FeO 的基性岩浆体系中，榍石与磁铁矿、钛铁矿、单斜辉石、角闪石以及橄榄石等矿物之间的反应能够指示岩石或矿物形成时的 P-T-fO_2 条件 （Wones，1989；Xirouchakis and Lindsley，1998）。偶见钛铁矿+金红石+硬石膏完全交代榍石，还保持榍石的晶形 （图 5.20D）。

花岗闪长岩中的榍石电子探针结果如表 5.7 所示。

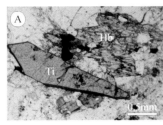 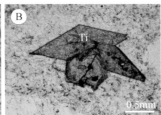 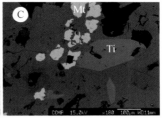

图 5.18　驱龙矿床中榍石照片

A. 花岗闪长岩中半自形榍石与他形角闪石共生；B. 花岗闪长岩中自形榍石；

C. 花岗闪长岩中榍石与磁铁矿（Ti 为榍石；Hb 为角闪石；Mt 为磁铁矿）

表 5.7　驱龙矿床中新世侵入岩中榍石电子探针分析结果

岩性	花岗闪长岩							
样号	442-310	442-310	442-310	442-310	442-310	442-310	442-310	442-310
SiO_2	30.31	30.37	30.42	30.24	30.46	30.34	30.40	30.44
TiO_2	37.2	37.0	37.2	37.6	37.9	37.2	37.5	37.3
Al_2O_3	0.92	0.94	0.83	0.75	0.78	0.85	0.93	0.82
FeO	1.64	1.70	1.68	1.19	1.30	1.52	1.72	1.41
MnO	0.12	0.16	0.16	0.11	0.12	0.13	0.13	0.10
MgO	0.04	0.00	0.01	0.01	0.02	0.00	0.02	0.00
CaO	27.63	28.03	27.51	26.68	27.44	27.84	27.17	27.34
Na_2O	0.07	0.07	0.03	0.03	0.00	0.04	0.00	0.02
K_2O	0.01	0.01	0.00	0.02	0.00	0.00	0.01	0.00
Cr_2O_3	0.16	0.03	0.03	0.03	0.03	0.06	0.01	0.02
NiO	0.00	0.00	0.00	0.00	0.00	0.00	0.02	0.04
F	0.30	0.36	0.25	0.20	0.23	0.27	0.40	0.20
Cl	0.00	0.00	0.00	0.00	0.00	0.00	0.00	0.01
总计	98.272	98.471	97.969	96.722	98.187	98.146	98.083	97.62
校正后总计	98.15	98.32	97.86	96.64	98.09	98.03	97.92	97.53
重新计算								
SiO_2	30.31	30.37	30.42	30.24	30.46	30.34	30.40	30.44
TiO_2	37.20	36.95	37.16	37.56	37.90	37.22	37.45	37.31
Al_2O_3	0.92	0.94	0.83	0.75	0.78	0.85	0.93	0.82
Cr_2O_3	0.16	0.03	0.03	0.03	0.03	0.06	0.01	0.02
Fe_2O_3	1.82	1.89	1.86	1.33	1.45	1.69	1.91	1.57
Mn_2O_3	0.14	0.18	0.18	0.12	0.14	0.14	0.14	0.12
MgO	0.04	0.00	0.01	0.01	0.02	0.00	0.02	0.00

续表

岩性	花岗闪长岩							
样号	442–310	442–310	442–310	442–310	442–310	442–310	442–310	442–310
重新计算								
CaO	27.63	28.03	27.51	26.68	27.44	27.84	27.17	27.34
Na_2O	0.07	0.07	0.03	0.03	0.00	0.04	0.00	0.02
K_2O	0.01	0.01	0.00	0.02	0.00	0.00	0.01	0.00
F^-	0.30	0.36	0.25	0.20	0.23	0.27	0.40	0.20
Cl^-	0.00	0.00	0.00	0.00	0.00	0.00	0.00	0.01
总计	98.59	98.83	98.28	96.95	98.44	98.44	98.44	97.84
校正后总计	98.47	98.68	98.17	96.87	98.35	98.33	98.27	97.75
Al	0.036	0.037	0.032	0.029	0.030	0.033	0.036	0.032
Cr	0.004	0.001	0.001	0.001	0.001	0.002	0.000	0.000
Ti	0.923	0.915	0.919	0.934	0.936	0.923	0.927	0.922
Fe^{3+}	0.045	0.047	0.046	0.033	0.036	0.042	0.047	0.039
Mn^{3+}	0.003	0.004	0.004	0.003	0.003	0.004	0.004	0.003
Ca	0.977	0.989	0.969	0.945	0.965	0.983	0.957	0.962
Na	0.004	0.004	0.002	0.002	0.000	0.002	0.000	0.001
F	0.031	0.037	0.026	0.020	0.024	0.028	0.041	0.021
Cl	0.000	0.000	0.000	0.000	0.000	0.000	0.000	0.001

（二） 锆　　石

锆石广泛分布于岩浆岩、变质岩和沉积岩等各类岩石中。锆石在驱龙所有的中新世侵入岩中均有发育；含量较少（<0.5%），多呈自形–半自形粒状，正极高突起（图5.19）。本次研究利用锆石具有良好的物理和化学稳定性，富含 U、Th，低普通 Pb，以及较高的 U、Th 同位素封闭温度的特性，将其作为测定岩石的成岩年龄及 Lu–Hf 同位素的测试对象。关于驱龙中新世侵入岩锆石的特征在前面介绍成岩时代部分已作详细描述。

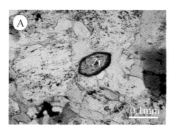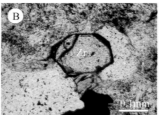

图5.19　驱龙矿床中锆石照片

（三） 磁铁矿–钛铁矿

磁铁矿作为副矿物广泛出现在驱龙的各种中新世侵入岩中；磁铁矿多呈他形粒状散布

（图 5.20 A、E），粒度约为 0.2 ~ 0.5mm，含量约为 1% ~ 1.5%。由于后期成矿过程中，伴随着硫化物的沉淀，也产生了大量的磁铁矿，因此在实际工作中，区分岩浆成因与热液成因的磁铁矿是很困难的。矿区内磁铁矿中往往包含有少量的星点状的黄铜矿、黄铁矿。

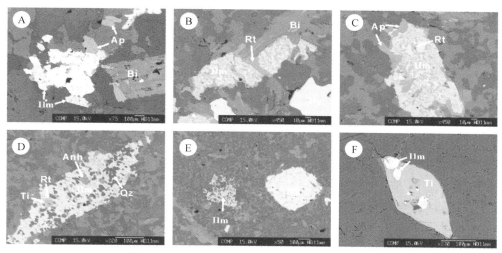

图 5.20　驱龙矿床中磁铁矿、钛铁矿 BSE 图像

A. 他形磁铁矿与钛铁矿、磷灰石共生；B. 他形钛铁矿与金红石共生；C. 钛铁矿与金红石、磷灰石密切共生；

D. 钛铁矿、金红石、硬石膏交代榍石；E. 他形钛铁矿和半自形磁铁矿；F. 钛铁矿包裹在榍石中

　　普遍出现的磁铁矿和极少量的钛铁矿，以及榍石的出现，表明驱龙矿床中的中新世侵入岩属于典型的高氧化态的磁铁矿系列花岗岩（Ishihara，1977，1981）。

　　电子探针分析结果显示，驱龙矿床中不同岩石中的磁铁矿在化学成分上存在明显差异（表 5.8、图 5.21）：最早期花岗闪长岩中的磁铁矿的 Fe_2O_3 含量最高，花岗闪长斑岩中的磁铁矿的 Fe_2O_3 含量次之，二长花岗斑岩的磁铁矿的 Fe_2O_3 含量最低；V_2O_3、MnO 含量也具有同样的趋势；SiO_2 含量却表现出相反的趋势，可能的原因是磁铁矿中 V 和 Mn 共同替代 Fe 进入矿物晶格中。不同岩性的磁铁矿中 CrO 含量没有显著差异。同时，造成不同岩性中磁铁矿 Fe_2O_3 含量差别的原因是原岩中 Fe_2O_3 含量本身就具有从花岗闪长岩→花岗闪长斑岩→二长花岗斑岩逐渐递减的趋势（表 5.8）。

表 5.8　驱龙矿床中磁铁矿电子探针分析结果

花岗闪长岩						
SiO_2	0.03	0.02	0.00	0.04	0.02	0.03	0.04
TiO_2	0.05	0.00	0.05	0.01	0.00	0.05	0.00
Al_2O_3	0.03	0.04	0.08	0.12	0.14	0.10	0.09
Fe_2O_3	67.77	68.62	68.19	67.91	67.51	67.46	68.03
FeO	30.86	31.00	30.89	30.79	30.63	30.68	30.83
MnO	0.03	0.15	0.12	0.09	0.10	0.09	0.12

续表

花岗闪长岩							
MgO	0.00	0.00	0.01	0.06	0.01	0.01	0.00
Cr_2O_3	0.09	0.00	0.04	0.14	0.11	0.10	0.07
V_2O_3	0.41	0.41	0.38	0.40	0.37	0.34	0.33
NiO	0.00	0.00	0.00	0.00	0.00	0.00	0.00
WO_3	0.03	0.02	0.00	0.00	0.00	0.00	0.00
总计	99.30	100.25	99.76	99.55	98.89	98.86	99.49
二长花岗斑岩							
SiO_2	1.18	0.39	0.86	0.44	1.39	1.38	0.33
TiO_2	0.00	0.11	0.01	0.03	0.06	0.05	0.04
Al_2O_3	0.12	0.02	0.20	0.08	0.29	0.29	0.06
Fe_2O_3	63.88	65.28	63.51	66.21	63.67	63.48	65.76
FeO	31.39	30.58	30.85	30.93	32.15	31.83	30.56
MnO	0.06	0.00	0.00	0.00	0.00	0.07	0.03
MgO	0.14	0.00	0.08	0.04	0.08	0.16	0.00
Cr_2O_3	0.11	0.14	0.44	0.08	0.01	0.07	0.04
V_2O_3	0.00	0.02	0.00	0.00	0.01	0.01	0.17
NiO	0.00	0.00	0.00	0.00	0.00	0.02	0.00
WO_3	0.06	0.00	0.13	0.00	0.00	0.09	0.00
总计	96.94	96.53	96.07	97.81	97.66	97.44	96.98
花岗闪长斑岩							
SiO_2	0.04	0.06	0.05	0.05	0.06	0.08	0.03
TiO_2	0.08	0.02	0.11	0.07	0.14	0.14	0.17
Al_2O_3	0.19	0.14	0.26	0.10	0.09	0.06	0.04
Fe_2O_3	66.57	66.97	66.78	66.61	66.59	65.98	66.38
FeO	30.43	30.58	30.67	30.36	30.54	30.38	30.45
MnO	0.01	0.08	0.02	0.04	0.00	0.00	0.00
MgO	0.02	0.00	0.02	0.01	0.03	0.00	0.02
Cr_2O_3	0.04	0.27	0.04	0.00	0.02	0.04	0.04
V_2O_3	0.30	0.30	0.29	0.27	0.35	0.42	0.38
NiO	0.00	0.00	0.00	0.00	0.00	0.00	0.00
WO_3	0.00	0.00	0.00	0.00	0.00	0.00	0.02
总计	97.67	98.42	98.23	97.52	97.82	97.09	97.54

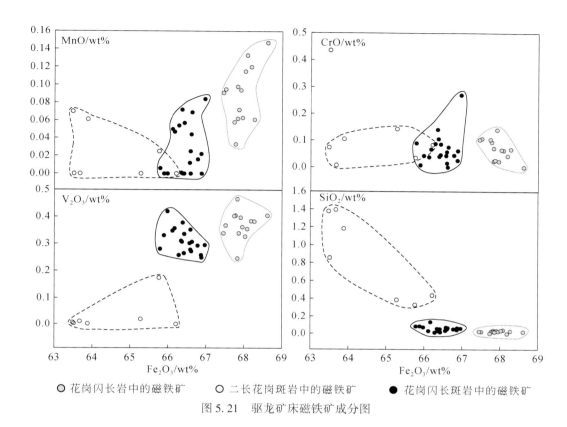

　　○ 花岗闪长岩中的磁铁矿　　○ 二长花岗斑岩中的磁铁矿　　● 花岗闪长斑岩中的磁铁矿

图 5.21　驱龙矿床磁铁矿成分图

　　钛铁矿，作为驱龙矿床中另一种重要的含钛矿物，只在新鲜的花岗闪长斑岩中发现，且含量极少（<1%）；呈他形粒状往往与金红石共生（图 5.20B、C），以及与磁铁矿、金红石共生交代榍石（图 5.20D），或呈矿物包裹体形式出现在榍石中（图 5.20F），以及与磁铁矿共生（图 5.20A、E）。共生的 Ti-Fe 氧化物是确定成岩时的温度和氧逸度条件重要的途径（Ghiorso and Sack，1991）。通过电子探针分析共生钛铁矿-磁铁矿对的数据（表5.9），计算得出，花岗闪长斑岩中钛铁矿-磁铁矿结晶时的温度为 552～975℃，氧逸度值 $fO_2 = -17.84 \sim -9.83$（Anderson，1968；Lindsley and Spencer，1982；Stormer，1983）；其中>770℃的数据反映的是岩浆条件下花岗闪长斑岩的氧逸度值，而<600℃的数据可能反映的是钠钙蚀变过程中磁铁矿-钛铁矿-金红石交代榍石蚀变的氧逸度值。

表 5.9　驱龙矿床花岗闪长斑岩中共生磁铁矿-钛铁矿数据及计算的温度-氧逸度

样品号	612-449-16	612-449-15	612-449-17	612-449-18	612-449-20	612-449-19	812-472-16	812-472-17	812-472-18	812-472-19	812-472-25	812-472-23
矿物	Ti-Mt	ilm	Ti-Mt	ilm	Ti-Mt	ilm	Mt	ilm	Mt	ilm	Mt	ilm
SiO_2	0.04	0.03	0.04	0.04	0.03	0.07	0.09	0.06	0.14	0.03	0.02	0.06
TiO_2	12.19	34.11	14.75	45.36	7.40	45.70	0.29	46.56	0.09	46.24	0.19	46.87
Al_2O_3	0.01	0.02	0.03	0.00	0.00	0.02	0.14	0.01	0.24	0.01	0.28	0.03

续表

样品号	612-449 -16	612-449 -15	612-449 -17	612-449 -18	612-449 -20	612-449 -19	812-472 -16	812-472 -17	812-472 -18	812-472 -19	812-472 -25	812-472 -23
矿物	Ti-Mt	ilm	Ti-Mt	ilm	Ti-Mt	ilm	Mt	ilm	Mt	ilm	Mt	ilm
Fe_2O_3	42.02	31.28	36.65	11.79	51.26	10.77	65.89	9.60	66.17	10.68	66.43	8.91
FeO	40.58	30.57	42.78	38.84	36.41	39.15	30.63	39.38	30.58	39.27	30.58	39.75
MnO	0.34	0.15	0.40	1.94	0.07	1.90	0.00	2.46	0.05	2.24	0.06	2.32
MgO	0.02	0.00	0.00	0.03	0.00	0.07	0.05	0.00	0.05	0.00	0.01	0.07
Cr_2O_3	0.00	0.00	0.00	0.01	0.02	0.00	0.01	0.00	0.07	0.00	0.09	0.00
V_2O_3	0.04	0.00	0.10	0.00	0.06	0.00	0.33	0.00	0.36	0.00	0.34	0.00
NiO	0.00	0.00	0.00	0.01	0.00	0.00	0.00	0.00	0.00	0.00	0.00	0.00
WO_3	0.06	0.00	0.00	0.00	0.00	0.00	0.00	0.00	0.00	0.00	0.04	0.00
总计	95.29	96.16	94.74	98.02	95.25	97.68	97.38	98.11	97.68	98.53	98.02	98.00
Anderson, 1968	0.36	0.68	0.44	0.88	0.22	0.89	0.01	0.90	0.00	0.89	0.01	0.91
Lindsley and Spencer, 1982	0.37	0.68	0.45	0.88	0.22	0.89	0.01	0.90	0.00	0.89	0.01	0.91
Stormer, 1983	0.36	0.69	0.44	0.88	0.22	0.89	0.01	0.90	0.00	0.89	0.01	0.91

Anderson, 1968						
$T/℃$	971		895		778		578		514		544	
$\log fO_2$	−9.87		−12.08		−13.98		−17.11		−17.83		−17.96	

Lindsley and Spencer, 1982						
$T/℃$	975		899		778		578		529		552	
$\log fO_2$	−9.83		−12.04		−13.98		−17.12		−17.57		−17.84	

Stormer, 1983						
$T/℃$	973		892		774		576		528		550	
$\log fO_2$	−9.86		−12.18		−14.11		−17.29		−17.70		−18.00	

　　根据有限的数据投图（图5.22），可得用共生钛铁矿–磁铁矿温度–氧逸度计得出花岗闪长斑岩的氧逸度很高（−13.98 ~ −9.83），位于 MH 与 FMQ 缓冲剂之间，符合该岩石中发育岩浆硬石膏所需的氧化还原条件。钠钙蚀变阶段的氧逸度值较高（−17.84 ~ −17.12），位于 MH 缓冲剂附近。

（四）金 红 石

　　金红石作为一种含 Ti 的副矿物，广泛出现在驱龙矿床的各种中新世侵入岩中，含量很少（1%）；多呈针状（图5.23A、B）出现在弱蚀变黑云母的内部及边部，以及呈他形粒状与硬石膏等矿物出现（图5.23C）。从产状分析，矿区岩石中绝大部分金红石的成因可能与热液活动有关。在斑岩铜矿中，金红石一般是热液成因的，是一定阶段蚀变和矿化的产物（Williams and Cesbron，1977）。一般岩浆阶段的金红石呈网格状分布在岩浆黑云

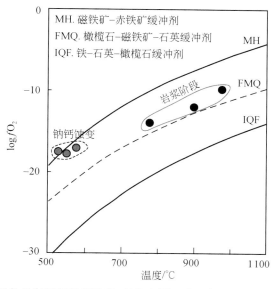

图 5.22　驱龙花岗闪长斑岩温度–氧逸度图（底图据 Lattard et al.，2005）

母中；而驱龙斑岩铜矿中金红石则分布在蚀变或者重结晶黑云母的解理缝中或者周围，是典型的热液蚀变的产物。在斑岩铜矿岩浆–热液演化过程中，含 Ti 高的矿物（如黑云母、角闪石、榍石等）蚀变分解而形成金红石（Williams and Cesbron，1977；Czamanski et al.，1981；Scott，2005）。

图 5.23　驱龙矿床中金红石照片

A、B. 蚀变岩浆黑云母中析出的针状金红石；C. 金红石（Rt）+硬石膏（Anh）+黄铁矿（Py）交代原生矿物

　　通过分析测试，驱龙斑岩矿床中金红石的成分简单，主要为 TiO_2（93wt% ~ 100wt%），含少量的 FeO 和 WO_3，其余元素如 Si、Al、Mn、Cr 等的含量多低于仪器检出限（数据表略）。由于金红石中，Fe、Al、W 等可以替代金红石中的 Ti 原子（Graham and Moms，1973；Rice et al.，1998；Scott，2005），因此造成 FeO、WO_3 含量与 TiO_2 含量存在负相关性。对比驱龙矿床不同蚀变带中的金红石成分（图5.24），发现存在以下特征：驱龙最深部的黑云母二长花岗岩中钠–钙蚀变带中金红石具有宽泛的 TiO_2 含量，而二长花岗斑岩石英+绢云母+黏土化蚀变中的金红石具有低的 TiO_2 含量；黑云母二长花岗岩的钾硅酸化蚀变中，与黑云母化有关的金红石相对于与钾长石化有关的金红石具有较高的 TiO_2 含量；暗示随着蚀变作用的进行，流体中 Ti 含量逐渐降低。不同岩性、不同蚀变类型中，金红石成分的差异，可能同时受原岩性质和蚀变过程控制。

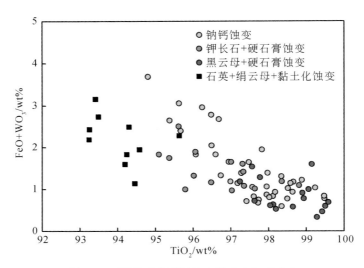

图 5.24　驱龙矿床不同蚀变带中金红石成分

三、岩浆硬石膏及富硫磷灰石

　　驱龙矿区发育有丰富的热液硬石膏，主要以角砾岩中的胶结物及各种硬石膏±石英±磁铁矿+硫化物脉的形式产出。手标本上多为紫红色（图 5.25A、B、C），偶见淡蓝色及无色透明，其中发育大量呈负晶形（立方体）的气液两相包裹体。此外，通过详细的岩相学观察，首次发现在驱龙矿区中新世各类侵入岩中均发育有岩浆成因的硬石膏，尤其在成矿主岩——二长花岗斑岩和花岗闪长斑岩中最为发育。驱龙矿区岩浆硬石膏的岩相学特征是：镜下岩相学清楚地显示，一些新鲜的长石矿物颗粒中含有硬石膏包体，如图 5.25D、E、F；其次，岩浆成因的硬石膏与岩石中的其他主要矿物均为原生相，与石英、长石等矿物在同一空间同时结晶，呈平整接触关系（图 5.25G、H）；最典型的是在新鲜的花岗闪长斑岩中，岩浆硬石膏以粒度不等（0.2 ~ 5mm）的斑晶形式产出，伴有磷灰石在其边部或被包裹其中；斑晶硬石膏的颗粒边界往往不平整，被基质硅酸盐熔蚀成港湾状，如图 5.25I、J、K；此外在石英闪长玢岩中偶见硬石膏斑晶产出，但是由于其呈浑圆状和具明显熔蚀边，表明其为捕获晶。这些岩相学特征与美国、智利两处斑岩铜矿床中的岩浆硬石膏完全一致，因此可以确定驱龙矿区除发育热液硬石膏外，还发育有典型的岩浆硬石膏。岩浆硬石膏的出现，对于指示成岩成矿母岩浆的性质具有重要的、特征性指示意义。本书拟通过详细研究岩浆硬石膏以及与之共生的磷灰石，并与热液硬石膏对比，以揭示驱龙巨型铜钼矿床成矿母岩浆的性质、特征，从而探讨冈底斯带上这一巨型斑岩铜钼矿床独特的成岩成矿过程。

　　磷灰石，作为一种重要的副矿物广泛发育，含量约为 1%，多呈自形–半自形粒状或短柱状，粒度约为 0.2 ~ 0.5mm；多呈散布状分布，与黑云母及硬石膏关系密切（图 5.26）。本次研究主要针对与岩浆硬石膏密切共生的磷灰石进行电子探针分析。

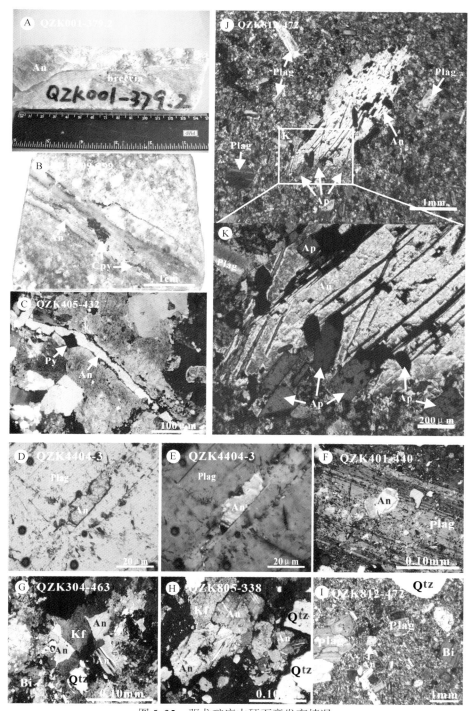

图 5.25　驱龙矿床中硬石膏发育情况

A. 热液角砾岩中的硬石膏胶结物；B、C. 硬石膏-硫化物脉（B 为手标本照片，C 为正交偏光）；D、E. 花岗闪长岩长石中包裹的硬石膏（D 为单偏光；E 为正交偏光）；F. 二长花岗斑岩中长石斑晶包裹硬石膏颗粒；G. 花岗闪长岩中与长石共生的硬石膏；H. 黑云母二长花岗岩与石英、长石共生的硬石膏；I. 花岗闪长斑岩中的硬石膏斑晶；J、K. 花岗闪长斑岩中岩浆硬石膏斑晶及其边部的磷灰石

  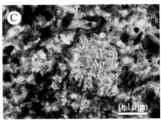

图 5.26 驱龙矿床中的磷灰石

A. 花岗闪长岩中的自形粒状磷灰石（Ap）；B. 与硬石膏（Anh）共生的磷灰石；C. 与次生黑云母共生的针状磷灰石

　　研究采用中国科学院地质与地球物理研究所电子探针实验室的 JXA-8100 型电子探针，测试条件：加速电压为 15kV，束流为 10nA。选择上述岩芯中典型的热液硬石膏和岩浆硬石膏及与之密切共生的磷灰石为分析对象，以研究并比较驱龙矿床中不同产状的硬石膏的差别及磷灰石的性质。

　　测试样品均采自驱龙矿床的钻孔岩芯，前后数字分别代表所采样品对应的钻孔编号及深度。样品 QZK401-430、QZK301-142 为典型的硬石膏±石英+黄铜矿+黄铁矿脉，脉宽均>3cm，硫化物主要分布在脉边部，硬石膏双晶及解理发育，含脉岩石为中等黏土化的黑云母二长花岗岩。样品 QZK812-472、473 为新鲜的花岗闪长斑岩，斑晶含量约为 40%，以自形-半自形奥长石-中长石为主（25%），少量的黑云母（10%）、石英（5%），偶见硬石膏斑晶；基质主要为钠长石和钾长石；含少量（<5%）星点状的磁铁矿、黄铁矿、黄铜矿。背散射图像观察发现在花岗闪长斑岩的长石斑晶中包裹有岩浆硬石膏、磷灰石和黑云母（图 5.27A）；岩浆硬石膏斑晶与磷灰石、磁铁矿、黄铁矿共生；岩浆硬石膏斑晶颗粒边部被熔蚀呈港湾状（图 5.27B）。

　　普通硬石膏（$CaSO_4$）主要是化学沉积作用的产物，广泛分布于蒸发作用所形成的盐湖沉积物中。而岩浆硬石膏是指直接从硅酸盐熔体中结晶的硬石膏，与硅酸盐熔体达到平衡。由于在表生条件下，硬石膏易溶解于水，岩浆硬石膏在漫长的地质历史中往往很难被保存下来，因此少有报道。早期学者报道过在一些火山岩捕虏体中以脉的形式产出的硬石膏，对于其成因解释为热液流体交代或变质作用的岩石被火山活动所捕获（Luhr，2008）。关于岩浆硬石膏的最早正式报道见于 Luhr 等（1984）介绍 1982 年墨西哥 Chiapas 的 El Chichón 火山喷发的粗面安山岩中以斑晶和矿物包裹体形式产出的硬石膏，由于这些硬石膏和磷灰石、榍石密切共生，作者认为该岩石所含硬石膏是岩浆结晶的产物。随后，世界各地相继有不同地质时期的地质体中含岩浆硬石膏的文章发表（Bernard et al.，1991；Imai et al.，1993；Barth et al.，2000）。其中以对菲律宾 1991 年的 Pinatubo 火山喷发活动产物研究程度最为深入，因为此次火山活动向地球大气圈中释放了巨量的 SO_2，在一定程度上影响了全球气候（Bulith et al.，1992）。这次火山喷发形成的火山岩中岩浆硬石膏以自形及半自形斑晶形式产出，说明在岩浆喷发之前，硬石膏与硅酸盐熔体是平衡的，磷灰石往往与硬石膏密切共生（Bernard et al.，1991）。Kress（1997）指出在该火山岩的斑晶中普遍同时含有硬石膏和富铜硫化物的包裹体，说明在该火山喷发之前这两种截然不同的含硫物相（硫酸盐相和硫化物相）都与硅酸盐岩浆平衡。此次火山喷发活动可能是还原性的含硫化物饱和的基性岩浆注入到氧化性的含硫酸盐饱和的英安质岩浆房中，进而发生岩

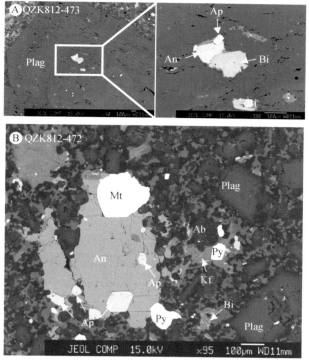

图 5.27　驱龙矿床花岗闪长斑岩中岩浆硬石膏的背散射图像

A. 长石斑晶中包裹的硬石膏、磷灰石及黑云母；B. 斑晶硬石膏边部的磷灰石、磁铁矿、黄铁矿

浆混合及氧化还原反应造成的。这一过程与智利的 El Teniente 斑岩型铜-钼矿床的岩浆演化过程相似（Stern et al.，2007）。

以上研究都一致指出这种含有岩浆硬石膏的岩浆具有富硫、富水、高氧化性特征，且这种含岩浆硬石膏的特殊岩浆多形成在岛弧或陆缘弧背景（Baker and Rutherford，1996），与岩浆-热液矿床（特别是斑岩型矿床）关系密切。在斑岩型矿床中，硬石膏是一种常见的热液矿物。但因为强烈的热液蚀变及表生作用，岩浆成因的硬石膏很难保存并被识别。目前，仅在美国新墨西哥州的 Santa Rita 斑岩型铜矿床和智利的 El Teniente 斑岩型铜-钼矿床中有关于岩浆硬石膏的报道。这两处矿床中，对硬石膏的硫同位素研究也证实其为岩浆来源（Audétat et al.，2004；Stern et al.，2007）。此外，在与铜镍硫化物矿床有关的还原性基性岩体中也发现有岩浆硬石膏的存在，如俄罗斯西伯利亚大陆溢流玄武岩（Li et al.，2009a）。

电子探针结果（表 5.10）揭示：岩浆硬石膏与热液硬石膏的主量元素（CaO、SO_3）含量相同，微量元素（P_2O_5、SiO_2、Ce_2O_3、Y_2O_3 等）的含量一致，其中（MnO、BaO、F、Cl）多低于仪器检出限。但是岩浆硬石膏中 SrO 的含量为 0.00wt% ~ 0.11wt%，平均为 0.03wt%；热液硬石膏中 SrO 的含量为 0.10wt% ~ 0.41wt%，平均为 0.24wt%。与岩浆硬石膏密切共生的磷灰石属于羟磷灰石 $Ca_5[PO_4]_3OH$（OH>F），含少量的 Cl 和 SiO_2、MnO、BaO，而 Y_2O_3、SrO 多低于检出限；其中 Ca 主要是被 Ce 不完全类质同象替代。其中，SO_4^{2-} 替代 PO_4^{3-}，为主要的微量元素，含量为 0.11wt% ~ 0.44wt%。

表 5.10　驱龙矿床硬石膏、磷灰石电子探针数据

岩浆硬石膏

分析元素	QZK812-472						QZK812-473								
CaO	41.12	40.64	40.40	40.68	41.03	40.28	40.16	40.21	40.33	41.15	39.91	40.45	39.83	39.92	39.98
SO$_3$	59.60	58.71	59.62	59.80	58.91	59.67	58.91	59.56	59.13	58.14	58.43	59.04	58.62	58.09	58.44
P$_2$O$_5$	0.05	0.07	0.07	0.10	0.01	0.13	0.02	0.07	0.07	0.07	0.22	0.07	0.09	0.28	0.33
SiO$_2$	0.07	0.00	0.03	0.00	0.01	0.05	0.02	0.02	0.08	0.01	0.01	0.03	0.01	0.04	0.00
Ce$_2$O$_3$	0.04	0.04	0.00	0.11	0.00	0.10	0.00	0.05	0.00	0.05	0.15	0.15	0.13	0.10	0.21
Y$_2$O$_3$	0.00	0.00	0.00	0.00	0.00	0.00	0.00	0.00	0.00	0.00	0.00	0.00	0.00	0.00	0.00
MnO	0.00	0.00	0.00	0.01	0.00	0.01	0.00	0.00	0.00	0.00	0.00	0.01	0.01	0.00	0.00
BaO	0.00	0.00	0.02	0.02	0.01	0.00	0.00	0.00	0.06	0.00	0.08	0.00	0.00	0.00	0.00
SrO	0.08	0.02	0.02	0.00	0.04	0.03	0.00	0.00	0.11	0.00	0.00	0.07	0.00	0.00	0.00
F	0.00	0.00	0.00	0.00	0.00	0.00	0.02	0.00	0.00	0.00	0.00	0.00	0.00	0.00	0.00
Cl	0.01	0.00	0.00	0.00	0.01	0.04	0.01	0.00	0.00	0.00	0.00	0.00	0.02	0.01	0.01
总计	100.95	99.49	100.16	100.73	100.02	100.30	99.17	99.90	99.77	99.42	98.79	99.81	98.73	98.45	98.96

热液硬石膏

分析元素	QZK401-430						QZK301-142								
CaO	40.31	40.19	39.98	40.30	40.15	39.96	39.51	39.72	39.95	40.17	40.51	40.19	40.07	40.45	40.34
SO$_3$	59.76	60.17	58.87	58.91	59.56	58.62	59.07	59.75	60.22	59.18	59.46	59.87	59.63	59.72	59.14
P$_2$O$_5$	0.03	0.05	0.06	0.07	0.16	0.11	0.05	0.08	0.04	0.02	0.04	0.05	0.00	0.02	0.03
SiO$_2$	0.04	0.04	0.03	0.03	0.00	0.01	0.02	0.00	0.00	0.01	0.02	0.00	0.02	0.02	0.00
Ce$_2$O$_3$	0.00	0.07	0.00	0.06	0.16	0.00	0.05	0.00	0.07	0.01	0.06	0.00	0.05	0.00	0.00
Y$_2$O$_3$	0.00	0.00	0.00	0.00	0.00	0.00	0.00	0.00	0.00	0.00	0.00	0.00	0.00	0.00	0.00
MnO	0.00	0.00	0.01	0.00	0.00	0.00	0.00	0.02	0.00	0.02	0.02	0.02	0.00	0.01	0.00
BaO	0.00	0.00	0.10	0.00	0.00	0.03	0.00	0.00	0.00	0.00	0.00	0.00	0.04	0.00	0.00
SrO	0.10	0.21	0.18	0.15	0.19	0.27	0.34	0.41	0.34	0.34	0.20	0.33	0.22	0.15	0.11
F	0.00	0.00	0.00	0.00	0.00	0.00	0.00	0.00	0.00	0.00	0.02	0.00	0.01	0.00	0.00
Cl	0.01	0.00	0.01	0.00	0.00	0.00	0.03	0.00	0.01	0.02	0.01	0.00	0.02	0.00	0.00
总计	100.25	100.73	99.24	99.52	100.24	99.01	99.04	99.99	100.56	99.80	100.27	100.53	99.96	100.47	99.62

与岩浆硬石膏共生的磷灰石

分析元素	QZK812-472						QZK812-473								
CaO	54.36	54.16	53.86	53.43	53.48	53.96	53.58	53.50	53.64	53.29	53.56	52.90	53.27	53.26	53.01
SO$_3$	0.13	0.38	0.11	0.17	0.16	0.26	0.14	0.44	0.19	0.27	0.11	0.16	0.13	0.21	0.13
P$_2$O$_5$	42.07	42.07	42.63	43.70	43.17	42.25	43.01	43.57	43.91	43.74	44.14	43.75	42.96	43.95	43.44
SiO$_2$	0.15	0.18	0.15	0.09	0.11	0.19	0.11	0.14	0.18	0.13	0.04	0.15	0.23	0.08	0.13
Ce$_2$O$_3$	0.10	0.19	0.09	0.14	0.14	0.18	0.17	0.25	0.18	0.21	0.18	0.20	0.22	0.14	0.20
Y$_2$O$_3$	0.00	0.00	0.00	0.00	0.00	0.00	0.00	0.00	0.00	0.00	0.00	0.00	0.00	0.00	0.00

续表

分析元素	与岩浆硬石膏共生的磷灰石														
	QZK812-472						QZK812-473								
MnO	0.20	0.17	0.19	0.14	0.17	0.10	0.23	0.18	0.19	0.14	0.17	0.21	0.16	0.14	0.20
BaO	0.00	0.00	0.04	0.04	0.00	0.03	0.00	0.00	0.00	0.00	0.11	0.05	0.00	0.00	0.00
SrO	0.00	0.00	0.00	0.00	0.00	0.00	0.00	0.00	0.00	0.00	0.00	0.00	0.00	0.00	0.00
F	3.22	3.12	3.06	3.23	3.14	3.29	3.30	3.25	3.54	3.68	3.39	3.47	3.30	3.22	3.34
Cl	0.30	0.30	0.31	0.17	0.25	0.18	0.35	0.29	0.22	0.09	0.27	0.20	0.31	0.25	0.37
总计	99.11	99.20	99.07	99.72	99.23	99.02	99.41	100.19	100.50	99.99	100.48	99.57	99.12	99.84	99.33

注：分析含量单位为 wt%，0.00 表示低于检出限。

造成上述热液硬石膏相对于岩浆硬石膏具有高含量 SrO（图 5.28）的原因可能是：①Sr^{2+} 与 Ca^{2+} 的晶体化学性质相似，Sr 以类质同象替代硬石膏中的 Ca；②Sr 为不相容元素，当流体从岩浆体系中出溶时，Sr 倾向于进入流体相；③在岩浆结晶过程中，Sr 可置换 Ca 进入斜长石，但在热液交代蚀变过程中，随着斜长石的黏土化、绢云母化，Ca 被大量带出，Sr 也随之带出而进入流体。后两种因素单独或共同作用，造成驱龙矿区内热液硬石膏中 Sr 含量比岩浆硬石膏明显增加。在经历强黏土化蚀变交代后，驱龙矿区内同一岩性的岩石（黑云母二长花岗岩）Sr 含量从 950～1000ppm 降至 415ppm，Sr 被带出而加入到流体相中，使得流体中 Sr 含量显著提高。同时流体包裹体的研究揭示，热液硬石膏中原生气-液两相包裹体，气相消失的均一温度为 225～400℃，黏土化就主要发生在该温度区间（Titley and Beane，1981），也印证了这种可能。

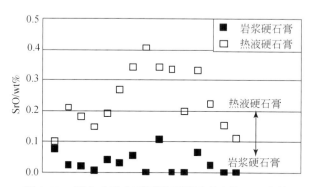

图 5.28 驱龙矿床中不同类型硬石膏中的 SrO 含量

Imai（2002，2004）曾分析过斑岩型矿床中含矿与不含矿岩体中磷灰石的 SO_3 含量，指出其中含矿的中酸性岩体磷灰石 SO_3 含量一般 >0.1wt%，而不含矿的中酸性岩体磷灰石 SO_3 含量一般 <0.1wt%。驱龙矿床的磷灰石中 SO_3 含量为 0.11wt%～0.44wt%，平均为 0.20wt%，类似于内蒙古乌努格吐山斑岩铜钼矿床二长花岗斑岩磷灰石中 SO_3 含量为 0.13wt%～0.52wt%，平均为 0.27wt%（Qin et al.，1997），明显大于江西铜厂斑岩铜矿中岩浆期磷灰石的 SO_3 含量 0.10wt%，也略大于其主成矿期的 0.18wt%（姚春亮等，2007）。影响磷灰石 SO_3 含量的主要因素是岩浆体系的硫逸度、氧逸度，以及压力（Imai，2002）。

在氧化条件下，随着岩浆体系中氧逸度的增加，磷灰石 SO_3 含量也增加。驱龙矿床中与岩浆硬石膏共生的这种富 S 磷灰石同样表明其母岩浆具有富硫、高氧逸度、富挥发分的特征。同时，由于硬石膏的沉淀需要大量的 Ca，因而造成驱龙矿床中各种中新世侵入岩中的斜长石牌号普遍偏低（An≤40），普遍为中–奥长石。

磷灰石中 SO_3 的含量随岩浆中氧逸度（fO_2）的增加而增加；随压力的增大而增加；随温度的升高而降低。SO_3 在磷灰石和氧化的硅酸盐溶体间的分配系数随温度的降低而增大，而与压力无关（Peng et al.，1997）。

磷灰石中硫主要有以下两种方式替代 P：

（1）$S^{6+}+Si^{4+}=2P^{5+}$（Rouse and Dunn，1982）；

（2）$S^{6+}+Na^{+}=P^{5+}+Ca^{2+}$（Liu and Comodi，1993）。

驱龙矿床中磷灰石的 SO_3–SiO_2/Na_2O 含量关系见图 5.29，可见磷灰石的 SO_3 含量集中在 0.2wt%，少数大于 0.5wt%；在低 SO_3 含量情况下（<0.4wt%），S 主要通过方式（1）进行替代，高 SO_3 含量情况下（>0.4wt%），硫通过以上两种方式同时替代。

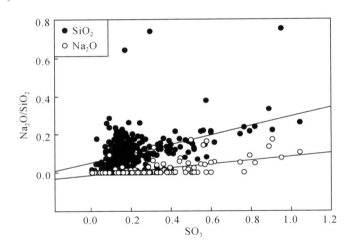

图 5.29　驱龙矿床磷灰石中 SO_3–Na_2O/SiO_2 关系图

Piccoli 和 Candela（1994）、Piccoli 等（1999）提出利用磷灰石中的 SO_3 含量以及全岩的主量成分，来估算岩浆中硫的初始含量（ppm）。本书根据其提供的计算方法以及 Peng 等（1997）提供的硫在磷灰石和熔体之间的分配系数，计算得出驱龙斑岩矿床中中新世侵入岩熔体中的硫含量为 155～329ppm，为富硫岩浆。Streck 和 Dills（1998）指出，任何成分的硅酸盐熔体中，当硫含量达到 100ppm 以上，均可以结晶出硬石膏。这与驱龙矿床中岩相学观察到岩浆硬石膏的现象一致。

此外，驱龙矿床中所有岩性的磷灰石成分如图 5.30 所示，花岗闪长岩中的磷灰石主要属于羟磷灰石 $Ca_5(PO_4)_3OH(OH>F)$，极少为氟磷灰石 $Ca_5(PO_4)_3F(F>OH)$；黑云母二长花岗岩中的磷灰石既有羟磷灰石 $Ca_5(PO_4)_3OH$ 也有氟磷灰石 $Ca_5(PO_4)_3F$；二长花岗斑岩中的磷灰石为羟磷灰石 $Ca_5(PO_4)_3OH$，且氯磷灰石 $Ca_5(PO_4)_3Cl$ 的端元成分相对较高；花岗闪长斑岩中的磷灰石以羟磷灰石 $Ca_5(PO_4)_3OH$ 为主，少量为氟磷灰石

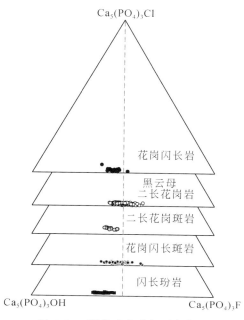

图 5.30　驱龙矿床磷灰石成分图

$Ca_5(PO_4)_3F$；闪长玢岩中的磷灰石全部为羟磷灰石 $Ca_5(PO_4)_3OH$。不同岩性中磷灰石端元成分的变化，反映了不同岩浆中 F、Cl、H_2O 的变化。

　　进一步对比研究表明（图 5.31），驱龙斑岩矿床不同产状的磷灰石的化学组成具有明显的差别：大多数原生磷灰石具有明显低的 FeO 含量（≤0.15wt%）和明显高的 MnO 含量（≥0.20wt%），并且随着 CaO 含量增加，MnO 含量逐渐降低，FeO/MnO≤0.5，SO_3 含量 0.02wt% ~ 0.6wt%，集中在 0.2wt% 附近；然而，原生黑云母中包裹的磷灰石却具有明显高的 FeO 含量（≥0.15wt%），明显低的 MnO 含量（≤0.20wt%），FeO/MnO≥1。热液磷灰石中，与金红石共生的磷灰石的 FeO 含量随着 CaO 含量的增加而降低，MnO 含量没有明显变化，SO_3 含量较低；与硫化物共生的磷灰石和角砾岩中的磷灰石的成分的 FeO、MnO 和 SO_3 含量表现出轻微的随 CaO 含量增加而降低的趋势；且角砾岩中的磷灰石，具有较低的 FeO 含量（≤0.15wt%）和 MnO 含量（≤0.20wt%），FeO/MnO≥1，明显高的 SO_3 含量（0.20wt% ~ >1.0wt%）；而与热液硬石膏共生的磷灰石 SO_3 含量较稳定（约 0.2wt%），FeO、MnO 含量没有规律。

　　造成以上不同产状磷灰石成分差异的原因可能是：由于包裹在原生黑云母中的磷灰石的结晶时间相对较早，所以其成分特征可能暗示了早期岩浆熔体中相对富 FeO、贫 MnO，而后由于角闪石、黑云母等镁-铁质矿物的结晶和挥发分的出溶，岩浆熔体中 Fe 含量降低，进而造成同时或随后结晶的磷灰石中 FeO 含量显著降低；而其 MnO 含量较稍后大量结晶的磷灰石较低，可能的原因是早期岩浆熔体中的 FeO 含量高，主要发生 Fe^{2+} 替代磷灰石中的 Ca^{2+}；随后由于 FeO 含量降低，则主要发生 Mn^{4+} 和 Mn^{6+} 替代磷灰石中的 Ca^{2+}；并且这种替代作用随着 CaO 含量升高而逐渐减弱。

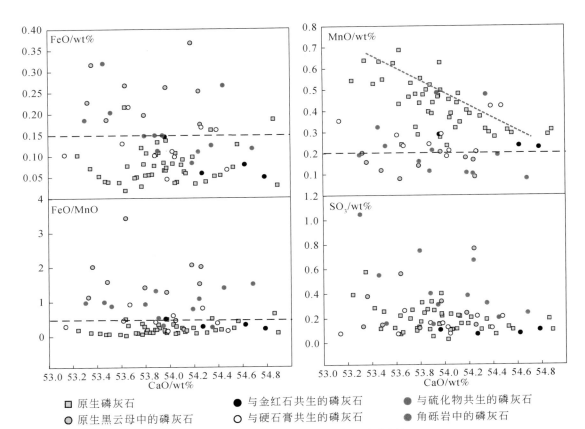

图 5.31　驱龙矿床不同产状磷灰石成分图解

　　热液磷灰石中，角砾岩中的磷灰石具有相对较高的 SO_3 含量（0.20wt% ~ >1.0wt%），可能是由于形成热液角砾岩时，岩浆气-液具有很高的氧化性，硫在气相中主要是以 SO_2 的形式出现。

　　高氧化性的Ⅰ型花岗岩中，Fe^{3+}、REE^{3+}、Mn^{4+} 和 Mn^{6+} 更易于取代磷灰石中的 Ca，进而造成磷灰石中高的 FeO、MnO 含量（Qin et al.，1997；Sha and Chappell，1999）。然而，驱龙中新世岩石中绝大多数原生磷灰石中较高的 MnO 含量（≥0.20wt%）与 Chu 等（2009）研究藏南中新世埃达克的结果不一致（MnO<0.20wt%），这种差异是仪器分析精度还是分析样品差异造成的，尚需进一步研究。

四、驱龙矿床中岩浆硬石膏的意义

　　硫在岩浆-热液矿床中扮演着至关重要的作用：既是成矿元素又是 Cu、Au 等成矿金属元素迁移的介质（Pokrovski et al.，2008）。实验研究表明硫在硅酸盐熔体中的溶解行为与熔体的氧化状态紧密相关，主要有硫化物（还原态 S^{2-}）和硫酸盐类（氧化态 SO_4^{2-}）两种形式存在，硫在熔体中的溶解度主要取决于氧逸度 fO_2、硫逸度 fS_2 和 O^{2-} 在熔体中的行为；在 fO_2>NNO 时，熔体中是以硫酸盐（如硬石膏）而不是硫化物作为稳定的含硫岩浆相（Carroll and Rutherford, 1987; Luhr, 1990）。Cu、Mo 为亲硫元素, 在岩浆中易进入硫化物相中, 在硫化物达到饱和的岩浆中具相容性, 在硫化物未达到饱和的岩浆中则不具相容性（Jugo et al., 1999）。从以 S^{2-} 为主向以 SO_4^{2-} 为主的（90wt%）的转变发生在 $\log fO_2 =$ NNO-1 和 NNO$+1.5$ 之间, 而不取决于熔体化学 P、T 的绝对值（Matthews et al., 1999）。在低氧逸度条件下, 硫只能以 S^{2-} 形式存在于岩浆中, S^{2-} 在硅酸盐熔体中溶解度低（Ishihara, 1998）, 因而在低氧逸度条件下结晶分异的岩浆易达到还原硫饱和, 硫化物得以析出。如果岩浆经历早期硫化物分离, 那么大部分 Cu、Mo、Au 进入早期堆晶岩中的硫化物相中, 而难以进入晚期岩浆热液流体中, 从而不利于硫化物的富集成矿。在较高氧逸度条件下, 硫主要以 SO_4^{2-} 或 SO_2 存在于岩浆中, 氧化态的硫在岩浆中溶解度很大（朱永峰, 1998; 张德会等, 2001; Jugo, 2009）。Jugo 等（2005）实验测定了与硫化物或硫酸盐共存的玄武岩熔体中的硫含量, 结果表明饱和硫酸盐熔体的玄武岩熔体中所测得硫含量高于饱和硫化物的玄武岩熔体的 10 倍, 说明氧化的地幔源区部分熔融将产生富硫和亲铜元素及亲石元素的岩浆, 这样的岩浆具有较高的成矿潜力。同时这类岩浆不易达到硫饱和, 即使硫饱和也只能形成不含 Cu、Mo 等成矿元素的硫酸盐矿物（硬石膏）。在硫化物未达到饱和的情况下, Cu、Mo 在岩浆中具不相容性, 结晶分异作用可使 Cu、Mo 在残余相中富集, 当岩浆中流体达到饱和时, 富集的 Cu、Mo 等成矿元素进入岩浆热液流体中, 有利于形成岩浆热液型矿床。

　　巨型岩浆热液型铜矿床的形成可能需要一期体积巨大的岩浆（Cloos, 2001; Stern and Skewes, 2005）, 或者是几期成分各异的岩浆（Clark, 1993; Oyarzun et al., 2001）, 或二者兼备。对于前者, 需要深部具有巨大的岩浆房作为成矿物质、流体及热的来源; 而后者, 则并不需要巨大的深部岩浆房。含矿斑岩体较大, 可能意味着成矿系统的能量、规模较大, 热液对流循环的规模和强度较大、持续时间较长; 蚀变范围大, 则反映热液来源充足（秦克章, 1993; 王之田等, 1994）。斑岩铜矿中有丰富的热液磁铁矿和硬石膏表明其含矿母岩是高氧化态的 Ⅰ 型磁铁矿系列（Ishihara, 1998; Qin and Ishihara, 1998）。驱龙矿床的二长花岗斑岩体出露面积仅为 $0.05km^2$, 由于其东侧被第四纪坡积物所覆盖, 推测其实际面积约为 $0.1km^2$。因此要形成如此宏大面积的蚀变和巨量的成矿物质堆积, 其母岩浆性质一定有其特殊性。

　　以斑晶形式或矿物包裹体形式存在的岩浆硬石膏是确认高氧化性、富硫岩浆的直接证据。驱龙矿床中岩浆硬石膏以及与之共生的富硫磷灰石的出现明确指示其成矿母岩浆具有富硫、高氧逸度的特征。实验岩石学证实: 任何成分的硅酸盐岩浆只要含有足够多的硫, 在氧逸度大于 Ni–NiO 缓冲剂 0.5 个单位的情况下都可以有硬石膏的结晶（Carroll and Rutherford, 1985, 1987; Luhr, 1990; Scaillet et al., 1998; Clemente et al., 2004）。针对驱龙矿床花岗闪长斑岩中硬石膏斑晶和黄铁矿共生, 根据 Jugo（2009）的实验结果, 推测其 $fO_2 = \Delta FMQ_C + 2.08$（$\Delta FMQ_C$ 为硫酸盐和硫化物同时达到饱和的氧逸度值）, 表明驱龙的成矿母岩浆具有很高的氧化状态; 正是由于其成矿母岩浆具有高的氧逸度、富硫的特征才形成了驱龙斑岩型铜–钼矿床中的岩浆硬石膏。后期存在大量的热液硬石膏, 暗示该矿床中成矿流体较早地从岩浆体系中出溶, 且岩浆硬石膏发生大量的水解反应释放出巨量的 SO_4^{2-}, 否则, 岩浆硬石膏的含量可能会更多更普遍。热液流体较早的出溶, 对于成矿是有利的，例如，西藏班公湖带上的多不杂富 Au 斑岩型 Cu 矿床（李金祥等，2006；李光明等，2007）。而岩浆硬石膏的水解过程是硫元素从岩浆系统中转化为热液流体系统的关键途径。

第四节　岩石地球化学特征

在野外地表和系统的钻孔观察基础上，选择矿区内出露的各种岩石类型进行全岩的地球化学分析。全岩主量元素数据采用顺序式 X 射线荧光光谱仪（XRF-1500）测得；微量元素采用美国 Finnian MAT 公司生产的 ICP-MS Element 测试；全岩 Sr-Nd-Pb 同位素数据采用德国 Finnigan 公司制造的 MAT-262 型热电离质谱仪（TIMS）测得，测试结果见表5.11。以上实验均在中国科学院地质与地球物理研究所完成。

一、主　量　元　素

分析结果显示矿区内中新世的各类侵入岩的主量元素成分属于典型的中酸性岩石：SiO_2（57.37wt% ～ 74.72wt%）、Al_2O_3（12.64wt% ～ 16.68wt%）、MgO（0.44wt% ～ 4.69wt%）、Na_2O（0.32wt% ～ 5.02wt%）、K_2O（1.57wt% ～ 7.58wt%）、TiO_2（0.20wt% ～ 1.0wt%），主量成分中，Si_2O 与 MgO、TiO_2、CaO、P_2O_5 之间表现出很好的负相关性，而与 Al_2O_3、FeO、Na_2O、K_2O 的相关性不太明显，可能是由于 K、Na、Al、Fe 的活动性较强，受流体影响较大；石英闪长玢岩为矿区内最偏基性的岩石。在 SiO_2–K_2O+Na_2O 图解上（图 5.32A），主要落在花岗岩、花岗闪长岩以及石英二长闪长岩区域；在 SiO_2–K_2O 图上（图 5.32C），驱龙矿区内中新世岩石绝大多数属于高钾钙碱性系列，少数为钙碱性和钾玄质的；这与整个藏南已报道的中新世埃达克岩石的结果一致（Chung et al.，2003；Hou et al.，2004；Gao et al.，2007；Guo et al.，2007）；在 ACNK 图解中（图 5.32D），这些岩石绝大多数属于准铝质岩石；根据侵入顺序发现早期的花岗闪长岩、到似斑状的黑云母二长花岗岩，到成矿的二长花岗斑岩、花岗闪长斑岩和细晶岩，Na：K 值逐渐变小（3：1 至 1：3），而成矿后的闪长玢岩则 Na：K 值再次变大（图 5.32B）。

全世界范围内，与斑岩型矿床有关的岩浆岩绝大多数为具有钙碱性、高–中等含量的 K_2O，高氧化性（高 Fe_2O_3/FeO）的磁铁矿系列的花岗岩（Camus，2005）。岩石的全岩中 Fe^{2+}、Fe^{3+} 的含量能够反映岩石形成时的氧化还原状态（Ishihara，1977，1981；Ishihara et al.，1979）。根据全岩主量元素数据中的全铁（Fe_{total}）和 Fe_2O_3、FeO 的数据投图（图 5.33），可以得出驱龙矿区内的中新世侵入岩都是强氧化性的（除石英闪长玢岩和强黏土化的黑云母二长花岗岩外）；由于侏罗系叶巴组地层是与向北俯冲的新特提斯洋有关的岛弧性质岩浆岩，因此其明显具有岛弧火山岩所普遍具有的高氧化性特征（Blevin，2004）。因此，驱龙矿床中与成矿有关的侵入岩均为强氧化性的。

表 5.11　驱龙矿床中新世侵入岩岩石地球化学成分表

样号	QD75	QZK4404-3	QZK820-30	QZK820-80	QD69	QD57	QZK408-286	QZK001-635	QZK401-440	QZK001-62
岩性	花岗闪长岩				黑云母二长花岗岩			二长花岗斑岩		
SiO_2	65.97	67.31	67.04	67.04	65.78	66.31	63.19	69.39	70.25	66.02
TiO_2	0.50	0.46	0.46	0.46	0.51	0.43	0.35	0.29	0.24	0.33
Al_2O_3	16.58	16.04	16.30	16.30	16.68	15.47	15.33	14.76	13.94	14.69
Fe_2O_3	1.72	1.47	1.37	1.42	2.07	2.08	0.26	1.37	1.00	0.93
FeO	1.90	1.53	1.66	1.62	1.33	0.92	1.12	0.64	0.42	0.24
MnO	0.05	0.06	0.03	0.03	0.03	0.03	0.02	0.01	0.01	0.01
MgO	1.49	1.37	1.41	1.41	1.55	1.33	1.60	0.83	0.72	0.69
CaO	3.71	3.53	3.27	3.27	3.50	3.42	4.75	2.10	1.68	2.33
Na_2O	5.02	4.85	4.63	4.63	4.62	4.10	0.32	4.11	3.09	1.82
K_2O	1.57	2.83	2.86	2.86	2.03	3.23	4.90	4.00	5.88	7.58
P_2O_5	0.21	0.19	0.19	0.19	0.22	0.18	0.15	0.11	0.09	0.12
LOI	0.58	0.58	0.54	0.54	1.38	2.42	7.29	1.70	2.30	4.62
总计	99.30	100.22	99.76	99.77	99.71	99.92	99.28	99.30	99.62	99.38
ASI	0.98	0.90	0.96	0.96	1.01	0.92	1.01	0.96	0.91	0.89
$Mg^{\#}$	0.44	0.46	0.46	0.46	0.46	0.46	0.68	0.44	0.49	0.53
V	77.08	74.06	85.10	83.82	81.12	87.11	63.46	38.58	30.58	37.46
Cr	7.64	7.44	6.98	8.44	8.04	8.08	189.73	4.41	3.27	2.48
Ni	8.57	9.27	10.09	10.58	10.94	7.90	7.54	4.32	4.01	7.66
Co	7.66	9.22	7.24	7.22	9.43	8.58	6.22	5.57	5.48	4.09
Rb	58.11	76.52	74.29	89.16	65.96	86.63	95.17	93.25	118.11	182.41
Sr	1000	1030	1111	1035	1091	960	411	575	477	469
Y	7.31	8.62	8.10	7.80	8.20	7.60	6.89	8.13	7.97	6.57
Zr	130.57	131.37	103.83	107.52	117.94	87.37	92.19	105.22	104.71	116.32
Nb	3.69	4.37	4.15	4.04	3.65	3.66	3.82	5.52	5.81	4.10
Ba	538.59	787.91	766.56	702.71	625.62	695.20	824.66	834.86	759.33	1006.94
La	19.20	23.96	21.65	21.62	22.53	18.78	23.10	21.54	23.89	22.08

续表

样号	QD75	QZK4404-3	QZK820-30	QZK820-80	QD69	QD57	QZK408-286	QZK001-635	QZK401-440	QZK001-62
岩性	花岗闪长岩				黑云母二长花岗岩				二长花岗斑岩	
Ce	38.31	46.80	44.19	43.65	44.87	38.76	44.10	40.43	43.90	40.00
Pr	4.77	5.73	5.48	5.41	5.61	5.16	5.67	4.62	4.96	4.67
Nd	18.03	21.51	20.43	20.47	21.08	18.81	20.58	16.70	16.48	15.76
Sm	3.36	3.92	3.76	3.77	4.01	3.64	3.56	2.55	2.76	2.81
Eu	0.85	0.98	0.96	0.96	1.00	0.97	0.91	0.71	0.62	0.59
Gd	2.29	2.84	2.53	2.50	2.62	2.32	2.44	1.94	1.91	1.92
Tb	0.28	0.32	0.30	0.29	0.32	0.31	0.29	0.26	0.24	0.23
Dy	1.33	1.60	1.54	1.52	1.54	1.54	1.35	1.35	1.28	1.15
Ho	0.25	0.29	0.27	0.26	0.26	0.28	0.24	0.26	0.24	0.21
Er	0.62	0.77	0.69	0.66	0.69	0.70	0.61	0.68	0.68	0.52
Tm	0.09	0.12	0.10	0.10	0.10	0.10	0.09	0.10	0.10	0.08
Yb	0.56	0.80	0.63	0.63	0.65	0.65	0.54	0.66	0.66	0.49
Lu	0.09	0.12	0.10	0.09	0.10	0.10	0.08	0.10	0.10	0.08
Hf	3.68	3.95	2.94	3.08	3.34	2.84	2.99	3.22	3.21	3.36
Ta	0.29	0.45	0.38	0.36	0.30	0.32	0.34	0.49	0.50	0.35
Pb	16.31	26.33	14.26	13.92	28.79	30.44	35.34	34.33	38.36	50.05
Th	4.95	8.92	6.81	7.43	6.37	6.90	10.31	12.85	13.85	11.20
U	1.53	3.15	2.27	5.62	1.84	1.94	3.29	3.27	5.44	5.89
Nb/Ta	12.72	9.73	11.03	11.39	12.15	11.44	11.12	11.37	11.66	11.59
$^{87}Rb/^{86}Sr$		0.22563	0.19713		0.17432	0.26666		0.472835	0.736616	1.156334
$^{87}Sr/^{86}Sr\pm2\sigma$		0.70498±10	0.70500±9		0.70498±12	0.70501±10		0.705330±10	0.705438±10	0.705585±10
$^{147}Sm/^{144}Nd$		0.10387	0.10226		0.10605	0.10652		0.0991	0.0982	0.1026
$^{143}Nd/^{144}Nd\pm2\sigma$		0.51266±11	0.51265±14		0.51269±15	0.51267±13		0.512614±11	0.512641±14	0.512614±11
$(^{87}Sr/^{86}Sr)_i$		0.70493	0.70495		0.70494	0.70494		0.705222	0.705271	0.705322
$\varepsilon_{Nd}(t)$		0.64	0.47		1.14	0.73		-0.27	0.26	-0.26
T_{DM}/Ma		781	795		740	773		854	810	853
$^{206}Pb/^{204}Pb$		18.515±12	18.530±9		18.519±9	18.513±10		18.560±10	18.543±9	18.539±11
$^{207}Pb/^{204}Pb$		15.671±14	15.648±10		15.624±9	15.620±12		15.657±12	15.643±10	15.639±11
$^{208}Pb/^{204}Pb$		38.879±21	38.823±12		38.780±9	38.756±14		38.915±13	38.861±12	38.838±12

续表

样号 岩性	QD4-2	QZK612-449	QZK805-532	QZK811-966	QZK812-472	QZK1602-543	QZK2009-359	QZK802-926
			花岗闪长斑岩				石英闪长玢岩	
SiO_2	67.98	66.95	68.72	65.72	65.13	60.51	59.01	58.19
TiO_2	0.44	0.48	0.32	0.46	0.57	0.62	0.61	1.00
Al_2O_3	16.17	15.47	14.45	15.52	15.76	14.51	14.36	14.33
Fe_2O_3	1.26	1.78	1.13	1.40	1.92	1.40	1.13	0.99
FeO	0.87	2.13	0.61	1.16	2.13	3.01	2.98	4.53
MnO	0.02	0.02	0.02	0.01	0.03	0.07	0.06	0.08
MgO	1.18	1.42	0.78	1.27	1.61	4.41	4.69	4.26
CaO	2.27	3.05	2.35	3.62	3.46	4.20	4.01	4.68
Na_2O	4.45	3.96	3.45	3.96	3.99	4.13	2.80	2.39
K_2O	3.90	3.21	5.20	4.03	3.46	3.25	4.12	4.11
P_2O_5	0.18	0.19	0.12	0.20	0.22	0.31	0.30	0.46
LOI	0.62	1.24	2.42	2.32	1.68	3.02	4.95	5.31
总计	99.33	99.91	99.57	99.66	99.95	99.44	99.02	99.33
ASI	1.00	0.97	0.89	0.86	0.92	0.79	0.85	0.82
$Mg^{\#}$	0.51	0.40	0.46	0.48	0.43	0.65	0.68	0.58
V	63.32	69.63	42.92	82.47	85.92	107.20	101.99	152.61
Cr	9.06	143.34	2.70	6.12	129.19	235.07	229.78	294.62
Ni	9.07	6.68	5.81	8.34	18.87	109.10	112.40	159.31
Co	7.41	4.46	5.65	9.21	8.13	18.08	20.81	24.68
Rb	70.37	85.68	110.24	127.92	95.82	143.38	163.95	190.12
Sr	892	659	652	1015	684	950	684	780
Y	6.09	9.07	5.09	7.46	9.38	10.84	10.75	13.04
Zr	108.39	141.67	126.70	107.24	125.31	156.54	147.70	187.89
Nb	4.32	6.15	4.29	3.74	6.73	7.55	7.78	11.21
Ba	803.73	715.31	804.82	774.57	775.23	1118.90	944.81	866.39
La	30.37	32.02	25.36	20.94	27.78	38.72	38.93	40.90
Ce	52.55	57.93	47.05	41.94	52.03	75.43	76.26	87.58

续表

样号	QD4-2	QZK612-449	QZK805-532	QZK811-966	QZK812-472	QZK1602-543	QZK2009-359	QZK802-926
岩性	花岗闪长斑岩						石英闪长玢岩	
Pr	6.19	7.14	5.63	5.54	6.35	9.84	10.31	12.54
Nd	23.08	25.57	18.13	19.30	24.08	38.09	38.41	50.14
Sm	3.83	3.95	2.95	3.48	4.02	6.70	7.00	10.20
Eu	0.95	0.87	0.69	0.89	0.98	1.34	1.51	1.92
Gd	2.43	3.08	1.84	2.26	3.15	4.29	4.33	5.93
Tb	0.27	0.37	0.20	0.27	0.38	0.46	0.47	0.61
Dy	1.26	1.80	0.90	1.38	1.83	2.17	2.22	2.89
Ho	0.22	0.32	0.16	0.23	0.32	0.35	0.36	0.46
Er	0.58	0.80	0.40	0.58	0.79	0.89	0.93	1.12
Tm	0.08	0.11	0.06	0.09	0.11	0.13	0.14	0.16
Yb	0.52	0.69	0.37	0.54	0.66	0.86	0.89	1.01
Lu	0.08	0.11	0.06	0.08	0.10	0.13	0.14	0.14
Hf	3.30	4.33	3.44	2.86	3.78	4.28	4.16	5.34
Ta	0.38	0.53	0.36	0.30	0.53	0.56	0.61	0.77
Pb	16.73	21.20	33.90	23.68	18.41	43.30	49.03	26.68
Th	9.50	15.98	13.05	6.52	15.29	28.29	30.25	41.67
U	4.08	4.10	2.42	1.87	3.74	6.76	7.43	7.19
Nb/Ta	11.53	11.62	12.05	12.52	12.64	13.45	12.74	14.51
$^{87}Rb/^{86}Sr$	0.224014		0.485163	0.369506	0.248043	0.450004	0.727068	0.734299
$^{87}Sr/^{86}Sr\pm2\sigma$	0.705305±10		0.705273±11	0.705071±13	0.705157±10	0.707261±10	0.706581±12	0.706802±11
$^{147}Sm/^{144}Nd$	0.0985		0.0905	0.1040	0.1023	0.1056	0.1056	0.1139
$^{143}Nd/^{144}Nd\pm2\sigma$	0.512665±14		0.512629±13	0.512708±15	0.512697±12	0.512356±11	0.512380±12	0.512297±11
$(^{87}Sr/^{86}Sr)_i$	0.704987		0.705169	0.704992	0.705104	0.707178	0.706447	0.706666
$\varepsilon_{Nd}(t)$	0.72		0.03	1.54	1.34	-5.35	-4.87	-6.5
T_{DM}/Ma	772		829	705	721	1265	1226	1359
$^{206}Pb/^{204}Pb$	18.499±10		18.559±16	18.541±11	18.565±12	18.576±14	18.604±13	18.672±9
$^{207}Pb/^{204}Pb$	15.616±10		15.663±19	15.646±14	15.658±15	15.712±15	15.736±13	15.705±10
$^{208}Pb/^{204}Pb$	38.728±10		38.937±24	38.866±17	38.906±21	39.178±17	39.242±15	39.308±12

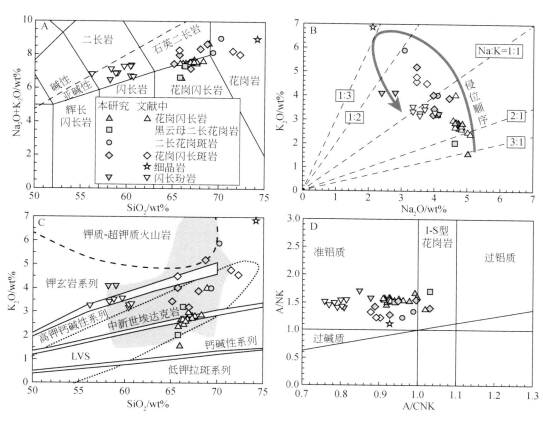

图 5.32 驱龙矿床中新世侵入岩 TAS 图（A），K_2O-Na_2O 图（B），
SiO_2-K_2O 图（C）和 A/NK-A/CNK 图（D）

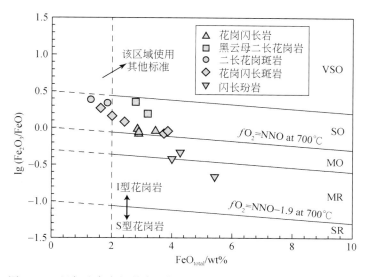

图 5.33 驱龙矿床中新世岩石氧化性判别图（底图据 Blevin，2004）
VSO. 异常高氧化；SO. 强氧化；MO. 中等氧化；MR. 中等还原；SR. 强还原

二、微量及稀土元素

　　驱龙各类侵入体主量–微量元素协变图解显示，成矿早期、成矿主期、成矿后期和成矿后的岩石主微量元素相关性并不明显（图 5.34）。这说明虽然形成年龄相近，同一中心侵位，并非由同一基性母岩浆分离结晶形成，即暗色矿物（Fe、Mg、Ni 和 Dy/Yb）、长石类矿物（Sr、Th、Rb 和 δEu）、锆石、磷灰石和金红石/钛铁矿等矿物在母岩浆房早期结晶并不控制成矿期岩石地球化学特征的演化。而成矿后偏中性的石英闪长玢岩显然与成矿期岩石在地球化学组成上存在较大差异。更不会是岩浆演化到后期的产物。

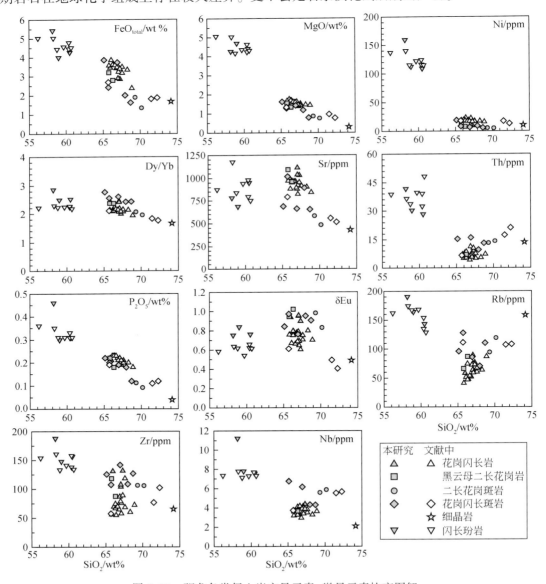

图 5.34　驱龙各类侵入岩主量元素–微量元素协变图解

矿区内的中新世各种侵入岩具有典型埃达克岩石的地球化学特征（Defant and Drummond，1990）：SiO$_2$≥57wt%，Al$_2$O$_3$≥12wt%，MgO≤3wt%（石英闪长玢岩为4wt% ~ 5wt%），Sr≥400ppm（最高达1300ppm），Yb≤13ppm，Y≤1.0ppm；Sr/Y≥60，La/Yb≥30；在稀土元素（REE）球粒陨石标准化图上（图5.35），中新世侵入岩的稀土配分模式呈典型的"铲状"形式，表现为强烈的LREE和HREE的分异，HREE明显的相对亏损，具有很弱的Eu的负异常；这些特征与前人发表的藏南埃达克质岩石的范围完全一致（Chung et al.，2003；Hou et al.，2004；Gao et al.，2007；Guo et al.，2007）。

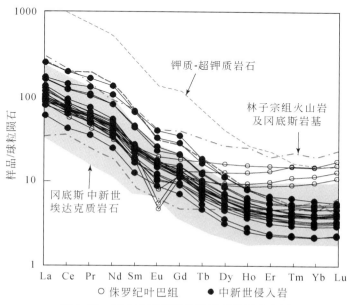

图5.35　驱龙矿床岩石的微量元素标准化图

（标准化数据来自Sun and McDonough，1989；其他相关数据见Guo et al.，2007及其中文献）

在MORB标准化蛛网图解上（图5.36），驱龙中新世岩石明显富集大离子亲石元素（LILE）和高场强元素（HFSE），K、Pb的正异常，Ta、Nb、Ti的负异常；与已发表的藏南埃达克岩石完全一致，而与同期的钾质-超钾质火山岩明显不同（Guo et al.，2007及其中文献）。相比之下，侏罗纪叶巴组地层则更亏损Sr、P和Ti，具有典型岛弧火山岩的微量元素特征。

如前所述，叶巴组地层具有典型的岛弧火山岩特征，表现出较弱的LREE和HRRE分异，具有明显的Eu的负异常。研究表明，岛弧岩浆活动是来自俯冲板片的流体/熔体，加入到橄榄岩地幔楔，发生减压部分熔融的结果。俯冲板片的流体/熔体提供了大离子亲石元素（LILE）如Ba、Rb、K、Sr、Pb；而橄榄岩地幔楔提供了高场强元素（HFSE）如Zr、Ti、Hf、Y和重稀土元素（HREE）。

岩浆中锆石的溶解度受温度的影响很大。据Watson和Harrison（1983）提供的根据全岩成分来计算岩浆达到锆石饱和的温度计算公式：

$$T_{Zr} = 12900/\left[2.95+0.85M+\ln\left(496000/Zr_{melt}\right)\right]$$

其中 M ＝ ［（Na+K+2Ca）／（Al×Si）］ 的阳离子系数，Zr_{melt} 为熔体中 Zr 的含量，T 为开尔文温度。计算出驱龙中新世的侵入岩的锆石饱和温度（T_{Zr}）分别为：花岗闪长岩平均为 732℃、黑云母二长花岗岩为 719℃、二长花岗斑岩 738℃、花岗闪长斑岩为 735℃、石英闪长玢岩为 711℃。年代学的研究并没有在驱龙中新世的侵入岩中发现大量的老锆石（继承性锆石）或是明显的核-幔结构的锆石，因此，以上所估算的温度是这些岩石岩浆达到锆石饱和时的最低温度（Miller et al.，2003）。

前人的研究一致表明，与斑岩型铜矿床有关的岩浆岩通常具有以下地球化学特征：高度氧化性，富 S，钙-碱性，富集大离子亲石元素（LILE，Cs、Rb、Ba、U、K、Pb、Sr），相对亏损 Nb、Ta、P、Ti 等元素；且多为磁铁矿系列花岗岩（含磁铁矿+榍石花岗岩）。通过项目研究可以看出，驱龙斑岩矿床中的与成矿有关的侵入岩除了相对较高的 K_2O 含量以外，其余的地球化学特征与以上论述完全一致；尤其具有明显的高氧化性和富 S 的特征。

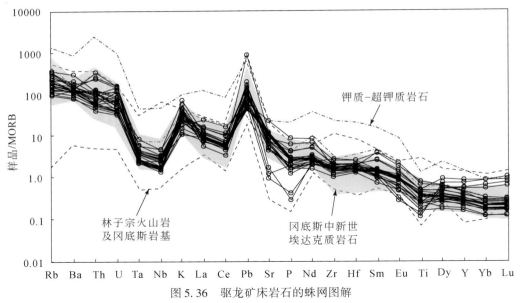

图 5.36　驱龙矿床岩石的蛛网图解

（标准化数据来自 Pearce and Parkinson，1993；其他相关数据见 Guo et al.，2007 及其中文献）

三、Sr-Nd-Pb-Hf 同位素

全岩 Sr-Nd-Pb 的分析测试表明，驱龙矿区内除了最晚期的石英闪长玢岩外，中新世的花岗闪长岩、黑云母二长花岗岩、二长花岗斑岩以及花岗闪长斑岩具有极其相似的 Sr-Nd-Pb 同位素组成（表 5.11、图 5.37），其中（$^{87}Sr/^{86}Sr$）$_i$ 范围为 0.7049 ~ 0.7053，$\varepsilon_{Nd}(t)$ 范围为 -0.27 ~ +1.54，$^{206}Pb/^{204}Pb$ 范围为 18.50 ~ 18.57，$^{207}Pb/^{204}Pb$ 范围为 15.62 ~ 15.67，$^{208}Pb/^{204}Pb$ 范围为 38.73 ~ 38.94；而石英闪长玢岩具有较富集的 Sr-Nd-Pb 同位素组成：（$^{87}Sr/^{86}Sr$）$_i$ 范围为 0.7064 ~ 0.7072，$\varepsilon_{Nd}(t)$ 为 -4.87 ~ -6.50，$^{206}Pb/^{204}Pb$ 范围为 18.58 ~

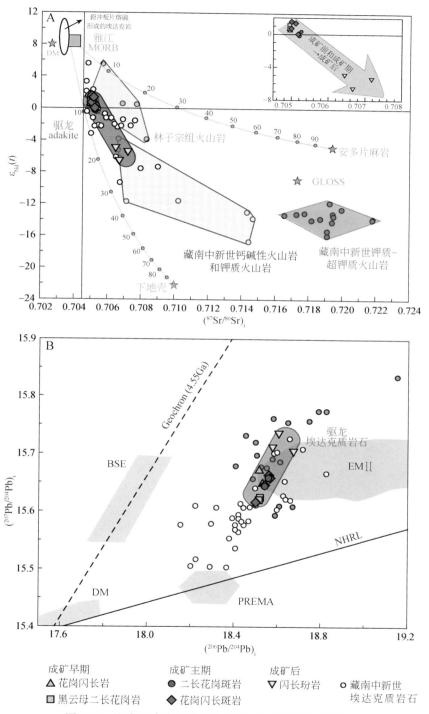

图 5.37 驱龙矿床中新世侵入岩 Sr-Nd-Pb 同位素图解

藏南埃达克岩石（Hou et al.，2004；Qu et al.，2004；Guo et al.，2007）；中新世火山岩
（Turner et al.，1996；Miller et al.，1999；Ding et al.，2003）；林子宗组火山岩（Mo et al.，2007，2008）

18. 67，$^{207}Pb/^{204}Pb$ 范围为 15. 71 ~ 15. 74，$^{208}Pb/^{204}Pb$ 范围为 39. 18 ~ 39. 31。驱龙矿区内的中新世埃达克岩石的 Sr-Nd-Pb 同位素组成，全部落入前人已发表的藏南埃达克岩石范围内（图 5. 37A），且位于雅江 MORB（$(^{87}Sr/^{86}Sr)_i = 0.7035$，$\varepsilon_{Nd}(t) = 8.9$，Mahoney et al.，1998）与下地壳（$(^{87}Sr/^{86}Sr)_i = 0.7100$，$\varepsilon_{Nd}(t) = -22.2$，Ben et al.，1984）混合线和中新世富钾火山岩（平均：$(^{87}Sr/^{86}Sr)_i = 0.7236$，$\varepsilon_{Nd}(t) = -12.4$；Miller et al.，1999）两条混合线之间；Pb 同位素组成主要位于下地壳范围内。此外，驱龙矿床中与成矿有关的岩石具有相似的 Nd 同位素亏损地幔模式年龄（700 ~ 850Ma）；但成矿后的闪长玢岩具有明显较老的模式年龄（1220 ~ 1360Ma）。

藏南中新世埃达克岩石与古新世林子宗组火山岩在 Sr-Nd 同位素组成具有很大的相似性，都具有弱亏损或弱富集的 Sr-Nd 同位素组成；但与明显具有富集 Nd 同位素、强烈富集 Sr 同位素的藏南中新世富钾质-钙碱性火山岩明显不同（图 5. 37A）。但是在 Pb 同位素组成上，藏南埃达克岩石与富钾质-钙碱性火山岩具有部分的相似（图 5. 37B），主要位于下地壳和 EM Ⅱ 范围内，并且都具有很陡的变化趋势，指向 MORB 范围。

驱龙斑岩型铜-钼矿床的岩浆岩锆石 Hf 同位素分析结果列于图 5. 38、表 5. 12。

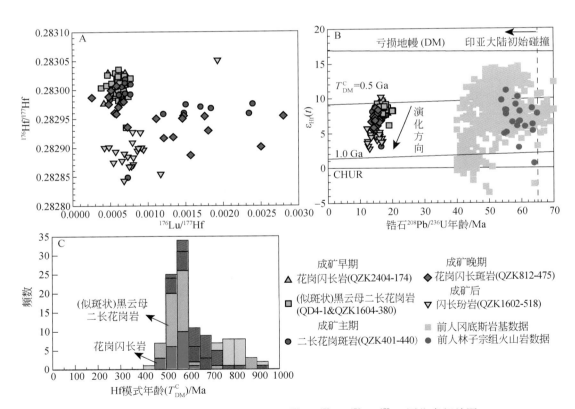

图 5.38　驱龙矿床中新世侵入岩锆石$^{176}Lu/^{177}Hf$-$^{176}Hf/^{177}Hf$ 同位素相关图、
驱龙矿床中新世侵入岩 ε_{Hf} 与年龄关系及 Hf 同位素模式年龄图

表5.12　驱龙矿床中新世侵入岩锆石 Hf 同位素数据

测试点	年龄/Ma	$^{176}Yb/^{177}Hf$	$^{176}Lu/^{177}Hf$	$^{176}Hf/^{177}Hf$	2σ	$^{176}Hf/^{177}Hf_i$	$\varepsilon_{Hf}(0)$	$\varepsilon_{Hf}(t)$	T_{DM}/Ma	T_{DM}^{C}/Ma	$f_{Lu/Hf}$
					QZK2401-174						
1	16.0	0.015825	0.000701	0.283029	0.000013	0.283029	9.1	9.4	313	493	−0.98
2	18.5	0.011606	0.000622	0.282984	0.000013	0.282984	7.5	7.9	376	593	−0.98
3	18.5	0.011216	0.000578	0.282994	0.000012	0.282993	7.8	8.2	362	572	−0.98
4	17.8	0.008385	0.000420	0.282976	0.000013	0.282976	7.2	7.6	386	613	−0.99
5	18.0	0.012367	0.000565	0.282989	0.000012	0.282988	7.7	8.0	369	583	−0.98
6	18.6	0.013545	0.000645	0.283008	0.000012	0.283008	8.3	8.7	343	540	−0.98
7	17.1	0.014503	0.000699	0.283008	0.000013	0.283008	8.3	8.7	343	540	−0.98
8	16.4	0.012868	0.000602	0.283004	0.000013	0.283004	8.2	8.6	347	549	−0.98
9	17.0	0.014611	0.000653	0.283028	0.000020	0.283027	9.0	9.4	315	495	−0.98
10	16.4	0.009893	0.000505	0.283007	0.000013	0.283007	8.3	8.7	342	542	−0.98
11	17.7	0.012684	0.000592	0.282988	0.000013	0.282987	7.6	8.0	371	586	−0.98
12	18.0	0.011078	0.000594	0.283013	0.000014	0.283013	8.5	8.9	335	528	−0.98
13	17.1	0.010394	0.000475	0.283029	0.000015	0.283029	9.1	9.5	311	492	−0.99
14	15.8	0.014763	0.000688	0.283000	0.000012	0.283000	8.1	8.4	354	559	−0.98
15	18.1	0.013007	0.000683	0.282993	0.000013	0.282992	7.8	8.2	365	574	−0.98
16	17.0	0.013362	0.000654	0.282986	0.000013	0.282985	7.6	7.9	374	591	−0.98
17	17.6	0.012068	0.000567	0.282985	0.000019	0.282985	7.5	7.9	374	591	−0.98
18	18.5	0.013145	0.000631	0.283002	0.000014	0.283002	8.1	8.5	350	552	−0.98
19	17.9	0.011292	0.000573	0.282989	0.000014	0.282988	7.7	8.0	369	583	−0.98
20	17.7	0.011985	0.000620	0.283015	0.000012	0.283015	8.6	9.0	332	523	−0.98
					QZK1604-380						
1	17.5	0.014314	0.000662	0.283003	0.000011	0.283002	8.2	8.5	350	552	−0.98
2	18	0.014888	0.000668	0.282982	0.000011	0.282982	7.4	7.8	379	598	−0.98
3	19	0.013904	0.000634	0.282994	0.000013	0.282994	7.9	8.3	362	570	−0.98
4	17.4	0.012573	0.000592	0.283000	0.000012	0.283000	8.1	8.5	353	557	−0.98
5	19	0.016900	0.000712	0.282935	0.000012	0.282935	5.8	6.2	446	704	−0.98
6	18	0.017154	0.000743	0.282988	0.000012	0.282988	7.6	8.0	372	585	−0.98
7	16.7	0.013471	0.000629	0.283003	0.000012	0.283003	8.2	8.5	350	552	−0.98
8	17.9	0.011681	0.000614	0.282995	0.000011	0.282994	7.9	8.3	361	570	−0.98
9	16.3	0.010744	0.000539	0.283003	0.000012	0.283003	8.2	8.5	349	552	−0.98
10	18	0.012199	0.000613	0.282994	0.000010	0.282993	7.8	8.2	363	572	−0.98
11	17.7	0.007587	0.000384	0.283003	0.000010	0.283003	8.2	8.6	347	550	−0.99
12	20.2	0.013323	0.000655	0.282992	0.000013	0.282992	7.8	8.2	365	575	−0.98

续表

测试点	年龄/Ma	^{176}Yb/^{177}Hf	^{176}Lu/^{177}Hf	^{176}Hf/^{177}Hf	2σ	^{176}Hf/^{177}Hf$_t$	ε_{Hf}(0)	ε_{Hf}(t)	T_{DM}/Ma	T_{DM}^C/Ma	$f_{Lu/Hf}$
QZK1604-380											
13	17.2	0.012388	0.000638	0.283027	0.000011	0.283027	9.0	9.4	316	497	−0.98
14	16.4	0.012754	0.000600	0.283001	0.000012	0.283001	8.1	8.4	352	557	−0.98
15	16.9	0.011825	0.000601	0.283005	0.000013	0.283005	8.3	8.6	346	546	−0.98
16	17	0.014015	0.000647	0.283017	0.000012	0.283017	8.7	9.0	330	519	−0.98
17	20	0.012387	0.000584	0.282994	0.000011	0.282994	7.8	8.3	362	570	−0.98
QD4-1											
1	17	0.012731	0.000590	0.283021	0.000020	0.283021	8.8	9.2	324	510	−0.98
2	17	0.011146	0.000572	0.283029	0.000018	0.283029	9.1	9.5	312	492	−0.98
3	17	0.008920	0.000467	0.283026	0.000020	0.283026	9.0	9.3	316	500	−0.99
4	16.6	0.012105	0.000627	0.283019	0.000019	0.283019	8.7	9.1	327	515	−0.98
5	16	0.011331	0.000606	0.283018	0.000017	0.283018	8.7	9.0	328	518	−0.98
6	15.4	0.013782	0.000692	0.283024	0.000016	0.283024	8.9	9.3	320	504	−0.98
7	16.9	0.011913	0.000608	0.283023	0.000014	0.283023	8.9	9.3	320	505	−0.98
8	16.6	0.012000	0.000609	0.283000	0.000015	0.283000	8.1	8.4	354	559	−0.98
9	18.6	0.011154	0.000576	0.283007	0.000016	0.283006	8.3	8.7	344	542	−0.98
10	16.9	0.013327	0.000617	0.283035	0.000016	0.283035	9.3	9.7	304	478	−0.98
11	18	0.017710	0.000774	0.283020	0.000015	0.283020	8.8	9.2	327	512	−0.98
12	18	0.012551	0.000681	0.282998	0.000013	0.282998	8.0	8.4	357	562	−0.98
13	16	0.013799	0.000612	0.282981	0.000014	0.282981	7.4	7.7	380	602	−0.98
14	15.7	0.012244	0.000572	0.283006	0.000014	0.283006	8.3	8.6	345	545	−0.98
15	20	0.014364	0.000647	0.282992	0.000015	0.282992	7.8	8.2	365	574	−0.98
16	17.5	0.008478	0.000455	0.283007	0.000012	0.283007	8.3	8.7	342	541	−0.99
17	17	0.013289	0.000659	0.282984	0.000013	0.282983	7.5	7.8	377	596	−0.98
18	16.2	0.010554	0.000524	0.283011	0.000014	0.283011	8.5	8.8	337	533	−0.98
19	17.5	0.014310	0.000630	0.283012	0.000015	0.283012	8.5	8.9	337	531	−0.98
QZK401-440											
1	18	0.037306	0.001511	0.282973	0.000023	0.282973	7.1	7.5	400	618	−0.95
2	16	0.067927	0.002400	0.282974	0.000023	0.282973	7.1	7.5	409	619	−0.93
3	17	0.036804	0.001487	0.282959	0.000018	0.282958	6.6	7.0	421	652	−0.96
4	16	0.060055	0.002351	0.282958	0.000020	0.282957	6.6	6.9	433	655	−0.93
5	16.6	0.030202	0.001214	0.282957	0.000020	0.282957	6.5	6.9	421	656	−0.96
6	15.3	0.013399	0.000625	0.282990	0.000019	0.282990	7.7	8.1	367	581	−0.98
7	16	0.046078	0.001847	0.282967	0.000018	0.282966	6.9	7.2	414	635	−0.94

续表

测试点	年龄/Ma	^{176}Yb/^{177}Hf	^{176}Lu/^{177}Hf	^{176}Hf/^{177}Hf	2σ	^{176}Hf/^{177}Hf$_t$	$\varepsilon_{Hf}(0)$	$\varepsilon_{Hf}(t)$	T_{DM}/Ma	T_{DM}^{C}/Ma	$f_{Lu/Hf}$
					QZK401-440						
8	14.2	0.044501	0.001709	0.282969	0.000017	0.282969	7.0	7.3	408	630	−0.95
9	17	0.010282	0.000505	0.282982	0.000018	0.282982	7.4	7.8	378	599	−0.98
10	16.8	0.014795	0.000664	0.283005	0.000017	0.283004	8.2	8.6	348	548	−0.98
11	16.9	0.015703	0.000708	0.283018	0.000014	0.283018	8.7	9.1	329	518	−0.98
12	14.8	0.014616	0.000782	0.283009	0.000013	0.283009	8.4	8.7	343	540	−0.98
13	15.9	0.016161	0.000706	0.282993	0.000012	0.282992	7.8	8.1	365	575	−0.98
14	17.6	0.014065	0.000703	0.283011	0.000016	0.283011	8.5	8.8	339	532	−0.98
15	14	0.017398	0.000778	0.282991	0.000013	0.282991	7.7	8.0	368	580	−0.98
16	15.2	0.014676	0.000675	0.282983	0.000013	0.282982	7.4	7.8	379	599	−0.98
17	16.7	0.015157	0.000737	0.282847	0.000014	0.282847	2.7	3.0	570	904	−0.98
					QZK812-475						
1	15	0.005543	0.000261	0.282986	0.000013	0.282986	7.6	7.9	369	590	−0.99
2	14.8	0.012659	0.000587	0.283007	0.000014	0.283007	8.3	8.6	343	544	−0.98
3	14.7	0.013691	0.000656	0.282978	0.000013	0.282978	7.3	7.6	385	609	−0.98
4	13.6	0.043364	0.001757	0.282954	0.000014	0.282954	6.4	6.7	431	665	−0.95
5	14.6	0.073957	0.002804	0.282954	0.000012	0.282954	6.5	6.7	443	664	−0.92
6	15.3	0.015922	0.000681	0.282979	0.000013	0.282979	7.3	7.7	384	607	−0.98
7	15.4	0.016011	0.000732	0.282936	0.000014	0.282936	5.8	6.1	445	704	−0.98
8	14.2	0.010066	0.000483	0.282975	0.000013	0.282975	7.2	7.5	388	616	−0.99
9	14.7	0.013552	0.000613	0.282970	0.000013	0.282970	7.0	7.3	396	628	−0.98
10	14.3	0.031476	0.001338	0.282919	0.000017	0.282918	5.2	5.5	477	745	−0.96
11	15.8	0.035709	0.001568	0.282887	0.000014	0.282886	4.1	4.4	526	816	−0.95
12	16	0.056379	0.002502	0.282901	0.000014	0.282900	4.6	4.9	519	784	−0.92
13	15.5	0.010802	0.000483	0.282988	0.000014	0.282988	7.6	8.0	370	587	−0.99
14	15.8	0.035217	0.001477	0.282955	0.000015	0.282954	6.5	6.8	427	662	−0.96
15	16	0.012144	0.000561	0.282960	0.000012	0.282960	6.6	7.0	410	650	−0.98
16	15.8	0.026652	0.001113	0.282950	0.000015	0.282950	6.3	6.6	430	672	−0.97
17	16	0.035910	0.001461	0.282950	0.000014	0.282950	6.3	6.6	433	672	−0.96
18	15	0.024261	0.001214	0.282917	0.000012	0.282917	5.1	5.4	478	748	−0.96
19	14.3	0.043062	0.001805	0.282930	0.000014	0.282929	5.6	5.9	467	720	−0.95
20	14.7	0.011785	0.000583	0.282958	0.000013	0.282958	6.6	6.9	412	654	−0.98
21	15.6	0.010840	0.000515	0.282999	0.000013	0.282999	8.0	8.4	354	562	−0.98

续表

测试点	年龄/Ma	$^{176}Yb/^{177}Hf$	$^{176}Lu/^{177}Hf$	$^{176}Hf/^{177}Hf$	2σ	$^{176}Hf/^{177}Hf_t$	$\varepsilon_{Hf}(0)$	$\varepsilon_{Hf}(t)$	T_{DM}/Ma	T_{DM}^{C}/Ma	$f_{Lu/Hf}$
					QZK1602-518						
1	16.5	0.039035	0.001931	0.283051	0.000012	0.283050	9.9	10.2	292	445	−0.94
2	15.3	0.013911	0.000656	0.282877	0.000012	0.282877	3.7	4.0	527	838	−0.98
3	12.4	0.011422	0.000543	0.282874	0.000012	0.282874	3.6	3.9	530	846	−0.98
4	13.5	0.021215	0.000944	0.282897	0.000013	0.282896	4.4	4.7	504	795	−0.97
5	15	0.013491	0.000571	0.282893	0.000013	0.282893	4.3	4.6	503	801	−0.98
6	17	0.017897	0.000806	0.282871	0.000014	0.282871	3.5	3.9	538	850	−0.98
7	16.1	0.019524	0.000796	0.282909	0.000014	0.282909	4.9	5.2	484	764	−0.98
8	16.8	0.017135	0.000732	0.282884	0.000014	0.282884	4.0	4.3	518	820	−0.98
9	16	0.020951	0.000916	0.282900	0.000014	0.282900	4.5	4.9	498	785	−0.97
10	13	0.015411	0.000682	0.282843	0.000012	0.282843	2.5	2.8	576	916	−0.98
11	16	0.016542	0.000807	0.282883	0.000012	0.282883	3.9	4.3	521	824	−0.98
12	13.4	0.020141	0.000862	0.282895	0.000015	0.282894	4.3	4.6	505	799	−0.97
13	13.4	0.018586	0.000875	0.282899	0.000015	0.282899	4.5	4.8	499	789	−0.97
14	13.8	0.008439	0.000424	0.282900	0.000015	0.282900	4.5	4.8	492	786	−0.99
15	13.7	0.020861	0.000913	0.282899	0.000015	0.282899	4.5	4.8	499	788	−0.97
16	13.3	0.009506	0.000483	0.282901	0.000017	0.282901	4.6	4.8	491	785	−0.99
17	13.9	0.013497	0.000688	0.282890	0.000015	0.282890	4.2	4.5	510	810	−0.98
18	12.4	0.016808	0.000798	0.282927	0.000020	0.282927	5.5	5.8	458	725	−0.98
19	12.6	0.028990	0.001170	0.282854	0.000019	0.282854	2.9	3.2	567	891	−0.96
20	12.2	0.017191	0.000903	0.282927	0.000016	0.282927	5.5	5.7	460	727	−0.97
21	16.7	0.018274	0.000782	0.282868	0.000017	0.282867	3.4	3.7	542	858	−0.98
22	12.3	0.015603	0.000753	0.282867	0.000018	0.282867	3.4	3.6	543	862	−0.98

花岗闪长岩（QZK2404-174）：花岗闪长岩的锆石 20 个测点具有很低的 $^{176}Lu/^{177}Hf$ 值，初始 $^{176}Hf/^{177}Hf$ 同位素组成也很均一，集中在 0.282976 ~ 0.283029，平均为 0.283001；$\varepsilon_{Hf}(t) = 7.6 ~ 9.5$，平均为 8.5。

黑云母二长花岗岩（QZK1604-380）：黑云母二长花岗岩的锆石具有很低的 $^{176}Lu/^{177}Hf$ 值，初始 $^{176}Hf/^{177}Hf$ 同位素组成也很均一，集中在 0.282935 ~ 0.283027，平均为 0.282996；$\varepsilon_{Hf}(t) = 6.2 ~ 9.4$，平均为 8.3。

似斑状黑云母二长花岗岩（QD4-1）：似斑状黑云母二长花岗岩的锆石具有很低的 $^{176}Lu/^{177}Hf$ 值，初始 $^{176}Hf/^{177}Hf$ 同位素组成很均一，集中在 0.282981 ~ 0.283035，平均为 0.283011；$\varepsilon_{Hf}(t) = 7.7 ~ 9.7$，平均为 8.8。

二长花岗斑岩（QZK401-440）：二长花岗斑岩的锆石具有相对较高且变化范围较大的 $^{176}Lu/^{177}Hf$ 值（变化范围：0.005050 ~ 0.019402，平均为：0.001141）；总体上，长柱状的锆石具有比粒状锆石高的 $^{176}Lu/^{177}Hf$ 值；初始 $^{176}Hf/^{177}Hf$ 同位素组成很均一，集中在 0.282847 ~ 0.283018，平均为 0.282975；$\varepsilon_{Hf}(t)$ = 3.0 ~ 9.1，平均为 7.4。

花岗闪长斑岩（QZK812-475）：花岗闪长斑岩的锆石具有相对较高且变化范围较大的 $^{176}Lu/^{177}Hf$ 值（变化范围：0.000261 ~ 0.002804，平均为：0.001104）；总体上，长柱状的锆石具有比粒状锆石高的 $^{176}Lu/^{177}Hf$ 值；初始 $^{176}Hf/^{177}Hf$ 同位素组成很均一，集中在 0.282886 ~ 0.283007，平均为 0.282955；$\varepsilon_{Hf}(t)$ = 4.4 ~ 8.6，平均为 6.8。

石英闪长玢岩（QZK1602-518）：尽管石英闪长岩中的锆石 U-Pb 年龄明显分为 ~16Ma 和 ~13Ma 两组；但是它们都具有很低的 $^{176}Lu/^{177}Hf$ 值，初始 $^{176}Hf/^{177}Hf$ 同位素组成很均一，集中在 0.282843 ~ 0.283050，平均为 0.282896；$\varepsilon_{Hf}(t)$ = 2.8 ~ 10.2，平均为 4.7。

Allègre 和 Ben（1980）认为全球绝大多数的花岗岩都是来源于早期先存地壳物质的部分熔融，以负的 $\varepsilon_{Nd}(t)$ 以及 $\varepsilon_{Hf}(t)$ 为特征。驱龙矿区内，中新世岩浆侵入活动依次是：花岗闪长岩及黑云母二长花岗岩最早呈较大岩株侵入；随后，二长花岗斑岩和花岗闪长斑岩呈独立的小岩株侵入黑云母二长花岗岩中；最后，石英闪长玢岩呈小岩枝侵入黑云母二长花岗岩中。所有岩石的锆石 Hf 同位素分析结果都表现出较高的正 $\varepsilon_{Hf}(t)$ 值，所有测点都位于球粒陨石与亏损地幔演化线之间；与前人已发表的藏南冈底斯带上的岩浆岩 Hf 同位素组成范围一致（Ji et al.，2009）（图 5.38）；且随着岩石成岩年龄由老变年轻，其 $\varepsilon_{Hf}(t)$ 也相应地降低。驱龙斑岩铜钼矿床内中新世岩石所测锆石都具有较年轻（约400 ~ 900Ma）的 Hf 模式年龄（T_{DM}（Ma））；同样随着岩石成岩年龄越年轻，相应的其模式年龄（T_{DM}（Ma））也越老（表 5.12、图 5.38），表明驱龙矿区岩浆岩源于新生下地壳的部分熔融；随着岩浆的演化 $\varepsilon_{Hf}(t)$ 明显呈逐渐降低的趋势；亏损地幔模式年龄却变老，暗示源区古老富集物质贡献增强；偶尔出现的 201Ma、106Ma 的锆石年龄可能代表浅部地壳物质的加入。

第五节　岩石成因及演化

目前为止，成矿与不成矿斑岩在地球化学组成上，还缺乏准确的判别标准和显著差别；且学者们越来越认同斑岩型矿床的形成可能并不需要特殊的源区。为了探索驱龙斑岩铜钼矿床中新世侵入岩的岩石成因，本次研究对各种中新世侵入岩进行了详细的成岩年代学、岩石地球化学、同位素地球化学的分析测试，以求全面深入地了解驱龙中新世与成矿关系密切的岩浆的成因问题。

一、岩浆来源

上文岩石的主量-微量元素研究表明，驱龙矿床内的中新世侵入岩具有典型的埃达克岩石的地球化学特征（Defant and Drummond，1990）。前人（Chung et al.，2003；Hou et al.，2004；Gao et al.，2007；Guo et al.，2007）对藏南中新世的埃达克质岩石的研究一致表明：这些岩石为高 SiO_2，高 Al_2O_3，高 Sr，高 Sr/Y 值，低 Y 和低 HREE 含量，微量元素具有右倾陡的"铲状形态"（listric-shaped）；为橄榄玄粗质和钙碱性系列，与板片部分熔融形成的埃达克成分相似；但具有较宽泛的初始 Nd 同位素组成 $\varepsilon_{Nd}(t)$（-6.18 到 +5.52）和初始 Sr 同位素组成（0.7049~0.7079）以及 Pb 同位素组成，且相对高的 K_2O 含量（2.6wt%~8.6wt%）和相对高的 $Mg^{\#}$（0.32~0.74）；MORB 标准化图解显示强烈富集大离子亲石元素和高场强元素。

　　本次研究系统收集了前人发表的藏南中新世埃达克岩石的地球化学数据（Chung et al.，2003；Hou et al.，2004；Gao et al.，2007；Guo et al.，2007），根据 Richards 和 Kerrich（2007）总结世界上其他地区产出的埃达克岩石的地球化学判断标准，归纳投图如下（图 5.39）：西藏南部的中新世埃达克质岩石与世界上其他地区的埃达克岩石相比，几乎所有的判别标志上都满足埃达克岩石的标准；除了具有较低的 Ni 和 Cr 含量，暗示成岩过程中直接来自地幔的物质的贡献相对较少；不是俯冲板片或受交代的地幔楔部分熔融的结果。

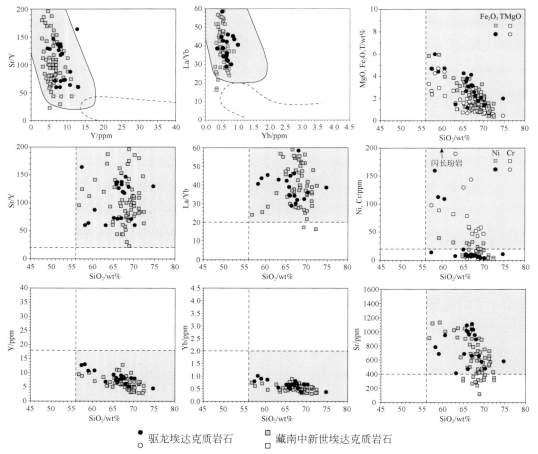

图 5.39　藏南中新世埃达克岩石地球化学特征（数据自 Chung et al.，2003；Hou et al.，2004；Gao et al.，2007；Guo et al.，2007；本研究）；底图据 Richards and Kerrich，2007

藏南中新世埃达克岩石的成因，与整个藏南（尤其是拉萨地体南部的冈底斯带）的构造-岩浆演化密切有关。自中生代以来，藏南的拉萨地体先后经历了新特提斯洋向北俯冲、印度-欧亚大陆的碰撞造山以及现在正经历的后碰撞过程（钟大赉和丁林，1996）。新特提斯洋向北俯冲的开始时间存在争议，可能开始于白垩纪（Honegger et al.，1982；Schärer et al.，1984）、中侏罗纪（Searle et al.，1999，2007；Barley et al.，2003），或早侏罗纪（Chu et al.，2006）或晚三叠纪（Ji et al.，2009）。Chung 等（2005，2009），Ji 等（2009）认为三叠纪—白垩纪的冈底斯岩基是与新特提斯洋向北俯冲有关的类似安第斯型陆缘弧岩浆活动。

已有的研究表明，印度-欧亚大陆的初始碰撞时限是 70 ~ 34Ma（Najman，2006 及其中文献）。Patzelt 等（1996）根据分布在雅江缝合带两侧的白垩纪—古近纪花岗岩数据认为印度-欧亚大陆发生初始碰撞的时间是 65 ~ 60Ma，完成缝合是在 55 ~ 50Ma；吴福元等（2008）提出碰撞峰期约为 55Ma；最新的古地磁研究表明印度与亚洲大陆的初始碰撞极有可能发生在 55 ~ 60Ma（Chen et al.，2010）。由于印度-欧亚大陆发生陆-陆碰撞和后碰撞，位于拉萨南部的冈底斯岩浆带上发生了一系列构造岩浆活动，包括：

（1）同碰撞期的林子宗组火山岩（65 ~ 40Ma）和南冈底斯岩基（年龄峰值为 ~ 50Ma）（Mo et al.，2007，2008）。

（2）40 ~ 25Ma 由于构造主体为持续的挤压和地壳缩短，造成岩浆活动宁静期（magmatically quiescent）（Mo et al.，2007）。

（3）25 ~ 10Ma 的后碰撞的埃达克岩石，钾质-超钾质火山岩（25 ~ 10Ma）以及含白云母的过铝质浅色花岗岩（24 ~ 18Ma）（Coulon et al.，1986；Miller et al.，1999；Chung et al.，2003；Ding et al.，2003；Nomade et al.，2004；Hou et al.，2004；Gao et al.，2007；Guo et al.，2007）。冈底斯成矿带上，与中新世成矿事件有关的主要就是这一期的埃达克质岩浆活动，如甲玛、驱龙、南木等（Chung et al.，2003；侯增谦等，2003a；Hou et al.，2004）。

虽然近年来，有关学者在藏东南雅江缝合带附近也报道了早白垩世（136.5Ma；Zhu et al.，2009a）和晚白垩世（80.4Ma，82.7Ma；Wen et al.，2008）分别与早白垩新特提斯洋向北高角度俯冲发生板片熔融作用和晚白垩世基性下地壳的部分熔融有关的埃达克岩石，但是目前还没有发现与之有关的同期成矿作用。

关于藏南中新世埃达克岩石的成因模式，主要有 3 种不同理解和解释：

（1）俯冲或残留洋壳的部分熔融（Qu et al.，2004）。

（2）经历过板片熔体/流体交代的富集地幔楔发生部分熔融（Gao et al.，2007，2010）。

（3）加厚的基性下地壳（≥50km）在富水的角闪榴辉岩相或石榴子石角闪岩相条件下的部分熔融并且有富集地幔和/或上地壳物质的加入（Chung et al.，2003；Hou et al.，2004；Guo et al.，2007；Mo et al.，2007；Yang et al.，2009；Li et al.，2012）。

本书根据驱龙以及整个藏南埃达克岩石的成岩年龄、岩石地球化学的研究和总结认为驱龙中新世与成矿有关的埃达克岩石的成因是加厚基性下地壳（冈底斯中生代岩浆弧的根部）的部分熔融，而不是富集地幔或俯冲的板片的部分熔融；而成矿后的石英闪长玢岩可能受地幔橄榄岩交代的影响。

（一）驱龙中新世侵入岩的源区性质

从图 5.39 可以看出，驱龙矿床的中新世埃达克岩石（除石英闪长玢岩外）几乎全部落在加厚下地壳来源的埃达克岩石范围内（Atherton and Petford，1993；Muir et al.，1995；Petford and Atherton，1996；Johnson et al.，1997；Xiong et al.，2003；Wang et al.，2006）；而与典型俯冲板片熔融形成的埃达克岩石（Defant and Drummond，1990；Kay et al.，1993；Drummond et al.，1996；Stern and Kilian，1996；Sajona et al.，2000；Aguillón-Robles et al.，2001；Defant et al.，2002；Martin et al.，2005）和拆离的下地壳部分熔融形成的埃达克岩石（Xu et al.，2002；Wang et al.，2004a，b）完全不同。

同时在 Sr-Nd-Pb 图解上（图 5.37），整个藏南中新世埃达克岩石的同位素组成明显远离雅江 MORB 以及典型的俯冲板片部分熔融成因埃达克的区域；驱龙中新世的岩石更是具有相对集中的同位素组成。多数学者研究表明，向北俯冲的新特提斯大洋板片在始新世（~45Ma）发生了断离；中新世藏南经历了软流圈上涌或加厚下地壳的拆沉过程（Kohn and Parkinson，2002；Chung et al.，2003，2005，2009；Nomade et al.，2004；Ji et al.，2009）。驱龙中新世侵入岩的锆石 Hf 同位素都表现出较高的正 $\varepsilon_{Hf}(t)$ 值以及较年轻（约 400~900Ma）的 Hf 模式年龄 T_{DM}（Ma），表明驱龙矿区岩浆岩源于新生下地壳。因此，从岩石地球化学、同位素组成、成岩年代学、地质构造背景分析，驱龙中新世埃达克岩石都不是新特提斯洋壳部分熔融形成的。驱龙以及绝大多数藏南中新世埃达克岩石中普遍较低的 MgO、Cr、Ni 含量以及不具有亏损地幔和下地壳混合的 Sr-Nd 同位素组成，也不支持富集地幔楔的部分熔融成因。

驱龙中新世埃达克岩石和前人（Chung et al.，2003；Hou et al.，2004；Gao et al.，2007；Guo et al.，2007）发表的藏南中新世埃达克岩石绝大部分位于加厚下地壳来源的埃达克岩石范围内（图 5.40）。但是整个藏南中新世埃达克岩石的 Th、Th/Ce 变化较大（图 5.40 E、F），很可能是由于岩浆上升过程中，同化混染了部分上地壳的物质，使岩浆中的 Th、Ce 含量发生了不同程度的富集，造成变化范围较大。同时也可以清楚地看出，驱龙矿床中的石英闪长玢岩以及部分前人发表的藏南埃达克岩石，存在明显的不同：明显富集放射成因的 Sr-Nd-Pb 同位素特征，且具有相对较高的 MgO、Cr、Ni、Yb、Th。明显具有富集的 Sr-Nd-Pb 同位素特征（图 5.37）可能是由于同化混染了古老地壳物质，但是较高的 MgO、Cr、Ni 又排除了这种可能性。因此这些岩石可能存在富集的软流圈地幔物质的加入或是拆沉下去的地壳发生部分熔融形成的埃达克熔体上升途中与地幔橄榄岩发生了交代作用。

因此，藏南中新世众多的、分布广泛的埃达克可能不是单一源区的产物，不能简单解释和笼统划分，应该具体分析。对于驱龙斑岩铜钼矿床中与成矿有关的埃达克岩石，项目综合分析认为：其源区最有可能是基性的新生下地壳（岩浆弧的根部）；而成矿后的石英闪长玢岩则可能是拆沉下去的地壳熔体与地幔橄榄岩发生交代形成的；或是钾质-超钾质岩浆与埃达克质岩浆混合形成的。

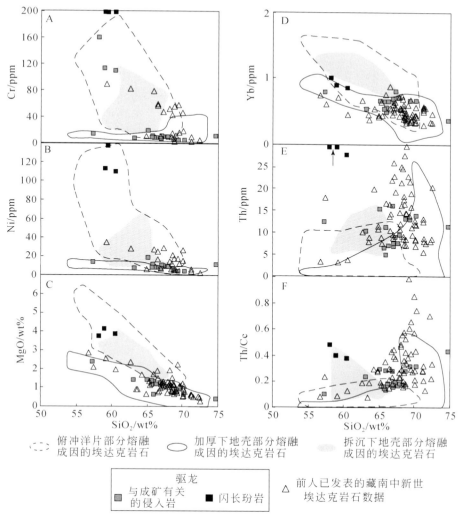

图 5.40　藏南中新世埃达克岩石主量–微量哈克图解

（数据来源：Chung et al.，2003；Hou et al.，2004；Gao et al.，2007；

Guo et al.，2007；本书）；底图据 Wang et al.，2006

（二）　与钾质–超钾质岩石的关系

由于藏南中新世埃达克岩石与钾质–超钾质以及高钾钙碱性火山岩在时间上、空间上关系密切，因此有必要理清二者的关系。钾质–超钾质岩石具有：高 K_2O（6.06wt% ~ 6.54wt%），SiO_2 为 75.03wt% ~ 55.3wt%，Na_2O 为 1.32wt% ~ 3.30wt%，富 Cr、Ni，REE 发生强烈分异，具有很高的 LREE/HREE 值（26 < $(La/Yb)_N$ < 42），亏损 Nb、Ta、Ti；初始 $^{87}Sr/^{86}Sr$ 范围为 0.7172 ~ 0.7220，初始 Nd 同位素范围为 0.51190 ~ 0.51200（Miller et al.，1999）；超钾质火山岩中还包含有地幔橄榄岩包体（Miller et al.，1999）；成岩时代集中在 23 ~ 8Ma（Coulon et al.，1986；Turner et al.，1996；Miller et al.，1999；Williams et al.，2001；Ding et al.，2003；莫济海等，2006）。其形成机制比较复杂，主流观点认为

是富集岩石圈地幔部分熔融的产物（Miller et al. ，1999；Williams et al. ，2001；Ding et al. ，2003）。其中 Miller 等（1999）报道的部分高钾钙碱性火山岩的主量–微量元素成分与中新世的埃达克岩石几乎完全一致，只是具有相对较高的 Cr（25 ~ 50ppm）、Ni（8 ~ 16ppm）含量，以及相对富集的 Sr-Nd 同位素组成（图 5.37）。

　　由于岩浆的同化混染、结晶分异（AFC）过程可能形成埃达克质岩浆/岩石（Richards and Kerrich，2007；Moyen，2009）；因此，基于以上叙述，藏南中新世埃达克岩石可能与高钾钙碱性火山岩具有成因联系：埃达克岩石是由高钾钙碱性火山岩岩浆结晶分异形成，但是 Sr-Nd 同位素组成上的显著差异（图 5.37），排除了这种可能。并且在微量元素图解上（图 5.42A、B），驱龙矿床和藏南所有埃达克岩石都沿部分熔融趋势线分布，而没有表现出分离结晶的演化趋势。同时在 Ni-Th 图解上（图 5.42C），藏南埃达克岩石也没有明显的结晶分异演化趋势。同样在图 5.41 中，驱龙矿区内中新世侵入岩，随着 SiO₂ 含量的增加，（La/Sm）_{CN} 由 2.5 逐渐增加到 7，而（Dy/Yb）_{CN} 则保持稳定但略有降低，可能是发生了少量角闪石的分离结晶作用，或是富 LREE 元素的独居石、褐帘石的分离结晶（Richards and Kerrich，2007）。冈底斯带上的中新世埃达克岩石总体上（La/Sm）_{CN} 随 SiO₂ 含量变化的趋势不是很明显，且（La/Sm）_{CN} 值在 SiO₂ 为（65wt% ~73wt%）变化较大。以上变化趋势表明藏南中新世埃达克岩石没有经历明显的结晶分离过程；这与驱龙矿区的岩石在矿物组成仅存在细微差别（少量的角闪石只出现在早期花岗闪长岩中）相符合。

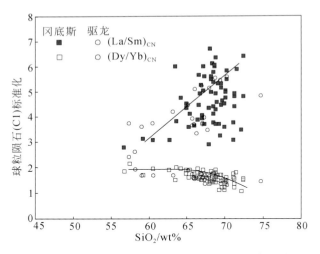

图 5.41　藏南中新世埃达克岩石 SiO₂–微量元素相关图

　　以上讨论表明，驱龙埃达克岩石的地球化学特征主要受源区部分熔融影响，而没有后期明显的岩浆分离结晶作用的影响；因此，不会是由同期高钾钙碱性岩浆分离结晶形成。同样，高钾钙碱性岩浆同化混染地壳物质，也不可能形成藏南中新世埃达克岩石的 Sr-Nd 同位素组成特征。

（三）新生地壳源区及成因

　　众多学者在研究西藏中新世埃达克岩石的源区性质时，都提到了新生下地壳。关于该

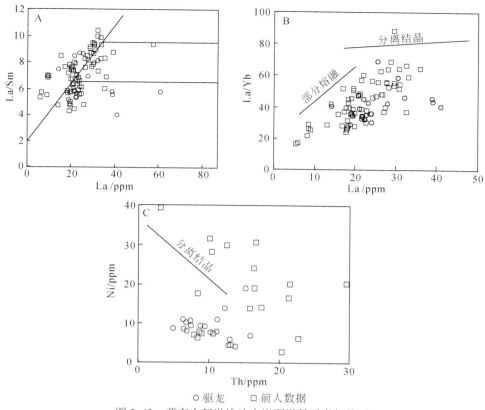

图 5.42　藏南中新世埃达克岩石微量元素相关图

新生地壳源区的认识主要有：Mo 等（2007）、Chung 等（2009）认为藏南中新世埃达克岩石的源区是与新特提斯洋俯冲和印度-欧亚大陆碰撞有关的林子宗火山岩的基性母岩浆（65~40Ma）底垫作用冷却形成的基性新生下地壳（≥50~55km）；即藏南中新世埃达克岩石的两阶段形成模式：首先受俯冲作用而富集不相容元素的富集地幔产生的基性岩浆，在壳幔边界底垫形成新生的玄武质下地壳（65~40Ma）；随后由于软流圈地幔上涌和地壳伸展，该新生下地壳发生部分熔融，形成埃达克岩浆（25~12Ma）。Ji 等（2009）认为该新生源区可能是晚二叠纪增生到亚洲大陆边缘南部的具有正 $\varepsilon_{Hf}(t)$ 值的大洋岛弧地体。

本项目根据对比藏南冈底斯古新世以来岩浆岩的 Sr-Nd-Pb 同位素研究，结合中新世埃达克岩石与始新世林子宗组火山岩具有很多相似的初始同位素组成（图 5.37），认为这些中新世埃达克岩石的新生地壳源区是林子宗组的基性母岩浆大量底垫到拉萨地体的壳幔边界，该过程类似于岛弧背景下的 MASH 过程（Richards，2003），形成林子宗组火山岩；随后底垫的基性岩浆逐渐冷却成藏南增厚的基性下地壳。由于新生地壳的形成以及大量岩浆岩的喷发，高原在这一时期快速隆升。

（四）藏南后碰撞岩浆活动地球动力学机制

关于藏南渐新世以来的岩浆活动的地球动力学机制，即高原下部壳-幔相互作用机制，主要存在加厚的造山带根部主动拆沉模式、软流圈对流减薄模式以及新特提斯洋片断离模式之争：

（1）Chung 等（2003，2005，2009）、Ji 等（2009）认为向北俯冲的新特提斯洋壳在 45Ma 发生了断离（slab breakoff），使得安第斯型的冈底斯岩浆弧活动停止；随后继续向北俯冲的印度大陆岩石圈地幔使得藏南拉萨地体的岩石圈地幔持续加厚，进而在 25Ma 发生地幔对流造成的该加厚拉萨下地壳根部的去根作用，即主动拆沉模式。

（2）Nomade 等（2004）认为由于新特提斯洋壳的断离，印度大陆板片持续向北俯冲，阻碍了软流圈的水平对流，造成高原下面软流圈上涌，对高原大陆岩石圈地幔进行热侵蚀作用，即对流减薄模式。

（3）Miller 等（1999）、Kohn 和 Parkinson（2002）则认为藏南只经历了始新世（45Ma）新特提斯洋壳的板片断离，而中新世的岩浆活动只是板片断离引起的地幔物质上涌并部分熔融的后续效应。

渐新世—中新世藏南冈底斯带是一种碰撞造山环境；印度–欧亚碰撞时新特提斯板片俯冲已经结束，新特提斯板片在始新世（~45Ma）发生断离是大家所公认的。因此，新特提斯洋片断离作用很难解释藏南中新世的埃达克岩石和钾质–超钾质岩石的成因，藏南中新世的岩浆活动与新特提斯俯冲板片可能没有直接联系。

本研究认为不管是主动拆沉还是被动减薄，要造成整个冈底斯带从东到西上千千米范围的基性下地壳部分熔融形成同时期的岩浆活动必定需要外来巨量热源，最有可能的机制是大规模热的软流圈物质上涌，加热下地壳使其部分熔融形成埃达克岩浆。同时，由于软流圈上涌也会加热，造成富集的软流圈地幔发生部分熔融，形成钾质-超钾质岩浆。这很好地解释冈底斯带上钾质–超钾质火山岩与埃达克质岩石具有密切时空联系。

此外 Chung 等（2009）认为藏南中新世埃达克质岩石的岩浆起源深度（>20km）明显大于古新世林子宗组火山岩的起源深度；中新世埃达克岩石的起源深度多为 40~50km；暗示从古新世到中新世藏南拉萨地体的地壳厚度发生了显著的加厚过程（图 5.43），其中既有岩浆活动的贡献同时也有构造加厚作用。驱龙埃达克岩石的起源深度与 Chung 等（2009）研究区域上其他的结果一致，且中新世埃达克岩石和钾质–超钾质岩石具有相似的岩浆形成深度范围（40~60km）。

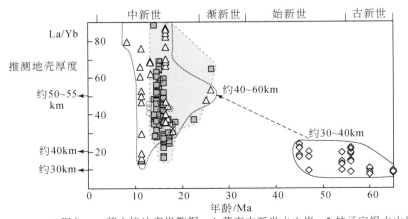

图 5.43　藏南新生代岩浆起源深度演化图（底图据 Chung et al.，2009）

　　Mo 等（2007）通过研究林子宗组火山岩，认为在 60～40Ma，藏南地壳厚度从 37km 增厚到 78km。现代地球物理研究揭示了现在藏南拉萨地体下部的双层地壳结构中，上层的拉萨地体的厚度不超过 35km；而下层为俯冲下去的印度大陆（Zhang and Klemperer，2010 及其中文献）。由此可见，渐新世以后，拉萨地体厚度确实发生了约 40km 的减薄，这显然不可能是通过抬升剥蚀来实现；最合理的解释是拉萨加厚岩石圈经历了拆沉或对流减薄作用（Turner et al.，1993，1996；Williams et al.，2001，2004；Chung et al.，2003，2005，2009）；这也是解释藏南渐新世—中新世大规模岩浆活动的常用机制；而不应该是印度大陆的拆沉（Ji et al.，2009）。

　　驱龙矿床内的中新世侵入岩（除石英闪长玢岩外）具有极其相似的同位素组成以及成岩年龄，说明它们具有相同的岩浆起源，其深部具有统一的岩浆房；同时 Sr-Nd 同位素组成和较高正 $\varepsilon_{Hf}(t)$ 值，暗示具有亏损地幔物质的贡献。但是 Hf 同位素与 Sr-Nd 同位素具有一定的解耦关系，可能是由于源区受之前俯冲板片来源的流体或熔体交代的影响，因为俯冲沉积物脱水形成的流体更加富集大离子亲石元素 LILE（如 Rb、Sr、Ba、Pb）（Polat and Münker，2004）。

二、岩浆演化序列

　　基于以上对驱龙中新世埃达克质岩石详细的岩石地球化学、年代学、Sr-Nd-Pb 同位素、锆石 Hf 同位素的分析研究；结合野外穿插关系以及前人辉钼矿 Re-Os 成矿年龄的研究，驱龙矿床中的岩浆活动从早到晚划分为：成矿前、成矿期和成矿后三期岩浆作用（图 5.44）。成矿前为中侏罗世叶巴组火山岩，为驱龙矿区最早的岩浆活动，岩性有凝灰岩+流纹（斑）岩，它们与成矿作用没有直接成因联系，仅作为含矿的围岩。成矿期岩浆活动为中新世侵位的中酸性复式杂岩体，根据蚀变矿化特征又可细分为：成矿早期的花岗闪长岩、黑云母二长花岗岩及似斑状黑云母二长花岗岩；主成矿期为二长花岗斑岩及其相变的花岗斑岩，与成矿直接有关，为成矿斑岩；成矿晚期为新鲜的花岗闪长斑岩及细晶岩脉。成矿后的岩浆活动为石英闪长玢岩侵位。驱龙斑岩铜钼矿床内中新世岩浆活动从 17.9Ma 持续到 13.1Ma，但是与成矿有关的岩浆岩的成岩年龄分布在 17.9～15.5Ma，成矿年龄（辉钼矿 Re-Os 年龄）为 16.41±0.48Ma（孟祥金等，2003），15.36±0.21Ma、15.99±0.91Ma（郑有业等，2004）；驱龙斑岩铜钼矿床的中新世岩浆活动时限大约为 4.8Ma，而与成矿有关的岩浆活动时限约为 2.5Ma。

　　花岗闪长岩、黑云母二长花岗岩、二长花岗斑岩和花岗闪长斑岩的成岩年龄很接近，且具有极其相似的 Sr-Nd-Pb-Hf 同位素组成，暗示它们具有相同的岩浆起源；结合全岩的主量-微量成分组成，可以确定驱龙矿床的深部具有统一的岩浆房，持续提供岩浆和成矿物质。由于深部岩浆房的持续稳定存在并不断演化，分异出的岩浆，先后侵位，依次形成花岗闪长岩、（似斑状）黑云母二长花岗岩、二长花岗斑岩、花岗闪长斑岩。从 17.9～17.1Ma，伴随花岗闪长岩、（似斑状）黑云母二长花岗岩的侵位，由于此时岩浆岩中较多的含水矿物（黑云母、角闪石）结晶，可能捕获了岩浆挥发分，使岩浆中流体未达到饱和；因而此时没有大规模的含矿热液流体的活动，没有形成明显的矿化，只是在花岗闪长

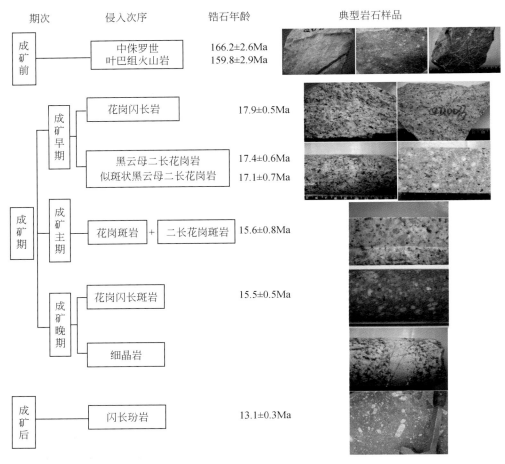

图 5.44　驱龙矿床岩浆岩演化序列

岩与侏罗纪围岩地层接触带形成局部的夕卡岩化。随后岩浆活动暂时停息了约 1Ma，深部岩浆房持续演化，含水矿物（黑云母）结晶明显减少（二长花岗斑岩中的黑云母明显减少），可能使岩浆房中流体达到饱和，大量含矿岩浆流体从岩浆熔体中出溶，造成岩浆房内压力增大，二长花岗斑岩岩浆快速上升侵位（15.6Ma）；伴随二长花岗斑岩的侵位，大量的含矿流体上升，形成大规模的斑岩矿化、热液脉系和蚀变以及隐爆热液角砾岩化作用。由于"瞬时"含矿流体的释放和成矿作用，随后花岗闪长斑岩侵位（15.5Ma）已没有太多的含矿岩浆流体；因此，没有相应的大规模蚀变-矿化作用，表现为该岩枝没有发生明显蚀变和脉系不发育，而只发育少量的黄铁矿-黄铜矿细脉；此时岩石中的含水矿物（黑云母）又明显增多。然而，需要强调的是虽然说在驱龙矿床内含矿流体的释放和成矿过程是"瞬时"的，但不是"一次性的"，在"短暂"的成矿过程中，流体活动也是具有分阶段性的特征，多期次不同类型的热液脉系之间的相互穿插关系是最直接的证据。

三、侵 位 模 式

通过对驱龙中新世侵入岩的深入研究，结合对比整个藏南拉萨地体上的林子宗组火山岩、中新世钾质–超钾质火山岩的研究，我们提出驱龙斑岩 Cu- Mo 矿床的岩浆起源及侵位模式（图5.45）。

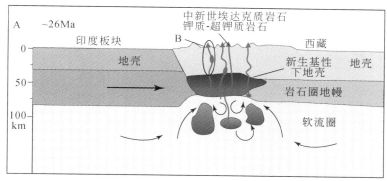

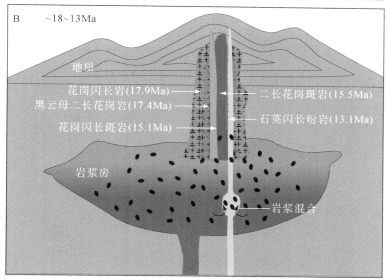

图 5.45　驱龙矿床成岩模式

深部岩石圈拆沉或大规模对流减薄作用引起软流圈上涌，在引发大规模岩浆活动的同时，还会造成地壳隆起和高原形成。随着地壳不断隆升，重力势能逐渐增加，当地壳隆升幅度超过边界块体汇聚的支持应力，便会造成地表伸展和正断层发育（England and Houseman，1989）。中新世，拉萨地体上的南北向正断层和钾质–超钾质以及埃达克质岩浆活动时限为约 25 ~ 13Ma，都表明高原南部发生重力垮塌（Williams et al.，2001）。

第六章 蚀变岩石学与蚀变分带研究

由于中新世多期次侵入岩活动，驱龙矿床形成了国内迄今为止规模最为宏大的蚀变范围（东西长 8km，南北宽 4km），面积约 32km^2，可与安第斯丘基卡马塔巨型斑岩铜矿相媲美（蚀变范围达 40 余 km^2，铜储量达 7000 万 t）。驱龙以成矿斑岩体-二长花岗斑岩为中心，发育呈中心式环状对称蚀变及接触式对称蚀变分带的特征（郑有业等，2004；杨志明，2008；肖波等，2009；Yang et al.，2009；Xiao et al.，2012）。围岩蚀变是斑岩型矿床找矿勘探工作的重要地表标志及找矿线索，历经近一个多世纪的实际找矿工作及研究，世界上典型斑岩铜矿的一般性蚀变分带特征如图 6.1 所示。

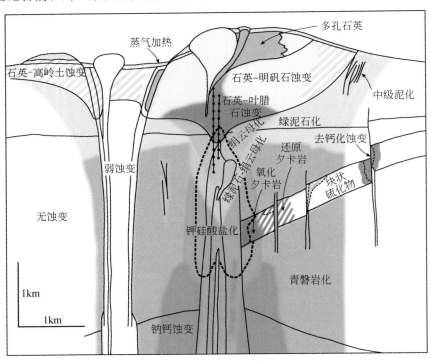

图 6.1　典型斑岩矿床系统蚀变分带体系（Sillitoe，2010）

斑岩型矿床中的蚀变是与脉系密切相关的，从浅部到深部，从斑岩到外围，蚀变类型组合在空间和时间上构成相应的蚀变带，主要有：钾硅酸盐化带、绢云母化带、高级泥化带、中级泥化带、青磐岩化带、钠-钙蚀变/钠质蚀变带、云英岩化带、夕卡岩化带。

通常斑岩型矿床及其外围的与之有成因联系的夕卡岩型-脉状矿床共同组成了斑岩成矿系统；典型斑岩型铜-钼-（金）矿床的外围出现夕卡岩型铜-钼-（金）矿床；而典型斑岩型钼矿外围则往往伴生夕卡岩型-脉状铅-锌-银矿（Qin et al.，1995，1998；秦克章，

1998）。这类伴生的夕卡岩型矿床，虽然相对斑岩型矿床规模较小但其品位通常很高，因此经济意义也不容忽视。斑岩成矿系统，平面上以斑岩侵入岩为中心向外可依次产出斑岩型、夕卡岩型、碳酸盐交代型以及沉积型矿床；垂向上，顶部往往出现高硫型−中硫型浅成低温矿床（Sillitoe，2010）。夕卡岩化中从接触带由内向外，夕卡岩成矿体系由氧化状态递变为还原状态。

第一节　蚀变类型及蚀变矿物学研究

通过详细的钻孔岩芯和室内薄片观察，与世界上典型的斑岩型矿床的蚀变特征和蚀变类型相比，驱龙矿床的热液蚀变类型既有相同之处又具有其自身特点：以广泛的硬石膏化为其突出的特点。下文分别详细叙述驱龙矿床中各种类型的蚀变特征。

一、钠长石化

钠长石化，即次生钠长石化，由于在普通光学显微镜下很难识别他形的次生钠长石，本次研究主要通过电子显微图像识别鉴定矿区中的钠长石化蚀变。在矿区内钠长石化蚀变较弱，在矿区几个深孔的最底部发育较明显，表现为和次生黑云母一起组成石英+硬石膏等脉系的蚀变晕（图6.2A），交代原生黑云母（图6.2B），交代钾长石（图6.2C）和斜长

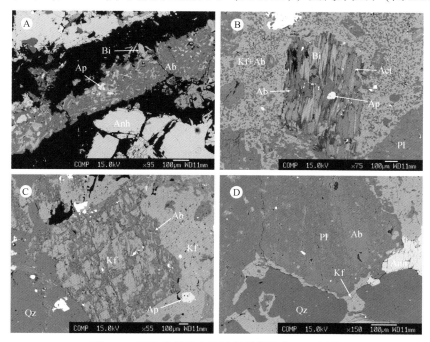

图6.2　驱龙矿床代表性钠长石化蚀变 BSE 图像

A. 黑云母+钠长石+磷灰石蚀变晕；B. 花岗闪长斑岩中阳起石+钠长石交代黑云母斑晶；C. 钠长石呈不规则脉状交代钾长石颗粒；D. 钠长石交代斜长石颗粒；Kf. 钾长石；Qz. 石英；Pl. 斜长石；Bi. 黑云母；Anh. 硬石膏；Ap. 磷灰石；Ab. 钠长石；Act. 阳起石

石颗粒（图6.2D）。由于受到后期钾长石化及低温的硅化–黏土化蚀变的叠加，因此可以判断，钠长石化属于早期高温阶段蚀变的产物。

驱龙矿区蚀变钠长石电子探针数据见表6.1，其成分 SiO_2 在62.35wt% ~68.57wt%；而 CaO 的含量 0.14wt% ~ 1.09wt%、Al_2O_3 在 19.13wt% ~ 21.03wt%、Na_2O 在 10.12wt% ~ 11.92wt%。其 Ab 牌号主要在 92 ~ 99，属于钠长石。钠长石主要沿斜长石斑晶边部和裂隙交代形式产出，属于最早阶段蚀变。

表 6.1　驱龙矿床蚀变钠长石电子探针数据

样号	005-484	005-484	005-484	005-484	005-484	305-269	305-397	305-397	305-491	305-491	802-438	802-438	802-906	802-906	802-906	802-946	802-946	805-543
SiO_2	67.64	67.12	66.61	66.49	67.42	66.45	66.20	62.35	65.55	67.73	67.73	67.59	68.31	67.65	67.96	68.57	68.33	68.32
TiO_2	0.00	0.01	0.02	0.02	0.01	0.00	0.00	0.00	0.03	0.00	0.04	0.00	0.00	0.00	0.03	0.04	0.04	0.02
Al_2O_3	20.15	20.41	20.20	19.98	20.08	19.89	21.03	19.56	20.56	19.89	20.45	20.42	19.13	20.07	19.55	19.87	19.73	19.99
FeO	0.02	0.00	0.07	0.04	0.00	0.06	0.04	0.00	0.09	0.00	0.01	0.02	0.04	0.02	0.02	0.00	0.02
MnO	0.00	0.01	0.00	0.00	0.01	0.01	0.03	0.01	0.01	0.01	0.00	0.00	0.02	0.00	0.00	0.02	0.03
MgO	0.04	0.01	0.00	0.03	0.01	0.03	0.00	0.03	0.03	0.00	0.00	0.03	0.00	0.00	0.00	0.02	0.02
CaO	0.47	0.62	0.64	0.55	0.49	0.48	1.09	1.09	0.19	0.20	0.35	1.01	0.14	0.41	0.25	0.30	0.57	0.64
Na_2O	11.47	11.74	11.35	11.25	11.70	11.16	11.05	10.12	10.44	11.92	11.51	11.17	11.56	11.32	11.57	11.56	11.14	11.54
K_2O	0.10	0.09	0.18	0.30	0.10	0.33	0.46	0.28	0.88	0.07	0.38	0.05	0.16	0.19	0.21	0.13	0.15	0.18
Cr_2O_3	0.03	0.01	0.13	0.46	0.00	0.62	0.00	0.01	0.00	0.00	0.02	0.00	0.00	0.00	0.00	0.00	0.00
NiO	0.00	0.05	0.01	0.00	0.00	0.04	0.00	0.00	0.00	0.00	0.00	0.00	0.01	0.01	0.00	0.02
总计	99.90	100.0	99.24	99.13	99.84	99.04	100.0	93.49	97.94	99.83	100.5	100.3	99.41	99.70	99.62	100.5	100.0	100.8

基于8个氧原子计算

Si	2.96	2.94	2.94	2.94	2.96	2.95	2.91	2.93	2.93	2.97	2.95	2.95	3.00	2.97	2.98	2.98	2.98	2.97
Al	1.04	1.05	1.05	1.04	1.04	1.04	1.09	1.08	1.08	1.03	1.05	1.05	0.99	1.04	1.01	1.02	1.02	1.02
Fe	0.00	0.00	0.00	0.00	0.00	0.00	0.00	0.00	0.00	0.00	0.00	0.00	0.00	0.00	0.00	0.00	0.00
Mn	0.00	0.00	0.00	0.00	0.00	0.00	0.00	0.00	0.00	0.00	0.00	0.00	0.00	0.00	0.00	0.00	0.00
Cr	0.00	0.00	0.00	0.02	0.00	0.02	0.00	0.00	0.00	0.00	0.00	0.00	0.00	0.00	0.00	0.00	0.00
Ti	0.00	0.00	0.00	0.00	0.00	0.00	0.00	0.00	0.00	0.00	0.00	0.00	0.00	0.00	0.00	0.00	0.00
Ca	0.02	0.03	0.03	0.03	0.02	0.02	0.05	0.05	0.01	0.01	0.02	0.05	0.01	0.02	0.01	0.01	0.03	0.03
Na	0.97	1.00	0.97	0.97	1.00	0.96	0.94	0.92	0.91	1.01	0.97	0.95	0.98	0.96	0.99	0.97	0.94	0.97
K	0.01	0.00	0.01	0.02	0.01	0.02	0.03	0.02	0.05	0.00	0.02	0.00	0.01	0.01	0.01	0.01	0.01	0.01
An	0.02	0.03	0.03	0.03	0.02	0.02	0.05	0.05	0.01	0.01	0.02	0.05	0.01	0.02	0.01	0.01	0.03	0.03
Ab	0.97	0.97	0.96	0.96	0.97	0.96	0.92	0.93	0.94	0.99	0.96	0.95	0.98	0.97	0.98	0.98	0.96	0.96
Or	0.01	0.00	0.01	0.02	0.01	0.02	0.03	0.02	0.05	0.00	0.02	0.00	0.01	0.01	0.01	0.01	0.01	0.01

二、钾 长 石 化

钾长石化，在驱龙矿床现有的勘探范围内，空间分布上，钾长石化蚀变不太规则，目前勘探深度范围内没有出现大规模的弥散面状蚀变，钾长石细脉局部发育，总体上钾长石蚀变比黑云母化蚀变出现的深度要大，仅在几个深孔中见到少量典型的弥散状钾长石化，如 ZK802 孔（孔深 947m）。由于矿区内的斜长石普遍牌号较低（An≤45），因此在光学显微镜下，不规则的钾长石化蚀变不易识别，但是通过电子探针图像（BSE）就很容易识别出钾长石化蚀变。

在黑云母二长花岗岩中，典型的钾长石化表现为在黑云二长花岗岩中沿斜长石颗粒边部（图 6.3A）及颗粒间隙交代（图 6.3B）；沿黑云母颗粒边部交代（图 6.3C）；以及在

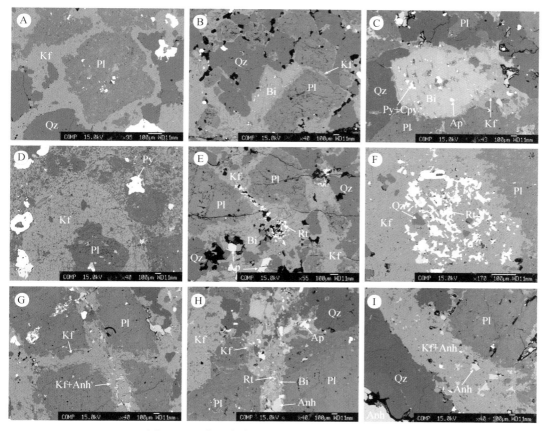

图 6.3　驱龙矿床代表性钾长石化蚀变 BSE 图像

A. 钾长石沿边部交代斜长石和石英；B. 钾长石交代斜长石边部；C. 钾长石沿黑云母边部交代；D. 钾长石交代斜长石斑晶；E. 钾长石+金红石呈脉状交代斜长石；F. 钾长石+金红石完全交代原生暗色矿物；G. 钾长石细脉和钾长石+硬石膏细脉穿插斜长石颗粒；H. 钾长石+黑云母+金红石+磷灰石细脉；I. 硬石膏+石英脉边部的钾长石+硬石膏蚀变晕；Kf. 钾长石；Qz. 石英；Pl. 斜长石；Bi. 黑云母；Anh. 硬石膏；Ap. 磷灰石；Rt. 金红石；Py. 黄铁矿；Cpy. 黄铜矿

二长花岗斑岩中钾长石交代斜长石斑晶（图6.3D）。此外，电子探针图像观察发现存在有钾长石+金红石呈细脉状或团斑状发育（图6.3E、F）；呈脉状发育的钾长石化往往伴随有硬石膏及黑云母，如早期的钾长石细脉被后期钾长石+硬石膏细脉穿插（图6.3G），不规则的钾长石+硬石膏+黑云母+金红石+磷灰石细脉（图6.3H）以及在硬石膏+石英脉的边部发育的钾长石+硬石膏蚀变晕（图6.3I）。

驱龙矿床中蚀变钾长石电子探针数据见表6.2，其成分 SiO_2 的含量在60.81wt% ~ 65.62wt%；而 K_2O 的含量在13.96wt% ~ 16.21wt%、Al_2O_3 的含量在18.04wt% ~ 19.94wt%、Na_2O 的含量在0.38wt% ~ 2.15wt%、FeO的含量在0.0wt% ~ 1.15wt%。其Or的含量在83 ~ 97；Ab含量在3.0 ~ 17，属于钾长石。钾长石主要交代斜长石斑晶和基质，形成次生钾长石或者次生钾长石细脉。钾长石普遍与次生黑云母和硬石膏共生。

表6.2　驱龙矿床蚀变钾长石电子探针数据

样号	005-484	005-188	005-484	305-269	305-269	705-406	705-406	705-406	705-75	705-75	802-60	802-60	802-310	802-310	802-310	802-310	805-834
SiO_2	64.68	61.80	64.38	62.81	64.25	64.79	64.87	64.25	62.80	63.65	63.42	63.98	64.19	64.96	64.37	64.09	64.74
TiO_2	0.00	0.05	0.02	0.00	0.00	0.00	0.00	0.00	0.01	0.05	0.02	0.02	0.04	0.08	0.12		0.05
Al_2O_3	18.56	19.83	18.51	18.82	18.78	18.77	18.72	18.78	18.74	18.62	19.94	18.56	18.30	18.27	18.58	18.72	18.71
FeO	0.02	0.24	0.13	0.04	0.05	0.01	0.04	0.05	0.02	0.03	0.10	0.02	0.02	0.00	0.09	0.07	0.03
MnO	0.00	0.00	0.00	0.00	0.00	0.00	0.00	0.00	0.00	0.00	0.00	0.00	0.00	0.00	0.00	0.00	0.01
MgO	0.01	0.07	0.00	0.00	0.06	0.03	0.02	0.00	0.01	0.07	0.00	0.01	0.00	0.03	0.02	0.00	0.00
CaO	0.01	0.00	0.07	0.02	0.05	0.00	0.04	0.00	0.00	0.00	0.00	0.00	0.01	0.00	0.02	0.06	0.03
Na_2O	0.58	0.61	0.73	0.74	2.15	1.85	1.18	2.15	1.57	1.44	0.74	1.53	0.34	1.35	1.16	1.21	0.77
K_2O	15.99	15.43	15.35	15.77	13.96	14.34	14.91	13.96	14.42	14.50	15.27	14.42	16.21	14.50	15.09	15.03	15.62
Cr_2O_3	0.05	0.00	0.02	0.02	0.07	0.02	0.02	0.07	0.05	0.06	0.03	0.00	0.08	0.00	0.00	0.04	0.13
NiO	0.05	0.00	0.01	0.04	0.03	0.00	0.01	0.03	0.00	0.00	0.04	0.00	0.00	0.00	0.00	0.00	0.06
总计	99.97	98.03	99.26	98.25	99.40	99.87	99.80	99.40	97.69	98.31	99.66	98.56	99.18	99.17	99.45	99.34	100.15
基于8个氧原子计算																	
Si	2.99	2.92	2.99	2.96	2.97	2.98	2.99	2.97	2.96	2.98	2.93	2.98	2.99	3.01	2.98	2.97	2.98
Al	1.01	1.10	1.01	1.05	1.02	1.02	1.02	1.02	1.04	1.03	1.09	1.02	1.01	1.00	1.00	1.01	1.02
Fe	0.00	0.01	0.01	0.00	0.00	0.00	0.00	0.00	0.00	0.00	0.00	0.00	0.00	0.00	0.00	0.00	0.00
Mn	0.00	0.00	0.00	0.00	0.00	0.00	0.00	0.00	0.00	0.00	0.00	0.00	0.00	0.00	0.00	0.00	0.00
Cr	0.00	0.00	0.00	0.00	0.00	0.00	0.00	0.00	0.00	0.00	0.00	0.00	0.00	0.00	0.00	0.00	0.00
Ti	0.00	0.00	0.00	0.00	0.00	0.00	0.00	0.00	0.00	0.00	0.00	0.00	0.00	0.00	0.00	0.00	0.00
Ca	0.00	0.00	0.00	4.00	0.00	0.00	0.00	0.00	0.00	0.00	0.00	0.00	0.00	0.00	0.00	0.00	0.00
Na	0.05	0.06	0.07	0.07	0.00	0.17	0.11	0.19	0.14	0.13							0.07
K	0.94	0.93	0.91	0.95	0.19	0.84	0.88	0.82	0.87	0.87	0.07	0.14	0.03	0.12	0.10	0.11	0.92

续表

样号	005-484	005-188	005-484	305-269	305-269	705-406	705-406	705-406	705-75	705-75	802-60	802-60	802-310	802-310	802-310	802-310	805-834
端元成分																	
An	0.00	0.00	0.00	0.00	0.00	0.00	0.00	0.00	0.00	0.00	0.97	0.00	0.00	0.00	0.00	0.00	0.00
Ab	0.05	0.06	0.07	0.07	0.19	0.16	0.11	0.19	0.14	0.13	0.00	0.14	0.03	0.12	0.10	0.11	0.07
Or	0.95	0.94	0.93	0.93	0.81	0.83	0.89	0.81	0.86	0.87	0.07	0.86	0.97	0.88	0.89	0.89	0.93

样号	811-942	811-116	811-116	811-465	811-465	811-465	811-465	811-465	811-465	811-465	811-770	811-770	811-770	811-770	811-942	811-942
SiO_2	65.62	64.86	64.19	64.90	64.03	64.11	64.85	64.14	65.12	64.06	65.08	65.35	65.07	64.77	65.49	65.34
TiO_2	0.03	0.02	0.00	0.00	0.00	0.00	0.05	0.00	0.00	0.07	0.00	0.03	0.08	0.00	0.00	0.24
Al_2O_3	18.66	18.32	18.67	18.46	18.36	18.48	18.94	18.53	18.71	18.35	18.64	18.68	18.46	18.50	18.62	18.76
FeO	0.04	0.03	0.00	0.00	0.00	0.12	0.08	0.03	0.00	0.03	0.03	0.03	0.03	0.09	0.16	0.09
MnO	0.00	0.01	0.03	0.00	0.00	0.00	0.01	0.00	0.01	0.00	0.01	0.00	0.01	0.00	0.00	0.00
MgO	0.00	0.00	0.00	0.00	0.01	0.00	0.00	0.00	0.00	0.04	0.00	0.00	0.01	0.00	0.00	0.00
CaO	0.01	0.01	0.00	0.01	0.02	0.03	0.05	0.03	0.06	0.00	0.02	0.02	0.04	0.04	0.03	0.01
Na_2O	1.22	1.49	0.61	0.79	0.76	0.65	0.87	0.77	1.42	0.38	1.12	1.24	0.68	1.07	0.60	0.77
K_2O	14.94	14.47	15.81	15.39	15.60	15.48	15.54	15.21	14.80	15.96	15.37	15.14	15.79	15.02	15.70	15.47
Cr_2O_3	0.01	0.03	0.00	0.00	0.00	0.01	0.01	0.00	0.02	0.00	0.05	0.00	0.00	0.00	0.01	0.03
NiO	0.00	0.02	0.01	0.03	0.00	0.00	0.03	0.00	0.02	0.01	0.00	0.00	0.01	0.00	0.00	0.00
总计	100.54	99.25	99.34	99.58	98.78	98.98	100.35	98.88	100.11	98.94	100.40	100.49	100.14	99.60	100.59	100.74
基于 8 个氧原子计算																
Si	3.00	3.00	2.98	3.00	2.99	2.99	2.98	2.99	2.99	2.99	2.99	2.99	3.00	2.99	3.00	2.99
Al	1.01	1.00	1.02	1.01	1.01	1.01	1.03	1.02	1.01	1.01	1.01	1.01	1.00	1.01	1.00	1.01
Fe	0.00	0.00	0.00	0.00	0.00	0.00	0.00	0.00	0.00	0.00	0.00	0.00	0.00	0.00	0.01	0.00
Mn	0.00	0.00	0.00	0.00	0.00	0.00	0.00	0.00	0.00	0.00	0.00	0.00	0.00	0.00	0.00	0.00
Cr	0.00	0.00	0.00	0.00	0.00	0.00	0.00	0.00	0.00	0.00	0.00	0.00	0.00	0.00	0.00	0.00
Ti	0.00	0.00	0.00	0.00	0.00	0.00	0.00	0.00	0.00	0.00	0.00	0.00	0.00	0.00	0.00	0.01
Ca	0.00	0.00	0.00	0.00	0.00	0.00	0.00	0.00	0.00	0.00	0.00	0.00	0.00	0.00	0.00	0.00
Na	0.11	0.13	0.04	0.05	0.05	0.04	0.06	0.05	0.10	0.03	0.08	0.08	0.05	0.07	0.04	0.05
K	0.87	0.85	0.94	0.91	0.93	0.92	0.91	0.90	0.87	0.95	0.90	0.88	0.93	0.89	0.92	0.90
端元成分																
An	0.00	0.00	0.00	0.00	0.00	0.00	0.00	0.00	0.00	0.00	0.00	0.00	0.00	0.00	0.00	0.00
Ab	0.11	0.14	0.06	0.07	0.07	0.08	0.07	0.07	0.10	0.03	0.10	0.11	0.06	0.10	0.05	0.07
Or	0.89	0.86	0.94	0.93	0.93	0.94	0.92	0.93	0.87	0.96	0.90	0.89	0.94	0.90	0.94	0.93

　　图 6.4 显示驱龙矿区内中新世侵入岩中的蚀变长石成分组成较一致，没有太大变化，主要为蚀变钾长石、钠长石及富钠斜长石；而矿区南部花岗闪长岩与围岩地层接触带上产

出的夕卡岩化蚀变中，蚀变长石主要为斜长石，且成分变化很大，为富钙斜长石。可能的原因是，蚀变过程中的流体和岩石的成分共同决定了蚀变产物，由于驱龙中新世侵入岩与围岩成分上的差异，造成了蚀变矿物长石成分上的明显差别。

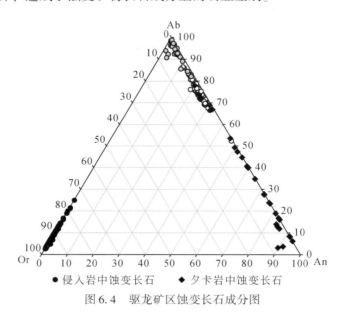

图 6.4　驱龙矿区蚀变长石成分图

三、黑 云 母 化

黑云母化，属于钾硅酸盐化蚀变的一种形式，广泛发育在黑云母二长花岗岩、二长花岗斑岩以及花岗闪长岩中，在远离岩体的夕卡岩化叶巴组凝灰岩地层中也有发育。表现为大量的次生热液黑云母的产出。细小鳞片状的次生黑云母或交代早期花岗闪长岩中的角闪石（图 6.5A）以及黑云母二长花岗岩中的原生岩浆黑云母（图 6.5B）或呈弥散状、团斑状或不规则脉状（图 6.5C），少量为黑云母细脉（EB 脉）以及早期 A 脉发育的黑云母蚀变晕（图 6.5D）；被次生黑云母交代的岩浆黑云母，往往褪色明显，呈深褐色，且析出不透明矿物和针状金红石、磷灰石（图 6.5E），且边部多发生弱的绿泥石化蚀变（图 6.5F）。从钻孔浅部向深部新生鳞片状热液黑云母逐渐增多（黑云母蚀变垂向上主要集中在海拔 5000～4300m 范围内），平面上西至勘探线 7 线东至 16 线、南至 14 号孔北至 15 号孔区间普遍呈弥散状发育。光学显微镜下以及电子探针图像观察分析，发现热液硬石膏和金红石往往与次生热液黑云母密切共生。

电子探针分析结果显示（表 6.3），矿区蚀变黑云母的成分 SiO_2 的含量在 33.89wt%～40.65wt%；而 FeO 在 4.65wt%～16.10wt%；Al_2O_3 在 13.55wt%～21.79wt%，MnO 在 0.16wt%～0.24wt%，MgO 在 11.89wt%～21.20wt%，Fe_2O_3 在 1.11wt%～2.83wt%，TiO_2 在 0.49wt%～4.26wt%，Na_2O 在 0.06wt%～0.31wt%，K_2O 在 9.32wt%～10.31wt%。另外，还含有一定含量的 F（0wt%～1.36wt%）和 Cl（0.0wt%～0.14wt%）；Mg/Fe+Mg=

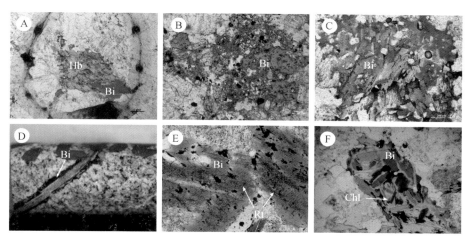

图 6.5　驱龙矿床代表性黑云母化蚀变

A. 花岗闪长岩中角闪石发生黑云母交代；B. 黑云母二长花岗岩中原生黑云母被鳞片状次生黑云母交代；
C. 鳞片状次生黑云母集合体；D. 早期石英脉边部的黑云母化晕；E. 原生黑云母上析出针状金红石；
F. 次生黑云母发生绿泥石化；Bi. 黑云母；Rt. 金红石；Chl. 绿泥石

$0.60 \sim 0.89$。黑云母分类图中（图 6.6A），所有的蚀变黑云母基本都属于富镁黑云母，与原生黑云母成分相似。黑云母中 $Mg-Fe^{3+}-Fe^{2+}$ 含量可以估计其形成时氧逸度状态（Wones and Eugster，1965）；蚀变黑云母都处于 NNO 与 HM 两种缓冲剂线之间（图 6.6B），说明黑云母形成时流体的氧逸度比较高。

对比原生黑云母与次生鳞片状黑云母的电子探针数据，二者在主要的 SiO_2、FeO、MgO 等含量上没有明显差别；但是次生黑云母相对原生黑云母具有明显高的 Al_2O_3、MnO 以及 F 含量。当然，产状和形态是镜下区分原生黑云母与热液黑云母最直接的方式。

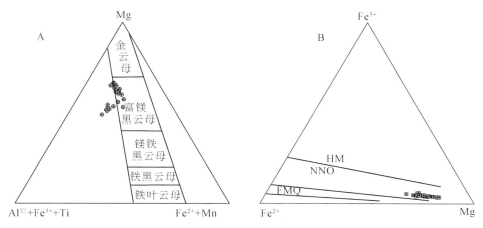

图 6.6　驱龙矿床蚀变黑云母的分类图解（A）（据 Forster，1960）及
黑云母 $Mg-Fe^{3+}-Fe^{2+}$ 图解（B）

表6.3　驱龙矿床蚀变黑云母电子探针数据

（单位：wt%）

样号	005-484	005-484	005-484	005-484	305-269	305-269	305-269	305-269	442-310	442-310	442-310	442-310	705-494	705-494	705-494	705-406	802-906	802-906	802-906
SiO_2	40.65	39.56	39.35	39.37	38.38	38.43	37.69	39.25	37.99	38.00	38.13	37.89	37.53	36.49	37.91	33.89	38.24	38.02	37.41
TiO_2	2.26	2.65	2.48	2.57	2.88	2.90	2.70	2.51	4.26	4.22	3.76	3.93	1.67	2.07	2.18	0.49	2.84	3.06	3.38
Al_2O_3	13.55	14.28	14.82	14.70	16.06	16.14	16.57	15.72	13.76	13.73	13.79	13.63	19.27	19.93	18.73	21.79	14.39	13.69	14.52
FeO	8.16	8.44	8.60	8.69	10.23	10.57	10.68	7.44	15.93	15.65	16.03	16.10	7.04	7.00	6.62	15.57	14.01	12.80	14.08
MnO	0.45	0.25	0.25	0.27	0.13	0.11	0.07	0.08	0.20	0.30	0.22	0.24	0.42	0.55	0.51	0.16	0.14	0.12	0.09
MgO	19.42	19.03	18.64	18.64	16.61	16.61	16.41	19.15	14.19	14.38	14.14	13.56	17.73	17.34	17.96	11.89	14.97	16.03	15.22
CaO	0.06	0.04	0.02	0.01	0.04	0.03	0.02	0.03	0.00	0.00	0.02	0.06	0.04	0.01	0.03	0.03	0.00	0.10	0.03
Na_2O	0.06	0.22	0.16	0.18	0.18	0.13	0.24	0.17	0.23	0.26	0.22	0.20	0.12	0.22	0.28	0.23	0.11	0.31	0.22
K_2O	9.45	9.60	9.74	9.79	9.70	9.72	9.71	9.83	9.39	9.43	9.56	9.43	10.31	10.15	10.09	9.92	9.70	9.44	9.44
F	0.05	0.10	0.09	0.05	1.02	0.90	0.87	1.36	0.00	0.00	0.00	0.00	0.47	0.23	0.29	0.00	0.09	0.00	0.00
Cl	0.02	0.00	0.01	0.01	0.07	0.08	0.11	0.08	0.13	0.09	0.11	0.08	0.05	0.04	0.03	0.07	0.05	0.07	0.14
Cr_2O_3	1.17	0.65	0.80	0.92	0.09	0.00	0.03	0.05	0.07	0.22	0.06	0.21	0.04	0.14	0.13	0.03	0.04	0.26	0.13
NiO	0.07	0.06	0.07	0.06	0.00	0.00	0.01	0.00	0.01	0.00	0.02	0.00	0.00	0.00	0.05	0.02	0.00	0.01	0.02
总计	94.86	94.61	94.69	94.86	95.38	95.62	95.10	95.66	96.15	96.28	96.05	95.33	94.68	94.16	94.80	94.08	94.57	93.91	94.69
O＝F, Cl	0.51	0.29	0.35	0.40	0.45	0.40	0.39	0.59	0.03	0.02	0.02	0.02	0.21	0.10	0.13	0.02	0.05	0.02	0.03
校正后总计	94.35	94.32	94.33	94.45	94.94	95.23	94.70	95.07	96.12	96.25	96.02	95.32	94.47	94.06	94.67	94.06	94.52	93.89	94.65
$Fe_2O_3^*$	2.11	1.54	1.19	1.03	2.11	2.16	2.09	1.63	2.81	2.73	2.72	2.83	1.50	1.48	1.47	1.75	2.50	2.25	2.42
FeO^*	6.06	6.90	7.41	7.65	8.33	8.62	8.80	5.97	13.40	13.19	13.59	13.55	5.69	5.67	5.30	13.99	11.76	10.78	11.91
基于11个氧原子计算																			
Si	3.18	3.12	3.10	3.10	3.03	3.03	3.00	3.05	3.07	3.07	3.08	3.09	2.96	2.90	2.98	2.80	3.11	3.11	3.05
Al^{IV}	0.82	0.88	0.90	0.90	0.97	0.97	1.00	0.95	0.93	0.93	0.92	0.91	1.04	1.10	1.02	1.20	0.89	0.89	0.95
Al^{VI}	0.42	0.45	0.48	0.46	0.53	0.53	0.55	0.50	0.37	0.37	0.40	0.40	0.74	0.76	0.71	0.92	0.48	0.42	0.44

续表

基于 11 个氧原子计算

样号	005-484	005-484	005-484	005-484	305-269	305-269	305-269	305-269	442-310	442-310	442-310	442-310	705-494	705-494	705-494	705-406	802-906	802-906	802-906
Ti	0.11	0.11	0.11	0.11	0.13	0.13	0.12	0.10	0.17	0.17	0.17	0.17	0.09	0.09	0.09	0.11	0.15	0.14	0.15
Fe^{3+}	0.11	0.11	0.11	0.11	0.13	0.13	0.12	0.10	0.17	0.17	0.17	0.17	0.09	0.09	0.09	0.11	0.15	0.14	0.15
Fe^{2+}	0.43	0.45	0.46	0.46	0.55	0.57	0.59	0.39	0.92	0.90	0.89	0.92	0.37	0.38	0.35	0.97	0.80	0.74	0.81
Mn	0.03	0.02	0.02	0.02	0.01	0.01	0.00	0.01	0.01	0.01	0.02	0.02	0.03	0.04	0.03	0.01	0.01	0.01	0.01
Mg	2.26	2.24	2.19	2.19	1.96	1.95	1.95	2.22	1.71	1.70	1.73	1.65	2.08	2.05	2.10	1.46	1.81	1.95	1.85
Ca	0.00	0.00	0.00	0.00	0.00	0.00	0.00	0.00	0.00	0.00	0.00	0.00	0.00	0.00	0.00	0.00	0.00	0.01	0.00
Na	0.01	0.03	0.02	0.03	0.03	0.02	0.04	0.03	0.03	0.04	0.04	0.03	0.02	0.03	0.04	0.04	0.02	0.05	0.03
K	0.94	0.97	0.98	0.98	0.98	0.98	0.98	0.98	0.99	0.97	0.97	0.98	1.04	1.03	1.01	1.05	1.01	0.98	0.98
OH^-	1.70	1.83	1.79	1.76	1.74	1.76	1.76	1.66	1.99	1.98	1.99	1.99	1.88	1.94	1.92	1.99	1.97	1.99	1.98
F	0.29	0.16	0.20	0.23	0.26	0.23	0.22	0.33	0.00	0.00	0.00	0.00	0.12	0.06	0.07	0.00	0.02	0.00	0.00
Cl	0.01	0.01	0.01	0.01	0.01	0.01	0.02	0.01	0.01	0.01	0.01	0.01	0.01	0.01	0.00	0.01	0.01	0.01	0.02
X_{Fe}	0.30	0.31	0.32	0.32	0.38	0.39	0.39	0.31	0.46	0.47	0.45	0.48	0.37	0.37	0.35	0.58	0.44	0.40	0.43
$X_{Mg}\#$	0.81	0.80	0.79	0.79	0.74	0.74	0.73	0.82	0.61	0.61	0.62	0.60	0.82	0.82	0.83	0.58	0.66	0.69	0.66
$\log(fH_2O/fHF)$	5.75	6.23	6.14	6.07	6.31	6.37	6.37	5.85	11.03	10.07	11.04	10.09	6.81	7.22	7.01	12.02	7.75	10.87	11.00
$\log(fH_2O/fHCl)$	5.18	5.34	5.31	5.36	5.40	5.37	5.20	5.20	5.31	5.42	5.46	5.55	5.66	5.87	5.93	6.03	5.79	5.49	5.27
$\log(fHF/fHCl)$	-1.66	-2.01	-1.93	-1.82	-2.00	-2.08	-2.24	-1.78	-6.73	-5.66	-6.61	-5.54	-2.29	-2.51	-2.24	-6.99	-3.03	-6.46	-6.79
$T/{}^{\circ}C$	410	380	376	376	325	325	325	385	280	275	280	270	315	303	320	175	275	310	290

续表

样号	811-770	811-116	811-116	811-116	811-116	805-834	805-834	805-543	805-543	805-175	805-175	805-518	805-518	805-518	805-518	802-60	802-60	802-60	802-906
SiO_2	38.89	38.92	38.68	40.14	39.13	39.12	38.14	39.60	39.78	39.94	38.95	38.51	38.15	38.50	38.07	39.82	40.19	39.98	37.18
TiO_2	2.98	3.61	3.22	2.87	3.05	3.07	3.34	2.38	2.35	2.25	3.40	2.99	3.07	3.01	2.81	2.51	2.24	2.58	3.40
Al_2O_3	14.01	15.08	15.71	14.34	15.47	13.88	14.57	15.42	15.61	15.32	15.22	14.99	14.77	14.91	14.57	15.42	15.93	15.92	14.49
FeO	10.18	11.55	10.31	7.90	9.14	11.88	11.64	6.63	4.65	7.46	8.68	10.63	10.45	10.84	10.41	6.05	5.63	6.07	13.83
MnO	0.17	0.14	0.10	0.08	0.10	0.13	0.16	0.17	0.16	0.15	0.14	0.20	0.20	0.21	0.17	0.05	0.02	0.09	0.11
MgO	17.78	16.46	16.43	18.95	17.63	17.14	16.49	19.96	21.20	18.71	17.90	17.71	17.43	17.40	17.43	20.34	19.61	20.13	15.03
CaO	0.08	0.03	0.03	0.04	0.02	0.05	0.00	0.06	0.01	0.05	0.05	0.06	0.06	0.05	0.02	0.00	0.04	0.04	0.03
Na_2O	0.25	0.18	0.19	0.19	0.24	0.20	0.22	0.19	0.22	0.18	0.27	0.24	0.18	0.18	0.10	0.19	0.17	0.16	0.23
K_2O	9.76	9.32	9.32	9.58	9.40	9.75	9.68	9.82	9.86	9.99	9.45	9.66	9.78	9.75	9.67	9.92	9.97	9.93	9.43
F	0.49	0.05	0.14	0.45	0.23	0.28	0.16	0.32	0.56	0.17	0.09	0.70	0.52	0.60	0.73	0.42	0.63	0.48	0.00
Cl	0.05	0.07	0.08	0.05	0.06	0.05	0.05	0.03	0.02	0.08	0.05	0.07	0.05	0.07	0.06	0.03	0.02	0.04	0.13
Cr_2O_3	0.11	0.10	0.11	0.05	0.10	0.11	0.14	0.03	0.09	0.10	0.09	0.03	0.04	0.01	0.04	0.00	0.00	0.07	0.13
NiO	0.00	0.01	0.04	0.02	0.01	0.00	0.00	0.04	0.04	0.03	0.00	0.00	0.00	0.00	0.00	0.00	0.02	0.00	0.00
总计	94.74	95.51	94.34	94.66	94.58	95.51	94.50	94.47	94.28	94.35	94.24	95.48	94.47	95.25	93.76	94.74	94.48	95.46	93.98
$O=F, Cl$	0.22	0.04	0.08	0.20	0.11	0.12	0.08	0.14	0.24	0.09	0.05	0.31	0.23	0.27	0.32	0.18	0.27	0.21	0.03
校正后总计	94.53	95.48	94.26	94.46	94.46	95.38	94.42	94.33	94.04	94.26	94.19	95.16	94.24	94.98	93.44	94.56	94.21	95.25	93.95
$Fe_2O_3^*$	1.97	2.40	2.22	1.78	2.00	2.21	2.20	1.48	1.11	1.66	1.91	2.02	1.99	2.07	2.00	1.38	1.34	1.41	2.40
FeO^*	8.40	9.39	8.31	6.30	7.34	9.89	9.66	5.30	3.65	5.96	6.96	8.81	8.66	8.98	8.61	4.81	4.42	4.80	11.67
基于11个氧原子计算																			
Si	3.11	3.08	3.09	3.16	3.10	3.11	3.07	3.10	3.10	3.15	3.09	3.04	3.05	3.05	3.06	3.11	3.13	3.10	3.05
Al^{IV}	0.89	0.92	0.91	0.84	0.90	0.89	0.93	0.90	0.90	0.85	0.91	0.96	0.95	0.95	0.94	0.89	0.87	0.90	0.95
Al^{VI}	0.42	0.49	0.56	0.48	0.54	0.42	0.45	0.53	0.53	0.57	0.51	0.44	0.44	0.45	0.44	0.52	0.60	0.55	0.45
Ti	0.12	0.14	0.13	0.11	0.12	0.13	0.13	0.09	0.06	0.10	0.11	0.12	0.12	0.12	0.12	0.08	0.08	0.08	0.15

续表

基于11个氧原子计算

样号	802-906	802-60	802-60	802-60	805-518	805-518	805-518	805-518	805-175	805-175	805-543	805-543	805-834	805-834	811-116	811-116	811-116	811-116	811-770
Fe^{3+}	0.15	0.08	0.08	0.08	0.12	0.12	0.12	0.12	0.11	0.10	0.06	0.09	0.13	0.13	0.12	0.11	0.13	0.14	0.12
Fe^{2+}	0.80	0.31	0.29	0.31	0.58	0.60	0.58	0.58	0.46	0.39	0.24	0.35	0.65	0.66	0.49	0.41	0.55	0.62	0.56
Mn	0.01	0.01	0.00	0.00	0.01	0.01	0.01	0.01	0.01	0.01	0.01	0.01	0.01	0.01	0.01	0.01	0.01	0.01	0.01
Mg	1.84	2.32	2.28	2.37	2.09	2.06	2.08	2.09	2.12	2.20	2.46	2.33	1.98	2.03	2.08	2.22	1.95	1.94	2.12
Ca	0.00	0.00	0.00	0.00	0.00	0.00	0.01	0.01	0.00	0.00	0.00	0.00	0.00	0.00	0.00	0.00	0.00	0.00	0.01
Na	0.04	0.02	0.03	0.03	0.02	0.03	0.03	0.04	0.04	0.03	0.03	0.03	0.03	0.03	0.04	0.03	0.03	0.03	0.04
K	0.99	0.98	0.99	0.99	0.99	0.99	1.00	0.97	0.96	1.01	0.98	0.98	0.99	0.99	0.95	0.96	0.95	0.94	0.99
OH^-	1.98	1.88	1.84	1.89	1.81	1.84	1.86	1.81	1.97	1.95	1.86	1.92	1.95	1.93	1.93	1.88	1.95	1.98	1.87
F	0.00	0.12	0.15	0.10	0.19	0.15	0.13	0.18	0.02	0.04	0.14	0.08	0.04	0.07	0.06	0.11	0.03	0.01	0.12
Cl	0.02	0.00	0.00	0.00	0.01	0.01	0.01	0.01	0.01	0.01	0.00	0.00	0.01	0.00	0.01	0.01	0.01	0.01	0.01
$X_{Fe}=$	0.43	0.29	0.30	0.28	0.35	0.36	0.35	0.35	0.34	0.33	0.25	0.29	0.38	0.37	0.35	0.31	0.39	0.39	0.34
$X_{Mg\#}=$	0.66	0.86	0.86	0.86	0.75	0.74	0.75	0.75	0.79	0.82	0.89	0.84	0.72	0.72	0.77	0.81	0.74	0.72	0.76
$\log(f_{H_2O})/(f_{HF})$	10.99	6.43	6.11	6.22	6.32	6.48	6.48	6.26	7.25	7.04	6.24	6.49	7.19	6.89	6.86	6.41	7.30	7.79	6.38
$\log(f_{H_2O})/(f_{HCl})$	5.28	5.61	5.71	5.62	5.43	5.40	5.48	5.30	5.54	5.37	5.91	5.73	5.65	5.95	5.43	5.45	5.43	5.48	5.42
$\log(f_{HF})/(f_{HCl})$	-6.77	-1.99	-1.51	-1.72	-1.98	-2.18	-2.09	-2.04	-2.82	-2.82	-1.51	-1.89	-2.64	-2.04	-2.53	-2.08	-2.97	-3.39	-2.04
$T/^{\circ}C$	290	380	405	420	350	340	350	360	355	350	405	395	320	330	350	380	315	315	370

注：$Fe_2O_3^*$、FeO^*为计算值。$X_{Fe}=(Fe+Al)^{VI}/(Mg+Fe+Al)^{VI}$；$X_{Mg\#}=Mg/(Mg+Fe^{2+}+Fe^{3+})$。

（一）次生黑云母与原生黑云母对比研究

对比驱龙矿床中的原生黑云母和次生热液黑云母的化学组成，可以看出（图6.7、表6.3）：原生黑云母具有比次生热液黑云母相对高的 X_{Mg} 范围，以及总体较高的 TiO_2、MnO 和 Cl 含量，而相对低的 K_2O 含量，且花岗闪长岩中的原生黑云母具有明显高的 FeO 含量，而明显低的 MgO 含量（相同的 X_{Mg} 值情况下）。热液黑云母中的 FeO 含量与 X_{Mg} 之间的线性关系较差，可能与在热液黑云母形成过程中，流体成分的变化有关。通过岩相学和蚀变矿物特征观察认为：由于原生黑云母普遍经历了热液蚀变过程，主要是被次生鳞片状黑云母交代、钠长石交代、绿泥石交代，进而析出金红石、黄铁矿、磁铁矿等，而次生黑云母则没有这些现象；因此，原生黑云母具有相对次生黑云母高的 TiO_2、MnO 含量。由于后期岩浆热液流体相对岩浆富集 K，因此，热液黑云母具有相对高的 K_2O 含量。

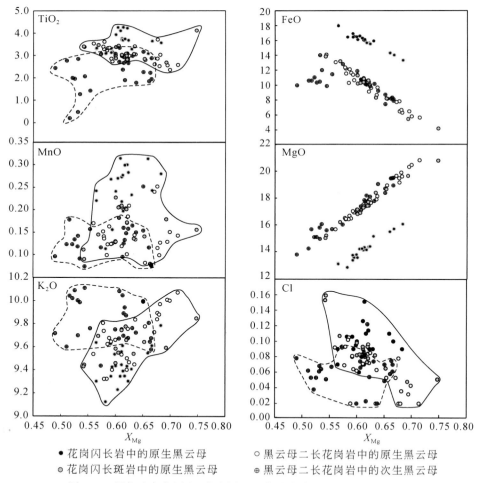

● 花岗闪长岩中的原生黑云母　　　　○ 黑云母二长花岗岩中的原生黑云母
◉ 花岗闪长斑岩中的原生黑云母　　　⊕ 黑云母二长花岗岩中的次生黑云母

图 6.7　驱龙矿床中原生-次生黑云母化学成分图解（单位：wt%）

（二）基于次生黑云母的热液流体研究

为了探讨驱龙矿床中相同岩性条件下，不同蚀变过程中流体性质和蚀变矿物的差异，我们详细分析了黑云母二长花岗岩中不同产状黑云母的化学组成（图6.8）。总体上，原生

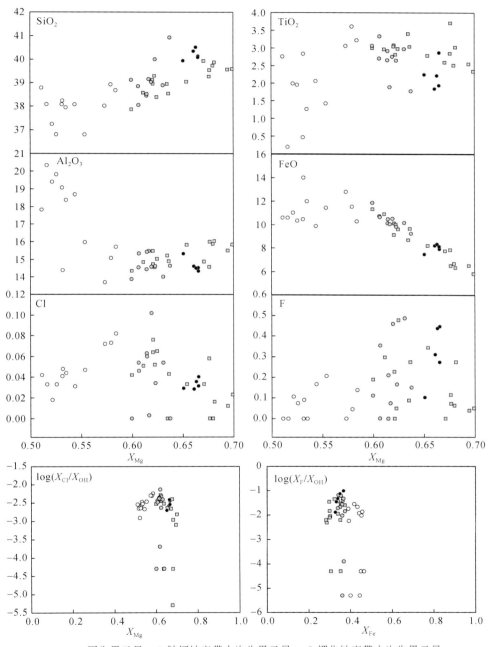

□ 原生黑云母　　○ 钠钙蚀变带中次生黑云母　　○ 钾化蚀变带中次生黑云母
● 石英+绢云母化蚀变带中次生黑云母

图6.8　驱龙黑云母二长花岗岩中不同产状黑云母成分图解（单位：wt%）

黑云母具有较高的 X_{Mg} 值和 TiO_2 含量，原生黑云母和次生黑云母中 Cl、F 含量变化范围基本一致。钾化蚀变带中的次生黑云母具有最低的 X_{Mg} 值和 SiO_2 以及 F 含量，最高的 FeO 和 Al_2O_3 含量；石英+绢云母化蚀变中的次生黑云母具有最高的 X_{Mg} 值和 SiO_2 以及 F 含量，最低的 FeO 和 Al_2O_3 含量；而钠钙蚀变中的次生黑云母具有介于两者之间的化学成分特征。

Munoz（1984）提出，黑云母中 Mg-Cl、Fe-F 之间具有晶格占位的回避原则（avoidance principle），即黑云母中以上两对元素之间存在负相关性。驱龙矿床中，原生黑云母中 X_{Mg} 值与 Cl 之间以及 X_{Mg} 与 log（X_{Cl}/X_{OH}）显著的负相关性，符合 Mg-Cl 在黑云母中占位回避原则（Munoz，1984）；但是 X_{Fe} 与 log（X_F/X_{OH}）之间的正相关性，不符合 Fe-F 在黑云母中占位回避原则（Munoz，1984），可能表明岩浆流体中 F 含量较高。在相同 X_{Mg} 值条件下，原生黑云母相对次生黑云母具有较高的 Cl 含量，可能暗示岩浆流体富 Cl。

钾化蚀变带中的次生黑云母表现出 X_{Mg} 值与 Cl 之间显著的正相关性，不符合 Mg-Cl 在黑云母占位回避原则（Munoz，1984），暗示与此类黑云母有关的热液流体为富 Cl 流体（Selby and Nesbitt，2000）；而其中 X_{Mg} 值与 F 之间弱的正相关性和 X_{Fe} 与 log（X_F/X_{OH}）之间负相关性，则反映了 Fe-F 在黑云母中占位回避原则，并不反映流体中 F 的含量。

驱龙斑岩矿床中，花岗闪长岩中原生黑云母的 FeO 含量最高，黑云母二长花岗岩和花岗闪长斑岩中原生黑云母的成分相似。原生黑云母与次生黑云母在 X_{Mg} 值、TiO_2、MnO、K_2O、Cl 含量上存在显著差异。钾化蚀变带与钠钙蚀变中的次生黑云母成分差异显著，对应的热液流体成分存在富 Cl 和贫 Cl 之别。而钠钙蚀变带中的黑云母成分变化大，不是在稳定的温度、流体条件下形成的。

通过黑云母的 F、Cl 和 H_2O 含量可以计算流体的逸度（Munoz，1992），其公式分别是：

$$\log(fH_2O)/(fHF)^{fluid} = 1000/T[2.37+1.1(X_{Mg})^{bio}]+0.43-\log(X_F/X_{OH})^{bio} \quad (6.1)$$

$$\log(fH_2O)/(fHCl)^{fluid} = 1000/T[1.15+0.55(X_{Mg})^{bio}]+0.68-\log(X_{Cl}/X_{OH})^{bio} \quad (6.2)$$

$$\log(fHF)/(fHCl)^{fluid} = -1000/T[1.22+1.65(X_{Mg})^{bio}]+0.25+\log(X_F/X_{Cl})^{bio} \quad (6.3)$$

其中 T 为开尔文温度。据此计算出驱龙钾化蚀变和石英+绢云母化蚀变阶段的热液流体逸度（表 6.3、图 6.9）。驱龙斑岩矿床中，造成钾化蚀变和石英+绢云母化蚀变的流体明显不同；相对石英+绢云母化蚀变，钾化蚀变带流体具有高的 log（fH_2O）/（$fHCl$）和 log（fH_2O）/（fHF）值，log（fHF）/（$fHCl$）弱的负相关性，log（fH_2O）/（fHF）弱的正相关性；石英+绢云母化蚀变的流体具有明显的 log（fHF）/（$fHCl$）、log（fH_2O）/（fHF）正相关性。

对比其他典型斑岩 Cu 矿床流体逸度发现，驱龙矿床的流体具有显著高的 log（fH_2O）/（$fHCl$）和 log（fHF）/（$fHCl$）值，与世界上其他矿床都很不相同（图 6.9）。

驱龙斑岩矿床中，原生岩浆黑云母绝大多数为再平衡原生黑云母，花岗闪长岩中原生黑云母的 FeO 含量最高，黑云母二长花岗岩和花岗闪长斑岩中原生黑云母成分相似。原生黑云母与次生黑云母在 X_{Mg} 值、TiO_2、MnO、K_2O、Cl 含量上存在显著差异。钾化蚀变带与钠钙蚀变中的次生黑云母成分差异显著，对应的热液流体成分存在富 Cl 和贫 Cl 之别。而钠钙蚀变带中的黑云母成分变化大，不是在稳定的温度、流体条件下形成的。造成钾化蚀变、石英+绢云母化蚀变的流体是不同的；且驱龙热液流体的逸度与其他斑岩矿床明显不同。

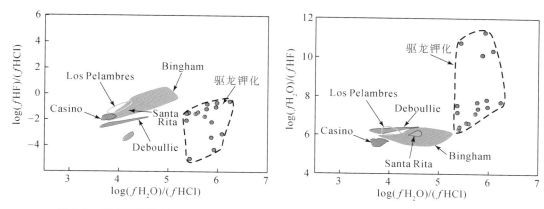

图 6.9　驱龙矿床热液 log（fH_2O）/（$fHCl$）-log（$fHCl$）/（fHF），log（fH_2O）/（fHF）图（底图据 Selby and Nesbitt，2000）

四、硅　　化

硅化，即次生石英化，在驱龙矿床中其实并不算是一种独立的蚀变类型，因为矿区各种蚀变类型中都有次生石英的产出，它是组成钾硅酸盐化和黄铁绢云母化蚀变的重要蚀变矿物；表现为原生石英颗粒发生次生加大或呈眼球状（图 6.10A、B），在各种岩石中弥散性的细粒石英交代原生长石和石英颗粒，各种石英细脉、石英-硫化物脉系等（图 6.10C）。矿区内硅化很普遍，如主要的含矿岩石-黑云母二长花岗岩，基本上发生了中等-弱硅化蚀变，局部形成石英脉和小规模网脉状石英，如在 ZK001 中；但尚未见到斑岩矿化核部大规模发育的石英网脉带。

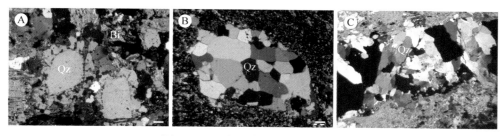

图 6.10　驱龙矿床代表性硅化蚀变
A. 黑云母二长花岗岩中石英颗粒发生次生加大；B. 二长花岗斑岩中眼球状石英斑晶呈石英的聚晶；
C. 石英+硫化物细脉

五、绢 云 母 化

绢云母化蚀变，主要产出在远离斑岩体的黑云母二长花岗岩北部、西部叶巴组流纹（斑）岩（前人认为的西部斑岩，杨志明等，2008）的浅部；在黑云母二长花岗岩中局部与黏土化共生或呈过渡关系，钻孔中二长花岗斑岩中也比较发育。通过地表以及钻孔观察，矿区内的绢云母化蚀变主要呈脉状而不是弥散状，主要的产出形式是绢云母组成黄铁矿+黄铜矿±石英脉的蚀变晕（图6.11A），局部弥散状的绢云母+硬石膏蚀变组合（图6.11B）以及绢云母完全交代了长石类矿物（图6.11C）。矿区内最常见的绢云母化是组成黄铁矿+黄铜矿细脉的蚀变晕，宽度较窄（0.1~1.5cm）（图6.11A）。绢云母主要交代原岩中的黑云母和长石。

图6.11　驱龙矿床代表性绢云母化蚀变

A. 硫化物±石英脉边部的绢云母化蚀变晕；B. 弥散状的绢云母+硬石膏蚀变组合；C. 绢云母完全交代长石

电子探针分析结果显示（表6.4），矿区蚀变绢云母的成分 SiO_2 的含量在33.34wt% ~ 51.73wt%；而 FeO 在 0.10wt% ~ 17.87wt%；Al_2O_3 在 20.26wt% ~ 35.77wt%，MnO 在 0.0wt% ~ 0.38wt%，MgO 在 0.72wt% ~ 10.57wt%，TiO_2 在 0.02wt% ~ 2.13wt%，Na_2O 在 0.08wt% ~ 0.63wt%，K_2O 在 9.07wt% ~ 10.59wt%。另外，还含有一定含量的 F（0wt% ~ 0.36wt%）和很少的 Cl（0.0wt% ~ 0.12wt%）；Mg/Fe+Mg=0.4 ~ 0.69。

表6.4　驱龙矿床绢云母电子探针数据表　　　　　　（单位：wt%）

样号	305-397	305-397	005-780	005-780	005-780	005-188	442-46	442-46	705-75	705-265	802-60	802-60	802-60	805-543	811-116	811-116	1605-472	1605-472	1605-304
SiO_2	46.72	45.36	48.03	48.85	48.65	45.21	33.34	35.50	47.49	46.26	47.23	46.68	46.83	51.39	46.82	46.88	51.73	51.00	46.30
TiO_2	0.19	0.04	0.03	0.02	0.06	0.21	2.12	2.13	0.23	0.06	0.32	0.49	0.35	0.40	0.07	0.34	0.22	0.50	0.13
Al_2O_3	31.73	31.70	34.15	34.33	33.80	33.73	20.26	20.76	33.15	35.37	34.75	34.71	34.52	31.06	35.64	35.31	30.02	29.68	35.77
FeO	2.23	3.17	0.11	0.12	0.10	2.84	17.87	17.46	1.06	1.18	0.52	1.26	0.64	0.25	0.62	0.67	0.84	0.71	1.14
MnO	0.02	0.04	0.00	0.02	0.00	0.00	0.38	0.34	0.04	0.01	0.00	0.04	0.00	0.00	0.00	0.00	0.00	0.02	0.01
MgO	2.83	3.79	1.39	1.38	1.15	0.72	9.69	10.54	1.49	0.88	1.01	1.04	1.07	2.56	0.80	0.77	2.79	2.55	0.75
CaO	0.15	0.01	0.02	0.00	0.07	0.07	0.00	0.01	0.01	0.00	0.04	0.06	0.04	0.03	0.04	0.00	0.05	0.07	0.02
Na_2O	0.50	0.16	0.30	0.27	0.25	0.63	0.08	0.16	0.46	0.59	0.42	0.48	0.37	0.09	0.44	0.57	0.08	0.08	0.43
K_2O	10.36	10.59	10.12	10.11	9.51	10.55	9.79	9.92	10.14	10.34	10.08	10.37	10.13	9.54	10.19	10.19	9.07	9.41	10.49
F	0.30	0.32	0.30	0.16	0.23	0.13	0.00	0.00	0.20	0.09	0.14	0.11	0.15	0.28	0.00	0.08	0.36	0.32	0.01
Cl	0.00	0.00	0.00	0.00	0.01	0.00	0.00	0.00	0.01	0.01	0.01	0.00	0.01	0.01	0.00	0.01	0.01	0.01	0.00
Cr_2O_3	0.12	0.02	0.01	0.00	0.01	0.02	0.00	0.00	0.11	0.02	0.01	0.00	0.02	0.00	0.02	0.00	0.10	0.00	0.10
NiO	0.01	0.01	0.01	0.00	0.02	0.00	0.00	0.01	0.00	0.00	0.00	0.01	0.00	0.00	0.00	0.00	0.00	0.00	0.00
H_2O^*	4.31	4.27	4.37	4.48	4.40	4.33	3.84	4.00	4.38	4.44	4.43	4.45	4.41	4.46	4.48	4.47	4.40	4.37	4.50
总计	99.48	99.48	98.86	99.74	98.25	98.45	97.57	100.9	98.75	99.29	98.97	99.69	98.54	100.0	99.19	99.32	99.70	98.78	99.64
O=F, Cl	0.13	0.13	0.13	0.07	0.10	0.06	0.02	0.03	0.08	0.04	0.06	0.05	0.06	0.12	0.03	0.03	0.15	0.14	0.00
校正后总计	99.36	99.34	98.73	99.67	98.16	98.40	97.55	100.9	98.67	99.25	98.91	99.64	98.48	99.96	99.16	99.28	99.54	98.64	99.64

续表

样号	305-397	305-397	005-780	005-780	005-780	005-188	442-46	442-46	705-75	705-265	802-60	802-60	802-60	805-543	811-116	811-116	1605-472	1605-472	1605-304
							基于 22 个氧原子计算												
Si	6.29	6.15	6.39	6.42	6.47	6.17	5.17	5.28	6.37	6.18	6.29	6.21	6.27	6.71	6.22	6.23	6.78	6.76	6.16
Al^{IV}	1.71	1.85	1.61	1.58	1.53	1.83	2.83	2.72	1.63	1.82	1.71	1.79	1.73	1.29	1.78	1.77	1.22	1.24	1.84
Al^{VI}	3.33	3.22	3.74	3.74	3.77	3.59	0.88	0.91	3.60	3.75	3.74	3.66	3.72	3.49	3.81	3.76	3.42	3.40	3.77
Ti	0.02	0.00	0.00	0.00	0.01	0.02	0.25	0.24	0.02	0.01	0.03	0.05	0.04	0.04	0.01	0.03	0.02	0.05	0.01
Cr	0.01	0.00	0.00	0.00	0.00	0.00	0.00	0.01	0.00	0.00	0.00	0.00	0.00	0.00	0.00	0.00	0.01	0.00	0.00
Fe	0.25	0.36	0.01	0.01	0.01	0.26	2.32	2.17	0.12	0.13	0.14	0.07	0.03	0.07	0.07	0.09	0.08	0.13	
Mn	0.00	0.00	0.00	0.00	0.00	0.05	0.04	0.00	0.00	0.00	0.00	0.00	0.00	0.00	0.00	0.00	0.00	0.00	0.00
Mg	0.57	0.77	0.27	0.27	0.23	0.15	2.24	2.34	0.30	0.17	0.20	0.21	0.21	0.50	0.16	0.15	0.54	0.50	0.15
Ni	0.00	0.00	0.00	0.00	0.00	0.00	0.00	0.00	0.00	0.00	0.00	0.00	0.00	0.00	0.00	0.00	0.00	0.00	0.00
Ca	0.02	0.00	0.00	0.00	0.00	0.01	0.00	0.01	0.00	0.00	0.01	0.01	0.00	0.00	0.00	0.01	0.00	0.00	0.00
Na	0.13	0.04	0.08	0.07	0.06	0.17	0.02	0.05	0.12	0.15	0.12	0.10	0.02	0.11	0.15	0.02	0.02	0.11	
K	1.78	1.83	1.72	1.70	1.61	1.84	1.94	1.88	1.73	1.76	1.71	1.79	1.73	1.59	1.72	1.73	1.52	1.59	1.78
OH*	3.87	3.86	3.87	3.93	3.90	3.94	3.97	3.97	3.92	3.96	3.94	3.95	3.94	3.88	3.97	3.97	3.85	3.86	4.00
F	0.13	0.14	0.13	0.07	0.10	0.06	0.00	0.00	0.08	0.04	0.06	0.05	0.06	0.11	0.03	0.03	0.15	0.13	0.00
Cl	0.00	0.00	0.00	0.00	0.00	0.00	0.03	0.03	0.00	0.00	0.00	0.00	0.00	0.00	0.00	0.00	0.00	0.00	0.00
总计	18.12	18.25	17.84	17.80	17.71	18.10	19.71	19.63	17.91	17.99	17.86	17.95	17.88	17.67	17.89	17.90	17.65	17.68	17.96
Y 总计	4.19	4.37	4.04	4.03	4.02	4.09	5.74	5.70	4.06	4.07	4.06	4.05	4.06	4.05	4.03	4.11	4.06	4.07	
X 总计	1.93	1.87	1.80	1.76	1.69	2.01	1.97	1.93	1.85	1.92	1.83	1.89	1.83	1.62	1.84	1.87	1.54	1.62	1.89
Al 总计	5.04	5.07	5.35	5.32	5.30	5.42	3.70	3.64	5.57	5.45	5.45	4.78	5.58	5.53	4.64	4.64	5.61		
Fe/Fe+Mg	0.31	0.32	0.04	0.04	0.05	0.69	0.51	0.48	0.28	0.43	0.23	0.40	0.25	0.05	0.30	0.33	0.14	0.14	0.46

注：H_2O^*、OH^* 为计算结果。

六、黏 土 化

黏土化蚀变，又称为长石分解蚀变，广泛发育于矿区各类岩石中，是矿区内最普遍的蚀变类型，主要的黏土矿物包括高岭石、地开石、伊利石和水白云母。二长花岗斑岩的浅部以及邻近的黑云母二长花岗岩中发育有强烈的黏土化蚀变；此外花岗闪长岩的局部发育有与脉系有关的黏土化蚀变，外围的叶巴组流纹岩也普遍有弱的黏土化蚀变。黏土化蚀变表现为长石（斜长石为主）颗粒不同程度地被高岭石±地开石±伊利石±水白云母化交代（图 6.12B、C）。地表和钻孔浅部黏土化强烈，在靠近二长花岗斑岩体接触带的黑云母二长花岗岩普遍发生明显的黏土化，岩石呈浅白色，并且由于长石被强烈交代，岩石呈似斑状（图 6.12A）。并且黏土化的强弱与石英细脉的发育程度密切相关。晚期的石英+无色透明的石膏/硬石膏+黄铁矿±闪锌矿±方铅矿细脉通常具有宽度为 5～30cm 厚的强烈黏土化或绢云母化蚀变晕。

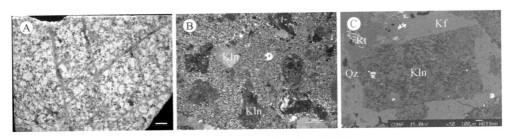

图 6.12　驱龙矿床代表性黏土化蚀变

A. 黑云母二长花岗岩发育强烈黏土化；B. 二长花岗斑岩长石斑晶发生明显黏土化蚀变；
C. 斜长石颗粒被黏土矿物交代；Qz. 石英；Kf. 钾长石；Kln. 高岭土；Rt. 金红石

七、绿泥石-绿帘石化

绿泥石-绿帘石化，主要在远离矿体的外围花岗闪长岩中常见、叶巴组的安山质晶屑凝灰岩中亦少量发育，黑云母二长花岗岩局部发育，如 ZK705 钻孔发育绿泥石脉；更强烈且均匀的绿泥石-绿帘石化主要发育在矿区外围侏罗系叶巴组的安山质凝灰岩。主要表现为绿泥石组成某些硫化物脉的蚀变晕（图 6.13A），绿泥石+绿帘石交代早期岩浆暗色矿物（图 6.13B），以及绿泥石局部交代黑云母，绿帘石完全交代角闪石（图 6.13C）。此外，由于受到广泛的热液蚀变影响，驱龙矿区内的黑云母（原生黑云母或次生黑云母）都发生较弱的绿泥石化；主要表现为绿泥石沿黑云母的边部或解理交代。

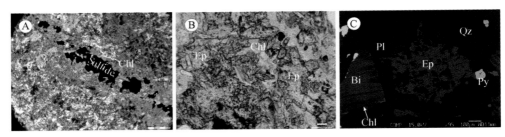

图 6.13　驱龙矿床代表性绿泥石-绿帘石蚀变

A. 叶巴组凝灰岩中硫化物边部的绿泥石化；B. 花岗闪长岩中暗色矿物被绿泥石+绿帘石交代；C. 黑云母二长花岗岩中的绿泥石-绿帘石化；Chl. 绿泥石；Ep. 绿帘石；Bi. 黑云母；Pl. 斜长石；Qz. 石英；Py. 黄铁矿

电子探针（EMPA）研究表明（表 6.5），其成分 SiO_2 的含量在 26.16wt% ~ 30.92wt%；而 FeO 在 7.10wt% ~ 24.36wt%；Al_2O_3 在 18.35wt% ~ 21.06wt%，MnO 在 0.10wt% ~ 0.32wt%，MgO 在 15.47wt% ~ 26.39wt%，TiO_2 在 0wt% ~ 0.18wt%。Cr_2O_3、K_2O、Na_2O、NiO 和 F、Cl 都非常低。Fe/Fe+Mg 值一致，变化范围在 0.13 ~ 0.47；大多数在 0.30 左右（表 6.5）。

表6.5　驱龙矿床蚀变绿泥石电子探针数据表

（单位：wt%）

产状	侵入岩中的绿泥石									围岩夕卡岩化中的绿泥石						
SiO₂	28.66	30.68	32.58	29.77	29.52	28.68	30.92	27.36	27.81	29.25	29.37	29.24	27.73	27.68	27.66	27.56
TiO₂	0.0	0.10	0.36	0.02	0.09	0.05	0.14	0.09	0.00	0.10	0.10	0.2	0.0	0.1	0.1	0.1
Al₂O₃	21.00	19.39	17.90	19.94	19.26	19.80	20.11	19.98	20.66	19.71	19.73	18.35	19.82	19.00	19.76	19.83
FeO	12.77	7.10	8.97	13.76	12.56	14.53	12.48	19.34	19.59	13.51	13.43	18.60	18.45	18.23	18.76	18.84
MnO	0.10	0.62	0.54	0.19	0.23	0.28	0.24	0.37	0.43	0.20	0.23	0.50	0.57	0.52	0.52	0.55
MgO	23.40	26.39	24.91	23.49	20.75	21.72	21.42	18.51	19.10	23.11	23.00	20.22	20.32	20.07	20.04	19.90
CaO	0.12	0.15	0.18	0.09	0.26	0.08	0.16	0.21	0.14	0.08	0.15	0.06	0.03	0.12	0.06	0.05
Na₂O	0.05	0.00	0.00	0.00	0.00	0.00	0.04	0.00	0.01	0.08	0.00	0.03	0.06	0.00	0.01	0.04
K₂O	0.03	0.45	1.44	0.12	0.06	0.02	0.56	0.01	0.00	0.16	0.08	0.33	0.01	0.08	0.01	0.02
Cr₂O₃	0.07	0.25	0.24	0.13	0.19	0.15	0.18	0.27	0.15	0.05	0.04	0.18	0.13	0.38	0.21	0.08
NiO	0.02	0.00	0.00	0.00	0.00	0.05	0.05	0.05	0.00	0.07	0.00	0.03	0.00	0.04	0.00	0.05
F	0.00	0.00	0.00	0.00	0.00	0.00	0.00	0.00	0.00	0.00	0.00	0.00	0.00	0.00	0.00	0.00
Cl	0.00	0.00	0.03	0.01	0.00	0.01	0.01	0.02	0.00	0.00	0.01	0.00	0.00	0.01	0.01	0.01
总计	86.26	85.13	87.16	87.52	82.91	85.36	86.31	86.20	87.88	86.3	86.1	87.69	87.12	86.19	87.11	87.00
H₂O*	12.04	12.24	12.45	12.16	11.61	11.78	12.14	11.56	11.80	12.00	11.98	11.84	11.74	11.60	11.71	11.69
校正后总计	98.31	97.34	99.58	99.67	94.49	97.12	98.45	97.71	99.68	98.34	98.08	99.55	98.90	97.76	98.81	98.69
Si	2.8614	3.0271	3.1958	2.9419	3.0597	2.9228	3.0830	2.8465	2.8310	2.9360	2.9473	2.9773	2.8363	2.8682	2.8342	2.8310
Alᴵⱽ	1.1386	0.9729	0.8042	1.0581	0.9403	1.0772	0.9170	1.1535	1.1690	1.0640	1.0527	1.0227	1.1637	1.1318	1.1658	1.1690
T位置	4.0000	4.0000	4.0000	4.0000	4.0000	4.0000	4.0000	4.0000	4.0000	4.0000	4.0000	4.0000	4.0000	4.0000	4.0000	4.0000
Alⱽᴵ	1.3325	1.2821	1.2652	1.2641	1.4129	1.3007	1.4466	1.2969	1.3096	1.2673	1.2802	1.1797	1.2262	1.1890	1.2208	1.2315
Cr	0.0057	0.0192	0.0188	0.0101	0.0152	0.0122	0.0142	0.0219	0.0122	0.0038	0.0029	0.0143	0.0108	0.0314	0.0168	0.0068
Ti	0.0022	0.0076	0.0267	0.0018	0.0067	0.0034	0.0106	0.0067	0.0000	0.0078	0.0078	0.0116	0.0000	0.0044	0.0055	0.0062
Fe	1.0664	0.5857	0.7359	1.1368	1.0886	1.2379	1.0408	1.6827	1.6677	1.1340	1.1268	1.5841	1.5785	1.5804	1.6079	1.6185
Mn	0.0086	0.0521	0.0449	0.0162	0.0202	0.0243	0.0206	0.0323	0.0366	0.0173	0.0191	0.0429	0.0496	0.0454	0.0454	0.0482
Mg	3.4827	3.8814	3.6420	3.4611	3.2057	3.3001	3.1848	2.8701	2.8976	3.4584	3.4400	3.0702	3.0983	3.1007	3.0624	3.0478
M位置	5.8980	5.8282	5.7334	5.8902	5.7493	5.8787	5.7175	5.9106	5.9236	5.8887	5.8769	5.9028	5.9633	5.9513	5.9586	5.9591
Fe/Fe+Mg	0.23	0.13	0.17	0.25	0.25	0.27	0.25	0.37	0.37	0.25	0.25	0.34	0.34	0.34	0.34	0.35
T₁/°C	305	251	197	279	241	285	233	309	314	281	277	267	313	302	313	314
T₂/°C	319	269	214	292	255	298	247	319	324	294	291	278	323	313	324	325

大部分绿泥石属于密绿泥石，少量属于斜绿泥石和叶绿泥石；并且夕卡岩化的绿泥石成分变化相对集中，而其他各种岩性中的绿泥石的成分变化范围较大（图6.14）。根据Al、Fe、Mg在四面体和八面体中原子数与形成温度的关系方程计算各个蚀变带的绿泥石的形成温度（Cathelineau，1988，T_1；Jowett，1991，T_2），两种方法计算出的温度非常一致（表6.5）；各个蚀变带的绿泥石的形成温度具有一致温度变化区间197～327℃，主要集中在250～300℃。

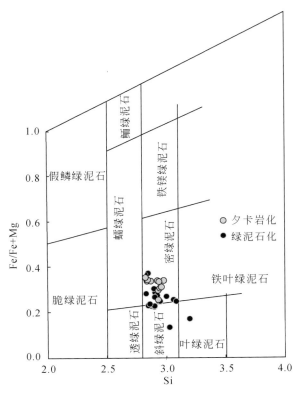

图6.14　驱龙矿床蚀变绿泥石成分图解

八、碳 酸 盐 化

碳酸盐化，在驱龙矿床内发育很弱，很少见，不是矿区内主要的蚀变类型；表现形式有呈不规则团斑状交代长石类矿物（图6.15A），与硬石膏+石英+方解石组成一些少量的热液脉系（图6.15B）。

九、硬石膏化及热液硬石膏微量元素成分

硫在自然界中分布广泛，且往往表现出多种化学价态（S^{2-}、S^0、S^{4+}、S^{6+}）共存，使得硫可以在许多地质环境中分布和形成截然不同的化合物。其中最主要的、与成矿作用有

图 6.15 驱龙矿床代表性碳酸盐蚀变

A. 团斑状的方解石；B. 硬石膏+石英+方解石脉；Anh. 硬石膏；Cal. 碳酸盐；Qz. 石英

关的形式就是硫化物（S^{2-}）和硫酸盐（S^{6+}）两种矿物形式。决定硫在成矿环境中的矿物形式的关键因素为：氧逸度与硫的丰度。S^{2-}与S^{6+}可以在很宽泛的氧逸度条件下共存（fO_2=FMQ+1 ~ FMQ+2）（Li et al.，2009a）；因此在成矿环境中当硫的含量足够多、体系的氧逸度条件处于一地范围，那么就可以形成硫的两种截然不同化学价态的矿物——硫化物（S^{2-}）和硫酸盐（S^{6+}）同时沉淀和出现（图 6.16）。例如，世界著名的智利 El Teniente 巨型斑岩型铜-钼矿床中就发育有大量共生的硬石膏-硫化物（Cannell et al.，2005）。

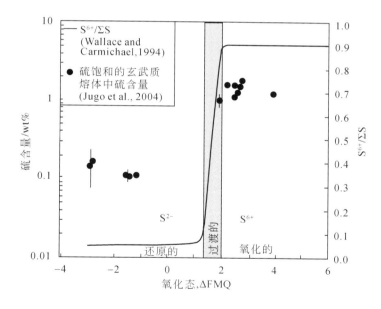

图 6.16 岩浆热液体系中硫含量与氧化-还原状态相图（Li et al.，2009a）

硬石膏（$CaSO_4$）化是驱龙矿区特征的热液蚀变（图 6.17）。矿区内的各类岩石和矿石、从早期到晚期的各种脉系中几乎都发育有或多或少的硬石膏是驱龙斑岩铜矿的显著特征。根据详细观察，热液硬石膏产状主要有三种：脉状、角砾岩胶结物、浸染状；颜色主要有两种：无色和紫红色，少量的淡蓝色。脉状硬石膏多与石英、硫化物组成石英+硬石膏+硫化物脉（图 6.17A、E、F），是矿区内主要的含矿脉系类型，尤其是在早期的 A 脉和主矿化的 B 脉中，硬石膏更是普遍，可占非金属矿物含量的（25% ~ >90%）；晚期的脉系中，硬石膏含量明显减少（<5% ~ 15%）。脉状硬石膏与其他热液矿物有多种组合形式：独立的硬石膏细脉、石英+硬石膏细脉、石英+硬石膏+黄铁矿细脉、硬石膏+黄铜矿脉、石英+硬石膏+黄铁矿+黄铜矿+辉钼矿复合脉、石英+硬石膏+辉钼矿+黄铜矿复合脉、石英+硬石膏±黄铁矿±黄铜矿±辉钼矿±黑云母复合脉、硬石膏±黄铁矿±黄铜矿±辉钼矿脉及绿泥石+黑云母+硬石膏±黄铜矿脉等。也有在新鲜的黑云母二长花岗岩中，不规则的硬石膏细脉切穿长石颗粒（图 6.17D）。

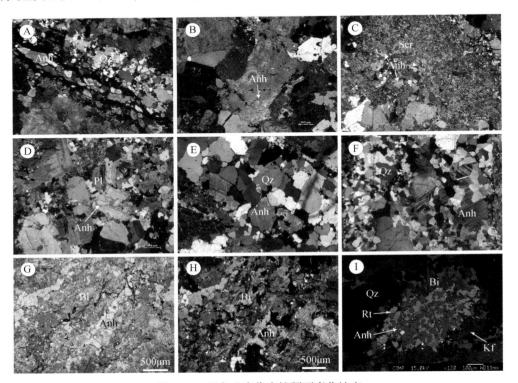

图 6.17　驱龙矿床代表性硬石膏化蚀变

A. 石英+硬石膏+硫化物细脉；B. 硬石膏交代长石颗粒；C. 硬石膏+绢云母蚀变晕；
D. 不规则硬石膏细脉穿插长石颗粒；E、F. 石英+硬石膏细脉；G、H. 次生黑云母+硬石膏密切共生
（G 单偏光，H 正交偏光）；I. 次生黑云母+硬石膏+金红石集合体

在热液角砾岩的胶结物中硬石膏作为胶结物形式产出较为普遍，含量变化较大（5% ~ 60%），主要是在 ZK001 孔岩浆热液角砾岩中，硬石膏与石英+黄铁矿+黄铜矿共同组成角砾岩的胶结物，为典型的热液产物。

镜下观察偶见硬石膏的边部水化成普通石膏，硬石膏在镜下表现为特征的三组相互垂直的解理，接触双晶或聚片双晶发育，干涉色较高。最晚期的出现石英+石膏+闪锌矿+方铅矿脉，其中石膏含量较高（20% ~ 40%），偶尔也有少量无色透明的硬石膏发育（3% ~ 8%）。

此外，除了强烈黏土化的岩石样品外，其他类型的蚀变岩石中，都发育有星点状–稀疏弥散状的硬石膏交代长石（图 6.17B）和硬石膏+黑云母化（图 6.17G、H），硬石膏含

量1%～3%；以及某些硬石膏+石英+硫化物脉系的蚀变晕（硬石膏+绢云母） （图6.17C）。硬石膏的出现表明岩浆及成矿流体的氧化程度较高，其中存在大量的SO_4^{2-}（肖波等，2009）。

　　作者选择驱龙不同热液阶段的几种热液硬石膏，在中国地质大学（武汉）地质过程与矿产资源国家重点实验室（GPMR），利用 LA-ICP-MS 进行原位分析，共 4 件样品，每个样品测试 10 个数据点，分析结果见表 6.6。硬石膏微量元素含量利用多个 USGS 参考玻璃（BCR-2G，BIR-1G）作为多外标、Si 作内标的方法进行定量计算（Liu et al.，2010）。激光剥蚀系统为 GeoLas 2005，ICP-MS 为 Agilent 7500a。激光剥蚀过程中采用氦气作载气、氩气为补偿气以调节灵敏度，二者在进入 ICP 之前通过一个 T 形接头混合。在等离子体中心气流（Ar+He）中加入了少量氮气，以提高仪器灵敏度、降低检出限和改善分析精密度（Hu et al.，2008）。

表 6.6　驱龙矿床中热液硬石膏微量元素表

QZK802-690：硬石膏+黄铜矿+黄铁矿脉									
分析点	1	2	3	4	5	6	7	8	9	10
La	19.8	23.9	6.65	24.3	69.1	5.22	18.8	30.5	24.7	3.01
Ce	39.1	48.7	13.9	50.2	148	11.6	39.6	63.6	51.0	8.46
Pr	4.91	6.13	1.77	6.41	19.1	1.56	4.88	8.20	6.65	1.35
Nd	21.5	25.9	8.67	28.4	84.8	8.07	20.8	35.0	28.6	7.59
Sm	4.22	5.33	1.80	5.90	19.2	1.79	4.64	7.45	5.94	2.08
Eu	2.14	2.25	0.91	2.32	5.08	0.69	1.77	2.95	2.37	0.59
Gd	3.34	3.82	1.22	4.36	14.5	1.42	3.47	5.35	4.64	1.39
Tb	0.48	0.54	0.18	0.55	1.81	0.16	0.41	0.72	0.61	0.16
Dy	2.51	2.64	0.89	3.08	10.6	0.79	2.29	4.09	3.15	0.93
Ho	0.47	0.50	0.18	0.57	1.97	0.15	0.43	0.82	0.57	0.12
Er	1.13	1.27	0.34	1.55	5.26	0.24	1.21	1.99	1.36	0.31
Tm	0.17	0.20	0.047	0.23	0.71	0.047	0.18	0.26	0.22	0.030
Yb	1.25	1.45	0.15	1.61	4.64	0.21	1.23	1.93	1.60	0.21
Lu	0.18	0.20	0.041	0.20	0.67	0.039	0.16	0.30	0.24	0.0064
La/Yb	16	17	45	15	15	25	15	16	15	14
Rb	0.00	0.02	0.001	0.08	0.00	1.656	0.02	0.07	0.08	0.12
Sr	2885	2872	3322	2875	2762	3098	2640	2831	2715	2031

QZK001-446：角砾岩胶结物									
分析点	1	2	3	4	5	6	7	8	9	10
La	17.8	21.7	15.1	18.2	19.9	13.4	10.6	21.6	17.3	15.1
Ce	33.8	42.4	31.7	35.8	39.8	26.4	18.4	43.6	36.0	28.9
Pr	4.04	4.95	4.42	4.44	4.95	3.09	2.08	5.65	4.68	3.61
Nd	16.0	19.0	20.8	17.7	20.9	12.2	7.54	22.9	18.4	14.3

QZK001-446：角砾岩胶结物									
分析点	1	2	3	4	5	6	7	8	9	10
Sm	3.13	3.79	5.06	4.03	4.44	2.54	1.33	4.72	4.13	3.19
Eu	1.67	2.12	2.20	1.94	2.27	1.58	1.30	1.86	2.10	1.72
Gd	2.30	2.81	4.62	3.01	3.36	1.86	1.11	3.87	3.81	2.45
Tb	0.31	0.40	0.69	0.43	0.54	0.28	0.14	0.50	0.53	0.34
Dy	1.79	2.01	3.98	2.63	2.84	1.47	0.75	2.39	2.72	2.28
Ho	0.30	0.37	0.69	0.45	0.47	0.23	0.14	0.48	0.45	0.31
Er	0.81	1.18	1.90	1.23	1.32	0.78	0.48	1.17	1.42	1.02
Tm	0.13	0.12	0.28	0.14	0.16	0.11	0.069	0.16	0.19	0.14
Yb	0.65	0.74	1.38	1.01	1.07	0.93	0.56	0.97	1.06	0.89
Lu	0.067	0.10	0.17	0.15	0.13	0.093	0.037	0.11	0.15	0.13
La/Yb	28	29	11	18	19	14	19	22	16	17
Rb	3.38	0.00	0.01	0.00	0.00	0.000	0.026	0.07	0.02	0.01
Sr	2612	2568	2713	2647	2508	2536	2682	2596	2675	2802

QZK803-417：硬石膏+黄铁矿脉									
分析点	1	2	3	4	5	6	7	8	9	10
La	62.8	45.0	48.9	42.8	42.7	37.4	61.2	81.6	60.2	54.5
Ce	162	115	126	110	111	97.9	154	189	151	138
Pr	25.3	18.1	20.2	17.3	17.6	15.4	23.2	27.8	23.2	21.2
Nd	114	84.5	95.1	78.4	86.5	72.5	104	122	107	98.1
Sm	26.1	20.2	24.1	19.2	21.4	17.0	23.9	26.0	24.1	23.1
Eu	7.39	5.03	6.30	4.91	5.42	4.57	6.98	5.94	6.73	6.89
Gd	23.4	17.8	22.5	16.1	19.5	14.9	19.5	21.1	20.3	19.1
Tb	3.12	2.28	2.87	2.15	2.57	1.95	2.66	2.73	2.86	2.66
Dy	18.2	13.3	16.8	12.0	14.7	10.9	15.9	16.0	16.4	15.1
Ho	3.40	2.44	3.18	2.18	2.73	2.07	2.97	2.99	3.24	2.91
Er	9.18	6.46	8.51	6.03	7.63	5.42	8.00	7.80	8.68	7.90
Tm	1.38	0.95	1.22	0.82	1.05	0.73	1.16	1.12	1.31	1.14
Yb	8.09	5.23	7.49	4.50	6.33	4.46	6.92	6.74	8.15	7.33
Lu	1.23	0.78	1.01	0.69	0.91	0.63	0.96	0.94	1.16	0.99
La/Yb	8	9	7	10	7	8	9	12	7	7
Rb	0.01	0.02	0.03	0.02	0.01	0.02	0.02	0.02	0.01	0.01
Sr	4485	4615	4429	4776	4825	4891	4914	5760	4607	4590

续表

QZK802-609：石英+硬石膏+辉钼矿脉									
分析点	1	2	3	4	5	6	7	8	9	10
La	33.9	98.6	40.5	80.5	100	93.8	25.0	58.4	56.2	142
Ce	73.5	204	97.7	180	218	203	59.5	135	136	291
Pr	10.3	26.9	14.3	24.6	28.1	26.1	8.81	19.0	19.5	37.5
Nd	46.7	111	65.9	106	113	106	41.0	82.6	90.8	136
Sm	10.2	21.9	15.1	23.0	23.7	21.8	10.1	18.2	20.1	27.2
Eu	2.68	4.26	3.02	3.76	4.87	4.83	1.94	3.56	3.56	6.00
Gd	8.14	15.5	12.1	15.8	17.2	16.2	7.45	13.6	15.4	19.9
Tb	1.07	2.08	1.64	2.24	2.38	2.22	1.02	1.81	2.01	3.12
Dy	5.24	11.6	9.24	12.5	13.3	13.0	4.98	10.2	11.4	18.6
Ho	0.96	2.09	1.69	2.18	2.51	2.51	0.97	1.92	1.98	4.04
Er	2.67	5.73	4.71	5.97	7.12	7.11	2.26	4.86	5.55	13.0
Tm	0.33	0.81	0.64	0.81	1.05	1.10	0.29	0.68	0.78	2.16
Yb	2.07	4.89	3.60	4.72	6.52	6.47	1.84	4.00	4.77	16.5
Lu	0.23	0.61	0.50	0.64	0.88	0.85	0.21	0.52	0.59	2.42
La/Yb	16	20	11	17	15	15	14	15	12	9
Rb	0.02	0.00	0.03	0.14	0.00	0.00	0.01	0.02	0.00	0.00
Sr	3229	2491	2435	2487	2552	2664	4346	2391	2676	2595

分析结果表明，不同阶段的热液硬石膏具有不同的微量元素组成特征（图6.18、表6.6）。样品主要有代表早期A脉阶段的硬石膏+黄铜矿+黄铁矿脉，角砾岩胶结物，成矿稍晚阶段的硬石膏+黄铁矿±黄铜矿脉、石英+硬石膏+辉钼矿脉。总体上，所有热液硬石膏都富集REE，具有"右倾"REE分配模式，即LREE相对HREE富集，且强烈富集Sr（>2000~5500ppm），而几乎不含Rb，这与Chambefort等（2008）报道的结果一致。然而早期阶段的热液硬石膏具有相对低的REE含量和更强烈的LREE/HREE分配形式（La/Yb=11~28），明显的Eu的正异常；而晚期热液阶段的硬石膏具有相对更高的REE含量和不强烈的LREE/HREE分配形式（La/Yb=8~20），Eu的弱负异常。Eu的正异常和负异常可能反映了不同热液活动阶段，流体氧化性的差别：早期流体相对氧化，随着热液演化，流体氧化性发生降低。早期高温阶段的硬石膏+黄铜矿+黄铁矿脉（QZK802-690）中硬石膏的REE含量变化较大，可能是由于早期热液脉系往往受到后期热液活动的影响，改变了脉系中不同位置硬石膏的成分；或者该脉中的热液矿物本身就具有多期次沉淀的过程，不同期次沉淀的硬石膏在成分上具有差别。

此外，热液硬石膏异常富集Sr而几乎不含Rb，适合进行原位的Sr同位素测试，配合S-O同位素的结果，可进一步示踪流体的演化和来源。

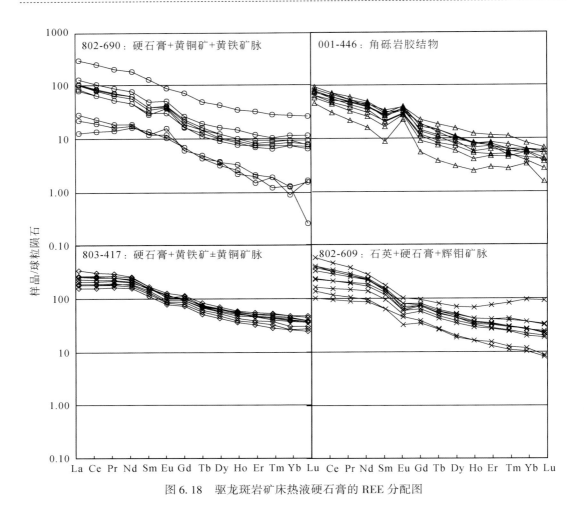

图 6.18　驱龙斑岩矿床热液硬石膏的 REE 分配图

十、磁 铁 矿 化

　　驱龙矿床中除了发育巨量的黄铁矿、黄铜矿等金属硫化物以外，还伴生有丰富的磁铁矿，主要有两种产出形式：一是呈他形粒状浸染状分布在各种矿石中，往往包裹有金属硫化物颗粒（图 6.19A、B）；二是以磁铁矿+黄铜矿+黄铁矿+石英细脉的形式产出，磁铁矿

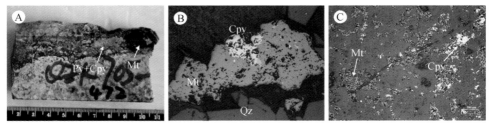

图 6.19　驱龙矿床代表性磁铁矿化蚀变
A. 磁铁矿+黄铜矿+黄铁矿脉；B. 磁铁矿+黄铜矿细脉，磁铁矿中包含黄铜矿颗粒；C. 浸染状磁铁矿+黄铜矿

呈他形粒状，常被黄铜矿交代溶蚀（图 6.19C）。磁铁矿化与硅化、黑云母化关系密切。含有磁铁矿脉的边部通常具有明显的绿泥石+绿帘石+石英蚀变晕。

第二节　矿区蚀变分带

矿区以含矿斑岩体为中心，具有中心环状对称蚀变或接触式对称蚀变分带的特征，但钾化带较弱，代表矿床根部的石英网脉带尚未见及。在平面上，由于各斑岩体的蚀变带相互交织和叠加而使整个蚀变显得比较复杂。

根据野外观察和系统的岩矿鉴定，驱龙矿区的蚀变类型以二长花岗斑岩体为中心，具有中心环状对称蚀变分带的特征；从斑岩体内向外、由深到浅，依次出现钠长石+榍石+绿帘石+硬石膏带、钾硅酸盐化（钾长石+硬石膏化、黑云母+硬石膏化）蚀变带、石英+绢云母+黏土化带、石英+弱绢云母化+黏土化蚀变带、青磐岩化蚀变带或角岩化、绿泥石+绿帘石蚀变带以及夕卡岩化带（图 6.20），其中在各种蚀变类型中普遍均发育有硬石膏，尤其是钾硅酸盐化和绢云母化蚀变带中大量出现硬石膏为该矿床的显著特点。矿区的蚀变分带和蚀变矿物组合特征与国内外典型的斑岩型矿床基本相似，但是弥散状的钾长石化蚀变较弱或还未被揭示出来，斑岩核心部位（深部）的硅化网脉带（钼矿主带）也尚未完全被揭示出来。

平面上，以二长花岗斑岩为中心，往外，依次发育黑云母+硬石膏+石英蚀变带、绿泥石+绿帘石+石英蚀变带、石英+绢云母+黄铁矿蚀变带、角岩化蚀变带、弱绿泥石+绿帘石+方解石蚀变带、大理岩化蚀变带、夕卡岩化蚀变带。可能由于剥蚀作用，只是在矿床地表靠近二长花岗斑岩体的区域出现小范围的中级泥化蚀变。从驱龙矿床平面蚀变的分布结合矿区岩石分布可以看出，矿区蚀变的平面分布也明显受围岩岩性的控制，尤其是侏罗纪叶巴组中的蚀变类型分布。由于驱龙中新世侵入岩的岩性很相似，因此其中蚀变矿物组合的分布主要受流体成分、蚀变温度以及与斑岩的距离的影响，不同侵入体中蚀变矿物组合没有太明显的空间变化。反观叶巴组围岩地层中，由于矿区北部与中新世侵入岩直接接触的为偏酸性的流纹（斑）岩，因此其中主要发育石英+绢云母+黄铁矿蚀变组合；南部与中新世侵入岩直接接触的为偏中性凝灰岩及碳酸盐岩，因此其中发育角岩化、大理岩化及夕卡岩化（图 6.20）。

一、钠长石+榍石+硬石膏+绿帘石蚀变带（Ab+Ti+Anh+Ep）

该蚀变带的蚀变矿物组合主要由钠长石、榍石、硬石膏以及绿帘石组成，次生榍石常见。该蚀变带中的次生榍石呈不规则状与侵入岩中的原生岩浆榍石显著不同。根据目前所观察到的岩芯薄片，该蚀变带只在驱龙的几个深度>900m 的钻孔（802、805、811 孔）最深部的黑云母二长花岗岩中观察到，表现为零星的钠长石+榍石+硬石膏+绿帘石共生，交代黑云母二长花岗岩中的黑云母，蚀变强度较弱，被后期的钾长石化蚀变叠加。这种钠-钙蚀变属于斑岩型矿床中深部高温阶段的蚀变类型，该蚀变带中所含的金属硫化物较少；偶见少量的绿帘石+绿泥石+铁白云石组合。

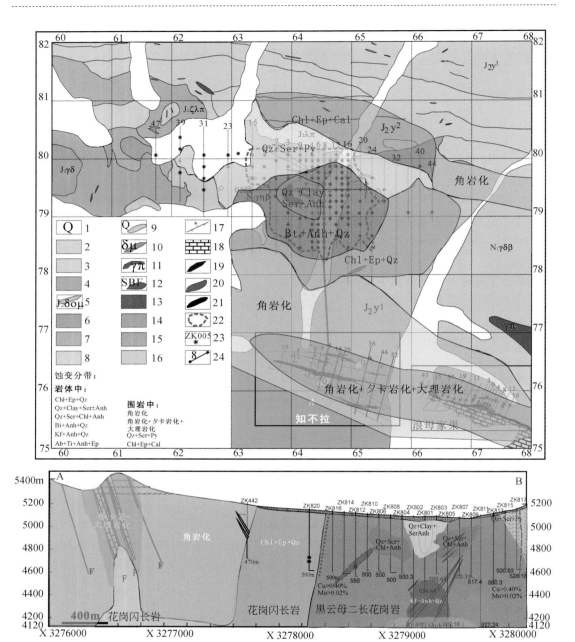

图 6.20　驱龙矿床蚀变分带图（底图据图 3.1）

二、钾长石+硬石膏+石英蚀变带（Kf+Anh+Qz）

如前所述，驱龙矿床中的次生热液钾长石蚀变比较弱，本次研究主要通过电子探针图像观察识别出钾长石+硬石膏化+石英带。该蚀变带中的蚀变矿物组合有钾长石+钠长石+石英+硬石膏+黑云母+金红石，分布于矿区深部的二长花岗岩及其邻近的黑云母二长花岗岩中，其他岩石类型中很少发育。硬石膏往往与钾长石伴生（图6.3），金红石及黑云母也常见（图6.3）。钾长石多呈不规则他形粒状及脉状沿矿区边部及裂隙交代斜长石、石英、黑云母等矿物或组成早期脉系的蚀变晕。空间上，矿区内的钾长石+硬石膏±石英化带的分布受深部二长花岗斑岩体的控制。该蚀变带中，零星分散的金红石与硬石膏、硫化物密切共生，交代早期的镁–铁矿物（如角闪石、黑云母）。该蚀变带主要受后期黏土化蚀变的叠加，其中所含的金属硫化物较少。

三、黑云母+硬石膏+石英蚀变带（Bi+Anh+Qz）

黑云母+硬石膏+石英蚀变带是矿区内分布最广的蚀变带，主要由大量的次生黑云母+硬石膏+石英±少量金红石+磷灰石组成，广泛发育在黑云母二长花岗岩中，地表及钻孔中所见到的黑云母二长花岗岩几乎都受到不同程度的黑云母化蚀变，尤其是在二长花岗斑岩附近。该蚀变带由于受到后期热液的作用，黑云母普遍出现较弱的绿泥石化；该蚀变带中含有大量的金属硫化物及各种热液脉系，也是矿区内矿体主要赋存位置。

四、石英+绢云母+绿泥石+硬石膏蚀变带（Qz+Ser+Chl+Anh）

石英+绢云母+绿泥石+硬石膏蚀变带，主要由石英+绢云母+绿泥石+硬石膏组成，表现为长石被绢云母+水白云母交代，黑云母发生绿泥石化，伴有明显的硬石膏化；硬石膏往往与绢云母密切共生。主体见于矿区中部黑云母二长花岗岩的中上部。钻孔浅部和中上部，也局部发育有明显的与各种热液脉系有关的绢云母+硬石膏+黄铁矿蚀变晕，表现为岩石中斜长石、钾长石被绢云母、硬石膏、黏土矿物（水白云母和伊利石、高岭石）所交代，暗色矿物被氧化铁质所交代，同时保留其假象。基质中绢云母化较斑晶更强，在斑岩体中心地带绢云母进一步可蚀变为白云母，白云母在岩石中主要呈不规则片状充填于基质之中。

五、石英+黏土化+绢云母化±硬石膏蚀变带（Qz+Clay+Ser±Anh）

黏土化，又称为长石分解蚀变，主要表现为长石矿物被高岭石+伊利石+蒙脱石等部分或全部交代；最直观的表现为岩石整体颜色发白且硬度明显降低（图6.12）。产于地表和钻孔浅部，主要呈不对称同心环状或环带状分布于二长花岗斑岩的顶部及外侧，且与绢云母+黄铁矿化带外缘部分相叠加，见有脉状辉钼矿化。总体分布于二长花岗斑岩和花岗闪长斑岩的浅部，在斑岩体内部也有少量低程度–中等程度的黏土化蚀变出现，少量出现在叶巴组凝灰岩与岩体的接触带中。尤其是在黑云母二长花岗岩和花岗闪长岩中，往往出现一些与热液脉系直接有关的黏土化蚀变晕，这些黏土化蚀变晕宽度变化较大（1mm～5m）。该蚀变为中低温热液蚀变产物；伴随黄铁矿化为主，另伴有少量绢云母化、方解石化等。

六、绿泥石+绿帘石+硅化±阳起石蚀变带（Chl+Ep+Qz±Act）

绿泥石+绿帘石+硅化±阳起石蚀变带总体较弱，且几乎只是单独出现在矿区南部和东部的花岗闪长岩中，少量出现在叶巴组凝灰岩和黑云母二长花岗岩的边部；表现为硅化+绿泥石±绿帘石±阳起石±黑云母交代角闪石。总体上该蚀变较弱，且没有碳酸盐共生，因此不是真正意义上的青磐岩化，因此本次研究将其单独划分成带。地表及岩芯都未观察到明显的后期蚀变叠加的现象。

七、青磐岩化带

矿区内的青磐岩化带主要发育在矿区北部的叶巴组凝灰岩中，其他岩石中未见。其中的蚀变矿物组合有绿泥石+绿帘石+方解石+石英+黄铁矿；强度较弱，表现为斜长石斑晶具弱的绢云母化，铁镁矿物的绿帘石化，黑云母、角闪石等暗色矿物被绿泥石和绿帘石所交代。蚀变矿物沿裂隙充填成细脉状和面状弥漫状分布于岩石中。弥漫型蚀变镜下表现为绿泥石、绿帘石、方解石交代黑云母。

八、矿区外围蚀变

斑岩型矿床对围岩没有选择性，但相对于火山岩和富硅质岩石围岩，当围岩是碳酸盐岩或钙质砂岩地层时，夕卡岩型矿床很可能发育。通常，典型的斑岩型铜–钼–（金）矿的外围出现夕卡岩型铜–钼–（金）矿床；而典型的斑岩型钼矿外围则往往伴生夕卡岩型铅–锌–（银）矿。已有的找矿实践和研究表明，全球典型的斑岩成矿带中（南–北美安第斯斑岩型铜–钼–金成矿带、西南太平洋斑岩型铜–金成矿带、中国长江中下游铜–铁–金成矿带、东秦岭斑岩型钼矿成矿带、西藏玉龙斑岩型铜成矿带、冈底斯斑岩型铜–钼成矿带）的斑岩型矿床多伴生夕卡岩型–脉状矿床。驱龙斑岩矿床的外围蚀变主要有：夕卡岩化、角岩化及大理岩化。

（一）夕卡岩化

驱龙斑岩矿床的南部及东南部分别产有知不拉及浪母家果夕卡岩型 Cu 矿床。地表露头只在驱龙南部的花岗闪长岩与叶巴组凝灰岩接触带的局部发现夕卡岩矿化迹象。此外，在矿区南部（原西藏地质六队勘查区域）的 1 个钻孔（QZK442）中，在花岗闪长岩与凝灰岩地层接触带附近发育了典型的夕卡岩化（图 6.21）；并且伴随有弱的黄铜矿–黄铁矿矿化。室内工作确定出夕卡岩矿物有：石榴子石、绿帘石、绿泥石、透辉石、石英及少量的阳起石。钻孔中，夕卡岩化只出现在与花岗闪长岩接触带上部的凝灰岩地层中，且规模较小（厚度小于 5m）；而矿床北部黑云母二长花岗岩与地层接触带的地表及钻孔都未发现夕卡岩化。

夕卡岩化明显分为早期干夕卡岩和晚期湿夕卡岩两期，其中早期干夕卡岩主要组成为红褐色的钙铁榴石+硅灰石+透辉石±石英，且几乎不含硫化物（图6.21A、B、C）；晚期湿夕卡岩主要为绿色的钙铝榴石+绿泥石+绿帘石+方解石+阳起石，含有大量的硫化物和氧化物（磁铁矿+磁黄铁矿）（图6.21D、E、F）。

图6.21 驱龙矿区外围夕卡岩化

A. 石榴子石夕卡岩；B. 条带状石榴子石+硅灰石+透辉石夕卡岩；C. 条带状石榴子石+硅灰石夕卡岩；
D. 条带状石榴子石+石英+绿帘石+硫化物夕卡岩；E、F. 块状黄铁矿+方铅矿+闪锌矿+绿泥石+绿帘石夕卡岩

总体上，驱龙矿床中在与成矿有关的中新世侵入岩接触带附近，未发育大规模弥散状的夕卡岩化。大规模的夕卡岩化可能受层间断裂及碳酸盐岩地层控制，分布在斑岩型矿体的外围（2~3km范围内）的叶巴组凝灰岩-灰岩地层中，呈很好的线性分布，走向为80°~100°，倾角60°~85°。

（二）角 岩 化

角岩化又称角页岩化，是一种中高温热接触变质作用。原岩可以为黏土岩、粉砂岩、火成岩和各种火山碎屑岩；主要形成长石、云母、角闪石、石英、辉石等矿物。蚀变岩石外表一般为深色，有时为浅色，致密坚硬；按成分可分为云母角岩、长英质角岩、钙硅角岩、基性角岩、镁质角岩等。角岩化是斑岩型矿床外围普遍都发育的一种围岩蚀变类型。主要产出在驱龙矿区南部远离岩体的叶巴组凝灰岩地层中（图6.22），位于夕卡岩化带的外侧或夕卡岩层之间；呈不规则条带状（图6.22A、B）或团斑状（图6.22C），表现为明显的黑云母化+硅化+绿泥石化和高钙斜长石。岩石由于局部的硅化及黑云母化，颜色发白或发黑。黄铁矿、黄铜矿及磁黄铁矿化与角岩化伴随。

（三）大 理 岩 化

大理岩化，表现为产出在矿区外围的知不拉和浪母家果夕卡岩矿床中，伴随着夕卡岩矿化，在叶巴组的碳酸盐岩夹层中，出现了明显的大理岩化；该大理岩化的空间分布严格受地层中碳酸盐岩的产状控制，呈条带状，近东西向展布（图6.23A），厚度约为（20~

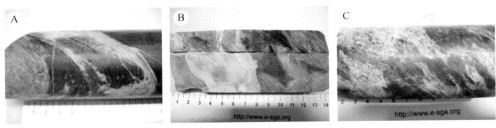

图 6.22　浪母家果夕卡岩矿床中的角岩化

35m)，钻孔多呈薄层的互层状（图 6.23B）；手标本上表现为细粒–粗粒的大理岩（图 6.23C）。而在知不拉夕卡岩中，大理岩化不明显。

图 6.23　驱龙矿床外围浪母家果夕卡岩矿中的大理岩化

A. 浪母家果夕卡岩矿地表的条带状大理岩露头；B. 浪母家果夕卡岩钻孔中的条带状大理岩与泥质灰岩互层；
C. 粗粒大理岩手标本

第三节　蚀变过程中元素质量迁移

一、采样及分析

为了研究热液蚀变过程中的元素迁移富集规律，从钻孔岩芯和地表露头采集了 23 件有代表性的全岩样品进行系统研究。其中有 4 件样品分别代表了未蚀变或弱蚀变的黑云母二长花岗岩（QD69）、二长花岗斑岩（QZK001-635）、花岗闪长斑岩（QZK812-472）和流纹斑岩（QD31）。采自钻孔深部的 3 个样品（QZK802-946、QZK805-847、QZK811-889）代表了弱的钠长石＋榍石＋硬石膏＋绿帘石蚀变。而 5 个（QZK811-867、QZK805-732、QZK005-397、QZK001-590.5、QZK805-722）采自孔深 400～867m 的样品代表矿区较强的且普遍发育的黑云母化蚀变及弱的钾长石蚀变，矿区的石英＋绿泥石＋绢云母＋硬石膏蚀变大部分发育在黑云母二长花岗岩中，但也在花岗闪长斑岩中发育。采集的 QZK812-401 代表了花岗闪长斑岩中的石英＋绿泥石＋绢云母＋硬石膏蚀变。而采集的 3 个样品（QZK705-65、QZK705-220、QZK807-290）代表了黑云母二长花岗岩中的石英＋绿泥石＋绢云母＋硬石膏蚀变。矿区的石英＋黏土化＋绢云母化＋硬石膏蚀变带主要发育在二长花岗斑岩中，采集的 2 个样品（QZK001-172 与 QZK405-227）即代表了这种蚀变。矿区外围的侏罗系流纹斑岩中大部分发育硅化＋黏土化＋黄铁矿化蚀变，我们采集了 QZK3117-56 样品进行了分析，同时为了探讨细脉形成过程中的元素变化，我们采集了蚀变黑云母二长花岗岩中代表性的含磁铁矿 + 黄铁矿 + 黄铜矿细脉（QZK005-178）与具石英 + 硬石膏细脉（QZK005-446）的样品进行了分析。

　　主量元素分析在中国科学院地质与地球物理研究所矿产资源研究重点实验室完成，所用仪器为 Shimadzu XRF-1500，精度好于 5%。微量元素分析在核工业北京地质研究院分析测试研究中心进行，微量元素分析用 ICP-MS，而 F、Cl、S 根据 GB/T 14506—1993 硅酸盐岩石化学分析方法利用飞利浦 PW2404X 射线荧光光谱仪分析。

二、元素质量迁移及不活动性元素的选择

　　采自深部钻孔岩芯和地表露头的弱蚀变（未蚀变）和各蚀变带的蚀变岩的地球化学组成数据及元素质量迁移计算列于表 6.7 中。本次质量迁移对黑云母二长花岗岩、二长花岗斑岩、花岗闪长斑岩及流纹斑岩经历的各种蚀变类型进行计算，目的是探讨蚀变过程中元素迁移富集规律。应用 Grant（1986）的方法进行质量平衡计算。在计算过程中首先选择蚀变过程中的不活动元素。Ti、Al、Zr、Ga、Y、Nb、Tl、REE（Ce、Nd、Pr）等元素在热液活动过程中通常表现为相对的不活动性，因此在许多斑岩 Cu-Mo-Au 矿床中被选为不活动元素进行质量平衡计算（如 Ulrich and Heinrich，2001；Hezarkhani，2002；Irdus et al.，2009）。根据 Grant（1986）的方法计算，某个元素或氧化物相对于原始组成变化可由以下方程计算：

表 6.7　驱龙斑岩铜矿弱蚀变岩石和各蚀变岩主量微量元素
分析结果及蚀变过程中质量迁移计算结果表

样号	QD69	QZK802-946	QZK805-847	QZK811-889	平均	质量迁移计算结果	QZK811-867	QZK805-732	QZK005-397	QZK001-590.5	QZK805-722	平均	质量迁移计算结果
岩石类型	黑云母二长花岗岩												
蚀变带	弱蚀变岩石	钠长石+榍石+硬石膏+绿帘石蚀变					弱蚀变岩石	石英+黑云母+钾长石+硬石膏蚀变					
SiO$_2$	65.78	63.84	72.03	67.06	67.64	1.93	67.76	69.03	63.18	61.17	69.28	66.09	5.66
TiO$_2$	0.51	0.47	0.39	0.44	0.43	-0.08	0.33	0.42	0.50	0.46	0.41	0.42	-0.05
Al$_2$O$_3$	16.68	15.65	12.34	15.62	14.54	-2.13	15.38	13.88	15.32	19.77	14.46	15.76	0.36
TFe$_2$O$_3$	3.55	2.41	1.63	2.58	2.21	-1.34	2.07	2.17	3.38	3.54	1.62	2.56	-0.78
MnO	0.03	0.02	0.02	0.02	0.02	-0.01	0.02	0.03	0.02	0.01	0.02	0.02	-0.01
MgO	1.55	1.29	1.11	1.27	1.22	-0.33	0.88	1.21	1.08	0.71	1.24	1.02	-0.44
CaO	3.5	3.32	2.86	3.48	3.22	-0.28	2.52	3.36	3.02	1.05	1.65	2.32	-0.99
Na$_2$O	4.62	4.13	3.07	4.36	3.85	-0.76	3.73	3.78	2.46	3.29	2.93	3.24	-1.12
K$_2$O	2.03	4.40	3.89	3.23	3.84	1.81	5.15	3.56	5.54	7.15	6.82	5.64	4.07

续表

样号	QD69	QZK802-946	QZK805-847	QZK811-889	平均	质量迁移计算结果	QZK811-867	QZK805-732	QZK005-397	QZK001-590.5	QZK805-722	平均	质量迁移计算结果
岩石类型						黑云母二长花岗岩							
蚀变带	弱蚀变岩石	钠长石+榍石+硬石膏+绿帘石蚀变					弱蚀变岩石	石英+黑云母+钾长石+硬石膏蚀变					
P_2O_5	0.22	0.23	0.20	0.23	0.22	0.00	0.16	0.21	0.28	0.17	0.14	0.19	−0.01
LOI	1.38	3.60	2.86	1.96	2.80		1.46	2.74	4.62	2.06	1.86	2.55	
总计	99.71	99.36	100.40	100.25	100.00		99.46	100.39	99.40	99.38	100.43	99.81	
F	0.065	0.053	0.065	0.070	0.063	0.00	0.051	0.065	0.053	0.029	0.063	0.050	−0.01
Cl	0.0086	0.0062	0.017	0.0085	0.011	0.00	0.0083	0.012	0.013	0.010	0.013	0.01	0.00
S	0.43	1.31	1.29	0.83	1.14	0.71	0.85	1.17	2.20	1.40	0.66	1.26	0.93
Li	13.2	14.8	10.4	12.3	12.5	−0.69	9.86	9.95	14.2	9.61	9.68	10.7	−1.68
Be	1.89	1.64	1.26	2.11	1.67	−0.22	1.60	1.54	1.87	1.64	1.08	1.55	−0.22
Sc	6.51	5.5	4.23	5.04	4.92	−1.58	4.15	4.54	6.12	6.43	4.77	5.20	−0.89
V	90.3	79.5	66.1	75.2	73.60	−16.6	62.6	67.1	98.6	86.4	63.8	75.7	−8.46
Cr	13.7	203	209	109	174	160	189	155	200	105	156	161	160
Co	9.97	11.1	6.87	9.11	9.03	−0.93	8.66	7.85	13.3	14.3	5.25	9.87	0.70
Ni	10.8	17.9	13.4	13.6	15.0	4.18	13.3	12.6	21.8	12.4	10.9	14.2	4.55
Cu	728	3690	2186	1240	2372	1646	1938	750	5696	10968	783	4027	3626
Zn	32.8	69.2	39.2	32.9	47.10	14.35	32.9	28.9	78.5	90	25.7	51.20	22.55
Ga	22.3	19.5	14.5	19.8	17.93	−4.35	19.6	17.3	15.6	30.8	19.2	20.50	−0.14
Rb	74.3	137	113	97.2	115.73	41.55	139	98.7	151	172	143	140.74	77.85
Sr	1042	822	627	804	751.00	−290.25	671	676	545	300	574	553.20	−443.95
Y	8.52	6.56	5.37	6.1	6.01	−2.50	4.44	5.6	6.81	9.4	3.3	5.91	−2.13
Nb	4.46	3.87	3.8	3.54	3.74	−0.72	2.88	3.24	4.79	7.01	3.25	4.23	0.12
Mo	8.93	9.92	360	36.5	135.47	126.68	10.9	108	5587	259	12.9	1195.56	1283.57
Cd	0.184	0.34	0.625	0.137	0.37	0.18	0.256	0.184	6.22	1.17	0.129	1.59	1.54
In	0.029	0.058	0.056	0.026	0.05	0.02	0.033	0.023	0.324	0.413	0.035	0.17	0.15
Sb	0.192	0.058	0.131	0.041	0.08	−0.12	0.076	0.061	0.216	0.261	0.042	0.13	−0.05
Cs	3.34	6.05	3.86	5.29	5.07	1.73	4	4.14	6.23	3.43	3.2	4.20	1.20
Ba	604	737	623	673	677.67	74.35	568	601	565	369	823	585.20	28.65
La	22.6	19.3	16.5	21	18.93	−3.65	17.6	18.2	21.3	66.5	8.71	26.46	6.01
Ce	44.3	39.4	31.3	38.7	36.47	−7.80	29.4	34.3	40.9	88.3	17.2	42.02	1.13
Pr	5.22	4.77	4.13	4.7	4.53	−0.68	3.48	4.29	5.01	9.02	2.11	4.78	−0.05
Nd	22.8	20.3	15.9	19.4	18.53	−4.25	14.1	17.3	20.2	32.9	8.68	18.64	−2.65
Sm	3.61	3.53	2.69	3.04	3.09	−0.52	2.29	2.8	3.47	4.85	1.42	2.97	−0.40

续表

样号	QD69	QZK802-946	QZK805-847	QZK811-889	平均	质量迁移计算结果	QZK811-867	QZK805-732	QZK005-397	QZK001-590.5	QZK805-722	平均	质量迁移计算结果
岩石类型	黑云母二长花岗岩												
蚀变带	弱蚀变岩石	钠长石+榍石+硬石膏+绿帘石蚀变					弱蚀变岩石	石英+黑云母+钾长石+硬石膏蚀变					
Eu	1.14	0.936	0.785	0.968	0.90	-0.24	0.695	0.81	0.868	1.19	0.594	0.83	-0.24
Gd	2.63	2.32	1.85	2.19	2.12	-0.51	1.65	2	2.39	3.46	1.04	2.11	-0.35
Tb	0.348	0.306	0.233	0.29	0.28	-0.07	0.196	0.272	0.309	0.427	0.136	0.27	-0.06
Dy	1.6	1.37	1.1	1.27	1.25	-0.35	0.948	1.21	1.42	2.03	0.686	1.26	-0.24
Ho	0.249	0.234	0.175	0.207	0.21	-0.04	0.157	0.188	0.243	0.341	0.101	0.21	-0.03
Er	0.789	0.638	0.507	0.551	0.57	-0.22	0.456	0.588	0.709	1.1	0.343	0.64	-0.10
Tm	0.111	0.091	0.077	0.088	0.09	-0.03	0.058	0.068	0.091	0.154	0.043	0.08	-0.02
Yb	0.689	0.557	0.468	0.541	0.52	-0.17	0.382	0.472	0.633	1.13	0.305	0.58	-0.06
Lu	0.097	0.08	0.065	0.08	0.09	0.00	0.063	0.073	0.099	0.162	0.04	0.09	0.00
Ta	0.289	0.323	0.257	0.286	0.29	0.00	0.245	0.29	0.312	0.605	0.226	0.34	0.07
W	9.95	36.5	30.1	13.4	26.67	16.74	29.7	14.7	42.3	158	19.5	52.84	47.17
Re	0.038	0.114	1.11	0.115	0.45	0.41	0.137	0.388	43.2	1.08	0.092	8.98	9.67
Tl	0.784	1.68	1.17	0.814	1.22	0.44	1.21	0.949	1.84	1.7	1.5	1.44	0.77
Pb	35.3	56.6	33.1	21.2	36.97	1.70	30	27.3	67.8	69.2	41.3	47.12	15.64
Bi	0.653	0.53	0.431	0.172	0.38	-0.27	0.316	0.375	1.64	1.87	0.53	0.95	0.37
Th	6.5	5.55	5.45	20.2	10.40	3.91	8.95	13.2	6.64	9.52	4.54	8.49	2.68
U	1.81	2.03	2.21	4.82	3.02	1.21	2.31	3.78	2.02	12.8	2.87	4.76	3.33
Zr	11	8.6	7.22	11	8.94	-2.05	16.2	6.81	5.67	9.52	10.3	9.70	-0.51
Hf	0.582	0.37	0.365	0.459	0.40	-0.18	0.612	0.252	0.259	0.407	0.411	0.39	-0.16

样号	QZK812-472	QZK812-401	质量迁移计算	QD69	QZK705-65	QZK705-220	QZK807-290	平均	质量迁移计算	QZK001-635	QZK001-172	QZK405-227	平均	质量迁移计算
岩石类型	花岗闪长斑岩			黑云母二长花岗岩						二长花岗斑岩				
蚀变带	弱蚀变岩石	石英+绿泥石+绢云母+硬石膏蚀变带		弱蚀变岩石	石英+绿泥石+绢云母+硬石膏蚀变带					弱蚀变岩石	石英+黏土化+绢云母化+硬石膏蚀变带			
SiO$_2$	65.13	63.55	-2.40	65.78	64.28	64.28	67.22	65.26	-5.19	69.39	72.68	81.40	77.04	23.77
TiO$_2$	0.57	0.52	-0.06	0.51	0.46	0.53	0.49	0.49	-0.05	0.29	0.26	0.29	0.28	0.04
Al$_2$O$_3$	15.76	15.72	-0.24	16.68	15.06	15.99	14.11	15.05	-2.70	14.76	14.45	9.72	12.09	-0.15
TFe$_2$O$_3$	4.29	4.82	0.47	3.55	3.19	3.02	2.15	2.79	-0.96	2.081	1.07	1.26	1.17	-0.67
MnO	0.03	0.02	-0.01	0.03	0.02	0.03	0.01	0.02	-0.01	0.01	0.01	0.01	0.01	0.00

续表

样号	QZK812-472	QZK812-401	质量迁移计算	QD69	QZK705-65	QZK705-220	QZK807-290	平均	质量迁移计算	QZK001-635	QZK001-172	QZK405-227	平均	质量迁移计算
岩石类型	花岗闪长斑岩			黑云母二长花岗岩						二长花岗斑岩				
蚀变带	弱蚀变岩石	石英+绿泥石+绢云母+硬石膏蚀变带		弱蚀变岩石	石英+绿泥石+绢云母+硬石膏蚀变带					弱蚀变岩石	石英+黏土化+绢云母化+硬石膏蚀变带			
MgO	1.61	1.35	-0.28	1.55	1.36	1.22	1.39	1.32	-0.32	0.83	0.48	0.46	0.47	-0.26
CaO	3.46	2.44	-1.05	3.5	3.42	3.81	3.43	3.55	-0.20	2.1	0.34	0.13	0.24	-1.82
Na$_2$O	3.99	3.69	-0.35	4.62	2.59	4.42	3.41	3.47	-1.39	4.11	2.58	1.09	1.84	-1.89
K$_2$O	3.46	4.33	0.81	2.03	4.38	3.16	4.30	3.95	1.63	4	7.45	4.97	6.21	3.51
P$_2$O$_5$	0.22	0.22	0.00	0.22	0.22	0.29	0.23	0.25	0.01	0.11	0.15	0.11	0.13	0.05
LOI	1.68	3.78		1.38	5.42	2.60	2.88	3.63		1.7	1.04	1.12	1.08	
总计	99.95	100.44		99.71	100.40	99.35	99.62	99.79		99.3	100.51	100.56	100.54	
F	0.053	0.071	0.02	0.065	0.076	0.062	0.077	0.072	0.00	0.048	0.046	0.042	0.044	0.01
Cl	0.021	0.006	-0.02	0.0086	0.0056	0.012	0.017	0.012	0.00	0.023	0.0057	0.015	0.0104	-0.01
S	0.43	1.63	1.18	0.43	1.69	1.53	1.7	1.64	1.09	0.63	0.27	0.31	0.29	-0.28
Li	21.8	13.9	-8.08	13.2	12.3	9.36	11.8	11.15	-2.84	9.53	6	7.77	6.885	-1.20
Be	2.13	1.62	-0.53	1.89	0.897	2.04	1.77	1.57	-0.43	2.51	2.53	0.726	1.628	-0.54
Sc	6.29	5.57	-0.79	6.51	5.78	4.93	4.26	4.99	-1.88	3.89	3.46	2.33	2.895	-0.39
V	88.5	81.7	-7.85	90.3	101	82.5	73.7	85.73	-10.70	43	40.1	39.7	39.9	5.25
Cr	120	152	30.05	13.7	190	169	187	182.00	155.29	10.5	160	257	208.5	241.62
Co	8.76	15.1	6.15	9.97	11.1	12.9	8.45	10.82	0.07	6.22	5.59	3.39	4.49	-0.79
Ni	22.1	12.7	-9.56	10.8	15	15.4	13.8	14.73	2.88	5.25	7.3	9.49	8.395	4.90
Cu	83.9	3299	3172.76	728	2234	2826	2802	2620.67	1705.30	928	1457	1213	1335	686.27
Zn	30.9	41.8	10.36	32.8	26.6	21.1	22	23.23	-11.23	35.4	16.1	32.5	24.3	-5.82
Ga	22.7	22.2	-0.78	22.3	17.9	20.2	16.6	18.23	-5.37	20.1	15.1	9.14	12.12	-5.44
Rb	113	122	7.43	74.3	162	86.3	115	121.10	38.14	90.9	192	128	160	102.57
Sr	644	581	-70.46	1042	620	1196	883	899.67	-206.65	484	429	246	337.5	-75.90
Y	9.75	7.42	-2.43	8.52	6.85	6.75	5.87	6.49	-2.49	7.42	3.81	3.64	3.725	-2.92
Nb	7.32	6.28	-1.12	4.46	3.76	4.1	3.4	3.75	-0.98	6.65	6.65	4.95	5.8	0.36
Mo	11	165	151.88	8.93	319	8.05	85.8	137.62	118.85	8.52	22.2	75.2	48.7	50.37
Cd	0.04	0.474	0.43	0.184	0.414	0.101	0.162	0.23	0.03	0.263	0.11	0.155	0.1325	-0.10
In	0.009	0.167	0.16	0.029	0.082	0.067	0.074	0.07	0.04	0.032	0.057	0.033	0.045	0.02
Sb	0.054	0.082	0.03	0.192	0.157	0.059	0.228	0.15	-0.05	0.107	0.077	0.168	0.1225	0.04
Cs	5.33	3.55	-1.83	3.34	8.94	2.63	2.98	4.85	1.16	1.78	3.55	4.63	4.09	3.17
Ba	806	846	29.14	604	757	833	718	769.33	110.33	795	1054	664	859	243.69

续表

样号	QZK812-472	QZK812-401	质量迁移计算	QD69	QZK705-65	QZK705-220	QZK807-290	平均	质量迁移计算	QZK001-635	QZK001-172	QZK405-227	平均	质量迁移计算
岩石类型	花岗闪长斑岩			黑云母二长花岗岩						二长花岗斑岩				
蚀变带	弱蚀变岩石	石英+绿泥石+绢云母+硬石膏蚀变带		弱蚀变岩石	石英+绿泥石+绢云母+硬石膏蚀变带					弱蚀变岩石	石英+黏土化+绢云母化+硬石膏蚀变带			
La	27.5	25.6	−2.23	22.6	23.1	33.2	23	26.43	1.94	17.5	11.2	14.4	12.8	−2.02
Ce	52.5	46.1	−6.99	44.3	43.8	65.6	47.5	52.30	4.26	35.2	19.7	27.8	23.75	−6.48
Pr	5.97	5.48	−0.56	5.22	5.51	8.63	6.38	6.84	1.13	3.56	2.2	3.36	2.78	−0.20
Nd	23.3	21.9	−1.68	22.8	22.5	35	26.9	28.13	3.32	14.2	8.78	13.2	10.99	−0.91
Sm	3.99	3.59	−0.45	3.61	3.62	5.37	4.16	4.38	0.46	2.38	1.47	2.17	1.82	−0.18
Eu	1.15	0.932	−0.23	1.14	0.957	1.25	1.05	1.09	−0.13	0.752	0.513	0.658	0.5855	−0.04
Gd	2.72	2.64	−0.11	2.63	2.61	3.54	2.8	2.98	0.14	1.8	1.05	1.5	1.275	−0.26
Tb	0.396	0.356	−0.04	0.348	0.314	0.401	0.319	0.34	−0.03	0.263	0.167	0.215	0.191	−0.03
Dy	1.88	1.7	−0.20	1.6	1.4	1.63	1.38	1.47	−0.24	1.31	0.743	0.978	0.8605	−0.27
Ho	0.303	0.261	−0.05	0.249	0.22	0.248	0.182	0.22	−0.05	0.225	0.139	0.14	0.1395	−0.06
Er	0.752	0.65	−0.11	0.789	0.676	0.649	0.598	0.64	−0.19	0.669	0.37	0.376	0.373	−0.22
Tm	0.096	0.1	0.00	0.111	0.091	0.086	0.071	0.08	−0.03	0.093	0.069	0.05	0.0595	−0.02
Yb	0.553	0.54	−0.02	0.689	0.622	0.549	0.442	0.54	−0.19	0.62	0.383	0.306	0.3445	−0.20
Lu	0.085	0.083	0.00	0.097	0.095	0.066	0.069	0.07	−0.03	0.097	0.045	0.037	0.041	−0.05
Ta	0.555	0.505	−0.06	0.289	0.383	0.323	0.213	0.31	0.00	0.552	0.627	0.27	0.4485	−0.01
W	11.2	36.2	24.54	9.95	41.5	23.2	31.9	32.20	19.95	7.34	43.3	40.8	42.05	43.51
Re	0.048	0.923	0.86	0.038	2.13	0.071	0.396	0.87	0.77	0.032	0.17	0.383	0.2765	0.30
Tl	0.966	1.78	0.79	0.784	1.72	0.854	1.1	1.22	0.35	0.947	2.79	1.86	2.325	1.86
Pb	20.6	52.8	31.52	35.3	18.8	28.4	26.9	24.70	−12.37	44.7	75.4	51.5	63.45	32.02
Bi	0.069	2.87	2.76	0.653	0.689	0.587	0.466	0.58	−0.11	1.02	0.912	0.43	0.671	−0.21
Th	14.4	13.9	−0.68	6.5	5.71	14.6	7.32	9.21	2.05	14.5	10.3	4.55	7.425	−5.52
U	2.33	3.29	0.92	1.81	2.09	3.32	1.64	2.35	0.37	3.51	2.04	1.59	1.815	−1.32
Zr	44.6	45.3	0.12	11	2.92	7.43	6.79	5.71	−5.70	50.9	18.2	3.21	10.705	−37.96
Hf	1.01	1.2	0.17	0.582	0.209	0.366	0.362	0.31	−0.29	1.76	0.656	0.173	0.4145	−1.26

样号	QD31	QZK3117-56	质量迁移计算	QD69	QZK005-178	质量迁移计算	QZK005-446	质量迁移计算
岩石类型	流纹斑岩			黑云母二长花岗岩				
蚀变带	未蚀变	硅化+黏土化+黄铁矿化蚀变带		未蚀变	石英+绿泥石+绢云母+硬石膏蚀变带		石英+绿泥石+绢云母+硬石膏蚀变带	
脉系					黄铁矿+黄铜矿+磁铁矿脉		硬石膏+硫化物脉	
SiO₂	76.16	71.52	−5.97	65.78	54.24	−7.52	55.20	−11.50

续表

样号	QD31	QZK3117-56	质量迁移计算	QD69	QZK005-178	质量迁移计算	QZK005-446	质量迁移计算
岩石类型	流纹斑岩			黑云母二长花岗岩				
蚀变带	未蚀变	硅化+黏土化+黄铁矿化蚀变带		未蚀变	石英+绿泥石+绢云母+硬石膏蚀变带		石英+绿泥石+绢云母+硬石膏蚀变带	
脉系					黄铁矿+黄铜矿+磁铁矿脉		硬石膏+硫化物脉	
TiO_2	0.14	0.32	0.17	0.51	0.35	−0.13	0.42	−0.10
Al_2O_3	12.27	14.45	1.91	16.68	11.77	−4.04	13.57	−3.34
TFe_2O_3	0.60	2.12	1.48	3.55	20.16	18.11	1.66	−1.92
MnO	0	0.06	0.05	0.03	0.03	0.00	0.03	0.00
MgO	0.08	0.38	0.29	1.55	0.85	−0.64	0.97	−0.60
CaO	0.03	1.20	1.15	3.5	1.55	−1.84	7.11	3.49
Na_2O	0.42	1.98	1.52	4.62	0.80	−3.76	2.13	−2.53
K_2O	9.46	5.31	−4.25	2.03	4.49	2.79	7.05	4.90
P_2O_5	0.02	0.04	0.02	0.22	0.12	−0.09	0.22	0.00
LOI		3.00		1.38	5.04	4.03	2.82	
总计	99.91	100.38		99.71	99.40	7.05	91.18	
F	<0.005	0.022	0.02	0.065	0.053	−0.01	0.056	−0.01
Cl	0.0059	0.0008	−0.01	0.0086	0.0044	0.00	0.0065	0.00
S	0.22	0.55	0.32	0.43	2.07	1.79	5.03	4.52
Li	4.91	6.16	1.14	13.2	8.59	−3.97	8.7	−4.65
Be	0.62	1.14	0.50	1.89	1.31	−0.48	1.22	−0.69
Sc	3.17	6.25	2.96	6.51	3.96	−2.26	5.07	−1.52
V	9.03	37.8	28.07	90.3	84.2	0.14	66	−25.40
Cr	4.89	136	128.57	13.7	127	122.71	92.7	77.45
Co	1.42	3.98	2.49	9.97	42	35.14	5.27	−4.79
Ni	未检出	4.65		10.8	20.6	11.33	13.4	2.38
Cu	634	1858	1189.36	728	3857	3414.86	4745	3937.68
Zn	13.3	59.8	45.38	32.8	42.8	13.17	63.5	29.64
Ga	5.67	12.7	6.79	22.3	20.4	−0.39	13.5	−9.03
Rb	237	183	−57.41	74.3	145	81.45	194	116.46
Sr	167	112	−57.09	1042	275	−746.62	789	−266.19
Y	9.28	16	6.42	8.52	4.03	−4.19	12.1	3.38
Nb	11.5	8.33	−3.33	4.46	3.26	−0.96	4.64	0.10
Mo	41.2	10.2	−31.19	8.93	131	131.78	204	191.66

续表

样号	QD31	QZK3117-56	质量迁移计算	QD69	QZK005-178	质量迁移计算	QZK005-446	质量迁移计算
岩石类型		流纹斑岩				黑云母二长花岗岩		
蚀变带	未蚀变	硅化+黏土化+黄铁矿化蚀变带		未蚀变	石英+绿泥石+绢云母+硬石膏蚀变带		石英+绿泥石+绢云母+硬石膏蚀变带	
脉系					黄铁矿+黄铜矿+磁铁矿脉		硬石膏+硫化物脉	
Cd	0.147	0.403	0.25	0.184	0.309	0.15	0.838	0.64
In	0.021	0.138	0.11	0.029	0.082	0.06	0.12	0.09
Sb	4.12	4.1	−0.10	0.192	0.242	0.07	28.4	27.73
Cs	2.97	7.79	4.67	3.34	3.48	0.40	4.82	1.40
Ba	1844	1144	−721.33	604	462	−107.76	666	50.87
La	26.2	19.6	−6.97	22.6	14.5	−7.03	23.1	0.11
Ce	43.2	37	−6.89	44.3	26.9	−15.41	45	−0.05
Pr	4.37	3.95	−0.49	5.22	3.19	−1.79	5.68	0.37
Nd	15.5	15.9	0.10	22.8	13.4	−8.41	24.4	1.19
Sm	2.43	2.97	0.48	3.61	2.15	−1.30	4.34	0.66
Eu	0.677	0.818	0.13	1.14	0.576	−0.52	1.31	0.15
Gd	1.91	2.61	0.65	2.63	1.45	−1.07	3.34	0.65
Tb	0.279	0.462	0.17	0.348	0.205	−0.13	0.51	0.15
Dy	1.5	2.56	1.01	1.6	0.932	−0.60	2.5	0.86
Ho	0.274	0.538	0.25	0.249	0.153	−0.08	0.395	0.14
Er	0.786	1.72	0.90	0.789	0.401	−0.36	1.15	0.34
Tm	0.158	0.267	0.10	0.111	0.061	−0.05	0.171	0.06
Yb	1.1	1.78	0.65	0.689	0.399	−0.26	1.07	0.36
Lu	0.179	0.284	0.10	0.097	0.055	−0.04	0.162	0.06
Ta	1.06	0.74	−0.33	0.289	0.234	−0.04	0.32	0.03
W	10.1	21.7	11.20	9.95	59.5	53.96	34	23.48
Re	0.287	0.198	−0.09	0.038	0.54	0.54	0.569	0.52
Tl	3.13	3.38	0.19	0.784	1.38	0.70	2.24	1.42
Pb	61	34.5	−27.14	35.3	18.9	−15.00	51.6	15.44
Bi	0.387	5.59	5.10	0.653	1.14	0.57	0.286	−0.37
Th	11.8	9.1	−2.87	6.5	4.42	−1.75	5.89	−0.71
U	1.37	4.89	3.43	1.81	1.42	−0.28	1.27	−0.56
Zr	83	15.4	−67.89	11	6.49	−4.03	4.29	−6.78
Hf	2.65	0.499	−2.16	0.582	0.299	−0.26	0.251	−0.34

注：SiO_2 至 S 行数值单位为 wt%，Li 至 Hf 行数值单位为 ppm。

$$\Delta C = Cia * (1/S) - Cif \qquad (6.4)$$

其中，Cif 和 Cia 分别为弱蚀变岩石、蚀变岩样品中的氧化物或元素含量，S 为不活动元素等浓线的斜率。在本次计算过程中，首先选择不活动性元素，对于钠长石+榍石+硬石膏+绿帘石蚀变、石英+黑云母+钾长石+硬石膏蚀变、石英+绢云母+绿泥石+硬石膏蚀变我们选择 TiO_2、Al_2O_3 和 Zr 为不活动性元素，利用线性回归计算斜率即为 S。而在石英+绢云母+绿泥石+硬石膏蚀变带中的磁铁矿+黄铁矿+黄铜矿细脉中选择 V、Ta、Ga、Nb 为不活动性元素进行计算，石英+硬石膏细脉中选择 Ce、Nd、P_2O_5、Nb 和 MnO 为不活动性元素进行计算，石英+黏土化+绢云母化±硬石膏蚀变过程中选择 Al、Ti 和 Nb 为不活动性元素进行计算，石英+黏土化+黄铁矿化蚀变过程中选择 Tl、Nd、Pr 为不活动性元素进行计算，利用线性回归计算斜率即 S。各蚀变带相对于弱蚀变岩的元素等浓度图解见图 6.24。所选择的样品对中主量元素和微量元素的带入和带出见图 6.25。

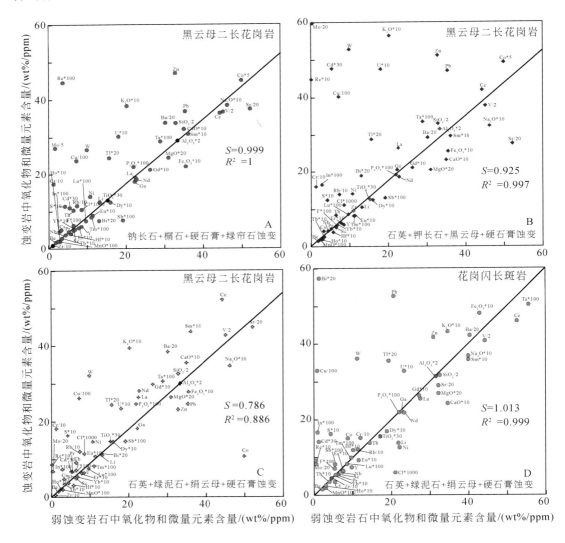

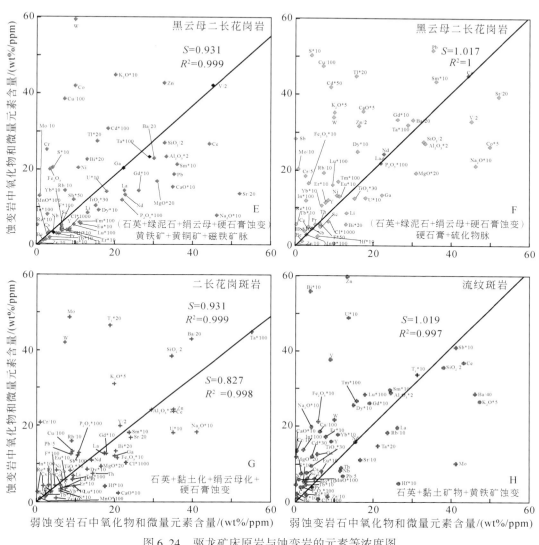

图6.24　驱龙矿床原岩与蚀变岩的元素等浓度图

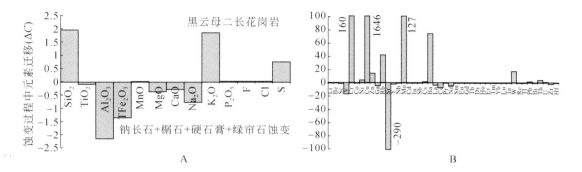

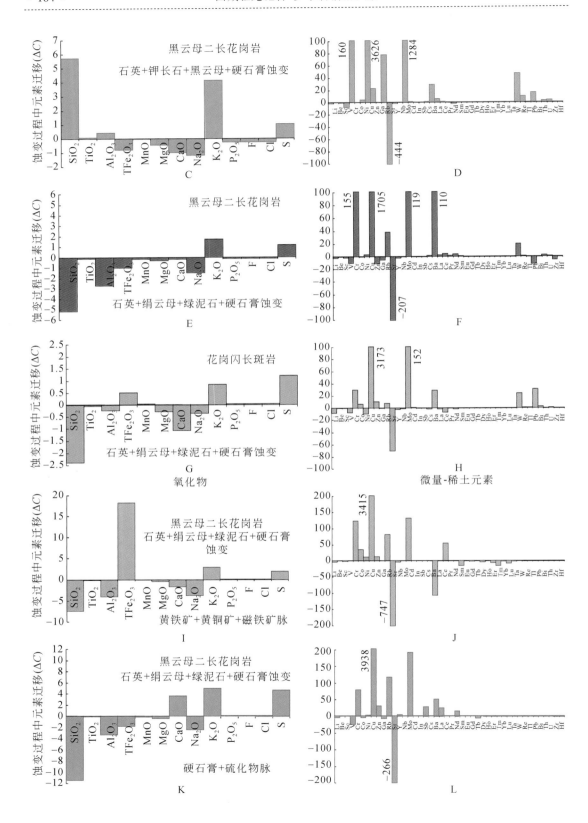

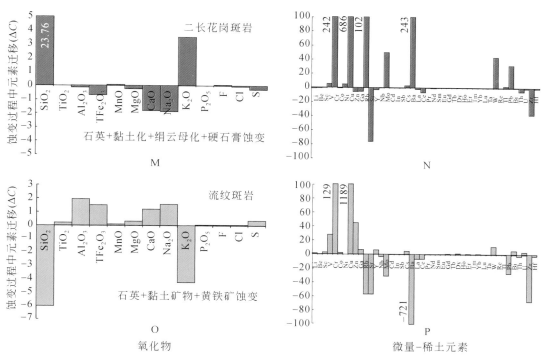

图 6.25　驱龙矿床主要蚀变过程中主量元素和微量元素带入和带出图解

三、计 算 结 果

（一）钠长石+榍石+硬石膏+绿帘石蚀变带的元素迁移富集

以钠长石+榍石+硬石膏+绿帘石蚀变为代表的 Na-Ca 蚀变岩样品（QZK802-946、QZK805-847、QZK811-889 的平均值）与弱蚀变斑岩（样品 QD69）的主量和微量元素含量比较（图6.24A），表现为 SiO$_2$、K$_2$O 氧化物以及 S、Cr、Cu、Rb、Mo、Ba 强烈带入，而 Al$_2$O$_3$、TFe$_2$O$_3$、MgO、Na$_2$O、Sr、V 组分亏损（图6-25A、B），可能反映了斜长石和铁镁矿物的分解。其中 CaO 和 Na$_2$O 没有富集，表明驱龙矿床的 Na-Ca 蚀变较弱。在该带中 Rb 的带入可能与其中大量次生黑云母有关。Ba 的带入可能与蚀变过程中局部有重晶石的形成有关。TFe$_2$O$_3$ 的带出与蚀变过程中铁镁矿物的分解有关。

（二）石英+黑云母+钾长石+硬石膏蚀变带的元素迁移富集

以石英+黑云母+钾长石+硬石膏为代表的钾硅酸盐蚀变岩样品（QZK811-867、QZK805-732、QZK005-397、QZK001-590.5、QZK805-722 的平均值）与弱蚀变斑岩（样品 QD69）的主量和微量元素含量比较（图6.24B），表现为 SiO$_2$、K$_2$O、Al$_2$O$_3$ 氧化物以及 S、Cr、Cu、Mo、W、Zn、Pb、Re、Rb、Ba 强烈带入，而 TFe$_2$O$_3$、CaO、MgO、Na$_2$O、Sr、V 组分亏损（图6.25C、D），可能反映了斜长石和铁镁矿物的分解。Si、K 的富集与岩相学观察到的发育大量弥散状黑云母化、石英+钾长石细脉相关。在钾化带中 Rb 的带入可能与其中大量次生黑云母有关。CaO 的亏损可能源于钾长石交代斜长石。在钾化过程中 Cu、Mo 等成矿元素明显富集，与岩相学所观察到的钾化带中 Cu、Mo 矿化一致。

（三）　石英+绢云母+绿泥石+硬石膏蚀变带中的元素迁移富集

石英+绢云母+绿泥石+硬石膏蚀变带发育在黑云母二长花岗岩和花岗闪长斑岩中。黑云母二长花岗岩的蚀变岩（样品 QZK705-65、QZK705-220、QZK807-290 的平均值）与弱蚀变斑岩（样品 QD69）的主量和微量元素对比（图 6.24C），显示 K_2O、S、Cr、Cu、Mo、W、Ba 有明显的带入，而 SiO_2、Al_2O_3、TFe_2O_3、CaO、MgO、Na_2O、Zn、Sr、V、Pb 明显亏损（图 6.25E、F）。花岗闪长斑岩的蚀变岩（样品 QZK812-401）与弱蚀变斑岩（QZK812-472）的主量和微量元素对比（图 6-24D），显示 K_2O、TFe_2O_3、S、Cr、Co、Cu、Zn、Rb、Ba、W、Pb、Bi 有明显的带入，而 SiO_2、Al_2O_3、CaO、MgO、Na_2O、Ni、Sr、V 明显亏损（图 6.25G、H）。在这一阶段的蚀变岩表现为成矿元素 Cu、Mo、Zn、Pb 的带入，反映了 Cu-Fe 硫化物和铅锌矿化的存在。

（四）　磁铁矿+黄铁矿+黄铜矿细脉中的元素迁移富集

在黑云母二长花岗岩石英+绢云母+绿泥石+硬石膏蚀变带中发育磁铁矿+黄铁矿+黄铜矿细脉。含磁铁矿+黄铁矿+黄铜矿细脉的黑云母二长花岗岩的蚀变岩（样品 QZK005-178）与弱蚀变斑岩（样品 QD69）的主量和微量元素对比（图 6.24E），显示 TFe_2O_3、K_2O、S、Cr、Co、Ni、Cu、Zn、Mo、Ce 有明显的带入，而 SiO_2、Al_2O_3、CaO、Na_2O、Zn、Sr、V、Pb 明显亏损（图 6.25I、J）。在这一阶段的蚀变岩表现为成矿元素 Cu、Mo、Zn、Pb 的带入，可能反映了 Cu-Fe 硫化物和铅锌矿化。

（五）　石英+硬石膏细脉中的元素迁移富集

石英+绢云母+绿泥石+硬石膏蚀变带发育在黑云母二长花岗岩和花岗闪长斑岩中。黑云母二长花岗岩的蚀变岩（样品 QZK705-65、QZK705-220、QZK807-290 的平均值）与弱蚀变斑岩（样品 QD69）的主量和微量元素对比（图 6.24F），显示 K_2O、S、Cr、Cu、Mo、W、Ba 有明显的带入，而 SiO_2、Al_2O_3、TFe_2O_3、CaO、MgO、Na_2O、Zn、Sr、V、Pb 明显亏损（图 6.25K、L）。在这一阶段的蚀变岩表现为成矿元素 Cu、Mo、Zn、Pb 的带入，反映了 Cu-Fe 硫化物和铅锌矿化的存在。

（六）　石英+黏土化+绢云母化±硬石膏蚀变带中的元素迁移富集

这一类型的蚀变主要发育在二长花岗斑岩中，主要表现为斜长石被少量绢云母和黏土矿物如高岭石、地开石、伊利石等交代。蚀变岩样品（QZK001-172、QZK405-227 的平均值）与弱蚀变样品（样品 QZK001-635）比较（图 6.24G），在这一蚀变过程中，带出 Al_2O_3、TFe_2O_3、CaO、MgO、Na_2O、S、Zn、Ga、Sr、Zr，而带入 SiO_2、K_2O、Cu、Mo、Pb、W、Ba、Cr、Rb（图 6.25M、N）。Ca 的亏损可能是受到富 Ca 斜长石分解的影响。Sr 的富集可能与这一蚀变过程中有较多石膏产出有关。而 Cu、Mo 富集与这一阶段仍发育大量石英+黄铜矿+黄铁矿细脉有关，Pb 的富集和 Zn 的亏损表明与该类型蚀变发育在岩体上部有关，表明矿区的剥蚀较浅。

（七）石英+黏土化+黄铁矿化蚀变带中的元素迁移富集

这一类型的蚀变主要发育在侏罗系叶巴组的流纹斑岩中，主要表现为斜长石被少量绢云母和黏土矿物如高岭石、地开石、伊利石等交代和发育面状的黄铁矿蚀变晕。蚀变岩样品（QZK3117-56）与弱蚀变样品（样品 QD31）比较（图 6.24H），在这一蚀变过程中，带出 SiO_2、K_2O、Zn、Ga、Rb、Sr、Mo、Ba、Tl、Zr，而带入 Al_2O_3、TFe_2O_3、CaO、MgO、Na_2O、S、V、Cr、Cu、Zn（图 6-25O、P）。

（八）热液蚀变对金属沉淀的控制

驱龙斑岩铜钼矿床中总的热液蚀变及发育脉系类型、内生矿化特征与世界上其他典型斑岩铜钼矿床较吻合（Seedorff et al.，2005；Sillitoe，2010）。根据驱龙矿区斑岩–蚀变–矿化的相互关系，结合驱龙杂岩体的锆石 U-Pb 年代学数据，认为矿区的 Cu-Mo 矿化事件为多阶段岩浆–热液活动的产物（17.9～15.5Ma）。在矿区范围内，在矿区深部出现有钠长石交代斜长石及蚀变的绿帘石、榍石等，被认为是矿区最早的蚀变组合，元素迁移富集结果显示没有 CaO 和 Na_2O 明显富集，表明驱龙矿床的 Na-Ca 蚀变较弱。蚀变–矿化的早阶段，热液黑云母、钾长石、硬石膏、磁铁矿、石英等与 Cu-Mo 矿化的密切共生，这种磁铁矿蚀变及随后的钾硅酸盐蚀变与安第斯典型斑岩铜钼矿床相似（Gustafson and Hunt，1975；Stern et al.，2007；Sillitoe，2010）。

在驱龙矿区，石英+绢云母+绿泥石+硬石膏蚀变带发育在黑云母二长花岗岩和花岗闪长斑岩中，并叠加在钾硅酸盐蚀变之上，穿切和交代早阶段的蚀变。这一阶段以大量出现绿泥石为特征，伴有面状硅化、局部绢云母化以及浸染状和细脉状产出的 Cu-Fe 硫化物，常见黄铜矿与绿泥石共生。这一阶段流体向上运移，通过韧/脆性转换带，温度下降到300℃，流体压力的释放、沸腾，形成一系列破裂裂隙，伴随矿质的沉淀，形成如石英+黄铜矿细脉（B 型脉）。质量平衡计算这种流体的主要效应是带出 Al_2O_3、TFe_2O_3、CaO、MgO、Na_2O、Zn、Sr、V、Pb，而成矿元素 Cu、Mo 显著增加。在这类蚀变带中发育磁铁矿+黄铁矿+黄铜矿细脉和石英+硬石膏细脉，我们同时计算这类细脉中的元素迁移富集，结果显示在这类细脉的发育时，成矿元素 Cu、Mo、Zn、Pb 强烈富集。

发育在二长花岗斑岩中的石英+绢云母+绿泥石+硬石膏蚀变，主要表现为斜长石被少量绢云母和黏土矿物如高岭石、地开石、伊利石等交代。质量平衡计算结果显示带出 Al_2O_3、TFe_2O_3、CaO、MgO、Na_2O、S、Zn、Ga、Sr、Zr，而带入 SiO_2、K_2O、Cu、Mo、Pb、W、Ba、Cr、Rb，成矿元素 Cu、Mo 的富集与上述两个蚀变带相比，富集程度明显减弱。

发育在侏罗系叶巴组的流纹斑岩中的石英+黏土化+黄铁矿化蚀变，长石大量分解，主要表现为斜长石被黏土矿物如高岭石、地开石、伊利石等交代和发育面状的黄铁矿蚀变晕。虽然 Cu 硫化物减少，但发育石英+黄铁矿细脉，以黄铁矿逐渐增多为特征；这一阶段的蚀变在矿床的外围最发育，系流体冷却到 250℃，岩浆流体的稀释作用，形成了 D 型脉和面状硅化及黏土化。质量平衡计算结果表明这一阶段虽有一定 Cu、Mo 的带入，但矿化强度已大为减弱。

各种元素乘以或除以某个系数使之投在图解范围内，图中黑色斜线（等浓度线）由用于计算元素带入带出的不活动元素拟合而成（Al_2O_3，TiO_2，Zr 等），在这条线之上的元素在蚀变岩中富集，相反在这条线之下的元素在蚀变过程中亏损，氧化物、F、Cl、S 含量以 wt% 表示，而微量元素含量以 ppm 表示，S 为等浓度线的斜率，R^2 为不活动性元素之间的相关系数。

第四节　蚀变作用演化过程

通过研究驱龙斑岩矿床中与成矿直接有关的中新世侵入岩的岩石地球化学、锆石 U-Pb 年代学、围岩蚀变特征，总结提出驱龙斑岩铜矿的各期次的岩体侵入与相对应的蚀变演化模式图（图6.26）。锆石 U-Pb 年代学、岩石地球化学研究表明，与驱龙矿床成矿作用直接相关的侵入岩为中新世的复式岩体，它们具有极其相似的矿物组成、岩石地球化学特征，是共同的岩浆源区产生的岩浆在深部形成的同一岩浆房不断分异演化的产物；岩浆侵位活动从约18Ma一直持续到约13Ma。岩体侵位顺序及蚀变–矿化过程为：①约18Ma，花岗闪长岩，呈大的岩株状侵位到古深度下约3~7km处，在岩体与地层接触带附近引起了大面积的角岩化，受区内深部裂隙、断层或地层岩性的影响，由于大规模的成矿流体沿断裂在岩体外围的地层中活动，热液沿构造有利部位充填交代形成明显的夕卡岩及夕卡岩矿体（知不拉和浪母家果）；②之后在很短的时间间隔（≤1Ma）内，（似斑状）黑云母二长花岗岩沿相同的岩浆通道呈小的岩株状侵入到花岗闪长岩中（约17Ma），此时由于似斑状黑云母二长花岗岩携带了较多的流体，形成广泛的黑云母化、钾长石化及硬石膏化，并伴随金属矿化作用，并造成花岗闪长岩体发生弱绿泥石（±绿帘石）化蚀变；③约16Ma，呈岩株状侵位的二长花岗斑岩，由于携带了大量的成矿流体，叠加早期蚀变矿化，使驱龙铜矿进一步富集，形成大量的热液脉系使矿化进一步富集，深部形成广泛的钠钙蚀变和钾硅酸盐化蚀变，在其浅部黏土化及绢云母+黄铁矿+硅化+黏土化+硬石膏化，并且其顶部形成隐爆角砾岩；④约15Ma，随后侵位花岗闪长斑岩，虽然流体活动明显减弱，但没有明显的矿化及蚀变作用叠加，并在其顶部发育有岩浆角砾岩，该花岗闪长斑岩的侵入表明矿区内整个斑岩成矿岩浆热液系统的衰竭；⑤此后矿区内再无明显与成矿有关的岩浆活动，只是在约13Ma，成矿后的石英闪长玢岩呈小的岩脉状侵入。在18~13Ma，驱龙铜钼矿床形成过程中伴随高原的强烈隆升；⑥从13Ma到现在，驱龙矿区只是受到高原的隆升以及地表剥蚀作用；形成了如今的地形地貌及矿床地表出露情况。

通常从硫酸盐到硫化物的还原反应，可能的机制有两种：硫酸盐与 Fe^{2+} 反应（Li et al.，2009b）或是硫酸盐与造岩矿物的反应（Jugo and Lesher，2005）。在驱龙矿床中，通过详细的岩相学的研究发现，在含有岩浆硬石膏斑晶的花岗闪长斑岩中，我们发现岩浆硬石膏边部普遍发育明显的溶蚀现象（图5.25J），以及磁铁矿、黄铁矿与岩浆硬石膏共生（图5.27B），这些现象可能暗示在驱龙矿床中，以上两种机制都存在。驱龙矿床中从岩浆硬石膏到热液硬石膏的转变，并造成金属矿物的沉淀，过程以下反应：

侵入作用	蚀变类型	蚀变矿物组合	脉系组合	金属矿物组合
~13 Ma 闪长玢岩				
岩浆(热液)角砾岩	硅化-黑云母化	石英+黑云母		磁铁矿+黄铜矿+黄铁矿
~15 Ma 花岗闪长斑岩 1~2km	弱硅化-黏土化	高岭石+石英	石英+黄铁矿脉 黄铁矿+黄铜矿脉	黄铁矿+黄铜矿+磁铁矿
热液角砾岩	硅化-硬石膏化	石英+硬石膏±黑云母		磁铁矿+黄铜矿+黄铁矿
~16 Ma 二长花岗斑岩 2km	石英-绢云母-黏土化	石英+绢云母+绿泥石+高岭石+伊利石±硬石膏	石英脉，石英+绿泥石+绿帘石脉 磁铁矿+黄铁矿+硅灰石脉 石英+黄铁矿+黄铜矿+方铅矿+闪锌矿细脉	黄铜矿+黄铁矿+斑铜矿+磁铁矿+闪锌矿+方铅矿+辉铜矿
	石英-绿泥石-绢云母	石英+黏土化+绢云母化+硬石膏	石英+硬石膏+绿泥石+黄铁矿+磁铁矿+黄铜矿细脉 绿泥石+黄铜矿+黄铁矿脉，黄铜矿+黄铁矿+石膏+绿泥石+黄铜矿+黄铁矿脉 石英+黄铜矿+黄铁矿+辉钼矿脉	黄铁矿+黄铜矿+辉钼矿+磁铁矿
	钾硅酸盐	钾长石+黑云母+硬石膏+石英±钠长石	黑云母+石英+钾长石+黄铜矿脉 石英+钾长石+辉钼矿+黄铜矿+黄铁矿+斑铜矿脉 磁铁矿+石英+硬石膏+黄铜矿+黄铁矿脉 石英+钾长石+黑云母+硬石膏脉	黄铜矿+黄铁矿+斑铜矿+磁铁矿+辉钼矿
~17 Ma 黑云母二长花岗岩	硅化-阳起石-绿泥石-绿帘石	绿泥石+绿帘石+阳起石+石英±黑云母	石英+黄铁矿脉，石英+绿泥石+绿帘石脉 黄铜矿脉，黄铁矿+黄铜矿脉	黄铁矿±黄铜矿±磁铁矿
3~4km	青磐岩化	绿泥石+绿帘石+碳酸盐+石英	石英+黄铁矿脉，石英+绿泥石+黄铁矿脉 黄铜矿±黄铁矿脉	黄铁矿±黄铜矿脉
	钠-钙蚀变	榍石-钠长石-绿帘石-硬石膏±石英	钠长石±石英脉，钾长石+硬石膏脉 硬石膏+金红石脉	黄铁矿+黄铜矿+磁铁矿
~18 Ma 花岗闪长岩	角岩化	石英-高钙斜长石 黑云母+石英-绿泥石	石英+黄铁矿脉 石英+绿泥石脉 磁黄铁矿脉 黄铁矿+黄铜矿脉	黄铁矿+磁黄铁矿±黄铜矿
3~7km	大理岩化	方解石+石英	石英+黄铁矿脉，石英脉	黄铁矿
	夕卡岩化	1.石榴子石+硅灰石+石英+透辉石 2.石榴子石+透辉石+透闪石+绿泥石+绿帘石+石英	石英+黄铁矿脉，石英脉 磁黄铁矿+黄铜矿+黄铁矿脉 石英+黄铁矿脉，石英脉 石英+黄铜矿+黄铁矿±闪锌矿+方铅矿脉，黄铁矿+黄铜矿脉	黄铁矿+磁黄铁矿±黄铜矿+镜铁矿 黄铁矿+斑铜矿+黄铜矿+磁铁矿+闪锌矿+方铅矿+辉钼矿

图6.26 驱龙矿床岩体侵入与蚀变-成矿演化过程模式图

$$4CaSO_4 \longrightarrow 4Ca^{2+}+4SO_2+4O_2 \tag{1}$$

$$4SO_2+4H_2O = H_2S+3H_2SO_4 = 3HSO_4^-+3H^++H_2S \tag{2}$$

$$12FeCl_2+12H_2O+H_2SO_4 = 4Fe_3O_4+24HCl+H_2S \tag{3}$$

$$Cu^++Fe^{2+}+2H_2S+0.25O_2 = CuFeS_2+3H^++0.5H_2O \tag{4}$$

$$Ca^{2+}+SO_4^{2-} = CaSO_4 \tag{5}$$

反应（1），由于岩浆中压力、温度、含水量的变化，岩浆硬石膏发生分解作用，释放出 SO_2；反应（2），SO_2 遇水发生水解反应，形成 H_2S 和 H_2SO_4，此时流体的 pH 降低；反应（3），磁铁矿的沉淀会显著改变流体的 pH 和 SO_4^{2-}/H_2S 值，进而改变流体的成分；随着流体演化，流体中的成矿物质 Cu^+ 和 Fe^{2+} 与 H_2S 发生反应（4），形成黄铜矿沉淀，进一步释放 H^+ 造成流体的 pH 进一步降低；反应（5）中，流体中的 Ca^{2+} 和 SO_4^{2-} 结合，又生成硬石膏 $CaSO_4$ 沉淀；当然，由于流体中一开始并且始终存在 Ca^{2+} 和 SO_4^{2-}，因此反应（5）可能始终伴随着流体的演化而不断进行，这也从热液硬石膏在各个蚀变-矿化阶段都普遍存在得到印证。随着以上 5 个反应的进行，流体中的 H^+ 逐渐增多，pH 也逐渐降低；且整个过程中都伴随着岩浆来源的硫被固定和沉淀下来。

斑岩型矿床中，从形成钠–钙蚀变→钾化蚀变→绢云母化蚀变→黏土化蚀变的流体温度逐渐降低，pH 也逐渐降低。因此，发生酸性淋滤作用，造成绢云母化蚀变时，流体的 pH 是相对最低的；此时绢云母在交代长石、黑云母的过程的同时，释放出大量的 Ca^{2+}，因此造成大量的热液硬石膏与绢云母同时沉淀。

通过对驱龙矿床详细的热液蚀变–矿化的研究，可以看出驱龙矿床中，岩浆阶段存在典型的岩浆硬石膏，热液阶段又发育大量的热液硬石膏，从岩浆硬石膏到热液硬石膏的转变，发生一系列水岩反应过程；并且伴随着热液硬石膏的沉淀，同时也生成大量的硫化物以及蚀变矿物；特别是热液硬石膏与钾硅酸盐化蚀变和绢云母化蚀变关系密切。岩浆硬石膏的分解以及水解反应，是岩浆硫转化为热液硫的关键过程，同时也伴随着硫同位素的分馏。不同蚀变–矿化阶段中，沉淀的硬石膏与硫化物的相对比值，也会造成流体总硫的组成变化（这将在后面稳定同位素研究部分详细讨论）。

因此驱龙岩浆–热液成矿系统中成矿元素——硫，在从岩浆阶段到热液阶段的转变以及热液蚀变–矿化过程都很好地印证了以上的论述。当然，以上过程只是驱龙复杂的热液蚀变–矿化过程的概括，很多细节还有待深入研究。

第五节　热液成矿活动时限

在斑岩成矿系统中，其复杂的岩浆–热液活动可能维持 1~10Ma。而多期的岩浆活动使其时限延长，但相对漫长的岩浆过程，成矿事件往往"瞬时"发生。侯增谦等 (2003b) 研究指出，冈底斯斑岩成矿带的成矿作用时限不超过 1Ma；在区域上辉钼矿 Re-Os 年龄具有高度的一致性，成矿作用是在短暂的时间里快速发生的；尽管斑岩岩浆–热液系统可以维持 3~8Ma，但成矿作用仅发生在岩浆–热液系统活动的中晚阶段。普遍认为，斑岩矿床中，含热液黑云母的脉系，代表了早期高温阶段的成矿流体活动；而黄铁矿–绢云母细脉则为晚期低温热液活动的产物。因此，通过对黑云母和绢云母的 Ar-Ar 年代学研究可以探讨斑岩型矿床的热液演化时限。项目分别选择驱龙矿床中代表性的早期高温热液阶段的 A 脉（黑云母±石英+黄铜矿+黄铁矿+辉钼矿脉，样号：QZK812-205）和成矿晚期低温热液阶段的 D 脉（石英+绢云母+黄铁矿脉，样号：QZK1607-290），进行 $^{40}Ar/^{39}Ar$ 年代学研究。

$^{40}Ar/^{39}Ar$ 年龄测试工作在中国科学院地质与地球物理研究所 $^{40}Ar/^{39}Ar$ 实验室进行，详细实验流程见王非等 (2004)。所有样品的单矿物称重后用铝箔包裹，和国际标样 Bern4M（其年龄为 18.700±0.056Ma）一同装入内径为 0.8cm、长约 2.5cm 的石英玻璃管中，外部由 0.5mm 厚的镉皮包裹，以便屏蔽热中子。样品送入中国原子能研究院 49-2 反应堆 H8 孔道照射 47.5h，中子通量的变化约为 3%/cm。照射后的样品放置 1~2 个月以使放射性水平降至安全操作范围。萃取气体前首先加热至 350℃ 去气 30min，使用阶段加热法萃取气体。采用 Zr-Al 泵纯化，纯化后气体引入 MM5400 气体质谱仪进行 Ar 同位素分析。测定结果经过仪器质量歧视校正、放射性衰变校正和 Ca、K 同位素反应校正。由于系统本底小

于样品信号（^{40}Ar）的 1‰，且其^{40}Ar/^{39}Ar 值近似于大气比值，因此测定数据没有进行本底校正。年龄误差置信水平为 2σ（王非等，2004）。

驱龙斑岩铜钼矿床的黑云母和绢云母 Ar 同位素测定及年龄结果见表 6.8，图 6.27 给出了年龄谱和反等时线年龄图；所有的误差置信水平为 2σ。最终的年龄误差包括了仪器分析误差、J 值测定误差、K-Ca 校正参数误差。其中早期 A 脉中的黑云母（QZK812-205）的年龄坪占^{39}Ar 总释出量的 90% 以上，^{40}Ar/^{39}Ar 坪年龄为 15.68±0.17Ma，MSWD = 0.94；反等时线的年龄为 15.60±0.18Ma，MSWD = 0.40，和坪年龄一致（图 6.27A、B）；初始 Ar 同位素组成为 305.5±8.4，在误差范围内和大气值一致，说明样品冷却生成以来封闭良好，所得年龄可靠。晚期 D 脉中的绢云母（QZK1607-290）也得到了很好的^{40}Ar/^{39}Ar 坪年龄 15.65±0.17Ma，MSWD = 0.45，年龄坪占^{39}Ar 总释出量的 95% 以上；反等时线的年龄为 15.60±0.18Ma，MSWD = 0.28，和坪年龄一致（图 6.27C、D）；初始 Ar 同位素组成为 300.7±7.4，在误差范围内和大气值一致，表明样品冷却生成以来封闭良好，所得年龄可靠。

表 6.8 驱龙矿床热液黑云母、绢云母 Ar 同位素测定结果及表面年龄表

$T/℃$	累积^{39}Ar/%	^{40}Ar*/%	^{36}Ar/^{39}Ar	^{37}Ar/^{39}Ar	^{38}Ar/^{39}Ar	^{40}Ar/^{39}Ar	^{40}Ar/^{36}Ar	Age±2σ
QZK812-205（黑云母，$J = 0.0047190±0.0000236$）								
800	0.20	3.78	0.9342	0.1947	−0.1283	10.85	11.61	90.27±55.96
850	1.00	7.48	1.3521	0.0315	−0.1807	32.32	23.90	256.68±71.10
890	2.09	6.49	0.2411	0.0161	−0.0384	4.94	20.50	41.69±14.34
930	10.81	51.71	0.0059	0.0036	−0.0083	1.88	316.52	15.98±0.44
960	15.67	80.87	0.0015	0.0027	−0.0077	1.84	1250.44	15.67±0.18
990	6.25	79.50	0.0016	0.0059	−0.0077	1.86	1146.65	15.82±0.20
1020	3.20	73.54	0.0023	0.0097	−0.0077	1.87	821.62	15.90±0.28
1060	4.47	77.97	0.0018	0.0095	−0.0077	1.84	1046.74	15.68±0.23
1100	5.58	83.04	0.0013	0.0080	−0.0078	1.85	1448.29	15.74±0.17
1130	10.90	90.40	0.0007	0.0038	−0.0077	1.84	2785.93	15.68±0.14
1150	11.09	91.12	0.0006	0.0034	−0.0076	1.84	3037.22	15.67±0.15
1180	13.48	91.65	0.0006	0.0031	−0.0076	1.83	3248.80	15.58±0.13
1200	8.37	91.39	0.0006	0.0043	−0.0075	1.84	3141.09	15.65±0.17
1230	4.57	88.33	0.0008	0.0117	−0.0075	1.84	2239.88	15.66±0.20
1280	2.07	89.29	0.0008	0.0187	−0.0073	2.04	2465.82	17.30±0.32
1400	0.25	53.35	0.0089	0.1482	−0.0097	3.02	337.95	25.59±1.86
QZK1607-290（绢云母，$J = 0.0047040±0.0000235$）								
780	0.16	2.56	0.5764	0.1819	−0.0832	4.48	7.77	37.71±37.02
850	0.99	7.85	1.8141	0.0824	−0.2397	45.70	25.19	352.11±90.21
890	1.16	4.49	0.6672	0.0974	−0.0942	9.28	13.90	77.24±39.21
930	2.46	27.50	0.0170	0.0315	−0.0105	1.91	112.11	16.18±1.10
970	15.15	73.68	0.0023	0.0045	−0.0088	1.87	827.58	15.83±0.34
1000	24.98	91.51	0.0006	0.0020	−0.0086	1.85	3190.77	15.64±0.25
1020	12.14	90.43	0.0007	0.0035	−0.0085	1.84	2797.24	15.60±0.27

续表

$T/℃$	累积^{39}Ar/%	^{40}Ar*/%	^{36}Ar/^{39}Ar	^{37}Ar/^{39}Ar	^{38}Ar/^{39}Ar	^{40}Ar/^{39}Ar	^{40}Ar/^{36}Ar	Age±2σ
QZK1607-290 （绢云母，$J=0.0047040±0.0000235$）								
1050	11.16	87.86	0.0009	0.0031	−0.0085	1.84	2141.65	15.56±0.17
1080	5.58	81.80	0.0014	0.0073	−0.0086	1.85	1328.93	15.69±0.20
1120	5.01	78.44	0.0017	0.0093	−0.0086	1.86	1075.91	15.71±0.22
1160	5.87	83.07	0.0013	0.0059	−0.0086	1.84	1451.49	15.59±0.22
1190	6.25	89.44	0.0007	0.0080	−0.0086	1.84	2505.89	15.62±0.17
1230	7.64	92.63	0.0005	0.0079	−0.0085	1.85	3722.37	15.67±0.18
1280	1.20	71.89	0.0025	0.0796	−0.0089	1.87	755.99	15.81±0.60
1400	0.25	29.64	0.0169	0.5064	−0.0117	2.11	124.48	17.85±2.28

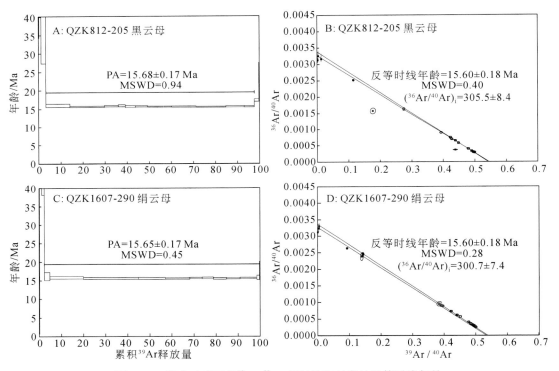

图 6.27　驱龙矿床云母^{40}Ar/^{39}Ar 坪年龄和对应的反等时线年龄

　　McInnes 等（2005）选择南美智利、西南太平洋印度尼西亚和中亚伊朗地区时代为中新世——上新世的超大型斑岩铜-钼-金矿床研究了它们的岩浆侵位、热液演化及抬升剥蚀历史，认为它们的原生成矿作用时限（从成矿斑岩侵位到热液系统冷却）通常很短（≤1.15Ma），其中 Grasberg、Batu Hijau、Rio Blanco 和 El Teniente 的原生成矿时限更短，分别为0.21Ma、0.41Ma、0.11Ma 和 0.09Ma。

　　驱龙斑岩铜钼矿床内与成矿有关的岩浆岩的成岩年龄分布在 17.9 ~ 15.5Ma，成矿年龄（辉钼矿 Re-Os 年龄）为 16.41±0.48Ma（孟祥金等，2003），15.36±0.21Ma、15.99±0.91Ma（郑有业等，2004）；在此项目根据矿区野外地质观察和室内实验研究，将矿区内的岩石单元按照与成矿的关系划分如下：成矿前侏罗纪叶巴组火山岩–火山碎屑沉积岩（181.7±5.2Ma，耿全如等，2006），流纹（斑）岩（174.4±1.7Ma，董彦辉等，2006；182.3Ma，Yang et al.，2009）；成矿早期中新世的花岗闪长岩、（似斑状）黑云母二长花岗岩（17.9~17.1Ma），主成矿期的二长花岗斑岩（15.6Ma），成矿晚期的花岗闪长斑岩（15.5Ma），成矿晚期的石英闪长玢岩（13.1Ma），因此，驱龙斑岩型铜–钼矿床的中新世岩浆活动时限大约为 4.8Ma；而与成矿有关的岩浆活动时限约为 2.5Ma（图 6.28）。

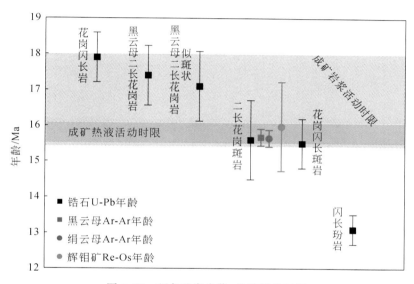

图 6.28 驱龙矿床岩浆–热液演化时限

驱龙矿床中，代表成矿早期高温热液阶段的 A 脉（黑云母±石英+黄铜矿+黄铁矿+辉钼矿脉，样号：QZK812-205）中黑云母的 $^{40}Ar/^{39}Ar$ 坪年龄为 15.68±0.17Ma，并且由于该类型的脉是矿体的组成之一，因此其形成年龄也可以代表主体成矿的时代，这与前人用辉钼矿所得到的 Re-Os 年龄（孟祥金等，2003；郑有业等，2004）在误差范围内完全一致。代表成矿晚期低温热液阶段的 D 脉（石英+绢云母+黄铁矿脉，样号：QZK1607-290）的绢云母的 $^{40}Ar/^{39}Ar$ 坪年龄 15.65±0.17Ma。可见，驱龙斑岩铜钼矿床中，岩浆热液活动从高温阶段演化到低温阶段（≥500~300℃）的时间间隔很短（0.03Ma）；与成矿斑岩（二长花岗斑岩）的锆石 U-Pb 年龄（15.6±0.8Ma）相对比，考虑不同定年方法系统上的误差，可以认为驱龙斑岩铜钼矿床的岩浆热液系统从 738℃（平均锆石结晶温度）冷却到 270℃（绢云母形成温度）大约经历了 0.6Ma，驱龙斑岩成矿的岩浆–热液系统经历了快速冷却过程。

可见驱龙斑岩成矿流体活动是快速冷却过程，这与其南部同期的知不拉夕卡岩矿床中发现的斑铜矿与黄铜矿发生定向不混溶现象所得出的结论一致。同时主成矿期的二长花岗斑岩与成矿晚期的花岗闪长斑岩之间很短的时间间隔，也说明成矿事件相对岩浆活动时限是"瞬时"发生的。

第七章 矿化地质特征及脉系研究

第一节 矿体特征

驱龙斑岩矿床的矿体总体上为半隐伏–隐伏矿，几乎全部是原生矿，只在地表局部发育厚度不大（<22m）的表生富集。在勘探线15线~20线平面上东西长1800m，南北宽1000m，沿平面、垂直方向上连续为一整体（图7.1），矿体在深部形态上为一不规则柱状体。平面上，矿体向东在20线，向西在19线基本尖灭，东部16线~24线间矿体逐渐贫化变薄，向南东方向尖灭；西部3线~15线间，矿体逐渐变小，至15线变小为200m，在15线~19线间，矿体呈尖灭状态。在垂直方向，矿体呈不规则柱状体向深部延展，近于直立，矿区南部向南倾陡。绝大多数钻孔见矿厚度300~500m，单孔见矿厚度最厚944m（ZK811）。

铜（钼）矿化主要与钾硅酸盐化、硬石膏化、绢云母化及硅化密切相关，青磐岩化和黏土化蚀变中矿化较弱。钾硅酸盐化带主要是黄铜矿、斑铜矿、辉钼矿、磁铁矿化；绢云母化带主要与黄铜矿、黄铁矿化有关；黏土化带中以黄铁矿化为主，出现少量低温阶段的方铅矿、闪锌矿化；青磐岩化中仅发育少量黄铁矿化。硬石膏化与黄铜矿、黄铁矿关系密切，往往在同一条脉中硬石膏与黄铜矿/黄铁矿呈填充物形式充填在石英颗粒之间；而矿区内的辉钼矿化很少见弥散状或浸染状，主要以石英+辉钼矿±黄铜矿/黄铁矿脉的形式产出，并且辉钼矿多分布在脉边部两侧。

详细的矿相学观察发现，花岗闪长斑岩中只发育少量的细脉浸染状/稀疏浸染状的黄铁矿+黄铜矿+磁铁矿化，几乎不发育辉钼矿化。同时金属矿物生成顺序依次为：岩浆阶段为星点状的磁铁矿+少量黄铜矿/黄铁矿，早期A脉阶段为大量脉状/浸染状的磁铁矿+黄铁矿+黄铜矿+少量斑铜矿/辉钼矿，中期B脉阶段为大量脉状/浸染状的黄铁矿+黄铜矿+辉钼矿+少量磁铁矿（从脉系穿插关系及流体包裹体测温表明辉钼矿相对黄铜矿等为稍晚期沉淀，Xiao et al.，2012），晚期D脉阶段为大量脉状的黄铁矿+少量黄铜矿/闪锌矿/方铅矿。

此外，在驱龙斑岩型铜–钼矿体的南部（2km）和东南（4km）分别发育有2个典型的夕卡岩型铜矿，分别为知不拉和浪母家果。其中知不拉矿Cu品位很富，矿脉产状（355°~10°∠70°~80°），已经开采了多年，辉钼矿Re–Os年龄为16.9Ma（李光明等，2005）；浪母家果地表出露明显的夕卡岩矿化和大理岩化，产状（355°~25°∠60°~85°），目前尚在勘查评价。

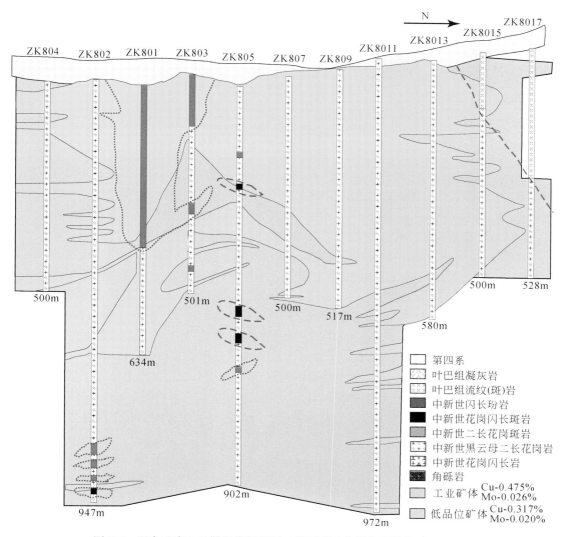

图 7.1 驱龙矿床 8 号勘探线剖面图 （据西藏巨龙铜业有限公司，2008）

图例:
- 第四系
- 叶巴组凝灰岩
- 叶巴组流纹(斑)岩
- 中新世闪长玢岩
- 中新世花岗闪长斑岩
- 中新世二长花岗斑岩
- 中新世黑云母二长花岗岩
- 中新世花岗闪长岩
- 角砾岩
- 工业矿体 Cu-0.475% Mo-0.026%
- 低品位矿体 Cu-0.317% Mo-0.020%

一、矿体形态、产状

驱龙铜多金属矿的矿体总体上为半隐伏–隐伏矿体。地表除在 ZK701 与 ZK003、ZK402 钻孔机台附近地段见矿化体出露外，其他地表未见矿化体出露。在 15 号勘探线至 20 号勘探线之间，沿平面、垂直方向上均连续为一体，矿体在深部形态上为一不规则柱状体（图 7.1）。

矿体在平面上呈近东西走向，呈似椭圆形状。矿体在 8 勘探线 ZK811 孔最大见矿深度 944m、海拔 4124.689m，在 3 勘探线 ZK317 最大见矿深度 500m，最大海拔标高 5079m，大多数钻孔控制标高 4600～4700m。矿体在北部已控制边界，边界线呈北西西–南东东走向，平面上呈波浪形起伏状。中部为矿体的核心部位。矿体在正南、南东、南西方向，厚度大，大多为工业矿体，尚未完全控制矿体边部，矿体向南有外延展之势。在垂直方向，矿体呈不规则柱状体向深部延展，倾角近于直立，矿区南部向南倾陡。

一般钻孔见矿厚度 300～500m，单孔见矿厚度最厚 944m（ZK811），矿区内多数钻孔均未穿透矿体。

二、矿体的空间分布

矿体赋存空间海拔标高一般在 4452～5368m。受地形影响矿体顶部呈凹形。中部 0 线–16线北段为凹谷，矿体顶板标高为 5014～5092m，ZK1617 孔矿体顶板标高最低，为 4972m。西部 4 线北段到 17 线，矿体顶板标高在 5120～5387m，最高点为 ZK317 孔，标高为 5438m，为全区矿体赋存最高地段。东部 16 线南段到 24 线，矿体顶板标高为 5112～5318m。

矿体深部，钻孔一般控制海拔标高在 4630～4798m。深孔位于矿体中段，控制矿体深部标高范围在 4124～4240m。以 ZK805 为交叉点，呈正"十"字形布孔。深部控制矿体标高分别为：中部 ZK805，标高为 4181m；东部 ZK1605，标高为 4326m；南部 ZK802，标高为 4142m；西部 ZK005，标高为 4240m；北部 ZK811，标高为 4124m。最深为 ZK811，矿体深部控制标高为 4124m，仍未见矿体底部边界。最浅为 ZK317，控制矿体底部标高为 5079m。

矿体埋藏深度，一般在 13.5～64.86m。最大埋深位在 11 线 ZK1113 至 0 线 ZK003 一带，埋藏深度为 60.5～96.0m，最小埋藏深度在 0 线 ZK011 处，仅为 3.0m。

通过勘探，驱龙铜矿所控制的矿体只有一个主矿体（图 7.1、图 7.2）。矿体主要分布于全岩矿化的斑岩体内及黑云母二长花岗岩中。与矿化有关的岩体，有中新世似斑状花岗

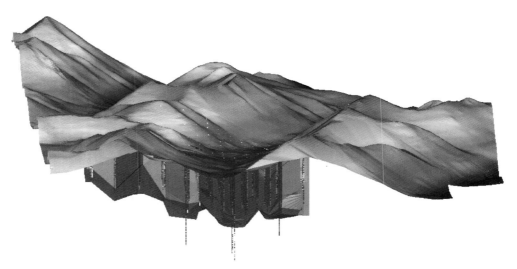

图 7.2　驱龙矿床模型示意图（据西藏巨龙铜业有限公司，2008）

闪长岩、黑云母花岗闪长岩、二长花岗斑岩、花岗闪长斑岩。矿体由上述多个小（斑）岩株（枝）构成，它们在浅部和深部连接在一起，构成一个形态不规则的柱状矿体，由细粒浸染状、细脉–网脉状金属硫化物矿石组成。除了在浅部近地表或破碎带中有轻微氧化外，基本上全部为原生硫化物矿体，因此，矿区内的次生富集作用不具工业意义，矿体总体上主要由原生硫化物矿体构成。驱龙铜矿体主要为硫化物矿石，氧化矿石、混合矿石所占比例极小。因此，矿区内的次生富集作用不具工业意义。

第二节　矿石特征

一、矿石组构

（一）矿石构造

通过对驱龙铜钼矿床钻孔岩芯的详细编录和矿相学工作，总结出本矿床的矿石构造以细脉浸染状为主，其次是脉状构造和浸染状构造。此外，还有极少量的团块状构造、块状构造、胶状构造及角砾状构造等。矿石构造分类见表7.1。

表 7.1　驱龙矿床矿石构造分类

类型	主要特征	备注
胶状构造	孔雀石、蓝铜矿、褐铁矿等表生矿物呈胶状，产于氧化带的节理裂隙中或岩石表面	发育于氧化带中
土状构造	粉末状的孔雀石、褐铁矿和高岭土等黏土矿物松散聚集而成	发育于氧化带中
浸染状	在脉石矿物中或岩石中散布着星点状或浸染状、细小短脉状的金属硫化物颗粒，形成细脉浸染状构造	原生硫化物带中
细脉–网脉状	金属硫化物和脉石矿物分布于各种断裂和裂隙中形成细脉及细网脉	原生硫化物带中
团块状	为黄铜矿、黄铁矿等金属硫化物的集合体分布	原生硫化物带中
角砾状构造	隐爆角砾岩体中，角砾大小1～10cm，角砾主要为次棱角状、次圆状，少量棱角状，大部分角砾都具有铜矿化，胶结物主要为硬石膏、黑云母、黄铁矿及黄铜矿	原生硫化物带中

1. 浸染状构造

在脉石矿物中或岩石中散布着星点状或浸染状、细小短脉状的金属硫化物颗粒，形成细脉浸染状构造。按照主要金属硫化物的含量（%）又可以分为星散浸染状构造（<5%）、稀疏浸染状构造（5%～10%）、稠密浸染状构造（10%～15%）。矿体内矿石以细粒稀疏浸染状构造（$0.25mm<d<0.5mm$）为主，往外逐渐变为细粒星散浸染状构造。

2. 细脉–网脉状构造

金属硫化物和脉石矿物分布于各种断裂和裂隙中形成矿脉。按脉体的宽度（mm）可分为微脉状构造（≤1mm）、细脉状构造（1～10mm）、小脉状构造（10～100mm）、大脉状构造（>100mm）。该矿床矿脉主要以微脉状构造和细脉状构造为主（图7.3C、D），其次为小脉状构造，大脉状构造仅在局部地段发育（图7.3E、F）。

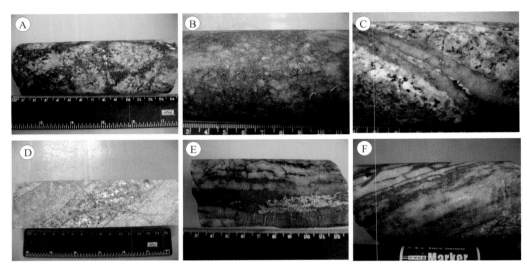

图 7.3　驱龙矿床矿石构造

A. 角砾状构造（QZK005-347.8）；B. 稠密浸染状黄铜矿（QZK705-458）；

C. 石英+辉钼矿+黄铜矿脉（QZK1605-318）；D. 细脉+网脉状构造（QZK005-253）；

E. 石英+磁铁矿+黄铜矿+黄铁矿脉（QZK709-410）；F. 石英+磁铁矿+辉钼矿脉（QZK1209-236）

3. 团块状构造

主要表现为黄铜矿、黄铁矿等金属硫化物的集合体分布，团块直径一般在 1 ~ 10cm，个别大于 10cm，多见于不同方向断裂构造交汇的富矿部位（图 7.3B）。

4. 角砾状构造

主要出现在热液角砾岩中，在钻孔 001 及 305 中观察到，角砾成分主要为黑云母二长花岗岩、二长花岗斑岩、花岗闪长斑岩、花岗斑岩及叶巴组凝灰岩，角砾大小 ≤1 ~ 10cm，角砾主要为次棱角状、次圆状、少量棱角状，角砾之间有时可以拼合，大部分角砾都具有铜矿化，其中在黑云母二长花岗岩角砾中发育石英+辉钼矿脉和磁铁矿脉，部分角砾周围有黑云母边，胶结物主要为硬石膏、黑云母、黄铁矿及黄铜矿，有时见辉钼矿，这类热液角砾岩的最大特点是胶结物中含有大量的硬石膏，角砾中大部分已具铜矿化（图 7.3A）。

5. 土状、蜂窝状构造

为氧化带常见的矿石构造，粉末状的孔雀石、褐铁矿和高岭土等黏土矿物松散聚集而成，是氧化矿石中最主要的构造。

6. 胶状构造

表现为孔雀石、蓝铜矿、褐铁矿等表生矿物呈胶状，产于氧化带的节理裂隙中或岩石表面。

（二）矿 石 结 构

详细的岩矿鉴定表明，驱龙铜钼矿床的矿石结构按照成因分为结晶结构、交代结构、固溶体分离结构和表生结构四大类，其中结晶结构和交代结构是矿石的主要结构类型。

1. 结晶结构

有自形粒状结构、半自形粒状结构、他形粒状结构和包含结构四种类型。

自形粒状结构：主要矿物为黄铁矿，其次有辉钼矿和方铅矿，另有少量磁铁矿、黄铜矿等。黄铁矿晶形以立方体为主，其次是五角十二面体和八面体；自形的黄铁矿晶体主要产出于团块状的硫化物、含多金属硫化物的石英脉和晚期多金属硫化物脉内。自形的辉钼矿晶体主要产于晚期石英+辉钼矿脉内。自形结晶结构是矿物在含矿溶液中缓慢结晶的结果，并且需要一定的生长空间（图7.4A）。

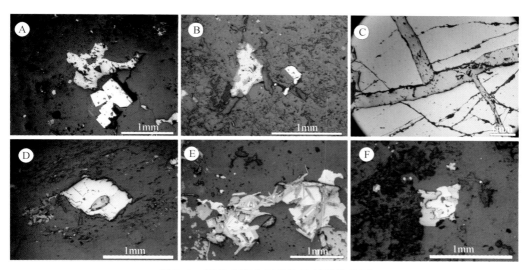

图 7.4 驱龙矿床金属矿物及其结构特征

A. 结晶结构，自形黄铁矿和他形黄铜矿（QZK305-460）；B. 反应边结构，蓝辉铜矿沿黄铜矿边部交代形成反应边结构（QZK405-80）；C. 充填交代结构，黄铜矿沿黄铁矿的裂隙充填和交代（QZK301-171）；D. 包含结构，黄铁矿中有黄铜矿的包体，形成包含结构（QZK405-80）；E. 交生结构，黄铜矿与辉钼矿共生形成交生结构（QZK305-460）；F. 交代残余结构，黄铜矿交代黄铁矿，黄铁矿呈交代残余（QZK301-136）

半自形粒状结构：呈现此类结构的矿物较多，主要为黄铁矿，其次有黄铜矿、辉钼矿、磁铁矿、方铅矿、磁黄铁矿等。半自形的黄铁矿主要分布于黄铁矿细脉内、多金属硫化物脉内或边部；半自形的黄铜矿主要分布于硫化物团块内（图7.4B）。

他形粒状结构：绝大多数的黄铜矿、辉钼矿、磁铁矿、金红石、磁黄铁矿、斑铜矿、方铅矿、闪锌矿和大量的黄铁矿都呈他形结构。

包含结构：在一种矿物的大晶体中，包含有其他矿物颗粒，但一般没有相互交代现象。最常见的有黄铁矿包含黄铜矿，黄铜矿包含黄铁矿等。这种结构表明这些矿物基本同时结晶，被包含的矿物颗粒结晶时间短，大晶体矿物结晶时间长，结晶环境较稳定（图7.4D、E）。

2. 交代结构

主要有交代残余结构、交代溶蚀结构、充填交代结构、环边交代结构五种类型。

交代残余结构：常见赤铁矿交代熔蚀磁铁矿，褐铁矿交代熔蚀黄铁矿，黄铁矿交代黄铜矿等，从而使这些被交代的矿物呈不规则的残余体（图7.4F）。

交代溶蚀结构：黄铜矿、褐铁矿、斑铜矿交代黄铁矿，黄铁矿、辉钼矿、斑铜矿、铜蓝等交代溶蚀黄铜矿，金红石交代黄铜矿，赤铁矿交代磁铁矿等。这类结构主要发生于原生矿化带中。

充填交代结构：黄铁矿、黄铜矿、辉钼矿等金属硫化物沿石英矿物粒间或沿其他金属硫化物的微裂隙进行充填交代。其中粒间充填交代结构主要出现在石英等脉石矿物以及少量的金属硫化物内，而微裂隙充填交代结构主要产出于黄铁矿等脆性金属硫化物晶体中的微裂隙内（图7.4C）。

环边交代结构：斑铜矿沿黄铜矿边缘交代形成环边，或黄铁矿围绕黄铜矿交代形成环边交代结构。

3. 固溶体分离结构

主要见微乳滴状结构。表现为黄铁矿晶体中有乳滴状的黄铜矿分布，它们是黄铜矿和黄铁矿的混溶体产生熔离作用而形成（图7.4D）。

4. 表生结构

变生结构：主要分布于矿床近地表的半氧化或氧化带中。

隐晶结构：具有这种结构的矿物主要为孔雀石、蓝铜矿、褐铁矿等。

胶结结构：主要表现为孔雀石、蓝铜矿等在角砾岩、岩石裂隙或表面呈胶结物形式产出而形成。

二、矿石矿物成分

矿石物质成分比较复杂，金属矿物以黄铁矿、黄铜矿为主，辉钼矿次之，再次是斑铜矿、黝铜矿、自然铜、白铁矿、磁铁矿、赤铁矿、褐铁矿、孔雀石、蓝铜矿、铜蓝、方铅矿、闪锌矿等，与世界典型斑岩铜矿的金属硫化物矿物组合基本一致；脉石矿物主要为石英、钾长石、斜长石、黑云母、绢云母、绿泥石、方解石、硬石膏、石膏、高岭土、地开石、伊利石、水白云母等。矿石的矿物共生组合地表为孔雀石+蓝铜矿+高岭石+褐铁矿+铜蓝，钻孔岩芯中主要为黄铜矿+黄铁矿+石英组合和辉钼矿+石英组合。

（一）金 属 矿 物

金属矿物以黄铜矿、黄铁矿为主，辉钼矿次之，少量的斑铜矿、辉铜矿、磁铁矿、孔雀石、方铅矿、闪锌矿（图7.5）。黄铁矿与黄铜矿关系密切，普遍出现相互交代、包含结构，暗示黄铁矿、黄铜矿之间具有多期次沉淀过程；黄铁矿通常呈规则的立方体、八面体以及不规则他形；黄铜矿则几乎是不规则的他形或呈胶状。斑铜矿，与黄铜矿关系密切，通常沿黄铜矿颗粒边界交代生长，少量呈星点状分布。辉钼矿，主要是产出在各种石英+硬石膏+硫化物脉、石英+辉钼矿脉中；岩石中浸染状的比较少；矿物颗粒以薄片状、鳞片状为主。

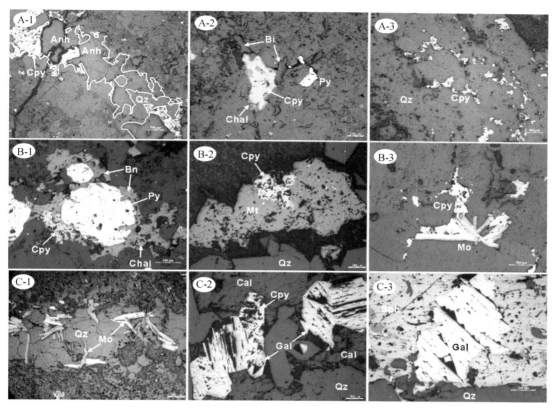

图 7.5　驱龙矿床中金属矿物

A-1. 石英+硬石膏+黄铜矿脉；A-2. 黄铜矿边部的辉铜矿；A-3. 浸染状黄铜矿；B-1. 黄铁矿+黄铜矿+斑铜矿+辉铜矿；B-2. 磁铁矿与黄铜矿共生；B-3. 黄铜矿与辉钼矿共生；C-1. 石英+辉钼矿脉，辉钼矿分布在脉边部；C-2. 黄铜矿与方铅矿共生；C-3. 闪锌矿+方铅矿，闪锌矿中包裹黄铜矿和斑铜矿；Anh. 硬石膏；Cpy. 黄铜矿；Py. 黄铁矿；Chal. 辉铜矿；Bn. 斑铜矿；Mt. 磁铁矿；Mo. 辉钼矿；Gal. 方铅矿；Sph. 闪锌矿

（二）脉石矿物

石英：一般含量 20% ~ 25%，高者在 45% ~ 65%。基质和斑晶中均有分布，他形粒状，呈不规则粒状集合体或脉状产出。次生石英，呈不规则团块或微–细脉状产出（图7.6H）。

斜长石：含量 10% ~ 30%，主要构成斑晶与似斑晶。斑晶中呈半自形–自形板柱状，显环带结构（图 7.6F）。基质中呈半自形粒状。主要具绢云母化与黏土化，其次为钾长石化、碳酸盐化，常被交代成残余或假象。

钾长石：基质与似斑晶均有分布，他形粒状–半自形厚板状，具黏土化和绢云母化，常被交代成假象（图 7.6D、I）。

黑云母：半自形–自形片状、板状和柱状，基质和似斑晶中均有分布。蚀变黑云母，呈显微鳞片状集合体产出，具绿泥石化，具角闪石假象（图 7.6C、K）。

绢云母：常交代长石矿物，呈脉状产出，为绢英岩化主要蚀变矿物（图 7.6G）。

　　方解石：半自形–自形菱形片状、板状，主要分布于中深部硅化蚀变带中，常呈脉状、团块状产出，或呈晶簇出现。在凝灰岩中主要呈蚀变产物出现。

　　黏土矿物：常见于破碎带与蚀变带中，呈脉状与网脉状、团块状出现，厚度变化较大，以高岭石为主（图 7.6I），次为地开石、伊利石、水白云母。

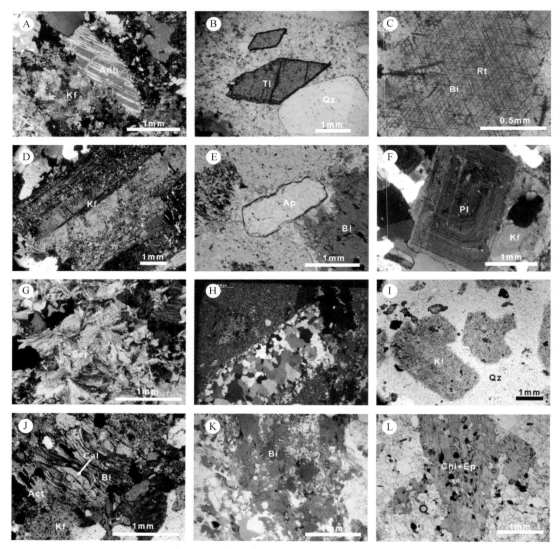

图 7.6　驱龙矿床非金属矿物及其结构特征

A. 具有解理的硬石膏与蚀变钾长石共生（QZK1201-244）；B. 菱形晶形的榍石与石英共生（QD58）；C. 蚀变黑云母中的针状金红石（QZK405-54）；D. 钾长石卡斯巴双晶（QZK005-203）；E. 次生、短柱状热液磷灰石（QZK401-440）；F. 具有环带结构的斜长石（QD75）；G. 绢云母化，鳞片状绢云母（QZK413-454）；H. 硅化，"眼球状"次生石英（QLW-3）；I. 黏土化，斜长石斑晶完全被高岭石–伊利石–水白云母化（QZK001-195）；J. 碳酸盐化，方解石沿黑云母解理生长（QZK805-543）；K. 黑云母化，次生浅褐色热液黑云母（QLW-10）；L. 绿泥石化，角闪石被绿泥石完全交代（QL24-2）

绿泥石：多为次生蚀变产物。在矿化带中呈脉状产出，在外部主要分布于青磐岩化带中，呈不规则团块状产出（图7.6L）。

绿帘石：常与绿泥石共生产出，为青磐岩化带的主要组成矿物（图7.6L）。

角闪石：半自形–自形柱状，具绿泥石化，有的被交代成残余或假象。主要分布于花岗闪长岩体中（图7.6L）。

硬石膏：呈板状集合体，以不规则团块、微脉状产出。产于中深部矿化体中（图7.6A），偶见受后期地表水作用而水化的石膏。

钠长石：呈微脉状产于硅化石英细脉中及钾长石、斜长石颗粒中。

楣石：自形–半自形粒状，含量甚少（图7.6B），只出现在花岗闪长岩中。

磷灰石：呈自形–半自形短柱状，零散的分布在矿区矿石中（图7.6E），含量极少。

金红石：呈自形–半自形针状出现在蚀变黑云母中及其边部（图7.6C）；或呈不规则他形粒状与次生钾长石、黑云母及硬石膏共生出现。

第三节 脉系特征

一、脉系分类

根据Gustafson和Hunt（1975），Gustafson和Quiroga（1995）以及Dilles和Einaudi（1992）对斑岩型矿床中脉系的经典分类命名，总结出驱龙斑岩型铜–钼矿床中脉系种类以及发育情况（图7.7、表7.2）如下：

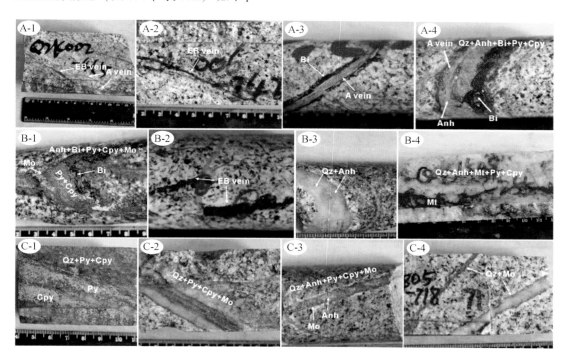

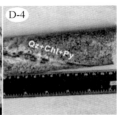

图 7.7　驱龙矿床中的脉系图版

A-1. EB 脉截断 A 脉；A-2. EB 脉；A-3. A 脉，具黑云母蚀变晕；A-4. A 脉（Qz+Anh+Bi+Py+Cpy）；B-1. A 脉（Anh+Bi+Py+Cpy+Mo）；B-2. EB 脉被 Qz 脉截断；B-3. B 脉（Qz+Anh）；B-4. A 脉（Qz+Anh+Mt+Py+Cpy）；C-1. B 脉（Qz+Py+Cpy）；C-2. B 脉（Qz+Py+Cpy+Mo）；C-3. B 脉（Qz+Anh+Py+Cpy+Mo），Mo 呈线状分布在脉边部；C-4. Qz+Mo 脉，Mo 呈线状分布在脉边部；D-1. D 脉（Qz+Anh+Cpy）；D-2. D 脉（Qz+Py±Cpy）；D-3. D 脉（Py±Cpy）；D-4. D 脉（Qz+Chl+Py）；Qz. 石英；Kf. 钾长石；Anh. 硬石膏；Bi. 黑云母；Chl. 绿泥石；Py. 黄铁矿；Cpy. 黄铜矿；Mo. 辉钼矿；Mt. 磁铁矿

表 7.2　驱龙矿床脉系总结表

脉系类型	代表性脉	形态	矿化	分布	蚀变
A 脉	石英+长石±硬石膏脉、石英+黑云母+黄铁矿±黄铜矿脉、石英+钾长石+黄铜矿脉、石英+硬石膏±黑云母+黄铁矿+黄铜矿+斑铜矿+辉钼矿+磁铁矿脉、硬石膏+黑云母+石英+黄铜矿+斑铜矿脉、石英+硬石膏脉	不规则，不平直	黄铜矿、黄铁矿、斑铜矿化，局部磁铁矿化较发育；辉钼矿化较少	二长花岗斑岩、黑云母二长花岗岩中最发育；花岗闪长岩中偶尔发育	黑云母化、钾长石化–硅化，硬石膏化
EB 脉	黑云母脉、石英+黑云母脉、石英+硬石膏+磁铁矿+黄铜矿+黄铁矿±绿泥石脉	较规则，不平直	少量磁铁矿、黄铜矿、黄铁矿矿化	黑云母二长花岗岩中最为发育	黑云母化
B 脉	石英+硬石膏+黄铁矿+黄铜矿±辉钼矿脉、石英+硬石膏脉、石英+硬石膏+辉钼矿+黄铁矿+黄铜矿脉、黄铜矿脉、黄铁矿+黄铜矿脉、石英+辉钼矿脉	较规则，较平直；也有很不规则的	大量黄铜矿、黄铁矿、辉钼矿化，少量斑铜矿矿化	黑云母二长花岗岩、二长花岗斑岩中较发育，花岗闪长岩中偶见	硅化、弱黑云母化、弱绢云母化、弱黏土化，局部黏土化较强，硬石膏化
C 脉	绿泥石+黄铁矿+黄铜矿±磁铁矿脉	规则，较平直	少量黄铁矿、黄铜矿矿化	仅在黑云母二长花岗岩中少量发育	硅化、绢云母化、弱绿泥石化，偶见硬石膏及石膏化
D 脉	石英+黄铁矿+黄铜矿±绢云母脉、石英+绢云母脉、绿帘石+黄铜矿+黄铁矿脉	规则，较平直	大量黄铁矿化，少量黄铜矿、辉钼矿化，偶见闪锌矿、方铅矿矿化	叶巴组流纹（斑）岩、花岗闪长岩中较发育，二长花岗斑岩、黑云母二长花岗岩中偶尔发育	硅化–绢云母化，黏土化，绿泥石–绿帘石化，少量碳酸盐化，偶见石膏化

A脉：不规则石英细脉、石英+钾长石脉、梳状结构的石英+长石+石膏脉、石英+黑云母±黄铁矿±黄铜矿细脉、石英+钾长石+黄铜矿细脉、石英+硬石膏±黑云母+黄铁矿+黄铜矿+斑铜矿+辉钼矿+磁铁矿脉、紫色硬石膏+黑云母+石英+黄铜矿+斑铜矿脉、石英+紫色硬石膏脉（二长花岗斑岩、黑云母二长花岗岩中最发育；花岗闪长岩中偶尔发育）。

EB脉：不规则黑云母脉、石英+黑云母细脉、石英+磁铁矿+黄铜矿+黄铁矿±绿泥石脉（黑云母二长花岗岩中最为发育）。

B脉：黄铁矿+黄铜矿细脉、石英+辉钼矿细脉（最大特点是辉钼矿分布在脉边部）、石英+紫色硬石膏+黄铁矿+黄铜矿±辉钼矿矿脉、石英+硬石膏脉、石英+紫色硬石膏+辉钼矿+黄铁矿+黄铜矿脉、石英+黄铜矿细脉（广泛发育在黑云母二长花岗岩、二长花岗斑岩中，花岗闪长岩中也有发育）。

C脉：绿泥石+黄铁矿+黄铜矿+磁铁矿脉（发育很少，黑云母二长花岗岩中偶见）。

D脉：石英+黄铁矿±黄铜矿细脉、石英±绢云母细脉、石英细脉、绿帘石+黄铜矿+黄铁矿脉、石英+黄铁矿脉、绢云母细脉（主要发育在叶巴组地层、花岗闪长岩中常见，二长花岗斑岩、黑云母二长花岗岩中偶见）。

二、各类脉系特征

驱龙矿床内，由于多期次的岩浆侵位，形成了大面积的围岩蚀变以及丰富的热液脉系。同时，驱龙的矿石最主要的类型是细脉状、细脉浸染状，大部分矿化都分布在各种热液脉中。通过详细的岩芯观察及镜下鉴定，发现：矿化主体的黑云母二长花岗岩中发育的脉系最多、最丰富；其次为二长花岗斑岩、花岗闪长岩、叶巴组地层、细晶岩脉和花岗闪长斑岩。依据各种岩石中发育的脉系的矿物种类、矿物组合以及先后期次，分别详细描述如下：

1. 流纹岩-凝灰岩中

（1）石英+黄铁矿脉：脉宽10～25mm，脉很规则，脉壁平整。具有明显的硅化、绢云母化蚀变晕，晕宽10～50mm。主要矿物为石英，含量70%～90%；粒度较粗。黄铁矿粒度亦较粗。

（2）石英细脉：很普遍，脉宽5～10mm，脉很规则。通常具有黏土化、绢云母化晕，晕宽10～20mm，石英粒度较粗。

（3）石英+黄铁矿+辉钼矿脉：比较少见。脉宽10～25mm，脉很规则，具绢云母化蚀变晕，晕宽5～15mm。主要矿物为石英、黄铁矿，少量的辉钼矿。硫化物多呈星点状分布在脉中。

（4）石英+黄铁矿+闪锌矿+方铅矿±黄铜矿脉：脉宽5～10mm，脉很规则，脉壁平整，具明显的黏土化蚀变晕，晕宽10～15mm。主要矿物为石英、黄铁矿；少量的闪锌矿、方铅矿；黄铜矿偶见。石英粒度较粗，硫化物多零星分布在脉边部。

（5）黄铁矿+绿泥石+石英脉：主要出现在凝灰岩地层中。脉宽1～4mm，脉很规则，平直；通常具有绿泥石化蚀变晕，晕宽2～5mm。主要矿物以黄铁矿为主，粒度较细；石英和绿泥石较少，多分布在脉边部。通常切穿其他脉系。

2. 花岗闪长岩中

（1）石英+黄铁矿脉：脉宽 2~5mm，很规则，脉壁平整，具明显的黏土化蚀变晕，晕宽 2~10mm。主要矿物为石英，含量 30%~70%，黄铁矿较丰富，粒度较粗。

（2）黄铜矿+黄铁矿脉：脉宽 1~8mm，很规则，脉壁平整，具明显的黏土化+绢云母化蚀变晕，晕宽 1~5mm。主要矿物为黄铁矿，含量 50%~70%，较丰富，晶形较好，黄铜矿较少。偶见绿泥石蚀变晕。

（3）石英+绿泥石+黄铁矿±黄铜矿脉：在花岗闪长岩中较普遍，脉宽 4~10mm，脉规则，平直。通常具有硅化蚀变晕，晕宽 2~10mm。主要矿物为石英，少量的绿泥石、黄铁矿；黄铜矿偶见。绿泥石和黄铁矿通常分布于脉边部。

3. 黑云母二长花岗岩中

（1）黑云母±石英±石膏±绿泥石±黄铁矿±黄铜矿细脉：最大的特征是出现黑云母，脉通常不规则，脉宽 0.5~15mm，不具蚀变晕。主要的组成矿物有：黑云母、石英、硬石膏、黄铜矿、黄铁矿；少量的绿泥石、辉钼矿。黑云母呈片状分布在脉边部，或在硫化物中呈放射状；粒度 0.2~8mm。石英普遍，呈不规则细粒状，较分散。硬石膏，多为紫色，不普遍，偶尔见呈团斑状或星点状与石英共生。绿泥石，偶尔发育，多分布在黑云母边部。黄铜矿和黄铁矿是最主要的硫化物，不规则粒状分布；辉钼矿偶尔发育，多分布在脉边部或分散在石英中。黑云母±石英细脉，多呈不规则细脉状（0.2~1mm）。该类型的脉在黑云母二长花岗岩常见。往往被后期的石英+硫化物细脉、石英脉截断或穿插。

（2）石英+钾长石±辉钼矿±黄铜矿±黄铁矿±斑铜矿细脉：普遍具有钾长石，脉不规则，脉壁不平整，脉宽 1~15mm；通常具有钾长石+石英蚀变晕，晕宽 2~8mm。脉中的矿物主要有：石英、钾长石、黄铜矿、黄铁矿；少量的硬石膏和辉钼矿、斑铜矿。石英含量较多，钾长石多分布在脉边部及脉的中心线，硬石膏呈零星分布，与石英关系密切。硫化物总体较少，以黄铜矿为主，辉钼矿和斑铜矿极少。

（3）磁铁矿±石英±硬石膏±黄铁矿细脉：以出现磁铁矿为特征，含量通常超过50%。脉宽 5~20mm，较规则，脉壁不平整，通常具有硅化、绿泥石+绿帘石化蚀变晕，偶见黑云母蚀变晕，晕宽 2~8mm。主要矿物有：石英、磁铁矿、黄铜矿、黄铁矿；少量的硬石膏。磁铁矿呈条带状、团板状，黄铜矿、黄铁矿与磁铁矿紧密共生。石英和硬石膏呈填隙物充填在金属矿物之间。

（4）石英+绿泥石±黑云母±硬石膏±黄铁矿±黄铜矿脉：以出现绿泥石为特征。脉宽 4~20mm，脉规则，脉壁平整。常具有硅化晕，晕宽 2~10mm。主要矿物有：石英、绿泥石，少量的黑云母、硬石膏、黄铁矿、黄铜矿。石英含量最多，绿泥石多分布在脉边部，偶见黑云母与绿泥石共生，硬石膏多呈星点状分布。硫化物以黄铁矿为主，黄铜矿较少。

（5）石英+黄铁矿+黄铜矿±硬石膏脉：为主要的含矿脉系。脉宽 0.5~15mm，通常较规则，脉壁平整。主要矿物为黄铜矿、黄铁矿；石英含量变化较大（10%~60%），硬石膏含量较少。通常具有绢云母+硅化+硬石膏蚀变晕，晕宽 1~10mm。黄铁矿、黄铜矿多呈星点状或细脉状分布在脉的中间或脉的边部。石英有时分布在脉边部，而硬石膏和硫化物充填在石英中间。

（6）石英+辉钼矿脉：硫化物只含辉钼矿为特点。脉宽 5~15mm，很规则，脉壁平直；不具蚀变晕。脉石矿物只有石英。辉钼矿多呈晶形较好的片状分布在脉边部，少数分布在脉中间。多切穿含黄铁矿+黄铜矿的各种脉系。

（7）石英+黄铁矿脉：脉较细，1～5mm，较规则，脉壁较平整。通常具有绢云母+硬石膏蚀变晕，晕宽2～8mm。黄铁矿含量很高（50%～85%），几乎不含黄铜矿。石英粒度较粗。

（8）石英+辉钼矿+黄铁矿+黄铜矿脉：脉较规则，脉壁不平整，脉宽5～20mm，通常具有硅化+黏土化蚀变晕，晕宽2～10mm。同时含有黄铁矿、黄铜矿、辉钼矿，以辉钼矿为主，黄铜矿含量大于黄铁矿。辉钼矿多呈片状分布在脉边部，或充填在其他矿物的间隙中，黄铜矿、黄铁矿呈星点状分布在脉中间。偶见硬石膏充填在石英颗粒之间。

（9）石英脉：脉宽2～20mm，细脉不规则，脉壁不平整。细脉通常切穿黑云母细脉，自身又被含硫化物的脉切穿。粗的石英脉较规则，往往切穿含硫化物的脉，其中的石英晶形较好，粒度粗，从脉壁向脉中心生长，且具有黏土化蚀变晕。

（10）石英+硬石膏±辉钼矿±黄铜矿+黄铁矿脉：该脉为主要的含矿脉系。以普遍出现紫色硬石膏为特征。脉不太规则，脉壁不平整，脉宽5～35mm，通常具有钾长石+硬石膏+黑云母蚀变晕，晕宽2～6mm。主要矿物有：石英、硬石膏、黄铜矿；少量的黄铁矿和辉钼矿。硬石膏含量变化在20%～50%。硬石膏多分布在脉边部，石英和硫化物在脉中间。辉钼矿多分布在脉中间呈填隙物形式出现。

（11）硬石膏+黑云母+绿泥石+黄铜矿±辉钼矿±黄铁矿脉：该脉较少见。脉宽2～10mm，较规则，脉壁不平整，具有钾长石化-硅化蚀变晕（2～8mm）。主要矿物为：硬石膏、黑云母、绿泥石，少量的黄铜矿、黄铁矿、辉钼矿。黑云母多分布在脉边部，绿泥石与黑云母紧密共生，硬石膏和硫化物在脉中间。

（12）硬石膏脉：比较少见，紫色硬石膏为主，少量的石英，脉较规则，宽4～8mm，具有黏土化蚀变晕（5～10mm）；硬石膏粒度较粗。也见无色透明的硬石膏脉，具明显的黏土化蚀变晕，切穿石英+硫化物脉。

（13）硬石膏+石英+黄铁矿+黄铜矿+闪锌矿+方铅矿脉：该脉少见，硬石膏呈无色透明。脉较规则，脉壁平整，脉宽10～50mm，具有明显的黏土化、绢云母+硬石膏化蚀变晕（10～150mm）。主要矿物为：硬石膏、石英，少量的黄铁矿、方铅矿、闪锌矿、黄铜矿。无色透明硬石膏呈很好的片状分布在脉中间，石英和硫化物多呈条带状分布在脉边部。该脉多切穿各种石英+硬石膏+黄铜矿+黄铁矿脉。

（14）黄铁矿+黄铜矿±辉钼矿细脉：除了硫化物，几乎不含其他矿物。脉宽1～8mm，较规则，脉壁平整，具明显的绢云母+硬石膏晕、黏土化晕，蚀变晕宽4～15mm。黄铜矿为主，黄铁矿少见，辉钼矿偶见。为主要的含矿脉系。偶尔含有极少量的石英、硬石膏。

4. 二长花岗斑岩中

（1）石英+磁铁矿脉：较少见，脉宽1～6mm，不规则，脉壁不平整，具钾长石、黑云母蚀变晕（2～4mm）。石英含量较高，粒度较细，磁铁矿呈团斑状分布在脉中或边部。往往被其他石英细脉、石英+硫化物脉截断。

（2）黄铁矿+黄铜矿±辉钼矿细脉：为主要的含矿脉系，除了硫化物，几乎不含其他矿物。脉宽1～6mm，较规则，脉壁平整，具明显的绢云母+硬石膏晕、黏土化晕，宽4～

15mm。黄铜矿为主，黄铁矿少见，辉钼矿偶见。偶尔含有极少量的石英、硬石膏。

（3）黄铜矿+黄铜矿+方铅矿+闪锌矿细脉：该脉少见，脉宽 5 ~ 15mm，规则，脉壁平整，具明显黏土化蚀变晕，晕宽 5 ~ 10mm。主要矿物为：黄铁矿、黄铜矿、少量的闪锌矿、方铅矿。方铅矿、闪锌矿多包裹着黄铁矿和黄铜矿。该脉多切穿绝大多数其他脉系。

（4）石英+辉钼矿+黄铁矿脉：脉宽 2 ~ 15mm，规则，脉壁平整，通常具有硅化、黏土化晕，晕宽 3 ~ 10mm。主要矿物为：石英、辉钼矿、黄铁矿，硬石膏极少。辉钼矿含量大于黄铁矿，辉钼矿多分布在脉边部，黄铁矿星点状散布在脉中。

（5）石英+辉钼矿细脉：脉宽 5 ~ 20mm，脉很规则，脉壁较平整，不具蚀变晕。主要矿物为石英，少量的呈星点状的辉钼矿，分布在脉边部。

（6）石英+石膏+黄铁矿+黄铜矿+辉钼矿脉：脉宽 2 ~ 15mm，脉较规则，脉壁平整。通常具有硅化–硬石膏化晕，晕宽 1 ~ 5mm。主要矿物为：石英、紫色硬石膏、黄铁矿、黄铜矿，少量的辉钼矿。石英和硬石膏占了约 80wt%，石英含量大于硬石膏。硫化物呈细条带状或星点状分布。

（7）石英脉：该脉在二长花岗斑岩中较常见，脉宽 0.5 ~ 4mm，不规则，脉壁不平整。具有钾长石+硅化晕，晕宽 2 ~ 5mm。主要矿物为石英，其他矿物少见。石英呈不规则他形细粒状。

5. 花岗闪长斑岩中

总体脉系很不发育，且都为丝状细脉，未见含辉钼矿脉系。

（1）石英+黄铁矿+黄铜矿细脉：脉宽 1 ~ 3mm，较规则，脉壁平整，不具蚀变晕。主要矿物为石英，少量的黄铁矿和黄铜矿。

（2）黄铁矿+黄铜矿细脉：脉宽 1 ~ 3mm，不规则，脉壁不平整，具弱的绢云母化蚀变晕，晕宽 1 ~ 2mm。主要矿物为黄铁矿和黄铜矿；黄铁矿含量大于黄铜矿。

（3）石英脉：脉宽 1 ~ 3mm，规则，脉壁平整，不具蚀变晕。不含硬石膏。常见石英细脉切穿含硫化物的细脉。

6. 细晶岩脉中

石英细脉：脉宽 1 ~ 4mm，不太规则，脉壁不平整。不具蚀变晕。主要矿物为石英，偶尔见黄铁矿。

石英闪长玢岩中几乎不发育热液脉系。

第四节　矿物生成顺序和共生关系

一、成矿期次及成矿阶段划分

根据上述的矿物共生顺序，结合岩浆侵位及脉系发育情况，驱龙斑岩矿床的成矿过程大致分为 4 个期次：岩浆期、岩浆–热液过渡期、热液成矿期、表生成矿期（表 7.3）。其中最主要的矿化及金属矿物沉淀发生在热液成矿期。根据脉系穿插关系及矿物生成顺序，又可进一步将其划分为 4 个阶段：早期钾硅酸盐–硫化物阶段、硅化–绢云母化–硫化物阶段、硅化–黏土化–硫化物阶段和绿泥石–绿帘石–石英–多金属硫化物阶段。石英、硬石膏、黄铁矿及黄铜矿是矿区内最普遍的矿物，出现在除表生成矿期外所有的成矿期中。

表 7.3　驱龙矿床主要矿物生成顺序表

矿物	岩浆期	岩浆-热液过渡期	早期钾硅酸盐化-硫化物阶段	硅化-绢云母化-绿泥石-硫化物阶段	硅化-绢云母化-黏土化-硫化物阶段	绿泥石-绿帘石-石英-多金属硫化物阶段	表生成矿期
斜长石	——						
钾长石	——		—				
钠长石	—	—	—				
角闪石	—						
黑云母	——						
榍石	——						
石 英	—	—	—	—	—	—	
硬石膏	—	—	—		—	—	
碳酸盐				—	—	—	
绿帘石		—				—	
绿泥石		—	—				
绢云母				—	—	—	
白云母	—						
伊利石					—	—	
高岭石					—		
磷灰石	——						
金红石	—						
磁铁矿							
赤铁矿							
黄铁矿	—	—	—	—	—	—	
黄铜矿	—	—	—	—	—	—	
黝铜矿				—	—		
辉钼矿							
辉铜矿						—	—
蓝辉铜矿						—	—
斑铜矿				—			
闪锌矿					—	—	
方铅矿					—		
铜 蓝							—
孔雀石							—
蓝铜矿							—
褐铁矿							—
成岩成矿温度	>700℃	700~600℃	600~450℃	500~350℃	350~250℃	300~150℃	常温
典型矿物组合	石英+长石类+黑云母+硬石膏	钠长石+钾长石+磁铁矿+硬石膏	黑云母+石英+硬石膏+磁铁矿+黄铜矿+辉钼矿+黄铁矿	石英+绢云母+黄铁矿+黄铜矿+辉钼矿+辉铜矿	石英+伊利石+高岭石+黄铁矿	闪锌矿+方铅矿+石英+黄铜矿	蓝铜矿+铜蓝+褐铁矿+孔雀石

二、矿物共生组合

根据钻孔岩芯编录结合光片鉴定结果，驱龙矿床内矿石矿物的生成顺序大致为：磁铁矿—黄铜矿（早期少量）—辉钼矿（早期少量）—黄铁矿—斑铜矿—黄铜矿（中期大量）—黝铜矿—辉钼矿（中期大量）—闪锌矿—方铅矿—辉铜矿—蓝铜矿和孔雀石。总结见表7.3。

常见共生金属矿物有：①磁铁矿+黄铁矿+黄铜矿（或黝铜矿）；②黄铜矿+斑铜矿+黄铁矿；③辉钼矿+黄铁矿+黄铜矿；④黄铜矿+辉铜矿；⑤黄铁矿+黄铜矿+闪锌矿（或方铅矿）。地表金属矿物共生组合为孔雀石+蓝铜矿+褐铁矿。

第五节　金属矿物特征

一、金属矿物

（一）铜矿物

黄铜矿：半自形–他形晶、或呈他形晶连晶，晶粒一般在0.02~0.5mm，在细脉浸染状矿石中粒径0.1~4mm。其主要的产出状态：①早期形成的常包含于黄铁矿或磁铁矿中；②石英+磁铁矿+黑云母构成细脉状或脉状产出；③呈浸染状分布于矿石中，该产状的黄铜矿形成较早，一般与黑云母+石英共生；④连晶状黄铜矿有时被辉铜矿、蓝辉铜矿交代，具交代反应边或交代残余结构；⑤在多金属硫化物脉中与闪锌矿+方铅矿+石英等共生。黄铜矿中含微量的Se、Te、Au、Ag、Bi等（表7.4）。

表7.4　驱龙矿床铁、铜硫化物电子探针分析结果表

矿物	Co	Fe	Ni	S	Cu	Pb	Zn	As	Se	Te	Ag	Au	Bi	总计
黄铁矿	0.00	47.31	0.00	53.56	0.00	0.00	0.09	0.00	0.04	0.11	0.00	0.05	0.29	101.45
黄铁矿	0.03	46.33	0.01	53.02	0.00	0.24	0.02	0.00	0.05	0.00	0.06	0.07	0.18	100.00
黄铁矿	0.00	47.09	0.00	53.94	0.00	0.00	0.06	0.05	0.02	0.07	0.00	0.09	0.13	101.44
黄铁矿	0.00	47.31	0.00	53.49	0.00	0.00	0.11	0.00	0.00	0.00	0.01	0.04	0.21	101.21
黄铁矿	0.01	46.57	0.00	53.78	0.00	0.00	0.07	0.00	0.02	0.03	0.00	0.06	0.25	100.80
黄铁矿	0.00	46.79	0.00	52.94	0.00	0.00	0.04	0.03	0.00	0.04	0.00	0.10	0.36	100.41
黄铁矿	0.00	47.45	0.00	53.71	0.00	0.00	0.00	0.00	0.00	0.00	0.00	0.00	0.00	101.16
黄铁矿	0.00	47.05	0.00	54.05	0.00	0.00	0.00	0.00	0.00	0.00	0.00	0.00	0.00	101.10
黄铁矿	0.00	47.37	0.00	52.96	0.00	0.00	0.00	0.00	0.00	0.00	0.00	0.00	0.00	100.33
黄铁矿	0.00	47.08	0.00	52.70	0.03	0.00	0.00	0.08	0.00	0.03	0.21	0.00	0.32	100.49
黄铜矿	0.00	30.36	0.00	35.85	33.25	0.00	0.00	0.00	0.00	0.00	0.00	0.00	0.00	99.46
黄铜矿	0.00	30.30	0.00	36.11	33.46	0.00	0.00	0.00	0.00	0.00	0.00	0.00	0.00	99.86

续表

矿物	Co	Fe	Ni	S	Cu	Pb	Zn	As	Se	Te	Ag	Au	Bi	总计
黄铜矿	0.00	30.05	0.01	35.08	34.10	0.18	0.08	0.00	0.04	0.02	0.07	0.01	0.25	99.87
黄铜矿	0.00	30.45	0.00	34.92	34.13	0.38	0.11	0.04	0.01	0.10	0.07	0.06	0.09	100.35
黄铜矿	0.00	30.34	0.00	34.56	34.00	0.42	0.18	0.00	0.04	0.16	0.17	0.04	0.05	99.95
黄铜矿	0.00	30.86	0.00	34.70	34.30	0.35	0.06	0.00	0.04	0.11	0.10	0.04	0.22	100.78
黄铜矿	0.00	30.17	0.00	34.73	33.96	0.30	0.09	0.00	0.06	0.13	0.07	0.05	0.09	99.64
黄铜矿	0.00	30.45	0.00	35.09	34.20	0.16	0.19	0.00	0.02	0.13	0.11	0.12	0.21	100.66
黄铜矿	0.00	30.33	0.00	34.57	34.97	0.05	0.01	0.00	0.01	0.14	0.17	0.08	0.39	100.72
黄铜矿	0.00	30.33	0.00	35.13	34.11	0.49	0.05	0.03	0.07	0.08	0.09	0.15	0.26	100.80
黄铜矿	0.00	30.37	0.00	34.51	34.48	0.38	0.14	0.00	0.03	0.11	0.16	0.06	0.21	100.46
黄铜矿	0.00	30.60	0.00	35.12	34.42	0.27	0.17	0.00	0.05	0.12	0.10	0.08	0.14	101.07
黄铜矿	0.00	30.18	0.00	34.64	34.48	0.61	0.14	0.02	0.01	0.17	0.05	0.02	0.18	100.50
黄铜矿	0.00	30.60	0.00	34.59	34.39	0.00	0.17	0.00	0.08	0.11	0.14	0.06	0.14	100.28
黄铜矿	0.00	31.06	0.02	34.45	33.14	0.00	0.14	0.03	0.00	0.02	0.12	0.00	0.31	99.28
黄铜矿	0.00	29.53	0.02	34.81	33.74	0.28	0.24	0.00	0.00	0.15	0.12	0.00	0.21	99.10
黄铜矿	0.00	29.53	0.02	34.81	33.74	0.28	0.24	0.00	0.00	0.15	0.12	0.00	0.21	99.10
方铅矿	0.03	0.00	0.00	13.15	0.01	86.59	0.00	0.13	0.14	0.14	0.00	0.07	0.53	100.88
方铅矿	0.03	0.00	0.00	13.44	0.03	85.35	0.00	0.07	0.12	0.19	0.00	0.17	0.69	100.09
方铅矿	0.00	1.01	0.00	13.46	0.17	84.81	0.00	0.11	0.05	0.08	0.00	0.07	0.44	100.20
方铅矿	0.00	0.00	0.00	13.74	0.20	85.16	0.00	0.08	0.13	0.12	0.04	0.12	0.84	100.43
闪锌矿	0.00	0.19	0.00	33.03	0.00	0.00	64.24	0.00	0.00	0.00	0.00	0.00	0.00	97.46
闪锌矿	0.00	0.00	0.00	32.94	0.00	0.00	63.65	0.00	0.00	0.00	0.00	0.00	0.00	96.59
斑铜矿	0.00	13.14	0.05	28.67	57.40	0.17	0.27	0.01	0.00	0.16	0.21	0.03	0.20	100.30
斑铜矿	0.00	13.63	0.00	26.68	59.40	0.00	0.00	0.00	0.00	0.00	0.00	0.00	0.00	99.49
铜蓝	0.00	7.26	0.07	25.08	67.38	0.67	0.35	0.04	0.00	0.17	0.11	0.00	0.24	101.37
铜蓝	0.00	6.35	0.05	25.76	67.78	0.00	0.26	0.00	0.00	0.16	0.24	0.02	0.08	100.68
铜蓝	0.00	2.80	0.00	21.91	71.40	0.00	0.00	0.00	0.64	0.00	0.26	0.00	0.00	97.01
铜蓝	0.00	5.84	0.00	24.44	69.24	0.00	0.00	0.00	0.00	0.00	0.03	0.00	0.00	99.55

斑铜矿：矿区较少，只在少数样品中见到，含微量的 Pb、Zn、Te、Au、Ag、Bi 等（表 7.4）。

孔雀石：地表较少见，是氧化铜矿的常见矿物，钻孔浅部中可见。其含量一般为 1% ~ 2%，局部高达 5%。主要呈脉状、团块状、放射状、针状生长于褐铁矿的蜂窝洞中，脉状集合体分布于裂隙中。

蓝铜矿：少量，在浅地表的钻孔中可见，是氧化矿石的含铜矿物之一。一般与孔雀石、褐铁矿共生，仅仅在局部富集。蓝铜矿多呈胶状构造。

　　铜蓝：为他形与黄铁矿、黄铜矿共生，含有 Te、Ag、Bi 等（表7.4）。

　　辉铜矿：是次生硫化物富集带的主要工业铜矿物。常交代黄铜矿构成反应边或浸染状分布。

　　蓝辉铜矿：是次生硫化物富集带的主要工业铜矿物。常交代黄铜矿、斑铜矿等硫化物。

（二）　其他金属矿物

　　黄铁矿：最常见的金属硫化物，几乎在各个成矿阶段都有，常呈半自形他形产出。在氧化带中，常被褐铁矿交代呈残余或假象。在各种硫化物脉中均可见到早期的黄铁矿包含黄铜矿，或与黄铜矿共生。在细脉浸染状矿石中，黄铁矿主要呈中细粒半自形–他形粒状。含微量 Se、Te、Au、Bi 等（表7.4）。

　　闪锌矿：为后期多金属硫化物脉的主要组分，常与黄铜矿、黄铁矿等共生，成分见表7.4。

　　方铅矿：少见，分布在后期多金属硫化物脉中，常和闪锌矿、黄铜矿、石英共生，其中含微量的 Se、Te、Au、Bi（表7.4）。

　　磁铁矿：有两种产出形式，一是他形粒状磁铁矿浸染状分布于矿石中，有时可见黄铜矿的包体；二是以磁铁矿+黄铜矿+石英细脉的形式产出，磁铁矿为他形粒状，常被黄铜矿交代溶蚀。

　　辉钼矿：在矿区的中下部分布较广，主要以石英–辉钼矿的形式产出，常与黄铜矿、硬石膏共生，有时见与黄铜矿交生，其特点是 Re、Te、Au、Bi 富集（表7.5）。

表7.5　驱龙矿床辉钼矿电子探针分析结果表

样号	Fe	Co	Ni	S	Cu	Zn	Te	Mo	Ag	Re	Au	Bi	总计
ZK401-86	0.03	0.00	0.01	39.68	0.00	0.12	0.18	59.52	0.00	0.00	0.86	0.00	100.38
ZK401-86	0.02	0.02	0.05	39.30	0.00	0.06	0.07	59.37	0.00	0.06	0.92	0.00	99.86
ZK401-86	0.00	0.06	0.01	39.73	0.02	0.14	0.08	59.11	0.01	0.07	0.86	0.00	100.07
ZK401-86	0.01	0.02	0.00	39.74	0.00	0.15	0.01	59.71	0.03	0.05	0.86	0.00	100.58
ZK401-86	0.01	0.01	0.00	38.58	0.09	0.09	0.00	60.25	0.07	0.01	0.91	0.00	100.02
ZK401-86	0.04	0.02	0.00	39.56	0.01	0.09	0.00	59.61	0.05	0.02	0.94	0.00	100.34

二、金属矿物的电子探针分析

　　为了获得矿区内常见金属硫化物的准确成分以及鉴别少许未知金属矿物，本次利用电子探针对矿区典型含矿岩芯探针片进行了分析研究（图7.8、表7.4、表7.5）。

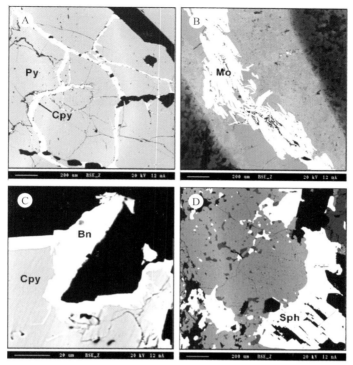

图 7.8　驱龙矿床中金属硫化物电子探针照片

A. 黄铁矿中呈不规则脉状的黄铜矿；B. 辉钼矿细脉；C. 黄铜矿颗粒边部的斑铜矿；

D. 闪锌矿；Py. 黄铁矿；Cpy. 黄铜矿；Mo. 辉钼矿；Bn. 斑铜矿；Sph. 闪锌矿

第六节　原生金属矿化分带

一、矿石矿物分带

　　通过驱龙斑岩矿床中南北向 0 号、东西向 05 号孔钻孔剖面中 300 余片光薄片的系统鉴定，发现驱龙矿区的主要金属硫化物：黄铁矿（Py）和黄铜矿（Cpy）存在明显的分带（图 7.9、图 7.10）。

　　南北向 0 号勘探线（图 7.9）：黄铁矿（Py）相对较丰富，主要分布在海拔为 4600 ~ 5200m 的垂向范围内；黄铜矿（Cpy）的分布也很广泛，分布深度较黄铁矿大（标高 4500 ~ 5200m）。整个剖面范围内，黄铁矿分布范围较大，且黄铁矿在围岩地层和中新世侵入岩中含量相当，而黄铜矿在围岩地层中含量明显较少，但是往南部，黄铁矿、黄铜矿都有增加的趋势。

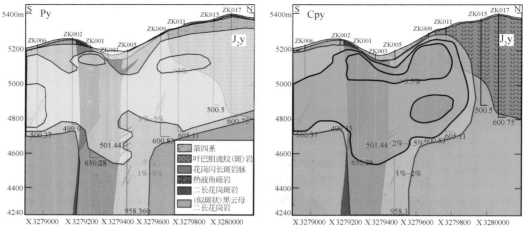

图 7.9　驱龙 0 号勘探线剖面黄铁矿–黄铜矿统计分布

东西向 05 号孔剖面（图 7.10）：黄铁矿（Py）发育较丰富，在海拔为 4600～5200m 的垂向范围内均广泛发育，并且在钻孔 805 孔局部发育较丰富的黄铁矿，整体上黄铁矿很丰富的区域范围不大；黄铜矿（Cpy）相对很发育，尤其是在 405 孔与 1605 孔之间，海拔 4500～5100m 的区域内。在西部 305 孔与 705 孔的深部，黄铜矿和黄铁矿也较发育。整个剖面范围内，黄铁矿、黄铜矿分布范围基本一致，但是同 0 号勘探线剖面一样，黄铜矿的分布区域明显小于黄铁矿的分布区域。

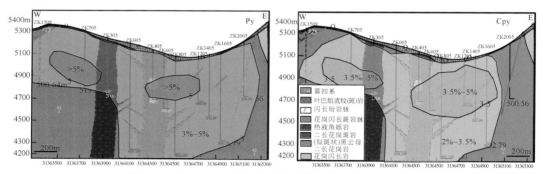

图 7.10　驱龙 05 号钻孔剖面线黄铁矿–黄铜矿统计分布

二、矿物共生组合

通过观察，驱龙矿床内的金属矿物存在广泛的矿物共生组合，主要有：磁铁矿+黄铜矿+黄铁矿，黄铜矿+黄铁矿，黄铜矿+黄铁矿+辉钼矿，黄铜矿+黄铁矿+斑铜矿，黄铁矿+黄铜矿+闪锌矿+方铅矿、黄铁矿+闪锌矿+方铅矿。

三、原生金属矿化分带

根据"西藏自治区墨竹工卡县驱龙矿区铜多金属矿勘探报告"（西藏巨龙铜业有限公司，2008），系统统计并整理了驱龙矿床南北向8号勘探线及东西向05号孔剖面线的矿石品位数据，通过对比矿区不同方向剖面的 Cu、Mo 以及 Cu/Mo 分布情况（图7.11、图7.12、图7.13），发现矿区内的 Cu、Mo 分布在水平和垂直方向上存在明显变化，其中南北向8号勘探线：

（1）以 Cu = 0.2wt% 为边界，8号勘探线的所有钻孔都见矿，并且 Cu、Mo 的品位在水平方向上向北在817孔基本尖灭；而向南矿化至少超过了目前的804号钻孔，这也被2009年巨龙铜业公司的勘探工作所证实。

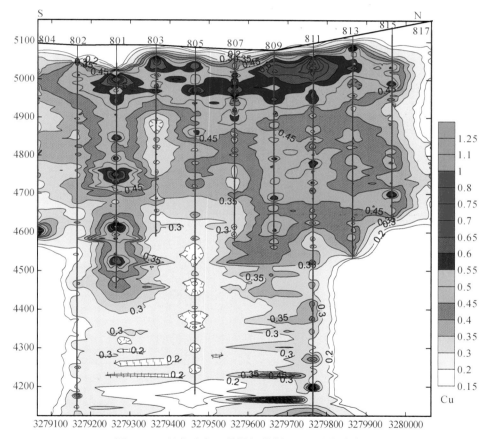

图7.11 驱龙矿床8号勘探线剖面 Cu 品位分布图

（2）8号勘探线垂向上，Cu 的矿化明显具有浅部（5100～4600m）较富，往深部（<4600m）逐渐变弱的趋势；并且矿化一直延伸到4000m标高附近；而 Mo 矿化，则是具有深部较浅部更富集的特点，Mo 矿化好的区域多是出现在矿体的中–深部位置（4850～4400m）。

（3）因此，Cu、Mo 矿化相互之间的关系（Cu/Mo），就呈现出明显的矿体上部 Cu/Mo 值较高，深部 Cu/Mo 值较低。

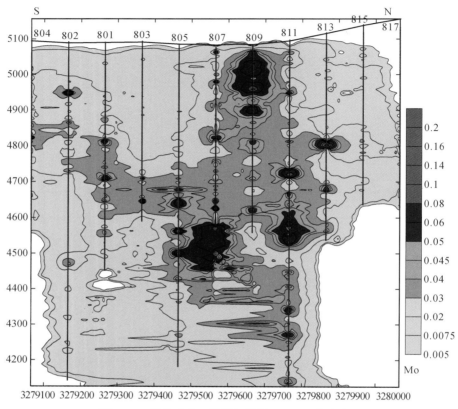

图 7.12　驱龙矿床 8 号勘探线剖面 Mo 品位分布图

四、蚀变-矿化组合

斑岩型矿床中，蚀变过程与矿化过程几乎是同时进行的，随着成矿流体的迁移，流体与围岩发生广泛的水岩反应，使得流体的物理-化学组成逐渐演化，进而形成各种蚀变矿物和蚀变组合，相应沉淀出金属硫化物。因此，矿床中的金属矿物的分布，往往与对应的蚀变矿物关系密切。选择驱龙矿床中穿过成矿斑岩-二长花岗斑岩的 0 号勘探线以及东西向 05 号孔剖面，这两条相互垂直的"十字"剖面，系统采集不同蚀变类型的样品，进行详细的岩相学和矿相学观察研究。通过系统的观察和蚀变矿物、硫化物的含量统计，分别作出了以上两个剖面的蚀变矿物和硫化物含量分布图（图 7.14、图 7.15）。主要统计的蚀变矿物有：钾长石、黑云母、钠长石、硬石膏、绢云母、绿泥石以及黏土矿物。从以上两个剖面来看，分布最广泛的蚀变矿物有黑云母、钾长石、硬石膏和绢云母，其中由于二长花岗斑岩中原生黑云母含量很少，因此其中的蚀变黑云母含量也很少；绿泥石和黏土矿物分布很少，只是出现在围岩地层或是中新世侵入岩的局部。结合矿床相同剖面中黄铁矿-

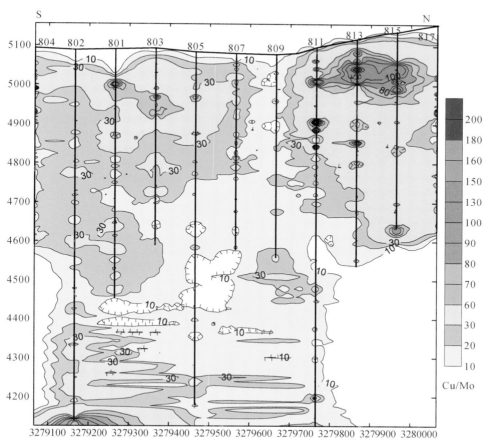

图 7.13　驱龙矿床 8 号勘探线剖面 Cu/Mo 分布图

黄铜矿的分布情况（图 7.9、图 7.10），可以看出黄铜矿、黄铁矿在空间上的分布与黑云母、钾长石、硬石膏和绢云母相吻合。这进一步表明，驱龙斑岩矿床中铜矿化与钾硅酸盐化和绢云母化蚀变密切相关。

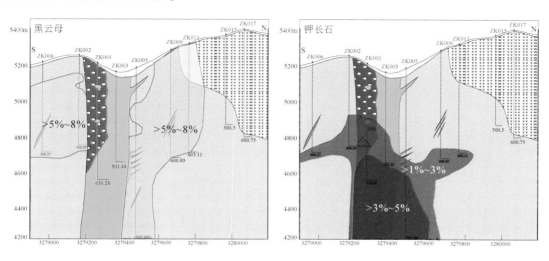

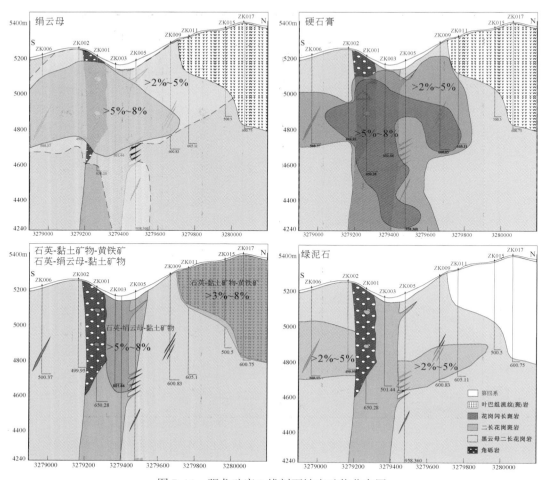

图 7.14　驱龙矿床 0 线剖面蚀变矿物分布图

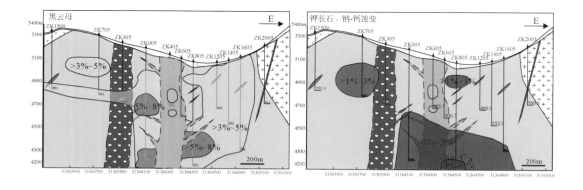

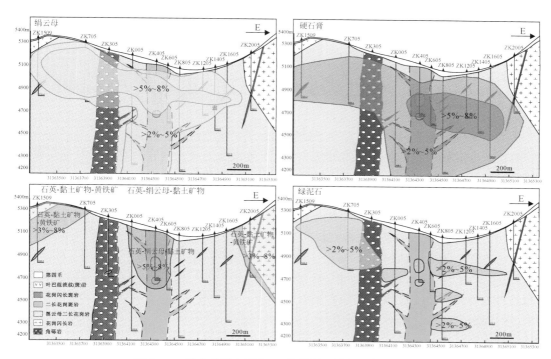

图 7.15 驱龙矿床东西向 05 号孔剖面蚀变矿物分布图

第八章 流体包裹体及稳定同位素示踪研究

斑岩型矿床中的流体包裹体保存了最直接的成矿流体信息，并且记录了成矿流体的演化；对斑岩型矿床中流体包裹体的研究一直是十分重要的研究内容。对矿床中不同成矿阶段以及不同期次流体包裹体的详细研究有助于深入了解和全面认识斑岩矿床的成矿流体来源、性质以及成矿演化过程。此外对斑岩成矿各个阶段热液矿物的 H-O-S 稳定同位素的研究，更是斑岩矿床研究中重要的研究内容，也是探讨成矿流体来源、组成及演化最直接有力的途径。稳定同位素示踪和测温在矿床地球化学研究中得到了成功的应用，主要表现在以下三个方面：①成矿流体来源鉴定；②矿物形成温度确定；③成矿地球化学机理推测（Taylor，1974；Ohmoto and Rye，1979；Ohmoto，1986；卢焕章等，2004）。热液成矿作用涉及各种地质地球化学过程，例如岩浆去气作用、流体混合作用、矿物沉淀的储库效应、热液/围岩相互作用和热液蚀变作用等。在这些过程中，矿物与矿物、矿物与流体之间是否处于同位素平衡对于地球化学示踪研究至关重要，热液矿物的稳定同位素组成决定于其沉淀时的温度和溶液成分。而热液含硫矿物的硫同位素组成不仅决定于源区硫同位素组成，而且受其形成时的体系封闭性质控制。封闭体系条件下，含硫矿物沉淀导致热液溶解硫含量降低，从而发生储库效应。在开放体系条件下，流体混合作用是热液矿化发生的重要原因之一，而区分单一流体或两种流体混合作用对热液矿物硫同位素组成变化的影响则至为关键。

作者首先进行了系统的流体包裹体观测，继而测得岩浆-热液矿物的 H-O-S 同位素组成，应用前人提出的同位素分馏方程和分馏系数（表 8.1），来计算驱龙矿床中对应的岩浆-热液体系的相应参数及矿物的形成温度。在此基础上，探讨驱龙矿床的成矿物质来源、热液流体组成及精细的演化过程。

表 8.1 用于计算的同位素分馏方程和分馏系数

氧同位素温度计计算方程
$10^3 \ln\alpha$ biotite$-H_2O$ = $0.4 \times 10^6 / T^2 - 3.1$（Bottinga and Javoy，1973）
$10^3 \ln\alpha$ chlorite$-H_2O$ = $2.693 \times 10^9 / T^3 - 6.342 \times 10^6 / T^2 + 2.969 \times 10^3 / T$（Cole and Ripley，1999）
$10^3 \ln\alpha$ magnetite$-H_2O$ = $1.47 \times 10^6 / T^2 - 3.70$（Bottinga and Javoy，1973）
$10^3 \ln\alpha$ quartz$-H_2O$ = $3.34 \times 10^6 / T^2 - 3.31$（Matsuhisa et al.，1979）
$10^3 \ln\alpha$ anhydrite$-H_2O$ = $3.21 \times 10^6 / T^2 - 4.72$（Chiba et al.，1981）（100~550℃）
$10^3 \ln\alpha$ anhydrite$-H_2O$ = $4.19 \times 10^6 / T^2 - 4.59 \times 10^3 / T + 1.71$（0~1200 ℃）（Zheng，1999）
$10^3 \ln\alpha$ kspar$-H_2O$ = $1.59 \times 10^6 / T^2 - 1.16$（Matsuhisa et al.，1979）
$10^3 \ln\alpha$ plagioclase$-H_2O$ = $(3.13 - 1.04 \times An)$ $2.15 \times 10^6 / T^2 - 3.27$（Bottinga and Javoy，1973）

续表

氢同位素温度计计算方程
$10^3 \ln\alpha$ biotite–H_2O = $-21.3\times10^6/T^2-2.8$（Suzuoki and Epstein，1976）
$10^3 \ln\alpha$ epidote–H_2O = $29.2\times10^6/T^2-138.8$（Graham et al.，1980）（150~300℃）
$10^3 \ln\alpha$ epidote–H_2O = $9.3\times10^6/T^2-61.9$（Graham et al.，1984）（300~600℃）
$10^3 \ln\alpha$ chlorite–H_2O = $-3.7\times10^6/T^2-24$（Graham et al.，1984）
硫同位素温度计计算方程
硬石膏–黄铁矿：$10^3 \ln\alpha$ = $6.463\times10^6/T^2+0.56$（Ohmoto and Lasaga，1982）
黄铁矿–黄铜矿：$10^3 \ln\alpha$ = $0.45\times10^6/T^2$（Ohmoto and Rye，1979）
硬石膏–黄铜矿：$10^3 \ln\alpha$ = $6.513\times10^6/T^2+0.56$（Ohmoto and Lasaga，1982）
闪锌矿–方铅矿：$10^3 \ln\alpha$ = $0.891\times10^6/T^2+0.56$（Kiyosu，1973）
黄铁矿–方铅矿：$10^3 \ln\alpha$ = $1.1\times10^6/T^2$（Kajiwara and Date，1971）

第一节　流体包裹体样品采集及测试

本次研究所测试的样品全部采自驱龙矿区的钻孔岩芯，采样位置覆盖了矿床各个蚀变矿化带及各种含矿岩体，样品分布标高在4000~5000m范围内。本次工作，在驱龙矿区共磨制了150余个包体片，从其中挑选了50个进行包裹体测试，测试样品主要集中在矿区8号勘探线及05号孔剖面线上，空间上以钻孔805为交点组成一个"十字"剖面。对斑晶石英和各种脉石英分别进行了详细的包裹体研究。包裹体显微测温是在中国科学院地质与地球物理研究所流体包裹体实验室完成，流体包裹体研究方法参考卢焕章等（2004）的专著。

第二节　流体包裹体特征

斑岩成矿系统中流体的成分变化很大，低盐度的气相、低盐度的液相以及高盐度的液相都存在。流体来源有岩浆流体以及地表水（大气降水、海水、地层水以及变质流体等）。通过对流体包裹体的研究，可以提供大量关于成矿流体的物理、化学参数以及成矿过程的信息。斑岩矿床中的流体包裹体类型，主要包括：高盐度含石盐子晶的多相包裹体（Type 3），富气相的包裹体（Type 2），最普遍的富液相包裹体（Type 1）以及极少量的富CO_2的包裹体（Type 4）；其中富气相包裹体（Type 2）与高盐度含石盐子晶的多相包裹体（Type 3）共存，是斑岩型矿床中流体包裹体的特征（Nash，1976）。显微测温研究表明，绝大多数斑岩矿床中的流体包裹体的均一温度范围为150~600℃；少部分高温包裹体在>600℃才均一（李光明等，2007；Li et al.，2011）。这些高温包裹体的意义有待进一步深化和研究，可能加深对斑岩铜矿的理解和认识。包裹体的盐度变化范围从<10wt% NaCl equiv. ~ >70wt% NaCl equiv. 变化，且双峰式分布（集中在15±5wt% NaCl equiv. 和35wt% NaCl equiv. ~55wt% NaCl equiv. 两个盐度区间）。盐度在25wt% NaCl equiv. ~35wt% NaCl equiv. 范围内的流体包裹体较难识别，因为在测温过程中，它们是以水石盐消失而不是冰消失，且由于其盐度低，故在常温下不容易结晶出石盐晶体。

显微观察表明，驱龙斑岩铜矿各种石英+硬石膏+硫化物脉系、含矿斑岩石英斑晶及含矿围岩中石英及硬石膏中均含有丰富的流体包裹体，特别是在石英斑晶及各种脉系的石英中包裹体十分丰富；总体上，从斑晶石英→早期 A 型脉石英→B 型脉石英→晚期 D 型脉石英中，包裹体丰度和类型逐渐减少。矿区各种石英中的包裹体丰富、类型多样，包裹体一般随机分布、少数沿裂隙分布，包裹体大小多数为 4~25μm，少数大于 30μm，形态以椭圆形和负晶形为主，少数为不规则形。根据 Roedder（1984）对包裹体成因判别，本次研究所测的大部分包裹体为原生包裹体，只有少数为次生包裹体。

一、流体包裹体分类及分布

根据室温下包裹体中的相组成以及在加热过程中的均一行为分类，将驱龙矿床中的流体包裹体分 3 种类型：即气–液包裹体（类型 1）、富气相包裹体（类型 2）和多相包裹体（类型 3），根据相组成又可进一步分为 9 个亚类（表 8.2、图 8.1）。

表 8.2　驱龙矿床中包裹体类型与发育特征

分类		室温条件下特征					产出脉系	均一方式
类型	亚类	形态	相组成	相数	子矿物	大小/μm		
1	1a	负晶形椭圆形不规则	L+V	2	无	3~30	所有样品	气消失
	1b	负晶形椭圆形不规则	L+V+Op/Hem±M	3~4	Op、Hem、M	3~30	A脉、B脉，少量D脉；斑岩以及黑云母二长花岗岩石英	气消失
2	2a	负晶形椭圆形不规则	L+V	2	无	4~24	A脉；角砾岩胶结物、斑岩及黑云母二长花岗岩石英	水消失
	2b	负晶形椭圆形不规则	L+V+M/Op	3~4	M	2~20	分布较少，A脉、二长花岗斑岩石英斑晶	水消失
3	3a	负晶形椭圆形	L+V+H	3	H	4~26	所有样品的石英中，硬石膏中没有	盐消失或气消失或同时消失
	3b	负晶形椭圆形	L+V+H+Op	4	H、Op	5~25	B脉、A脉中	盐消失或气消失，以盐消失为主
	3c	负晶形椭圆形	L+V+H+S±Op±Hem	4~6	H、S、Op、Hem	6~15	A脉、B脉和角砾岩石英胶结物	盐消失
	3d	负晶形椭圆形	L+V+H+Hem±Op	4~5	H、Hem、Op	4~14	A脉、B脉和角砾岩石英胶结物	盐消失
	3e	负晶形椭圆形	L+V+H+M	4	H、M	4~12	B脉中少量发育	盐消失

注：H. 石盐；S. 钾盐；Op. 不透明矿物；Hem. 赤铁矿；Gp. 石膏；M. 透明硅酸盐矿物。

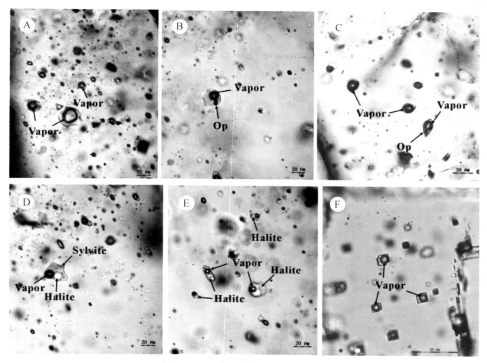

图 8.1　驱龙矿床中包裹体特征

A. Type 1，低密度，富液相包裹体；B. Type 1，含不透明矿物的富液相包裹体；C. Type 2，含不透明矿物的富气相包裹体；D. Type 3，多相包裹体；E. Type 3，多相包裹体与富液相包裹体；F. Type 1，硬石膏中呈立方体形态的富液相包裹体
（Op-不透明矿物）

流体包裹体分布：

Type 1：为气液包裹体，根据包裹体中相组成又可分为 1a、1b 二个亚类。亚类 1a（L+V→L）：负晶形-椭圆形和不规则形状，主要由气液两相组成，气相体积一般<40%，大小一般为 3～30μm，加热时均一到液相。分布较广泛，在所测所有样品中均有分布，只是比例不同而已，总体上在斑岩石英斑晶和石英-辉钼矿脉中较多。亚类 1b（L+V+Op/Hem± M→L）：负晶形-椭圆形和不规则形状，主要由气液两相组成，另外还含有不透明的金属矿物或红色赤铁矿，偶见透明硅酸盐子矿物，气相一般<40%，大小一般为 3～30μm，加热时均一到液相。相对来讲，在石英斑晶和早期 A、B 脉中分布较多（图 8.1A、B、F）。

Type 2：为富气相包裹体，根据包裹体中相组成又可分为 2a、2b 二个亚类。亚类 2a（V+L→V）：负晶形-椭圆形和不规则形状，主要由气液两相组成，气相体积一般为 60%～85%，有的甚至>90%，大小 4～24μm，加热时均一到气相。分布较广，在角砾岩胶结物、石英斑晶和 A、B 脉中均有分布。亚类 2b（L+V+M/Op→V）：负晶形-椭圆形和少量不规则形状，主要由气液两相组成，气相体积一般为>70%，大小 2～20μm，含有一个不透明的金属子矿物或透明硅酸盐，加热时均一到气相，而不透明子矿物不消失。分布较少，在石英斑晶和 A 中有分布（图 8.1C）。

Type 3（L+V+Ms→L）：为多固相包裹体，根据其中的相组成可分为五个亚类。

亚类 3a（L+V+H→L）：负晶形-椭圆形，大小 4～26μm，气相 15%～35%，其中含有石盐子晶, 加热时盐消失或气消失或同时消失, 均一到液相。分布较广, 几乎所有样品的石英中均有分布 (图8.1E)。

亚类3b (L+V+H+Op→L): 负晶形–椭圆形, 大小4~10μm, 气相10%~40%, 以其中含有不透明的子矿物为特征, 某些不透明矿物呈三角形, 很可能是黄铜矿子晶, 加热时均一到液相。主要分布在早期的A脉和B脉中。

亚类3c (L+V+H+S±Op±Hem→L): 负晶形–椭圆形, 大小6~15μm, 气相10%~30%, 除石盐子晶外, 还含有另一透明的子矿物, 形态由圆形到长条形或不规则, 偶见不透明矿物或红色赤铁矿, 加热时部分均一到液相 (图8.1D)。分布在角砾岩石英胶结物和部分A脉和B脉中。

亚类3d (L+V+H+Hem±Op→L): 负晶形–椭圆形, 大小4~14μm, 气相10%~20%, 除石盐子晶外和红色赤铁矿外, 还含有不透明子矿物, 加热时部分均一到液相。主要分布于石英斑晶、角砾岩石英胶结物和早期部分A、B脉中。

亚类3e (L+V+H+M→L): 负晶形–椭圆形, 大小4~12μm, 气相10%~20%, 含子矿物有石盐和透明矿物硅酸盐熔体。加热时部分均一到液相。主要分布于B脉中。

各种产状的热液硬石膏中也含有丰富的流体包裹体, 但是几乎全部为负晶形 (长方体) 的气液包裹体 (图8.1F); 其分布多呈线性分布, 较少呈分散状。由于其长方体外形, 以及其中气泡体积较大 (40vol%~50vol%) 造成在冷冻过程中很难观察冰的消失, 因此本次研究中对于硬石膏中包裹体的盐度测定较少。

二、流 体 成 分

驱龙斑岩矿床中的多相包裹体中普遍含有子矿物 (图8.2), 主要有: 呈规则立方体的石盐 (NaCl)、近圆形–长方体的钾盐 (KCl)、近圆形+立方体的硬石膏 ($CaSO_4$) (图8.2C)、近圆形–不规则的透明硅酸盐矿物 (加热到600℃也未变化)、不透明的呈三角形的黄铜矿、呈不透明的呈正方形的黄铁矿、红色近圆形的赤铁矿。

项目研究选取了驱龙矿床中不同阶段的石英, 对其进行群体包裹体成分分析工作。流体包裹体群体气、液相成分在中国科学院矿产资源重点实验室完成。流体包裹体群体气相成分采取分温度区间爆裂提取, 以获取不同成矿阶段的流体气相成分; 测试采用日本RG202和瑞士安维公司生产的Prisma TM QMS200型四极杆质谱仪, 仪器重复测定精密度<5%, 测试流程及样品前期处理参见朱和平等 (2004)。流体包裹体群体液相成分与气相成分采取相似的手段, 同样分温度阶段爆裂, 提取不同温度区间群体包裹体离子成分; 采用日本岛津制作所 (SHIMADZU) 生产的离子色谱仪分析, 得到离子相对浓度, 仪器重复测试精度<5%。提取离子成分样品前期处理同气相成分样品前期处理过程。测得数据见表8.3。

测试数据显示, 驱龙矿床石英包裹体液相成分中, 阴离子以SO_4^{2-} (0.82~66.99μg/g) 为主, 平均17.23μg/g, 含少量的Cl^- (1.13~17.4μg/g) 和F^-; 阳离子以K^+ (0.24~16.3μg/g)、Na^+ (1.45~16.1μg/g) 为主, 含少量的Ca^{2+} (0.33~2.67μg/g) 和微量的Mg^{2+}。气相成分以H_2O为主 (>95mol%), 含极少量的CO_2 (1.36mol%~3.25mol%) 和微量的N_2、CH_4、C_2H_6、H_2S及Ar。

表8.3　驱龙斑岩矿床不同阶段石英包裹体成分

样号	阶段	F⁻	Cl⁻	SO₄²⁻	Na⁺	K⁺	Mg²⁺	Ca²⁺	SO₄²⁻/Cl⁻	Na⁺/K⁺	H₂O	N₂	Ar*	CO₂	CH₄	C₂H₆	H₂S	pH	Eh
QZK812-475	石英斑晶	0.210	2.63	35.49	7.77	16.3	0.16	1.80	13.52	0.48	96.90	0.212	0.087	1.361	0.473	0.97	0.0006	5.18	0.09
QZK301-303		—	6.51	66.99	16.1	11.8	0.28	2.67	10.29	1.37	97.06	0.151	0.020	2.588	0.092	0.09	—	4.38	0.10
QZK811-804	钾硅酸盐-硫酸盐-硫化物阶段	—	9.00	2.94	10.4	1.57	—	0.77	0.33	6.65	97.09	0.199	0.017	2.493	0.095	0.10	—	—	—
QZK1509-255		—	1.58	2.82	1.86	1.24	—	0.23	1.78	1.51	97.31	0.187	0.030	2.232	0.106	0.13	—	—	—
QZK005-547		—	2.38	8.22	3.93	2.90	—	0.33	3.46	1.36	95.99	0.206	0.040	3.212	0.184	0.37	0.0011	—	—
QZK705-67		—	2.71	3.75	3.09	1.14	—	0.47	1.38	2.71	95.76	0.310	0.035	3.193	0.186	0.52	0.0002	—	—
QZK802-391		—	2.84	29.34	9.02	2.75	0.05	1.20	10.34	3.28	96.42	0.224	0.029	3.044	0.142	0.14	0.0011	6.64	0.11
QZK705-363.5		0.600	9.09	7.77	9.09	4.17	0.08	0.80	0.85	2.18	96.42	0.184	0.027	1.357	0.170	1.84	0.0012	5.97	0.10
QZK805-553		0.201	2.73	41.40	11.0	3.66	0.20	1.20	15.15	3.00	97.22	0.129	0.011	1.957	0.070	0.61	0.0005	5.30	0.11
QZK005-956		0.159	9.33	6.00	8.91	1.62	0.04	0.67	0.64	5.51	96.56	0.002	0.009	3.014	0.093	0.32	0.0012	6.86	0.11
QZK812-463-2	石英-绢云母-硫化物阶段	—	17.4	4.71	13.0	5.04	—	1.17	0.27	2.58	97.59	0.073	0.007	2.235	0.035	0.05	0.0003	—	—
QZK005-128		—	4.83	6.36	5.58	1.52	—	0.47	1.32	3.67	97.67	0.145	0.020	1.997	0.077	0.09	0.0002	—	—
QZK1117-308	石英-多金属阶段	—	2.04	26.58	5.28	2.02	0.08	1.40	13.05	2.62	96.42	0.154	0.018	3.246	0.074	0.09	0.0006	6.55	0.11
QZK401-283		—	2.95	11.46	5.58	1.71	0.04	0.48	3.89	3.26	97.56	0.078	0.010	2.224	0.052	0.07	0.0008	7.55	0.11
QZK009-226		0.240	1.13	21.00	3.93	2.21	0.12	1.67	18.67	1.78	97.50	0.118	0.016	2.185	0.083	0.10	0.0007	5.95	0.11
QZK442-282	夕卡岩化	—	1.98	0.82	1.45	0.24	—	0.93	0.41	6.11	95.89	0.613	0.156	2.100	0.859	0.38	0.0005	—	—

注："—"表示为未检出结果；"*"为参考值。阴阳离子结果单位 μg/g；气相成分单位 mol%。

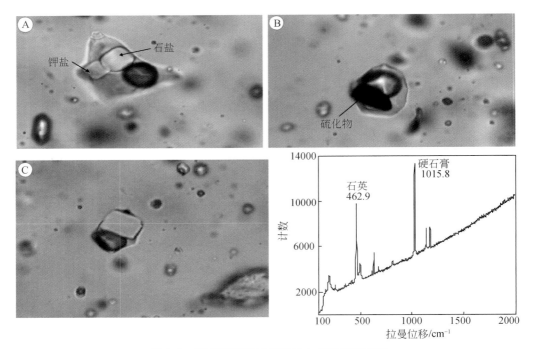

图 8.2　驱龙矿床流体包裹体中主要的子矿物

A. 含石盐+钾盐的多相包裹体；B. 含不透明硫化物的包裹体；C. 含硬石膏的包裹体

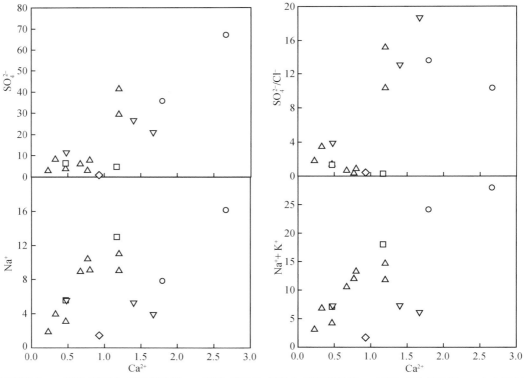

○ 石英斑晶　△ 钾化-硫酸盐-硫化物阶段　□ 石英-绢云母-硫酸盐-硫化物阶段　▽ 石英-多金属阶段　◇ 夕卡岩化阶段

图 8.3　驱龙矿床不同石英中流体成分对比

驱龙矿床中不同阶段石英包裹体的离子成分具有显著差别（图8.3）。所有石英中 Ca^{2+} 和 SO_4^{2-} 具有明显的正相关性。岩浆气液阶段的石英斑晶中流体含有最高的 SO_4^{2-}、Ca^{2+}、$Na^+ + K^+$ 含量和较高的 SO_4^{2-}/Cl^- 值；而热液阶段的流体中，Ca^{2+} 和 SO_4^{2-} 含量较低，而 Na^+ 含量较高，钾硅酸盐-硫化物阶段，某些流体具有较高的 SO_4^{2-}/Cl^- 值；晚期石英-多金属阶段石英中的流体具有较高的 SO_4^{2-}/Cl^- 值；外围夕卡岩石英中的流体具有相对最低的 SO_4^{2-}、Na^+ 含量。

以上研究表明，驱龙斑岩成矿流体以富 SO_4^{2-} 为显著特征，这种特征也表现在子矿物出现硬石膏（$CaSO_4$）上；成矿流体为复杂的 H_2O-$NaCl$-KCl-$CaSO_4$ 体系。

此外根据流体包裹体气相成分，采用刘斌和沈昆（1999）推荐的公式，计算出不同阶段流体的氧逸度值（$\lg fO_2$），流体的氧逸度值逐渐降低（早期石英斑晶 $\lg fO_2 = -33$，到钾硅酸盐硫化物阶段 $\lg fO_2 = -49$、石英-绢云母-硫化物阶段 $\lg fO_2 = -57$、石英-多金属阶段 $\lg fO_2 = -68$），暗示随着成矿作用的进行，流体的氧逸度逐渐降低。流体气相成分的硫逸度（$\lg fS$）值为 $\lg fS = -2.99 \sim -3.76$，不同阶段流体差异不大。

三、流体 pH-Eh 值计算

（一）成矿流体 pH 计算

成矿流体溶液离子活度计算：

在对成矿流体计算活度时，可以将成矿流体当做低离子强度的稀溶液，因此可以选择德拜-休克尔极限公式（Debye-Huckel）计算活度系数：

$$\lg \gamma_i = -AZ_i^2 \sqrt{I} \tag{8.1}$$

其中

$$I = \frac{1}{2} \sum (c_i Z_i^2)$$

当求的活度系数时，溶液活度 α 便可以通过下式求算：

$$\alpha = c_i \times \gamma_i \tag{8.2}$$

一般采用常用对数形式对其进行表达，其表达式为：

$$\lg \alpha = \lg c_i + \lg \gamma_i \tag{8.3}$$

结合上述计算公式，成矿流体溶液活度计算公式推导如下：

$$\lg \alpha = \lg c_i + \lg \gamma_i = \lg c_i - AZ_i^2 \sqrt{I} = \lg c_i - AZ_i^2 \left[\sum (c_i Z_i^2) \right]^{1/4} \tag{8.4}$$

成矿流体 pH 计算：

根据电中性原理，成矿流体阴阳离子应该保持平衡，故而存在下述等式：

$$\Sigma c_i Z_i（阴）= \Sigma c_i Z_i（阳）$$

转化为活度表达形式为：

$$\Sigma \alpha_i Z_i（阴）= \Sigma \alpha_i Z_i（阳）$$

当 $\Sigma \alpha_i Z_i（阴）> \Sigma \alpha_i Z_i（阳）$ 时，以 H^+ 作为中和补偿：

$$pH = -\lg \left[\Sigma \alpha_i Z_i（阴）- \Sigma \alpha_i Z_i（阳）\right] \tag{8.5}$$

当 $\Sigma \alpha_i Z_i（阴）< \Sigma \alpha_i Z_i（阳）$ 时，以 OH^- 作为中和补偿：

$$pH = 14 + lg\left[\Sigma\alpha_i Z_i（阳）-\Sigma\alpha_i Z_i（阴）\right] \tag{8.6}$$

因此对上述两式去绝对值，pH 计算可简化为：

$$pH = \left|-lg\left[\Sigma\alpha_i Z_i（阴）-\Sigma\alpha_i Z_i（阳）\right]\right| \tag{8.7}$$

驱龙斑岩矿床的成矿流体对应温度–压力范围内其 pH 为 4.38 ~ 7.55（表 8.3），从成矿早期到成矿晚期，流体的 pH 变化不明显。早期成矿斑岩石英斑晶中流体的 pH 相对最低，随着成矿过程和流体演化，成矿流体的 pH 略微变大。

（二）成矿流体 Eh 值计算

成矿流体 Eh 值计算根据流体包裹体气–液相平衡关系进行，平衡气相成分包括 $CH_4(g)$、$CO_2(g)$、$H_2O(g)$，平衡液相主要为 H_2O（l），它们之间存在如下氧化还原反应：

$$CH_4(g) + H_2O(l) = CO_2(g) + 8H^+ + 8e$$

该反应在 T 温度下的标准吉布斯自由能为 $\Delta G_{\gamma,T}^{\theta}$ J/mol（根据温度 T 可查询相关热力学参数表获得）。

根据库伦反应公式可得：

$$Eh = Eh^0 + \frac{2.303RT}{nF}lg\frac{\alpha_H^8 \times p（CO_2）}{p（CH_4）\times \alpha_{H_2O}^2} \tag{8.8}$$

根据反应式可知，$n=8$；将成矿流体作为稀溶液处理，则 $\alpha_{H_2O}=1$

$$Eh^0 = \Delta G_{\gamma,T}^{\theta}/8F \tag{8.9}$$

因此有：

$$Eh = \Delta G_{\gamma,T}^{\theta}/8F + 2.303RT/8F\times\left[-8pH+lg p（CO_2）-lg p（CH_4）\right]$$

$$= \Delta G_{\gamma,T}^{\theta}/8F - 2.303RT/F\times pH + 2.303RT/8F\times lg\frac{\chi（CO_2）}{\chi（CH_4）} \tag{8.10}$$

驱龙斑岩矿床的成矿流体对应温度–压力范围内其 Eh 值为 0.09 ~ 0.11（表 8.3），从成矿早期到成矿晚期，流体的 Eh 值变化不明显。

第三节　流体包裹体显微测温

本项研究采用中国科学院矿产资源研究重点实验室流体包裹体实验室的英国 Linkam 科仪公司产的 THMSG600 冷热台测试，温度控制范围为 $-196~600$℃，冷冻温度和升温均一温度数据精度分别为 ±0.1℃ 和 ±1.0℃。实验测试中，尽量选择随机分布、形状为负晶形、椭圆形，少量为不规则的原生流体包裹体为测试对象，通过液氮冷却测得两相包裹体的冰点温度（$T_{m,ice}$）、加热测得气液均一温度（$T_{h,L-V}$）和多相包裹体石盐或气泡消失的温度（$T_{m,NaCl}$）。虽然在冷冻过程中发现极少数气液两相的包裹体出现低于 $H_2O-NaCl$ 稀溶液体系临界冰点温度 -21.2℃ 的情况，以及少量多相包裹体中除了石盐（NaCl）外，还含有另一种透明的子矿物，但绝大多数的测试对象属于简单的 $H_2O-NaCl$ 溶液体系。因此气–液包裹体和富气相包裹体的盐度（wt% NaCl equiv.）利用 Hall（1988）公式求得，多相包裹体的盐度采用 Bischoff（1991）公式求得，所有测温及计算结果如图 8.4A、B 所示。在本次实验过程中，未发现典型的 CO_2 包裹体。

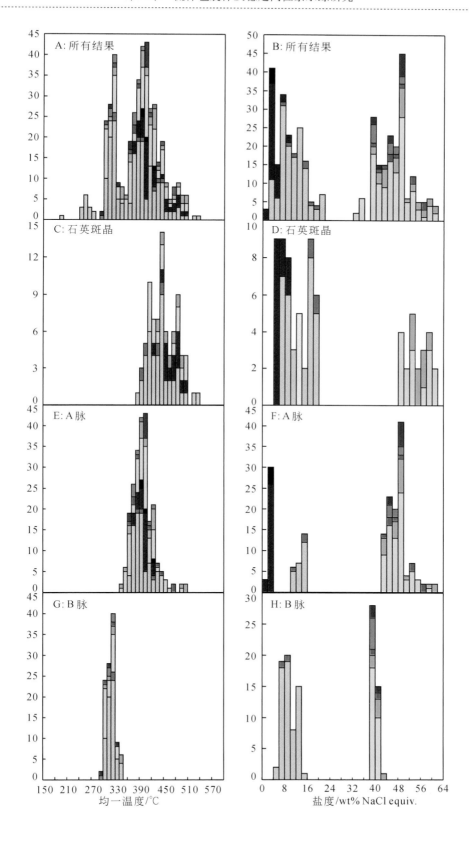

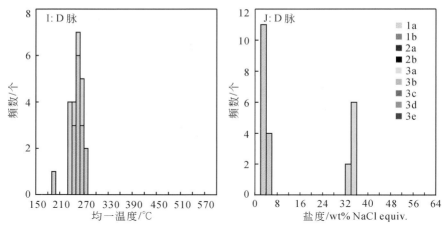

图 8.4　驱龙矿床流体包裹体测温结果及盐度图

一、均一温度及盐度

斑岩中石英斑晶的流体包裹体丰富，包含了上述所有主要类型，两相包裹体以气液包裹体为主，少量的富气相包裹体；且多相包裹体绝大多数是以盐消失的方式均一。测温结果表明，所有包裹体均一温度范围为 384～536℃；其中气–液包裹体的温度范围为 384～436℃，平均为 443℃，盐度范围为 6.45wt% NaCl equiv.～19.45wt% NaCl equiv.，平均为 13wt% NaCl equiv.；富气相包裹体的温度范围为 426～505℃，平均为 473℃，盐度范围为 4.10wt% NaCl equiv.～9.80wt% NaCl equiv.，平均为 5.97wt% NaCl equiv.；多相包裹体的温度范围为 414～510℃，平均为 459℃，盐度范围为：49.00wt% NaCl equiv.～59.22wt% NaCl equiv.，平均为 54.54wt% NaCl equiv.（图 8.4C、D）。

A 脉中的包裹体丰富，类型多样，几乎包含了上述所有类型，尤其以发育较多的富气相包裹体为特征；且 A 脉中的多相包裹体绝大多数是以盐消失的方式均一，很少是以气消失或同时消失的方式均一。测温结果表明，所有包裹体均一温度范围为 350～505℃；其中气–液包裹体的温度范围为 369～439℃，平均为 394℃，盐度范围为 10.73wt% NaCl equiv.～15.86wt% NaCl equiv.，平均为 13.47wt% NaCl equiv.；富气相包裹体的温度范围为 375～425℃，平均为 402℃，盐度范围为 1.90wt% NaCl equiv.～2.80wt% NaCl equiv.，平均为 2.43wt% NaCl equiv.；多相包裹体的温度范围为 350～505℃，平均为 405℃，盐度范围为：42.40wt% NaCl equiv.～60.44wt% NaCl equiv.，平均为 48.13wt% NaCl equiv.（图 8.4E、F）。

B 型脉中的流体包裹体也十分丰富，类型全面，含有少量的富气相包裹体；B 脉中的多相包裹体，主要以气消失的方式均一，少量的以盐消失或同时消失方式均一。测温结果表明，所有包裹体均一温度范围为 298～346℃；其中气–液包裹体的温度范围为 302～344℃，平均为 322℃，盐度范围为 5.71wt% NaCl equiv.～14.97wt% NaCl equiv.，平均为 10.00wt% NaCl equiv.；多相包裹体的温度范围为 298～346℃，平均为 318℃，盐度范围为：38.01wt% NaCl equiv.～42.03wt% NaCl equiv.，平均为 39.66wt% NaCl equiv.（图 8.4G、H）。但是 B 型脉中，以辉钼矿分布在脉边部为特征的石英–辉钼矿脉，其中所含的包裹体以气-液包裹体为主，少量的多相包裹体。所有包裹体的均一温度为290～320℃，平均为294℃。气-液包裹体的盐度范围为：4.31wt% NaCl equiv. ～14.52wt% NaCl equiv.，平均为7.22wt% NaCl equiv.。多相包裹体的盐度范围为：30.92wt% NaCl equiv. ～45.33wt% NaCl equiv.，平均为37.02wt% NaCl equiv.；其均一温度和盐度都较其他类型的B脉稍低，暗示其可能属于B脉中稍晚期形成的，这与脉系穿插关系相符，岩相学观察发现石英-辉钼矿脉均切穿早期的石英-硬石膏+硫化物细脉。暗示辉钼矿的沉淀温度较黄铜矿低，这与Rusk等（2008）研究Butte矿床的结果相符。

　　D型脉中的流体包裹体较少，以气-液包裹体和三相包裹体主，很少见其他类型。测温结果显示，所有包裹体均一温度的范围为196～273℃；其中气-液包裹体的温度范围为196～273℃，平均为254℃，盐度范围为2.41wt% NaCl equiv. ～5.86wt% NaCl equiv.，平均为3.71wt% NaCl equiv.；多相包裹体的温度范围为238～270℃，平均为249℃，盐度范围为33.95wt% NaCl equiv. ～35.99wt% NaCl equiv.，平均为34.65wt% NaCl equiv.（图8.4I、J）。由于目前D脉中包裹体测试数据较少，其多相包裹体的均一方式还不是很明显；已有的数据表现为气消失或同时消失为主要均一方式，较少出现盐后消失的情况。

　　但是，A脉、B脉以及角砾岩胶结物中的硬石膏，其中都只出现气液两相的流体包裹体，而未发现多固相包裹体；且绝大部分是以气泡消失的方式均一到液相。在同一条A脉中，硬石膏中包裹体的均一温度范围为260～393℃，平均为339℃；而与之共生的石英中的包裹体均一温度范围为346～405℃，平均为370℃（图8.5A），明显高于共生硬石膏中的包裹体温度。结合脉系中矿物的形态学研究，硬石膏的产状往往是填充在石英颗粒间，表明在同一条脉中，石英是在稍早时期、流体温度较高时结晶，而硬石膏为稍晚时期、流体温度稍低时结晶的。同时，角砾岩中，共生的石英-硬石膏胶结物也表现出相同的温度和形成先后关系（图8.5B）。ZK001孔角砾岩胶结物的硬石膏中包裹体的均一温度范围为290～347℃，平均为326℃；而与之共生的石英中的包裹体均一温度范围为300～384℃，平均为342℃。ZK305孔角砾岩胶结物的硬石膏中包裹体的均一温度范围为238～392℃，平均为307℃；而与之共生的石英中的包裹体均一温度范围为291～445℃，平均为341℃，都明显高于共生硬石膏中的包裹体温度。对于ZK001钻孔中的角砾岩硬石膏胶结物的盐度测试表明，硬石膏所捕获的流体为低盐度的流体，盐度范围为2.24wt% NaCl equiv. ～9.47wt% NaCl equiv.，平均为4.9wt% NaCl equiv.。由于硬石膏中的包裹体绝大多数粒度较小（3～10μm）且为长方体负晶形，很难在冷冻过程中准确地观察冰的消失现象，导致硬石膏中气-液两相包裹体的盐度数据较少。

　　驱龙矿床中各种产状、不同期次的流体包裹体的测温结果（表8.4）表明：二长花岗斑岩的石英斑晶及A脉石英中含有沸腾包裹体；从石英斑晶到A脉再到B脉、D脉，流体包裹体的均一温度分别从428℃降到398℃再降到293℃最后到D脉阶段降为252℃；相应的盐度逐渐降低。从石英斑晶到A脉流体温度盐度变化不大，但是从A脉到B脉，流体温度和盐度都有显著降低；由于B型脉含大量硫化物，因此可以推断成矿流体的温度和盐度的降低导致了成矿作用的发生，促使硫化物的大量沉淀。

　　此外，硬石膏和方解石作为常见的热液脉系矿物，通常认为岩浆流体提供了H^+、碳酸根以及硫酸根离子，而钙离子是由含钙的镁铁质矿物和斜长石中的含钙组分发生水解反

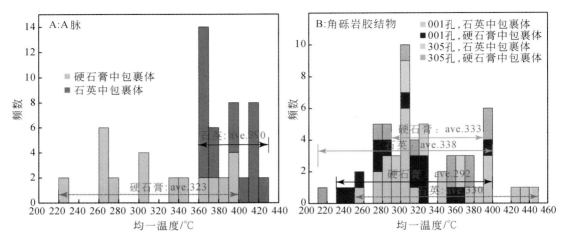

图 8.5　驱龙矿床石英及共生硬石膏中流体包裹体均一温度对比

应提供的。400℃时，硬石膏在流体中的溶解度达到最低，因此该温度条件下，形成大量的含硬石膏脉系。项目工作中测得的有限的硬石膏中的包裹体均一温度（260~393℃）以及含大量热液硬石膏的 A 脉、B 脉的平均均一温度的数据也表明，驱龙热液流体温度低于400℃时，大量的硬石膏发生沉淀；同时可能改变了流体中 SO_4^{2-} 的含量，影响流体的 SO_4^{2-}/H_2S 值，进而促使硫化物的沉淀。

表 8.4　驱龙矿床各种产状包裹体的均一温度及盐度汇总表

产状	类型	T_m/℃	盐度/wt% NaCl equiv.
石英斑晶	1a, b	384~536，平均 443	6.45~19.45，平均 13.00
	2a	426~505，平均 473	4.10~9.80，平均 5.97
	3a, b	414~510，平均 459	49.00~59.22，平均 54.54
A 脉	1a, b	369~439，平均 394	10.73~15.86，平均 13.47
	2a, b	375~425，平均 402	1.90~2.80，平均 2.43
	3a, b, c, e	350~505，平均 405	42.40~60.44，平均 48.13
B 脉	1a, b	302~344，平均 322	5.71~14.97，平均 10.00
	3a, b, c, d, e	298~346，平均 318	38.01~42.03，平均 39.66
D 脉	1a	196~273，平均 254	2.41~5.86，平均 3.71
	3a	238~270，平均 249	33.95~35.99，平均 34.65

　　流体包裹体显微测温结果表明，在二长花岗斑岩的石英斑晶和早期 A 脉中都存在流体沸腾现象（图 8.6）。沸腾包裹体是估算流体捕获压力的最直接方法。本次研究得出石英斑晶中的包裹体约在 460~510℃发生流体沸腾，对应的压力范围 35~60MPa，相应的深度为 1.4~2.4km；随着流体上升和温度的降低，在形成 A 脉时，流体又发生了一次沸腾作用，压力范围 28~42MPa，相应的深度为 1.1~1.7km（静岩压力值采用 25MPa/km）。以上压力和深度值均为最小估算值。驱龙斑岩矿床流体发生沸腾的深度较浅，结合目前该

矿床中岩体和矿体的地表出露情况，可以认为该矿床形成以后没有遭受明显的剥蚀。

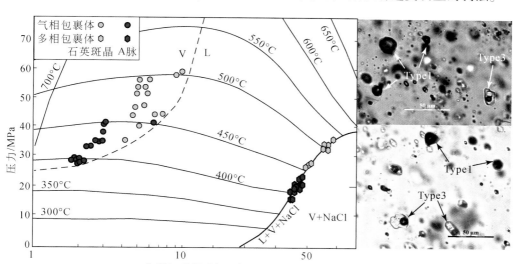

图 8.6　驱龙矿床中石英斑晶及 A 脉中沸腾包裹体（底图据 Bouzari and Clark，2006）

二、成矿流体体系与流体出溶分离机制

驱龙斑岩矿床中包裹体富含金属子矿物、赤铁矿、石盐、钾盐、硬石膏等，表明成矿流体中富含 Na、K、Fe、Cu、Ca 等元素，成矿流体以高温高盐高氧化的岩浆热液为主，流体体系属于复杂的 $NaCl+KCl\pm CaSO_4\pm FeCl_2+H_2O$ 体系。

Roedder（1992）指出岩浆结晶过程中，达到水过饱和状态并发生流体相出溶作用的早晚，对斑岩铜矿的形成有很大的影响。形成斑岩型铜矿床至关重要的因素就是使 Cu、Au、Mo 等成矿元素能有效地从岩浆熔体相进入流体相；而且成矿流体析出越早，越有利于斑岩型铜矿床的形成（李金祥等，2006）。因为岩浆结晶时铜可以进入铁镁硅酸盐矿物中，如果岩浆很晚才达到水过饱和，那么岩浆中的铜就会大量进入结晶相而发生分散。相反，如果岩浆较早达到水过饱和并发生流体相的释放，就能使更多的铜、金进入流体相并参与成矿。Loucks 和 Mavrogenes（1999）也指出：在高压（100~400MPa）、高温（550~725℃）从斑岩体原始岩浆房初始分离的流体中硫复合物可能是一种在超临界盐水中运移金属的有效方法。成矿流体较早地从岩浆中出熔，有利于超大型斑岩铜矿的形成。

大量研究表明，斑岩成矿系统中，含矿斑岩通常侵位较浅，一般 1~4km，最深可达 6~9km（例如 Butte，Rusk et al.，2008），规模不大，直径一般<2km，具有多期次侵位特点，不仅成矿前、成矿期、成矿后的侵入体在空间上共存，而且最晚期隐爆角砾岩筒常相伴发育。Proffet（2009）研究表明深部岩浆房顶部岩钟的就位深度决定着岩浆房中流体挥发分出溶的方式和出溶流体的组成，而且流体-溶体之间的相对密度比值影响了流体和溶体的分异，进而对矿化-蚀变类型和成矿就位空间与斑岩体之间的关系造成影响。在 H_2O-NaCl 体系中，较深（>5.5km）条件下（高压环境），从岩浆中出溶的流体为单相流体，具有相对残余熔体相较大的密度；浅部（<5.5km）条件下（低压条件），出溶为高盐度的盐水相和低盐度的气相，具有相对残余熔体相较低的密度。这种组分和流体密度之间的差异，直接造成后期不同的蚀变矿化类型和矿化区域。驱龙矿床流体包裹体研究可以得出，由于成矿斑岩–二长花岗斑岩侵位较浅，因此从岩浆中出溶的初始成矿流体可能是高盐度的盐水相和低盐度的气相；岩浆中流体出溶的因素既有由于岩浆演化造成含水矿物（黑云母、角闪石）的减少从而导致岩浆流体达到饱和，也有由于岩浆快速上升侵位，温度、压力条件发生改变。驱龙矿床中，成矿期不同岩性侵入体中富水矿物含量的变化，既是深部岩浆房演化的结果，同时也反映了不同批次岩浆中流体含量的变化。当深部岩浆演化到二长花岗斑岩阶段，富水矿物明显减少，岩浆中达到流体饱和，大量岩浆流体出溶，伴随岩浆侵位，而上升到浅部造成蚀变–矿化作用。

第四节　硫同位素地球化学

已有研究发现斑岩矿床中硫同位素组成范围较大，因为：①成矿岩浆中硫的来源本身就是多源的，例如地幔、俯冲流体和混染围岩都可以提供硫，且岩浆去气过程、岩浆上升过程中硫的丢失也有可能造成成矿岩浆中 H_2S/SO_4^{2-} 和 $\delta^{34}S_\Sigma$ 的组成发生显著变化；② $\delta^{34}S$ 对流体的氧化还原状态、流体中 H_2S/SO_4^{2-} 组成以及温度极其敏感；③硫同位素在共存的硫酸盐和硫化物之间存在强烈的分馏（ $\Delta\delta^{34}S_{sulfate-sulfide} > 20$ ）（Ohmoto and Rye，1979；Ohmoto，1986；Rye，2005）。共生的黄铁矿–硬石膏、黄铁矿–明矾石矿物对是最重要的硫化物–硫酸盐矿物对，近年来被广泛深入地用于研究斑岩成矿系统中蚀变–矿化过程以及成矿温度的变化。研究表明：共生的硫化物–硫酸盐矿物对是在相对氧化的、 H_2S/SO_4^{2-} 值小于 $0.5\sim1$ 的流体中结晶沉淀的，且流体中总硫的组成 $\delta^{34}S_\Sigma$ 变化较大（ $+1$ （Panguna） $\sim+10$ （Butte））（Rye，2005；Field et al.，2005）。对于 Butte 矿床显著富集 ^{34}S （ $\delta^{34}S_\Sigma = +9.9$ ），Field 等（2005）解释为沉积蒸发岩中大量的硫酸盐物质加入到成矿斑岩系统中。

硫酸盐矿物的稳定同位素研究，特别是与其共生矿物的同位素耦合研究在过去数十年间成为热液矿床及火山作用研究的有效工具（Rye，2005）。对热液矿床中硫酸盐矿物的硫、氧同位素体系进行了多方面的评述（Ohmoto and Rye，1979；Ohmoto，1986；Ohmoto and Goldhaber，1997；Rye，2005；Seal，2006）。在斑岩型成矿体系中，硫酸盐矿物可以从形成斑岩矿床的深部岩浆出溶的流体在后期演化中形成。典型的 I 型花岗岩可以形成较高的氧化态。在高于 NNO 的氧化条件下，熔体中硫的种属主要为 SO_4^{2-} ，岩石中可以直接沉淀硬石膏。从岩浆中出溶的初始流体可以富 SO_2 或 H_2S ，这取决于岩浆的氧化态（Ohmoto，1986），即岩浆流体中 H_2S/SO_2 值是岩浆氧化态、温度和压力的函数（Whitney，1984；Symonds et al.，1994）。影响岩浆流体中硫种属形成的压力效应是：高压下利于形成 H_2S ，低压下利于形成 SO_2 。岩浆流体中 H_2S/SO_2 值变化范围在斑岩矿床中是明显的，因为低压下有利于 SO_2 在高温岩浆气体中富集，突然的压力释放促使富 SO_2 的流体快速上升。在韧–脆性过渡带，高氧逸度的、含硬石膏的斑岩铜矿岩浆流体中的 SO_2 按 $4SO_2 + 4H_2O = 3H_2SO_4 + H_2S$ （Holland，1965）的反应式分别形成氧化态和还原态的 S，此时 S 同位素将发生明显的分馏。因此，出溶的初始硫为 SO_2 的岩浆流体都要演化为 H_2S/SO_4^{2-} 为 0.33 的流体。岩浆流体缓慢通过韧-脆性过渡带后其氧化态受到与岩浆岩中含铁矿物的反应的缓冲，导致流体中 H_2S/SO_4^{2-} 值的进一步升高（Ohmoto and Rye，1979）。在斑岩铜矿较深部位，大量形成 H_2SO_4 可以促使岩石蚀变而抵消了岩石的缓冲，H_2S/SO_4^{2-} 值将局部增加而使流体中 SO_4^{2-} 占主导（Giggenbach，1997）。因此，斑岩铜矿中硬石膏及其共生硫化物的硫同位素将有助于了解成矿流体的性质及矿物沉淀机制。前人已对含热液硬石膏及其共生硫化物进行了系统的硫同位素研究（Field and Gustafson，1976；Shelton and Rye，1982；Kusakabe et al.，1984；Lang et al.，1989；Field et al.，2005），获得了许多可以对比的资料。

　　西藏驱龙斑岩铜钼矿床的硫同位素，前人已报道了一些初步研究结果：孟祥金等（2006）分析了驱龙矿床 3 件含矿斑岩样品硫同位素组成比较一致，$\delta^{34}S$ 为 -2.1‰~ -1.1‰，平均为 -1.6‰；黄铜矿与硬石膏矿物的硫同位素组成比较均一，变化比较小，黄铜矿的 $\delta^{34}S$ 为 -6.3‰~ -1.0‰，均值 -2.76‰，硬石膏 $\delta^{34}S$ 为 +12.5‰~ +14.4‰，平均 +13.4‰，得出结论为驱龙斑岩铜矿的硫为岩浆来源，佘宏全等（2006）做了少量数据也获得相似结论。

　　对驱龙斑岩铜钼矿床进行系统硫同位素研究的目的是：①比较岩浆与热液硬石膏的 $\delta^{34}S$（‰）值；②建立硫酸盐和硫化物之间的硫同位素平衡的程度、并估算可靠的同位素温度；③估算驱龙斑岩铜钼矿床热液体系中总硫的同位素组成（$\delta^{34}S_{\sum S}$）及流体中 SO_4^{2-}/H_2S 值，并探讨其可能来源和流体演化。

一、采样和分析过程

　　在驱龙斑岩铜钼矿床中，含硫矿物主要有各种硫化物和硬石膏，主要有 4 种产出形式：①斑岩中呈斑晶的形式产出，如在花岗闪长斑岩和石英闪长玢岩中；②造岩矿物如斜长石中的包体、副矿物磷灰石中包体及岩石基质中呈浸染状；③热液角砾岩中呈胶结物的形式产出，如 ZK305、ZK001 中；④细脉-网脉状产出于岩体中，主要有磁铁矿±石英±硬石膏±黄铁矿细脉、黑云母±石英±硬石膏±绿泥石±黄铁矿±黄铜矿细脉、石英+绿泥石±黑云母±硬石膏±黄铁矿±黄铜矿、石英+硬石膏±辉钼矿±黄铜矿±黄铁矿脉、硬石膏+黑云母+绿泥石+黄铜矿±辉钼矿±黄铁矿脉、硬石膏+石英+黄铁矿+黄铜矿+斑铜矿+闪锌矿+方铅矿+磁铁矿+辉钼矿复合脉（2cm）等。

　　样品从西藏巨龙铜业有限公司 2006~2008 年进行详查-勘探施工的钻孔岩芯中采集，本次研究样品采自 8 线、0 线、东西向 05 号孔剖面线，三条综合剖面的 15 个钻孔岩芯，海拔标高从 5247m 到 4242m，垂向延深达 1000m。采样有目的选择有可能提供重要信息的不同深度、不同类型的硫化物和硫酸盐样品。样品如果按围岩划分，分别有采自南部 ZK442 夕卡岩中的硫化物、采自 ZK820 花岗闪长岩中的石英+硫化物细脉、北部 ZK1117 的英安流纹斑岩中的石英+硫化物细脉、（似斑状）黑云母二长花岗岩中的各种石英+硫化物硬石膏细脉、二长花岗斑岩中的石英+硫化物+硬石膏细脉、花岗闪长斑岩中浸染状硫化物和石英+硫化物+硬石膏细脉以及 ZK305 和 ZK001 中发育的热液角砾岩中的硫化物和硬石膏以及 ZK2005 石英闪长玢岩中的斑晶硬石膏。所采样品几乎涵盖了驱龙斑岩铜矿中的所有地质体和能采集到样品的钻孔深度。采集的细脉-网脉状样品大部分具有明显的蚀变晕，代表性的样品具有明显的宽 0.5～2cm 不等的蚀变晕，主要为与钾硅酸盐蚀变有关的黑云母和钾长石蚀变晕和与石英–绢云母蚀变有关的绢云母蚀变晕，另外还有一些样品的蚀变晕具有过渡特征，如黑云母–绿泥石、绢云母–绿泥石的蚀变晕。细脉–网脉中含有一种或几种硫化物如黄铁矿、黄铜矿、辉钼矿和硬石膏。石英+硫化物+硬石膏细脉在矿区范围内分布广泛，大致在地表下 100m 左右向深部均有分布。本次采样范围纵向上深度达1000m、横向上宽度在 8 线达到 2600m，采集的样品涵盖了早、中、晚各个成矿阶段。本次工作挑选了 21 件热液硬石膏、1 件岩浆硬石膏、34 件黄铁矿、21 件黄铜矿、8 件辉钼矿、2 件闪锌矿、2 件方铅矿作硫同位素分析测试，分析样品特征描述见表 8.5。硫化物的分选采用传统的重液方法，经检查大多数硫化物和硫酸盐的纯度大于 98%。

表 8.5　驱龙矿床硫化物和硫酸盐硫同位素分析样品特征及分析结果

样号	围岩关系	矿物组合	蚀变晕	硫同位素分析结果					
				$\delta^{34}S_{Py}$	$\delta^{34}S_{Cpy}$	$\delta^{34}S_{Mo}$	$\delta^{34}S_{Gal}$	$\delta^{34}S_{Sphal}$	$\delta^{34}S_{Anh}$
岩浆阶段									
QZK2005–358	最晚期石英闪长玢岩	硬石膏斑晶	无						7.5
QK02 *	二长花岗斑岩	全岩	无			−1.60			
热液角砾岩									
QZK001–46	角砾岩体	胶结物中石英+硬石膏+黄铁矿	无	0.19					7.5
QZK001–239	角砾岩体	胶结物中石英+黑云母+硬石膏+黄铁矿	无	0.19					10.9
QZK001–446	角砾岩体	胶结物中硬石膏+磁铁矿+黄铜矿+黄铁矿	无	1.17	0.43				12.6
QZK305–465	角砾岩体	胶结物石英+黑云母+磁铁矿+黄铜矿	无		0.08				
夕卡岩化阶段									
QZK442–232	与花岗闪长岩有关夕卡岩	岩石中石榴子石+绿帘石+石英+黄铁矿+黄铜矿	无		−6.18				
QZK442–282 脉（1）	与花岗闪长岩有关夕卡岩	石英+黄铜矿+黄铁矿细脉	无	−2.37	−0.29				
钾硅酸盐–硫化物阶段									
QZK802–609 脉（1）	黑云母二长花岗岩	石英+硬石膏+辉钼矿脉	绢云母		0.18				11.0
QZK805–553 脉（1）	黑云母二长花岗岩	石英+紫色硬石膏+辉钼矿+黄铁矿+黄铜矿脉	绢云母	−0.56	−1.27	0.03			9.1

续表

样号	围岩关系	矿物组合	蚀变晕	硫同位素分析结果					
				$\delta^{34}S_{Py}$	$\delta^{34}S_{Cpy}$	$\delta^{34}S_{Mo}$	$\delta^{34}S_{Gal}$	$\delta^{34}S_{Sphal}$	$\delta^{34}S_{Anh}$
QZK005-547 脉（1）	黑云母二长花岗岩	石英+磁铁矿+黄铜矿+黄铁矿脉	钾长石和黑云母	0.73	-0.13				
QZK802-391 脉（1）	黑云母二长花岗岩	石英+黑云母+硬石膏+辉钼矿+黄铁矿+黄铜矿脉	黑云母和钾长石	-0.04		0.27			10.2
QZK811-288 脉（1）	黑云母二长花岗岩	硬石膏+绢云母+黑云母+黄铁矿+黄铜矿脉	黑云母和钾长石	0.28	-0.41				11.2
QZK005-742 脉（1）	黑云母二长花岗岩	石英+黑云母+辉钼矿脉	黑云母			0.29			
QZK1605-450 脉（1）	黑云母二长花岗岩	石英+硬石膏+辉钼矿+黄铁矿+黄铜矿脉	窄的绢云母晕	0.40	-0.44	0.85			11.6
QZK705-67	黑云母二长花岗岩	石英+硬石膏+磁铁矿+黄铁矿+黄铜矿+辉钼矿脉	黑云母	1.06					9.6
QZK1509-255	黑云母二长花岗岩	石英+磁铁矿+黄铁矿+黄铜矿脉	黑云母	0.55	-0.30				
QZK005-956 脉（1）	黑云母二长花岗岩	无矿石英+硬石膏脉	黑云母						11.8
石英–绢云母–绿泥石–硫化物阶段									
QZK811-230	黑云母二长花岗岩	石英+黄铁矿+黄铜矿脉	绢云母	-0.06	-0.21				
QZK005-128	黑云母二长花岗岩	石英+黄铁矿+黄铜矿脉	绢云母	0.35					
QZK805-175	黑云母二长花岗岩	石英+黄铁矿+黄铜矿脉	绢云母	-0.33	-1.74				
QZK006-450	黑云母二长花岗岩	黄铜矿+黄铁矿脉	绢云母	0.30	-0.06				
QZK1605-60 脉（1）	黑云母二长花岗岩	石英+辉钼矿脉	绢云母			0.08			
QZK005-253 脉（1）	花岗质细晶岩脉	紫色硬石膏+黄铁矿+黄铜矿脉	绢云母	0.49	-0.04				14.5
QZK006-362 脉（1）	黑云母二长花岗岩	硬石膏+绿泥石+黄铁矿+黄铜矿脉	绢云母	0.14	-0.72				11.4

续表

样号	围岩关系	矿物组合	蚀变晕	硫同位素分析结果					
				$\delta^{34}S_{Py}$	$\delta^{34}S_{Cpy}$	$\delta^{34}S_{Mo}$	$\delta^{34}S_{Gal}$	$\delta^{34}S_{Sphal}$	$\delta^{34}S_{Anh}$
QZK–802–60	黑云母二长花岗岩	绿泥石+黄铜矿+黄铁矿脉	绢云母	0.20	−0.77				
QZK1605–333脉（1）	黑云母二长花岗岩	石英+硬石膏+绿泥石+黄铁矿脉	绢云母	−0.39					
QZK811–372	黑云母二长花岗岩	硬石膏+辉钼矿+黄铁矿+黄铜矿脉	绢云母	0.09	−0.44	0.01			14.5
QZK006–200脉（1）	黑云母二长花岗岩	石英+绿泥石+黄铁矿+黄铜矿脉	绢云母和绿泥石	0.40					
QZK705–363.5	黑云母二长花岗岩	石英+硬石膏+绿泥石+黄铁矿+磁铁矿+黄铜矿细脉	绿泥石和绢云母	1.02	−0.77				12.6
石英–绢云母–黏土化–硫化物阶段									
QZK–812–475	花岗闪长斑岩	浸染状黄铜矿、黄铁矿化	无	0.36					
QZK812–463脉（1）	花岗闪长斑岩	石英+紫色硬石膏+黄铁矿脉+绢云母	绢云母	0.46					14.2
QZK305–488	二长花岗斑岩	斑岩中浸染状和团斑状浅紫色硬石膏、黄铜矿和黄铁矿	绢云母	0.94					13.6
QZK301–136	二长花岗斑岩	石英+黄铁矿+硬石膏脉	绢云母	0.20					14.1
QZK001–650.4	二长花岗斑岩	石英+辉钼矿细脉	无或弱绢云母			0.49			
QZK305–372	角砾岩体	硬石膏+绿泥石+黄铁矿+黄铜矿细脉	无	0.13					16.3
石英–多金属硫化物阶段									
QZK401–283	二长花岗斑岩	石英+黄铁矿+黄铜矿+方铅矿+闪锌矿细脉	绢云母	0.04	−1.00	0.29	−2.75	−0.32	
QZK–805–742	黑云母二长花岗岩	石英+硬石膏+黄铜矿+黄铁矿+闪锌矿脉	绢云母	0.58	−0.25			−0.16	19.0
QZK009–558脉（1）	黑云母二长花岗岩	石膏+黄铁矿+闪锌矿+方铅矿脉	绢云母	−0.29			−3.93		17.7
QZK009–226脉（1）	黑云母二长花岗岩	石英+硬石膏+辉钼矿+黄铁矿+黄铜矿+闪锌矿+方铅矿脉	绢云母	−0.16		0.13			15.4

续表

样号	围岩关系	矿物组合	蚀变晕	硫同位素分析结果					
				$\delta^{34}S_{Py}$	$\delta^{34}S_{Cpy}$	$\delta^{34}S_{Mo}$	$\delta^{34}S_{Gal}$	$\delta^{34}S_{Sphal}$	$\delta^{34}S_{Anh}$
石英–黄铁矿阶段									
QZK1117-62	围岩为流纹斑岩，与黑云母二长花岗岩有关	石英+黄铜矿+黄铁矿脉	无	0.25	-0.49				
QZK820-418 脉（1）	围岩为花岗闪长岩，与黑云母二长花岗岩侵位有关	石英+黄铁矿脉	绢云母	-0.10					
QZK1117-308	围岩为英安斑岩，与黑云母二长花岗岩侵位有关	石英+黄铁矿脉	无	0.18					

*据孟祥金等（2006）的三个样品平均值。

硫同位素在中国科学院地质与地球物理研究所稳定同位素实验室完成。所用仪器为 Delta-S 气体同位素比值质谱仪，可以完成 C、N、S 元素含量与同位素比值的在线分析。仪器灵敏度为 1500mol/ion；离子源真空 $<3\times10^{-8}$mba；分析室真空 $<5\times10^{-8}$mba；90°扇形磁场，$Rm=180$mm，属于二级方向聚焦型气体同位素质谱仪。对于 SO_2 测定的内部测量精度（$n=10$）为 50μg S 时，$\delta^{34}S$ 的精度为 0.20‰。在真空系统和高温条件下把硫酸盐和硫化物转化为纯净的 SO_2 气体，以备 IRMS 分析测量，测定其 ^{34}S 与 ^{32}S 的比值。

硫同位素数据以传统的 per mil 的形式表示 $\delta^{34}S$‰，硫同位素的参考标准为 Cañon Diable Troilite（CDT），根据实验室的对同一样品的重复测试，总的分析误差小于 0.20‰。

二、测试结果

本次工作获得了驱龙斑岩铜钼矿床系统的硫同位素数据（表 8.5、图 8.7），其中 34 件黄铁矿的硫同位素值在-2.37‰～+1.17‰，平均为+0.19‰，21 件黄铜矿的硫同位素值在-6.18‰～+0.43‰，平均为-0.7‰，8 件辉钼矿的硫同位素值在+0.01‰～+0.85‰，平均为+0.24‰，而 2 件方铅矿的硫同位素值为-3.93‰和-2.75‰，2 件闪锌矿的硫同位素值为-0.16‰和+0.32‰，而 22 件硬石膏的硫同位素值在 7.5‰～19‰，平均为 12.6‰。其中二长花岗斑岩全岩的硫同位素值引自孟祥金等（2006）。在这些硫同位素结果中，硫酸盐–硬石膏的硫同位素值远比与之共生的硫化物富集 ^{34}S（图 8.7）。

如图 8.7 所示，虽然大部分硫化物的硫同位素值在 0 值附近变化，但系统比较上述分析结果仍可以看出几个明显的变化趋势：①所有硫酸盐–硬石膏比共生的硫化物明显富集 ^{34}S；②与其他硫化物如黄铁矿、黄铜矿、闪锌矿、方铅矿相比，辉钼矿表现出 ^{34}S 的轻微富集；③岩浆硬石膏的 $\delta^{34}S$ 值明显低于热液硬石膏的 $\delta^{34}S$ 值，而且到多金属硫化物阶段的热液硬石膏明显更富集 ^{34}S；④多金属硫化物阶段中方铅矿、闪锌矿更亏损 ^{34}S，夕卡岩中硫化物的明显亏损^{34}S，δ^{34}S 值为–6.18‰；⑤所有硫化物的硫同位素变化范围很小（–3.93‰ ~ +1.17‰）（除了矿区南部夕卡岩化中的黄铜矿 QZK442–232），极差仅为 5.10‰，表明驱龙斑岩铜钼矿床硫具有很均一的来源；⑥热液硬石膏具有宽泛的 δ^{34}S 值（10‰ ~ 20‰）且越到晚期 δ^{34}S 越正，表明成矿流体可能发生了沸腾作用，造成贫^{34}S 的 H_2S 进入气相，富^{34}S 的 SO_4^{2-} 残留在液相中，或是不同成矿阶段，沉淀的硫酸盐与硫化物之间的比值不恒定，产生储库效应。

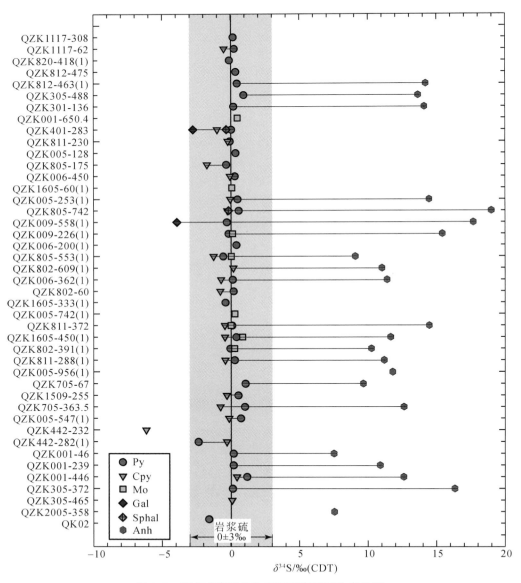

图 8.7　驱龙矿床硫化物及硬石膏硫同位素总结

Py. 黄铁矿；Cpy. 黄铜矿；Mo. 辉钼矿；Gal. 方铅矿；Sphal. 闪锌矿；Anh. 硬石膏；

QK02 样品据孟祥金等（2006）3 个二长花岗斑岩全岩样品的平均值

第五节　氢-氧同位素地球化学

在斑岩矿床中研究中 H-O 同位素最为详细，研究工作始于 20 世纪 60 年代。H-O 同位素的研究可以提供成矿流体来源及演化的信息。通常，斑岩铜矿中的 H-O 同位素数据显示了多种流体来源以及流体组成在时间上-空间上的变化，导致早期钾化蚀变和部分绢云母蚀变的流体中 H-O 同位素组成与岩浆流体的 H-O 同位素组成相似（$\delta^{18}O = 5‰ \sim 9‰$；$\delta D = -20‰ \sim -80‰$）。由于斑岩矿床中流体的 H 同位素组成受矿床形成时所处的纬度、岩浆去气过程、流体混合的控制，因此相对 O 同位素而言，流体的 H 同位素组成范围很宽泛；岩浆去气作用也可造成残余流体显著地亏损 D（δD 可降低约 20‰）。

利用前人实验获得 H-O 同位素在矿物-流体之间的分配系数，根据实际测得的热液矿物中的 H-O 同位素组成，可以计算流体的 H-O 同位素组成，前提条件是：①热液矿物与流体达到同位素平衡；②热液矿物形成后其同位素未发生明显改变；③存在合适的同位素分馏系数；④热液矿物的形成温度已知。

一、采样和分析过程

本次研究的样品全部采自驱龙钻孔岩芯，且尽量与前文硫同位素的样品配套，绝大多数样品热液矿物都与硫同位素分析测试的硫化物或硬石膏共生；同时也挑选了几件新鲜岩石的造岩矿物进行分析测试，例如新鲜黑云母二长花岗岩中（QZK705-494.2）的石英和钾长石，较新鲜的二长花岗斑岩（QZK001-650.4-1、QZK305-488、QZK401-381）中的钾长石、石英、斜长石、黑云母，新鲜花岗闪长斑岩（QZK812-475）中的石英、黑云母、钾长石。总共挑选出石英（33 件）、黑云母（11 件）、绿泥石（5 件）、绿帘石（1 件）用于分析矿物的 H-O 同位素；硬石膏（22 件）、钾长石（7 件）、斜长石（2 件）和磁铁矿（6 件）来测定矿物的 O 同位素。其中 22 件硬石膏也同时进行了 S 同位素分析。样品准备工作中尽量挑选共生矿物多的脉系样品进行分析测试，例如选择共生热液磁铁矿-石英矿物对，热液黑云母-石英矿物对，热液硬石膏-石英矿物对，以便综合计算和讨论热液流体的同位素组成和矿物的形成温度。所有分析测试样品特征见表 8.6。

表 8.6　驱龙矿床硅酸盐 H-O 同位素样品特征及测试计算数据

样品编号	围岩	脉系	测试矿物	温度/℃*	矿物 $\delta^{18}O$/‰	矿物 δD/‰	计算流体 $\delta^{18}O$/‰	计算流体 δD/‰
岩浆								
QZK705-494.2	黑云母二长花岗岩		石英	700	7.4	-112.9	7.2	-112.9
QZK705-494.2	黑云母二长花岗岩		钾长石	700	5.8		5.3	
QZK001-650.4-1	二长花岗斑岩		石英	700	8.9	-114.6	8.7	-114.6
QZK001-650.4-1	二长花岗斑岩		斜长石	700	5.4		6.0	

样品编号	围岩	脉系	测试矿物	温度/℃*	矿物 $\delta^{18}O$/‰	矿物 δD/‰	计算流体 $\delta^{18}O$/‰	计算流体 δD/‰
岩浆								
QZK001–650.4–1	二长花岗斑岩		黑云母	700	2.1	−172.4	4.7	−147
QZK001–650.4–1	二长花岗斑岩		钾长石	700	2.6		2.1	
QZK305–488	二长花岗斑岩		黑云母	700	2.7	−167.7	5.4	−142
QZK305–488	二长花岗斑岩		钾长石	700	4.1		3.6	
QZK305–488	二长花岗斑岩		斜长石	700	3.7		4.3	
QZK401–381	二长花岗斑岩		石英	700	8.8	−119.6	8.6	−119.6
QZK401–381	二长花岗斑岩		黑云母	700	1.5	−155.5	4.2	−130
QZK401–381	二长花岗斑岩		钾长石	700	2.9		2.4	
QZK812–475	花岗闪长斑岩		石英	700	6.0	−107.9	5.7	−107.9
QZK812–475	花岗闪长斑岩		黑云母	700	2.2	−165.3	4.9	−140
QZK812–475	花岗闪长斑岩		钾长石	700	4.8		4.3	
热液角砾岩								
QZK001–239	角砾岩	胶结物	黑云母	550	2.5	−176.7	5.0	−142
QZK001–446	角砾岩	胶结物	磁铁矿	550	0.4		1.9	
QZK305–465	角砾岩	胶结物 Q+Bt+Mt+Cpy	石英	550	11.0	−126.4	9.4	−126.4
QZK305–465	角砾岩	胶结物 Q+Bt+Mt+Cpy	磁铁矿	550	2.0		3.5	
夕卡岩化阶段								
QZK442–232	夕卡岩	岩石中 Gr+Ep+Q+Py+Cpy	石英	400	10.2	−124.3	6.2	−124.3
QZK442–232	夕卡岩	岩石中 Gr+Ep+Q+Py+Cpy	绿帘石	400	4.3	−112.9	4.6	−72
QZK–442–282	夕卡岩	石英+黄铁矿+黄铜矿脉	石英	400	9.3	−122.7	5.3	−122.7
QZK442–282	夕卡岩	石英+黄铁矿+黄铜矿脉	绿帘石	400	5.0	−119.5	5.2	−78
与斑岩铜矿有关蚀变–矿化								
钾硅酸盐–硫化物阶段								
QZK005–547	黑云母二长花岗岩	石英+磁铁矿+黄铜矿+黄铁矿脉	石英	450	9.5	−123.6	6.4	−123.6
QZK005–547	黑云母二长花岗岩	石英+磁铁矿+黄铜矿+黄铁矿脉	磁铁矿	450	1.7		2.2	
QZK005–742	黑云母二长花岗岩	石英+黑云母+辉钼矿脉	石英	400	10.3	−125.2	6.3	−125.2
QZK005–742	黑云母二长花岗岩	石英+黑云母+辉钼矿脉	黑云母	400	0.5	−146.3	2.7	−96
QZK005–956	黑云母二长花岗岩	无矿石英+硬石膏脉	石英	400	9.5	−123.8	5.4	−123.8
QZK009–600	黑云母二长花岗岩	石英+钾长石脉	石英	400	9.5	−122.8	5.4	−122.8
QZK009–600	黑云母二长花岗岩	石英+钾长石脉	钾长石	400	2.6			

续表

样品编号	围岩	脉系	测试矿物	温度/℃*	矿物δ¹⁸O/‰	矿物δD/‰	计算流体δ¹⁸O/‰	计算流体δD/‰
QZK705-67	黑云母二长花岗岩	石英+硬石膏+磁铁矿+黄铁矿+黄铜矿+辉钼矿脉	石英	400	8.7	-118.5	4.6	-118.5
QZK705-67	黑云母二长花岗岩	石英+硬石膏+磁铁矿+黄铁矿+黄铜矿+辉钼矿脉	磁铁矿	400	0.2		0.7	
QZK705-494.2	黑云母二长花岗岩	岩石中石英、黑云母、钾长石	黑云母	400	3.9	-196.5	6.1	-147
QZK805-392	黑云母二长花岗岩	石英+钾长石脉	石英	400	8.3	-119.7	4.2	-119.7
QZK805-392	黑云母二长花岗岩	石英+钾长石脉	钾长石	400	2.0			
QZK805-553-1	黑云母二长花岗岩	石英+紫色硬石膏+辉钼矿+黄铁矿+黄铜矿脉	石英	400	8.1	-118.6	4.0	-118.6
QZK811-288	黑云母二长花岗岩	硬石膏+绢云母+黑云母+黄铁矿+黄铜矿脉	黑云母	400	2.5	-181.8	4.7	-132
QZK811-804	黑云母二长花岗岩	石英+黑云母脉	石英	400	8.3	-113.1	4.2	-113.1
QZK811-804	黑云母二长花岗岩	石英+黑云母脉	黑云母	400	2.1	-163.8	4.3	-114
QZK805-887-2	黑云母二长花岗岩	石英脉	石英	400	8.4	-115.9	4.4	-115.9
QZK1509-255	黑云母二长花岗岩	石英+磁铁矿+黄铁矿+黄铜矿脉	石英	400	8.8	-117.2	4.8	-117.2
QZK1509-255	黑云母二长花岗岩	石英+磁铁矿+黄铁矿+黄铜矿脉	磁铁矿	400	0.9		1.3	
QZK802-391	黑云母二长花岗岩	石英+黑云母+硬石膏+辉钼矿+黄铁矿+黄铜矿脉	石英	400	8.9	-119.3	4.8	-119.3
QZK802-391	黑云母二长花岗岩	石英+黑云母+硬石膏+辉钼矿+黄铁矿+黄铜矿脉	黑云母	400	2.1	-162.9	4.3	-113
QZK802-609	黑云母二长花岗岩	石英+硬石膏+辉钼矿脉	石英	400	8.9	-119.1	4.8	-119.1
石英-绢云母-绿泥石-硫化物阶段								
QZK005-128	黑云母二长花岗岩	石英+黄铁矿+黄铜矿脉	石英	350	10.9	-126.2	5.6	-126.2
QZK1605-60	黑云母二长花岗岩	石英+辉钼矿脉	石英	350	8.4	-112.8	3.1	-112.8
QZK1605-333	黑云母二长花岗岩	石英+硬石膏+绿泥石+黄铁矿脉	石英	350	9.2	-120.3	3.9	-120.3
QZK1605-333	黑云母二长花岗岩	石英+硬石膏+绿泥石+黄铁矿脉	黑云母	350	-1.1	-166.9	1.0	-109

续表

样品编号	围岩	脉系	测试矿物	温度/℃*	矿物δ¹⁸O/‰	矿物δD/‰	计算流体δ¹⁸O/‰	计算流体δD/‰
QZK1605-333	黑云母二长花岗岩	石英+硬石膏+绿泥石+黄铁矿脉	绿泥石	350	0.8	-103.0	1.3	-69
QZK802-60	黑云母二长花岗岩	绿泥石+黄铜矿+黄铁矿脉	绿泥石	350	5.6	-127.1	6.0	-94
QZK811-230	黑云母二长花岗岩	石英+黄铁矿+黄铜矿脉	石英	350	8.8	-116.1	3.5	-116.1
QZK305-372	角砾岩体	硬石膏+绿泥石+黄铁矿+黄铜矿细脉	绿泥石	350	-2.1	-141.2	-1.7	-108
QZK705-363.5	黑云母二长花岗岩	石英+硬石膏+绿泥石+黄铁矿+磁铁矿+黄铜矿细脉	石英	350	8.4	-119.4	3.1	-119.4
QZK705-363.5	黑云母二长花岗岩	石英+硬石膏+绿泥石+黄铁矿+磁铁矿+黄铜矿细脉	绿泥石	350	7.8	-133.1	8.3	-100
QZK705-363.5	黑云母二长花岗岩	石英+硬石膏+绿泥石+黄铁矿+磁铁矿+黄铜矿细脉	磁铁矿	350	-0.5		-0.6	
石英-绢云母-黏土化-硫化物阶段								
QZK001-650.4-2	二长花岗斑岩	石英+辉钼矿细脉	石英	300	9.1	-121.4	2.3	-121.4
QZK301-136	二长花岗斑岩	石英+黄铁矿+硬石膏脉	石英	300	7.8	-116.2	0.9	-116.2
QZK812-463-2	花岗闪长斑岩	石英+紫色硬石膏+黄铁矿脉+绢云母	石英	300	7.8	-112.8	1.0	-112.8
石英-多金属阶段								
QZK009-226	黑云母二长花岗岩	石英+硬石膏+辉钼矿+黄铁矿+黄铜矿+闪锌矿+方铅矿脉	石英	270	7.4	-115.4	-0.6	-115.4
QZK401-283	二长花岗斑岩	石英+黄铁矿+黄铜矿+方铅矿+闪锌矿细脉	石英	270	6.5	-108.3	-1.6	-108.3
QZK805-742	黑云母二长花岗岩	石英+硬石膏+黄铜矿+黄铁矿+闪锌矿脉	石英	270	6.2	-108.1	-1.8	-108.1
QZK820-418	花岗闪长岩	石英+黄铁矿脉	石英	250	10.7	-125.6	1.8	-125.6
QZK1117-62	流纹斑岩	石英+黄铜矿+黄铁矿脉	石英	250	10.1	-124.0	1.2	-124.0
QZK1117-308	英安斑岩	石英+黄铁矿脉	石英	250	10.3	-124.5	1.3	-124.5

* 温度数据根据流体包裹体测温和硫同位素温度计。

H-O 同位素在中国科学院地质与地球物理研究所稳定同位素实验室完成。使用 MAT-252 质谱,灵敏度为 1000mol/ion;离子源真空 $<3×10^{-8}$ mba;分析室真空 $<5×10^{-8}$ mba;90° 扇形磁场,$Rm=230$mm,属于二级方向聚集型气体同位素质谱仪。采用灵敏度高的电子轰击型离子源和双路黏滞流进样系统,配有 C、O、S 和 H 的多重离子接收系统。其中 H 同位素数据均为相对国际标准 V-SMOW 之值,O 同位素数据均为相对国际标准 SMOW 之值。

氢、氧同位素分析精度分别为±2‰和±0.2‰。

二、测 试 结 果

驱龙各个岩浆-热液阶段矿物的 H-O 同位素分析测试结果及计算出对应流体 H-O 同位素的结果见表8.6 和图8.8。从分析结果可以得出:

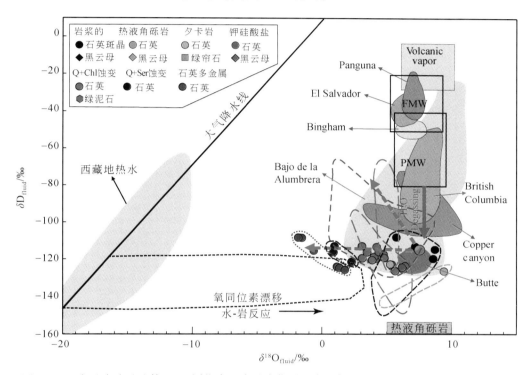

图 8.8 驱龙矿床成矿流体 H-O 同位素组成及演化图 (底图据 Hedenquest and Lowenstern，1994)；
西藏地热水资料据郑淑蕙等（1982）

岩浆阶段的原生硅酸盐矿物 H-O 同位素范围为 $\delta^{18}O = 1.5‰ \sim 8.9‰$，$\delta D = -172.4‰ \sim -107.9‰$，对应岩浆流体/熔体的 H-O 同位素组成范围为 $\delta^{18}O = 4.2‰ \sim 8.7‰$，$\delta D = -147.0‰ \sim -107.9‰$；

钾硅酸盐-硫化物阶段，热液矿物的 H-O 同位素范围为 $\delta^{18}O = 0.2‰ \sim 10.3‰$，$\delta D = -196.5‰ \sim -113.1‰$，对应热液流体的 H-O 同位素组成范围为 $\delta^{18}O = 2.7‰ \sim 6.4‰$，$\delta D = -147‰ \sim -96‰$；

石英-绢云母-绿泥石-硫化物阶段，热液矿物的 H-O 同位素范围为 $\delta^{18}O = -2.1‰ \sim 10.9‰$，$\delta D = -166.9‰ \sim -103.0‰$，对应热液流体的 H-O 同位素组成范围为 $\delta^{18}O = -1.7‰ \sim 8.3‰$，$\delta D = -126.2‰ \sim -69‰$；

石英-绢云母-黏土化-硫化物阶段，热液矿物石英的 H-O 同位素范围为 $\delta^{18}O = 7.8‰ \sim 9.1‰$，$\delta D = -121.4‰ \sim -112.8‰$，对应热液流体的 H-O 同位素组成范围为 $\delta^{18}O =$

$0.9‰ \sim 2.3‰$，$\delta D = -121.4‰ \sim -112.8‰$；

石英–多金属阶段，热液矿物的 H–O 同位素范围为 $\delta^{18}O = 6.2‰ \sim 10.7‰$，$\delta D = -124.6‰ \sim -108.1‰$，对应热液流体的 H–O 同位素组成范围为 $\delta^{18}O = -0.6‰ \sim 1.3‰$，$\delta D = -125.6‰ \sim -108.1‰$；

角砾岩中热液矿物的 H–O 同位素范围为 $\delta^{18}O = 0.4‰ \sim 11.0‰$，$\delta D = -176.7‰ \sim -126.4‰$，对应热液流体的 H–O 同位素组成范围为 $\delta^{18}O = 5.0‰ \sim 1.3‰$，$\delta D = -142‰ \sim -126.4‰$；

夕卡岩中热液矿物的 H–O 同位素范围为 $\delta^{18}O = 4.3‰ \sim 10.2‰$，$\delta D = -124.3‰ \sim -112.9‰$，对应热液流体的 H–O 同位素组成范围为 $\delta^{18}O = 4.6‰ \sim 6.2‰$，$\delta D = -124.3‰ \sim -72‰$。

同时本次研究还对驱龙斑岩矿床中特征的热液硬石膏进行了 S–O 同位素的综合测定，其中包括一件从成矿后石英闪长玢岩中挑选的呈捕获晶形式产出的岩浆硬石膏（QZK2005–358），详细的测试结果见表8.7，图8.9。分析结果显示，驱龙岩浆硬石膏及一件角砾岩胶结物硬石膏具有最低的硫同位素（$\delta^{34}S = 7.5‰$）和最高的氧同位素（$\delta^{18}O = 28.9‰ \sim 30.8‰$）组成；而随后的成矿热液–蚀变过程中，随着流体演化，不同阶段硬石膏的 S–O 同位素的组成，逐渐向富 ^{34}S 和贫 ^{18}O 方向演化；且共生硬石膏–石英之间，硬石膏相对富 ^{18}O。根据热液脉系中共生硬石膏–石英的 O 同位素温度计计算显示，钾硅酸盐–硫化物阶段的矿物沉淀温度为 $402 \sim 475℃$；石英–绢云母–绿泥石–硫化物阶段的温度为 $326℃$；石英–绢云母–黏土化–硫化物阶段的温度为 $264 \sim 266℃$；石英–多金属阶段的稳定范围为 $154 \sim 229℃$，明显地随热液蚀变–矿化过程，温度逐渐降低。该温度结果与石英中流体包裹体的测温结果很一致。石英–绢云母–黏土化–硫化物阶段的一个样品（QZK812-463 脉（1））的测试结果与其他同类样品结果差别较大，其准确性还有待验证。

表 8.7　驱龙矿床硬石膏的硫–氧同位素测定结果

样品编号	$\delta^{34}S/‰$	$\delta^{18}O/‰$	$T/℃^*$	$\delta^{18}O_{fluid}/‰$	Anh-Q	$T/℃$
岩浆阶段						
QZK2005–358	7.5	28.9	700	27.5		
热液角砾岩						
QZK001–46a	7.5	30.8	550	29.3		
QZK001–239	10.9	13.1	550	11.7		
QZK001–446	12.6	11.7	550	10.3		
钾硅酸盐阶段						
QZK005–956 脉（1）	11.8	16.7	400	14.4	2.3	402
QZK705–67	9.6	9.7	400	7.4	0.9	482
QZK802–391 脉（1）	10.2	12.2	400	9.8	1.3	457
QZK805–553 脉（1）	9.1	11.9	400	9.6	1.0	475
QZK811–288 脉（1）	11.2	12.8	400	10.4		

续表

样品编号	$\delta^{34}S/‰$	$\delta^{18}O/‰$	$T/℃$ *	$\delta^{18}O_{fluid}/‰$	Anh-Q	$T/℃$
QZK1605-450	11.6	13.3	400	11.0		
石英-绢云母-绿泥石-硫化物阶段						
QZK005-253	14.5	15.4	350	11.9		
QZK305-372	16.3	12.6	350	9.0		
QZK705-363.5	12.6	12.6	350	9.0	4.2	326
QZK811-372	14.5	14.5	350	10.9		
QZK802-609	11.0	15.7	350	12.2		
石英-绢云母-黏土化-硫化物阶段						
QZK006-362 脉（1）	11.4	16.1	300	11.0		
QZK301-136 脉（1）	14.1	12.8	300	7.7	6.3	266
QZK305-488	13.6	14.8	300	9.7		
QZK812-463 脉（1）	14.2	26.9	300	21.8	6.4	264
石英-多金属阶段						
QZK009-226	15.4	8.9	270	2.7	8.0	229
QZK009-558 脉（1）	17.7	7.2	270	1.0		
QZK805-742 脉（1）	19.0	9.3	270	3.1	12.8	154

＊温度数据根据流体包裹体测温和硫同位素温度计。

流体的氧同位素根据 $10^3 \ln\alpha$ Anhydrite–$H_2O = 3.21×10^6/T^2 - 4.72$ （100~550℃）（Chiba et al., 1981）计算和 $10^3 \ln\alpha$ Anhydrite–$H_2O = 4.19×10^6/T^2 - 4.59×10^3/T + 1.71$ （0~1200℃）（Zheng, 1999）。

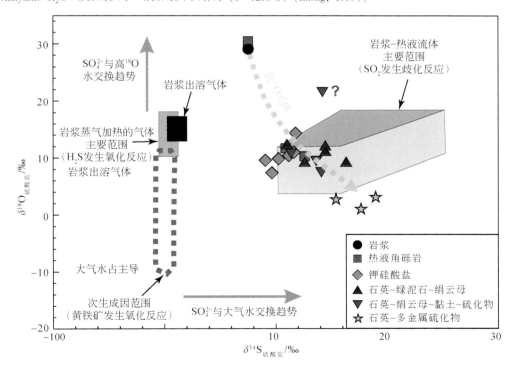

图 8.9　驱龙矿床硬石膏 $\delta^{34}S - \delta^{18}O$ 图解（底图据 Rye, 2005）

第六节　结果讨论

基于上述分析稳定同位素分析结果，下面将根据硬石膏–硫化物矿物对/硫化物–硫化物矿物对、石英–磁铁矿矿物对、石英–硅酸盐矿物对、石英–硬石膏矿物对来讨论同位素平衡、估计平衡温度、驱龙岩浆热液体系中总硫的同位素组成、硫酸盐和硫化物的摩尔比值变化（$X_{SO_4^{2-}}$）及其对矿物沉淀的影响、矿床规模上的硫同位素变化及其影响因素，以及成矿流体 H–O 同位素组成及不同成矿阶段的成矿温度及成矿过程。

一、同位素平衡及温度估计

热液含硫矿物的硫同位素组成不仅决定于源区硫同位素组成，而且受其形成时的体系封闭性质控制。在封闭体系条件下，含硫矿物沉淀导致热液溶解硫含量降低。只要沉淀矿物的硫同位素组成与体系总硫同位素组成不同，随着矿物的沉淀，体系残余部分的硫同位素组成将随之变化，导致随后沉淀矿物的硫同位素组成发生改变，改变的方向还与热液的氧化还原状况有关，从而发生储库效应（郑永飞，2001）。共生的热液矿物之间是否达到并保留了它们形成时的同位素平衡，是应用矿物对同位素分馏进行地质测温的前提。一方面，可根据同位素平衡温度与地质产状之间的吻合性来验证同位素平衡；另一方面，也可应用 δ–δ 和 δ–Δ 图解，依据同位素数据本身判断同位素平衡。前人研究证实硫酸盐更富集 ^{34}S，而 ^{34}S 以辉钼矿、黄铁矿、闪锌矿、黄铜矿、斑铜矿、铜蓝、方铅矿及辉铜矿的顺序依次亏损（Ohmoto and Rye，1979）。本次研究的驱龙样品中的硬石膏总是比共生的硫化物富集 ^{34}S，同时，样品中共生的硫化物矿物中辉钼矿总是比黄铁矿富集 ^{34}S，黄铁矿比黄铜矿富集 ^{34}S，而闪锌矿比黄铜矿富集 ^{34}S。但是夕卡岩化样品（QZK442–282（1））中黄铜矿明显较黄铁矿富集 ^{34}S，表明二者未达到 S 同位素平衡（图 8.7）。S 同位素的这种趋势在其他斑岩铜矿中同样可以观察到，如 Butte 等（Field et al.，2005），并且符合同位素平衡理论和通过理论计算、实验观察及经验关系的硫同位素分馏趋势（Ohmoto and Rye，1979；Ohmoto and Lasaga，1982；Ohmoto and Goldhaber，1997）。

同理，利用矿物共生顺序判别法检查同位素是否达到平衡，表明本次研究分析测试的驱龙岩浆–热液矿物的 H–O 同位素组成，达到了同位素平衡，其中氧同位素富集顺序为：石英>钾长石>斜长石>绿帘石>绿泥石>黑云母>磁铁矿；且共生的硬石膏相对石英富 ^{18}O。

如果驱龙斑岩铜矿中硫酸盐与硫化物之间的硫同位素差异代表了矿物沉淀时同位素平衡交换反应的结果，那么就可以根据硫酸盐–硫化物矿物对的硫同位素 Δ 值估计同位素温度，结果如表 8.8 所示。表中列出了硬石膏–黄铁矿（19 对）、硬石膏–黄铜矿（10 对）、硬石膏–辉钼矿（5 对）、黄铁矿–黄铜矿（17 对）、闪锌矿–方铅矿（1 对）、黄铁矿–方铅矿（1 对）的计算结果。根据硬石膏–黄铁矿矿物对计算所获得的最高温度出现在 ZK001 钻孔的角砾岩中，达到 734℃；所有计算得到的温度区间变化较大，在 410～734℃。在钾硅酸盐蚀变阶段根据硬石膏–黄铁矿矿物对获得的温度在 504～644℃，平均值为 580℃；而在石英–绢云母–绿泥石–硫化物阶段，硬石膏–黄铁矿估算的温度在 360～550℃，平均为 476℃；石英–绢云母–黏土化–硫化物阶段硬石膏–黄铁矿估算的温度为 462℃；在石英–多金属硫化物阶段，根据硬石膏–黄铁矿估算的温度（384℃）大于根据闪锌矿–方铅矿（272℃）、黄铁矿–方铅矿（256℃），根据流体包裹体测温数据推测，可能后两种矿物对估算的温度更接近该热液阶段真实的矿物沉淀温度。硫酸盐–硫化物对计算的温度表现为从硬石膏–黄铁矿、硬石膏–黄铜矿到硬石膏–辉钼矿的依次降低，与 Field 等（2005）在 Butte 矿床获得的顺序相反。在驱龙矿床许多同一样品中，共生的硬石膏与各种硫化物之间，造成这种同位素温度差异的原因目前还不清楚。可能的解释是：①矿物沉淀时的细微共生差异；②系统分析误差；③分馏方程的细微误差；④与 Butte 斑岩铜矿中的硫同位素相比，驱龙成矿热液体系可能更趋于平衡。而在图 8.7 中，同一样品中 ^{34}S 的富集顺序为辉钼矿、黄铁矿、黄铜矿，表明不同硫化物矿物之间的硫同位素趋于平衡，那么这些硫化物矿物对就可以提供另一种硫同位素平衡温度估计，从而对硬石膏–黄铁矿、硬石膏–黄铜矿、硬石膏–辉钼矿温度依次降低更好理解。如表 8.8 所示，根据黄铁矿–黄铜矿矿物对估算的温度在矿床中变化较大，在 228℃ 到 1463℃ 之间，并且出现了一些不真实的温度值，如 1463℃（QZK811–230）。硫化物对之间明显的不平衡和不合理的温度的可能原因是缺乏同时性、退变效应或矿物分馏方程的问题（Field et al.，2005）。驱龙矿床中黄铁矿分布广泛，可以观察到早阶段黄铁矿碎裂，后被其他石英–硫化物充填，因此，获得的一些黄铁矿–黄铜矿对的硫同位素温度代表的是不平衡温度，未能真实反映体系中硫化物沉淀温度。

表 8.8 驱龙矿床中硬石膏–硫化物矿物对硫同位素温度计计算结果

	样品号	Δanh-py	T	Δanh-cpy	T	Δpy-cpy	T	anh	T	Δgal-sph	T	Δpy-gal	T
石英–黄铁矿	1117–62					0.7	504						
石英–多金属阶段													
	009–558（1）	18.0	384									3.7	256
	401–283					1.0	385			2.4	272		
石英–绢云母–黏土化–硫化物													
	301–136	13.9	462										
石英–绢云母–绿泥石–硫化物	811–230					0.1	1463						
	006–450					0.4	858						
	005–253（1）	14.0	453	14.5	476	0.5	648						
	805–742	18.4	360	19.2	377	0.3	464						
	009–226（1）	15.6	430							15.3	378		
	802–609（1）		559	10.8	593								
	006–362（1）	11.2	545	12.1	546	0.9	454						
	802–60					1.0	406						
	811–372	14.4	453	14.9	465	0.5	647	14.5	396				
	1605–450（1）	11.2	536	12.1	547	0.8	462	10.8	501				

	样品号	Δanh-py	T	Δanh-cpy	T	Δpy-cpy	T	anh	T	Δgal-sph	T	Δpy-gal	T
钾硅酸盐	802-391（1）	10.3	589					10	532				
	811-288（1）	10.9	552	11.6	564	0.7	538						
	705-67	8.6	615										
	1509-255					0.8	457						
	705-363.5	11.6	504	13.4	506	1.8	228						
	805-553（1）	9.6	644	10.3	614	0.7	525	9.0	573				
夕卡岩	442-282（1）					-2.1	645						
热液角砾岩	001-46	7.3	734										
	001-239	10.7	564										
	001-446	11.4	505	12.2	544	0.7	505						
	305-372	16.2	410										

利用驱龙矿床中共生的热液石英–磁铁矿矿物对的 O 同位素，计算出矿物沉淀的温度结果（表 8.9）。据流体测温和其他同位素温度计的结果分析，表中 T_1 温度更接近实际情况，角砾岩胶结物的温度 551℃，钾硅酸盐–硫化物阶段的温度范围为 575～613℃，石英–绢云母–绿泥石–硫化物阶段的温度为 555℃。

表 8.9　驱龙矿床热液石英–磁铁矿温度计计算结果

	分布	脉系和矿物组合	$\delta^{18}O$ /‰Qz	$\delta^{18}O$ /‰Mt	Q-Mt	T_1/℃	T_2/℃
QZK305-465	热液角砾岩	胶结物 石英+黑云母+磁铁矿+黄铜矿	11.0	2.0	9.0	551	658
QZK005-547	钾硅酸盐–硫化物	石英+磁铁矿+黄铜矿+黄铁矿脉	9.5	1.7	7.8	613	728
QZK705-67		石英+石膏+磁铁矿+黄铁矿+黄铜矿+辉钼矿脉	8.7	0.2	8.5	575	686
QZK1509-255		石英+磁铁矿+黄铁矿+黄铜矿脉	8.8	0.9	8.0	603	716
Qzk05-363.5	石英+绢云母+绿泥石+硫化物	石英+硬石膏+绿泥石+黄铁矿+磁铁矿+黄铜矿细脉	8.4	-0.5	8.9	555	662

注：T_1：根据 Matthews et al.，1983：$10^3\ln\alpha=6.11\times(10^6/T^2)$；

　　T_2：根据 Downs et al.，1981：$10^3\ln\alpha=7.8\times(10^6/T^2)$。

与石英共生的硅酸盐矿物，同样能够提供很好的温度制约。本次研究测得石英–硅酸盐矿物对的 O 同位素结果及计算温度结果见表 8.10；其中岩浆阶段花岗闪长斑岩的矿物形成温度为 642～694℃，黑云母二长花岗岩的矿物形成温度为 496℃，二长花岗斑岩的温度为 410～428℃。考虑到花岗闪长岩为成矿晚期侵位，其本身没有携带大量流体和发生明显的蚀变–矿化作用，因此该温度估算比较合理；而黑云母二长花岗岩和二长花岗斑岩都经历广泛的热液流体活动，可能所得的温度偏低，更有可能是与岩浆发生水岩反应的热液流体的温度。钾硅酸盐–硫化物阶段，石英等矿物的形成温度为319～463℃，与其他温度计所获的结果一致；石英–绢云母–绿泥石硫化物阶段的矿物生成温度为291～432℃。

表8.10　驱龙矿床共生石英–硅酸盐氧同位素温度计计算结果

	岩石	阶段	Qz	Kf	Q-Kf	$T/℃$	Bi	Q-Bi	$T/℃$	Chl	Q-Chl	$T/℃$
812-475	花岗闪长斑岩	岩浆	6.0	4.8	1.1	694	2.2	3.8	642			
705-494.2	黑云母二长花岗岩		7.4	5.8	1.6	496						
001-650.4-1	二长花岗斑岩		8.9	2.6	6.3	—	2.1	6.9	428			
401-381	二长花岗斑岩		8.8	2.9	5.9	—	1.5	7.3	410			
005-742	黑云母二长花岗岩	钾硅酸盐–硫化物	10.3				0.5	9.8	319			
811-804	黑云母二长花岗岩		8.3				2.1	6.2	463			
802-391	黑云母二长花岗岩	石英–绢云母–绿泥石–硫化物	8.9				2.1	6.8	432	0.8	8.3	291

注：石英–钾长石温度计算据$10^3\ln\alpha=0.16\times10^6/T^2+1.5\times10^3/T-0.62$（Zheng，1993）；石英–黑云母温度计算据$10^3\ln\alpha=3.69\times10^6/T^2-0.6$（Bottinga and Javoy，1975）；石英–绿泥石温度计算据$10^3\ln\alpha=2.01\times10^6/T^2+2$（Wenner and Taylor，1971）。

总结驱龙斑岩矿床各阶段岩浆–热液过程中矿物生成温度，综合利用多种共生矿物温度计来限定不同蚀变–矿化阶段的温度区间（图8.10）。可以看出，从岩浆阶段开始，到石英–多金属阶段，从早到晚，矿物生成温度逐渐降低，同时对应流体的O同位素组成（$\delta^{18}O_{fluid}$）从岩浆区域（$\delta^{18}O=6‰～10‰$）逐渐降低，发生明显的O同位素漂移（O-shift），暗示持续的水–岩反应或是外来流体的加入。不同的矿物对温度计所计算的温度区间范围，相互比较一致，岩浆阶段的温度为410～694℃，角砾岩温度范围为410～734℃；与花岗闪长岩有关的夕卡岩化的温度为645℃；钾硅酸盐–硫化物阶段的温度范围为228～728℃；石英–绢云母–绿泥石–硫化物阶段的温度范围为326～1463℃；石英–绢云母–黏土化–硫化物阶段的温度为264～462℃；石英–多金属阶段的温度范围为154～384℃。由于相同脉系中硫化物与硫化物之间的关系比较复杂，偶尔还未达到硫同位素平衡（夕卡岩化），因此，T_3（硫化物–硫化物矿物对）温度计得出了几个不合理的温度值。

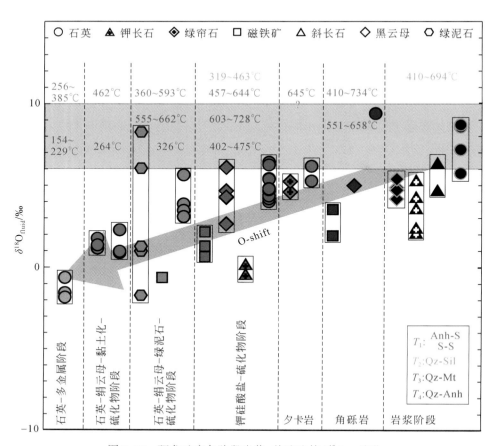

图 8.10　驱龙矿床各阶段岩浆–热液流体 $\delta^{18}O_{\text{fluid}}$ 演化

二、岩浆–热液体系的总硫同位素组成

由硫酸盐和硫化物组成的矿床中的总硫同位素组成，结合地质事实可以为理解硫的来源和矿物形成提供有用信息（Field et al.，2005）。Sakai（1968）和 Ohmoto（1972）的开创性研究表明，一系列硫化物、硫酸盐及其他矿物的 ^{34}S 对于矿床的总硫同位素来说本身不具特征性。支持这种解释的原因是，任何体系都可能含有氧化（SO_4^{2-} 或 SO_2）和还原（H_2S）的硫组分，其中形成的硫酸盐和硫化物的硫同位素不仅取决于体系的温度和 $\delta^{34}S_{\Sigma S}$，而且还取决于 H_2S/SO_4^{2-} 值。此外，H_2S/SO_4^{2-} 值受体系的 pH 和 fO_2 控制，影响了硫的种属和比例（Ohmoto，1972）。当硫酸盐和硫化物从热液中沉淀时，体系中必然还含有溶解的 SO_4^{2-} 和 H_2S，因此在确定热液全硫的同位素组成时需要考虑这四个含硫物种之间的同位素交换和质量平衡：

$$\delta^{34}S_{\Sigma S} = X_{\text{sulfate}}\delta^{34}S_{\text{sulfate}} + X_{SO_4^{2-}}\delta^{34}S_{SO_4^{2-}} + X_{\text{sulfide}}\delta^{34}S_{\text{sulfide}} + X_{H_2S}\delta^{34}S_{H_2S} \qquad (8.11)$$

式中 X_i 为某一含硫物种中硫的摩尔分数，因此 $\sum X_i = 1$。在 $\delta^{34}S$-$\Delta^{34}S$ 图解上，依据质量守恒原理将上式转换成下列两个线性关系式：

$$\delta^{34}S_{sulfate} = a_1 \times \Delta^{34}S_{sulfate-sulfide} + b \tag{8.12}$$

$$\delta^{34}S_{sulfide} = -a_2 \times \Delta^{34}S_{sulfate-sulfide} + b \tag{8.13}$$

其中
$$a_1 = X_{sulfide} + X_{H_2S}, \quad a_2 = X_{sulfate} + X_{SO_4^{2-}}$$

$$b = \delta^{34}S_{\Sigma S} + X_{SO_4^{2-}} \times \Delta^{34}S_{sulfate-SO_4^{2-}} + X_{H_2S} \times \Delta^{34}S_{sulfide-H_2S} \tag{8.14}$$

通过对这类 $\delta^{34}S$-$\Delta^{34}S$ 图解的理论解析，Zheng（1991）认为造成其中数据点的线型展布可归纳为下列两种同位素交换过程：①封闭体系条件下高温热液冷却过程中的热力学变换，共生矿物的 $\Delta^{34}S$ 值对应于平衡分馏，因此能够给出合理的硫同位素平衡温度；②开放体系条件下两种流体混合过程中的动力学交换，共存矿物的 $\Delta^{34}S$ 值显著小于平衡条件下的分馏值，因此得到不合理高的硫同位素平衡温度。线性斜率的大小指示了体系中硫酸盐/硫化物的比例，低温端的最大和最小 $\delta^{34}S$ 值分别指示两种流体的硫同位素组成，因此可以用来推测热液的源区。而驱龙矿床中共生硫酸盐-硫化物矿物对的硫同位素分析结果显示其符合封闭体系条件下高温热液冷却过程中的热力学变换。

在驱龙斑岩铜钼矿中的各个阶段硬石膏与硫化物（黄铁矿、黄铜矿、辉钼矿或方铅矿、闪锌矿）共存提供了获得体系中总硫同位素（$\delta^{34}S_{\Sigma S}$）的可能。分馏理论认为体系的总硫同位素（$\delta^{34}S_{\Sigma S}$）应在富集 ^{34}S 的硬石膏和亏损 ^{34}S 的硫化物之间。下面将讨论估计总硫同位素（$\delta^{34}S_{\Sigma S}$）的方法和体系中氧化硫和还原硫的比例。

根据孟祥金等（2006）的数据，驱龙三个二长花岗斑岩的全岩硫同位素平均值为 $-1.6‰$（图8.7）。假设这个硫同位素值是岩浆成因的，但赋存的矿物未知，它或是以硫酸盐-硫化物的包体赋存于磷灰石中，或者以微量硫化物硫分散在岩石中。驱龙斑岩岩浆中 $-1.6‰$ 的同位素值暗示硫化物硫的来源，落入大多数岩浆硫化物的范围（$0 \pm 3‰$）（Ohmoto and Rye，1979）。但是，在驱龙的二长花岗斑岩中，硬石膏、磁铁矿广泛分布，表明体系需要强的氧化条件，在这种条件下熔体中硫组分以 SO_4^{2-} 为主（Ohmoto and Rye，1979；Kiyosu and Kurahashi，1983；Whitney，1984；Ohmoto，1986；Burnham，1997），因此总的分析结果 $-1.6‰$ 同位素值记录的是硫酸盐-硫化物的同位素值，可能代表了二长花岗斑岩中的总硫，接近于岩浆硫储库的组成。

共生矿物对硫酸盐-硫化物的 $\delta^{34}S$-$\Delta^{34}S$ 图解被用来获得成矿热液的总硫同位素组成，特别是热液硫酸盐和硫化物矿物的硫同位素组成在 $\delta^{34}S$-$\Delta^{34}S$ 硫酸盐-硫化物图解上呈两个斜率相反的线型展布。使用这种方法必须满足下列条件：①热液中硫酸盐/硫化物的比值恒定；②热液 $\delta^{34}S$ 稳定；③矿物 $\delta^{34}S$ 值变化的唯一原因是 SO_4^{2-} 与 H_2S 之间的同位素交换；④研究的矿物对在成因上为同时沉淀。根据 Field 和 Gustafson（1976）利用硫酸盐和硫化物的 ^{34}S 值与 $\Delta^{34}S_{sulfate-sulfide}$ 矿物对联合投点研究 El Salvador 斑岩铜钼矿床的 $\delta^{34}S_{\Sigma S}$ 和 $X_{SO_4^{2-}}$，建立了利用矿床中硫酸盐和硫化物矿物对的硫同位素值获得体系总硫和 SO_4^{2-} 摩尔分数图解，后来 Shelton 和 Rye（1982）利用该方法研究 Mines Gasp 斑岩铜矿，Eastoe（1983）研究了 Panguna 和 Frieda 斑岩铜矿、Kusakabe 等（1984）研究了 Rio Blanco 和 El Teniente 斑岩铜矿，Lang 等（1989）研究了 Mineral Park 斑岩铜矿，以及 Field 等（2005）系统研究了 Butte 斑岩铜矿，均获得了较好的结果。

我们用驱龙矿区获得的硬石膏-硫化物矿物对的 $\Delta_{硬石膏-硫化物}$ 值与硬石膏和硫化物的 $\delta^{34}S$

值进行投点，获得了驱龙矿区各个热液成矿阶段以及初始成矿流体的总硫同位素（$\delta^{34}S_{\Sigma S}$）（图8.11）以及相应的 $X_{SO_4^{2-}}$ 摩尔数。从图中可以得出，驱龙斑岩铜钼矿床热液体系中总硫同位素（$\delta^{34}S_{\Sigma S}=1.36\permil$），相应地，$X_{SO_4^{2-}}$ 摩尔数为（$X_{SO_4^{2-}}=0.1$）。

如上文有关驱龙斑岩矿床"蚀变作用演化过程"所述，矿床的蚀变–矿化过程，伴随着一系列的水岩反应和氧化还原过程，使成矿流体体系中 SO_4^{2-} 和 H_2S 含量发生动态变化。因此，驱龙中不同成矿阶段流体中 SO_4^{2-}/H_2S 值也是动态变化的（图8.11）。图中显示从钾化–硫化物阶段到石英–绢云母–绿泥石–硫酸盐–硫化物阶段、石英–绢云母–黏土化硫酸盐–硫化物阶段及石英–硫酸盐–多金属硫化物阶段，即从早阶段到晚阶段，硬石膏及共存的硫化物硫同位素同步变化，硬石膏的硫同位素增加，而相应的硫化物同位素降低，可能受高温热液冷却过程中的热力学交换、共生矿物的 $\Delta\delta^{34}S$ 对应于平衡分馏（郑永飞和陈江峰，2000）控制。

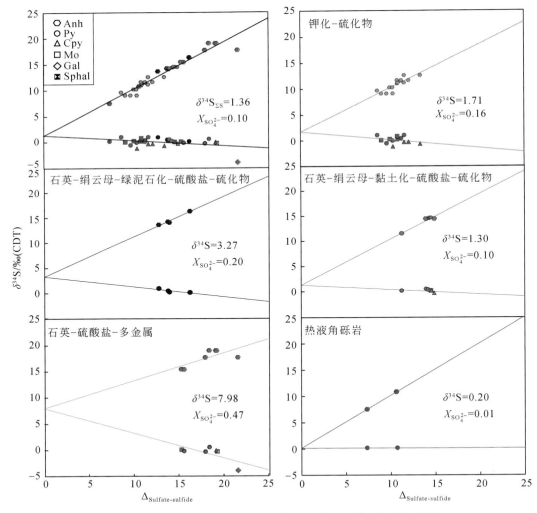

图8.11　驱龙矿床硬石膏及共生硫化物对 $\delta^{34}S-\Delta\delta^{34}S$ 硫同位素图解

早期高温钾化–硫化物阶段，该阶段热液中硫的组成（$\delta^{34}S = 1.71‰$，$X_{SO_4^{2-}} = 0.16$）与初始流体的很接近，只是 ^{34}S 略微富集，SO_4^{2-} 摩尔数略微增加。结合流体包裹体的观察发现，在斑岩石英斑晶阶段初始流体发生了流体沸腾作用，可能造成贫 ^{34}S 的 H_2S 进入气相，富 ^{34}S 的 SO_4^{2-} 在液相盐水中富集，因此该阶段流体中 ^{34}S 略微富集，SO_4^{2-} 摩尔数略微增加。

石英–绢云母–绿泥石–硫酸盐–硫化物阶段，该阶段热液中硫的组成（$\delta^{34}S = 3.27‰$，$X_{SO_4^{2-}} = 0.20$）较初始流体和钾化–硫化物阶段显著提高，尤其是富集 ^{34}S。流体包裹体研究表明，早期高温钾化–硫化物阶段 A 脉发生了明显的流体沸腾作用，可能造成大量贫 ^{34}S 的 H_2S 进入气相，富 ^{34}S 的 SO_4^{2-} 在液相盐水中富集，同时发生大量硬石膏和硫化物的沉淀，因此 ^{34}S 显著富集，SO_4^{2-} 摩尔数略微增加。

石英–绢云母–黏土化–硫酸盐–硫化物阶段，由于之前两个阶段大量硬石膏的沉淀，造成流体中富 ^{34}S 的 SO_4^{2-} 明显减少，因此该阶段热液中硫的组成（$\delta^{34}S = 1.30‰$，$X_{SO_4^{2-}} = 0.10$）较前一阶段，明显降低；此外，可能此时富 H_2S 的流体也有参与。

然而，到了最后的石英–硫酸盐–多金属阶段，由于温度降低以及可能有围岩硫的加入，因此该阶段流体富 ^{34}S（$\delta^{34}S = 7.98‰$），SO_4^{2-} 摩尔数显著增加（$X_{SO_4^{2-}} = 0.47$）。

从矿区地质特征来看，热液角砾岩形成晚于二长花岗斑岩，可能是驱龙斑岩铜矿晚阶段热液集中活动的产物，从胶结物出现大量硬石膏和富 SO_3 磷灰石的出现，暗示此时流体中应该是以 SO_4^{2-} 为主；但是仅有的 2 对数据得出 $X_{SO_4^{2-}}$ 摩尔数接近于 0，热液中的硫应以 H_2S 为主，可能并不能反映真实的热液体系。

当然，以上分析和解释前提是形成驱龙斑岩蚀变–矿化的流体为稳定的单一成矿流体的逐渐演化；而事实上，全世界几乎所有的斑岩成矿过程都涉及了多期次流体的活动，只是现有技术手段很难再详细划分。例如，驱龙矿床中由于钾化过程中普遍含磁铁矿热液脉系的形成，会造成大量 SO_4^{2-} 被还原为 H_2S，使流体中的 SO_4^{2-}/H_2S 显著降低，因此后一阶段流体应该以低 $\delta^{34}S$ 和低 $X_{SO_4^{2-}}$ 为特征，可是事实却相反，可能的解释就是有深部新的富 SO_4^{2-} 流体的加入。

斑岩矿床中成矿热液体系的 H_2S/SO_4^{2-} 值反映了流体体系以及成矿母岩浆的氧化还原状态，而 $\delta^{34}S_{\Sigma S}$ 则反映了成矿物质硫的来源。然而，如前所述，岩浆硬石膏和富硫磷灰石的存在，表明驱龙斑岩矿床成岩母岩浆是高氧化性的、富硫特征，且硫在岩浆体系中主要是以 SO_4^{2-} 的形式存在，即 $SO_4^{2-} > S^{2-}$；从中出溶的成矿流体却含很低的 SO_4^{2-}（$X_{SO_4^{2-}} = 0.1$），可能的解释是：

（1）深部富 H_2S 的岩浆气液流体/熔体注入驱龙成矿岩浆房中；

（2）高氧化性成矿岩浆混染了含碳地层；

（3）在成矿前或硬石膏–硫化物沉淀前，流体与熔体发生反应（$Fe^{2+} + H_2O + SO_4^{2-} \rightarrow Fe_3O_4 + H_2S$），形成大量磁铁矿，还原了高氧化性的富 SO_4^{2-} 的成矿流体，使成矿流体中 SO_4^{2-}/H_2S 显著降低；

（4）在成矿流体出溶之前，驱龙深部的岩浆房就已经经历了大量的去气过程，释放了大量的 SO_2。

对于第一种解释，涉及岩浆混合的过程。驱龙矿区与成矿有关的侵入岩都是同源岩浆演化的结果，虽然矿区内也确实存在暗色的、偏基性的包体，其结晶年龄稍老（19.5±0.4Ma）（杨志明，2008）；但是其矿物组成主要为黑云母+斜长石+硬石膏，且缺乏详细的地球化学尤其是同位素地球化学的数据，来证明矿区内除了中酸性埃达克质的成矿岩浆之外还存在另一种性质的岩浆。因此，该可能性不大或是需要进一步工作求证。

　　第二种可能由于矿区内没有发现含二氧化碳的包裹体，所以也被排除。

　　对于第三种解释，因为驱龙矿床各种岩性中普遍存在磁铁矿，尤其是成矿早期花岗闪长岩和黑云母二长花岗岩中，且岩石的 Mg-Fe 矿物普遍经历了流体作用发生了再平衡，这个过程可能存在。

　　最有可能也是最容易理解的是第四种机制，伴随同源火山岩的喷发，虽然前矿区范围内没有发现中新世的埃达克质火山岩或是已被剥蚀，而区域上存在中新世的埃达克质火山岩；同时岩浆房大规模的去气过程，除了造成残余岩浆房中 SO_2/H_2S 值的变化，还会造成残余岩浆流体明显的亏损 D（Hedenquist and Richards，1998；Taylor et al.，1983；Dobson et al.，1989；Harris et al.，2005），结合矿区 H-O 同位素的证据（驱龙岩浆热液流体具有显著低的 δD 值 $\delta D = -107.9‰ \sim -119.6‰$），因此可以推断驱龙斑岩矿床在成矿前，极有可能发生岩浆去气过程。

　　总之以上 4 种机制中，第三种和第四种机制在驱龙矿床中可能都存在。

三、岩浆-热液体系中硫的来源

　　源于深部地幔玄武岩熔融形成的岩浆系统其初始硫同位素组成接近 0 ±3‰（Ohmoto and Rye，1979）。驱龙斑岩铜钼矿床中的总硫同位素组成为 1.36‰，落入原始岩浆硫同位素组成的范围。且 Sasaki 和 Ishihara（1979）测定了日本磁铁矿系列（Magnetite-Series）和钛铁矿系列（Ilmenite-Series）花岗岩的 S 同位素组成，发现磁铁矿系列的花岗岩的硫同位素组成为（$\delta^{34}S = +1‰ \sim +9‰$），而钛铁矿系列花岗岩的硫同位素组成为（$\delta^{34}S = -11‰ \sim +1‰$）；驱龙矿床总硫同位素组成为 1.36‰，也从侧面表明驱龙矿床中的花岗岩为典型的磁铁矿系列。但明显的是石英-多金属阶段的硫酸盐同位素增大，共生的硫化物明显亏损 ^{34}S。晚阶段的石英-硫酸盐-多金属阶段硫酸盐异常富集 ^{34}S，可能的解释有：①晚阶段的硫来源于早阶段形成的硫酸盐或矿床围岩火山岩中硫的活化迁移（如 Salvador，Field and Guastafson，1976）；②矿床下伏岩浆房的持续去气作用。而在 ZK442 的夕卡岩中硫化物亏损 ^{34}S，达到 -6.179‰，可能来源于岩浆中 H_2S 去气并与地层中建造水反应的结果。

　　总之，驱龙斑岩铜钼矿床从早期钾硅酸盐阶段到晚阶段的石英-绢云母-黏土化阶段，硫酸盐和硫化物的硫同位素具有较好的线性关系，总硫同位素组成为 1.36‰，并且硫同位素在空间上没有明显的分带，反映了在驱龙斑岩铜钼矿床成矿体系中的硫来源比较单一，均来自于成矿母岩浆，并且下伏岩浆房持续不断的去气为驱龙铜矿在 2.5Ma 的时间间隔内形成千万吨级铜矿提供了物质条件。而更深入的矿床形成机制的讨论，还将有待其他数据，如硬石膏 Sr 同位素的支持。

四、岩浆-热液流体来源

前人的许多研究表明，斑岩成矿系统中的热液蚀变过程中，既有岩浆来源的流体也有天水的作用；且通常造成早期高温阶段的钾硅酸盐化蚀变的流体主要表现出与岩浆流体相似的 $\delta^{18}O$ 和 δD 组成，造成晚期低温阶段的黏土化、青磐岩化蚀变的流体的 $\delta^{18}O$ 和 δD 组成与天水相似（Sheppard et al.，1971；Taylor，1974；Sheppard and Gustafson，1976；Dilles et al.，1992；Hezarkhani and Williams-Jones，1998）。多数研究认为，成矿物质是通过直接来源于岩浆的高温、高盐度的流体带入斑岩成矿系统的（Gustafson and Hunt，1975；Burnham，1979）；然而也有学者提出是岩浆加热围岩中的水使其对流循环并萃取了围岩中的成矿物质（Norton，1982）。

我们通过原生黑云母和石英斑晶的 H-O 同位素值所计算的初始岩浆热液流体具有相对较大的变化范围。但考虑到这些原生黑云母几乎全部为再平衡的原生黑云母，其经受了后期热液流体的改造和再平衡，可能造成得到的计算值不能真实反映初始岩浆流体的同位素组成，因此我们认为采用石英斑晶所得到的初始流体成分更接近实际情况（$\delta^{18}O = 5.7‰$ ~ $8.7‰$ 和 $\delta D = -107.9‰$ ~ $-119.6‰$，平均为 $\delta^{18}O = 7.6‰$ 和 $\delta D = -113.8‰$）（图 8.8）。明显低的 δD 值，可能表明早期发生了明显的岩浆去气过程（magma degassing），造成残余岩浆流体明显的亏损 D（Hedenquist and Richards，1998；Taylor et al.，1983；Dobson et al.，1989；Harris et al.，2005）。然而冈底斯其他斑岩型矿床，如邦铺，也得出了很低的流体 δD 值（$-126‰$ ~ $-140‰$）（周雄等，2010），这可能说明低 δD 值的流体为冈底斯中新世的斑岩型矿床的特征。

单从各个蚀变-成矿阶段中石英所计算给出的流体成分可以看出，随着流体温度降低、蚀变-矿化的进行，对应流体逐渐贫 ^{18}O，而 D 含量浮动变化不大，表明流体的 O 同位素组成变化，显著地受水-岩反应的影响，而表现出同位素漂移。最晚期石英-多金属阶段，可能由于浅部地表水的参与，O 同位素出现增高趋势。

钾硅酸盐-硫化物阶段，大部分黑云母给出了与同期石英相似的流体 H-O 组成；但是少数几个黑云母给出了不同的流体组成，可能是这些黑云母受到了后期不同流体的改造发生了同位素再平衡。同时石英-绢云母-绿泥石-硫化物阶段中绿泥石也给出了宽泛的富 D 的流体组成，暗示可能有富 D 流体的参与。

热液角砾岩中石英给出了近似初始岩浆流体的组成，而黑云母却给出了贫 ^{18}O 和 D 的流体成分，可能是这种黑云母胶结物也受到了后期不同流体的改造发生了同位素再平衡。

夕卡岩化中，石英和绿帘石分别给出了差异明显的流体成分，表明它们可能不是同时形成的，或是不同流体作用下的产物。

通过统计同一剖面上不同位置样品所计算获得的流体的 O 同位素组成（图 8.12），可以看出：剖面上，深部靠近成矿斑岩体的流体具有高的 O 同位素组成（$\delta^{18}O = 7‰$），向两侧以及地表浅部，流体的 O 同位素组成逐渐降低。表明高 $\delta^{18}O$ 值的岩浆成矿流体由于与围岩发生水岩反应，流体中的 O 同位素在空间上发生明显的变化，即流体向浅部以及外围迁移的过程中，其逐渐贫 ^{18}O。这种变化趋势在矿区内 8 号勘探线剖面同样出现，且与相应的蚀变–矿化分带较好地吻合。剖面中高 $\delta^{18}O$ 值的区域可能受成矿斑岩体的形态和产状控制。

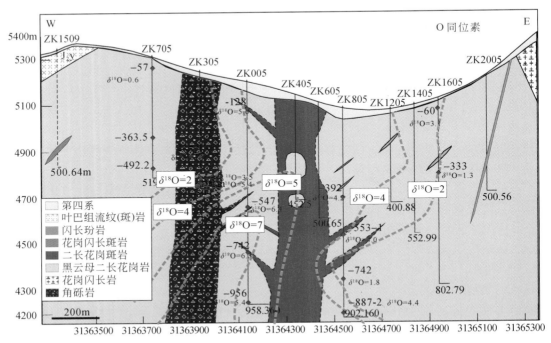

图 8.12　驱龙矿床东西向 05 孔剖面 $\delta^{18}O$ 等值线图

五、硬石膏硫–氧同位素演化

图 8.9 表明，驱龙热液阶段的硬石膏的 S–O 同位素组成几乎都位于典型的岩浆热液区域。在成矿热液蚀变过程中，驱龙硬石膏 S–O 同位素存在明显的演化，不同阶段硬石膏的 S–O 同位素组成，逐渐向富^{34}S 和贫^{18}O 方向演化。造成这种演化过程的原因可能是岩浆硬石膏在转变为热液硬石膏过程中发生一系列的歧化反应。

在硫酸盐矿物沉淀之前，体系的 S–O 同位素就很可能在 SO_4^{2-} 与流体之间发生明显的交换（Rye，2005）。如前文所述从岩浆硬石膏到热液硬石膏的转变，并造成金属矿物的沉淀，涉及硬石膏的分解、SO_2 的水解和氧化还原反应，已经很好地解释了硬石膏从早期贫^{34}S 到晚期逐渐富^{34}S 的演化过程；而关于 O 同位素的演化同样受以下反应控制：

$$4CaSO_4 \longrightarrow 4Ca^{2+}+4SO_2+4O_2$$
$$4SO_2+4H_2O = H_2S+3H_2SO_4 = 3HSO_4^-+3H^++H_2S$$

即岩浆硬石膏与岩浆流体发生水解反应，这一过程必定会造成 O 同位素的分馏。

通过 H–O 同位素研究，已经证实驱龙岩浆流体的 O 同位素组成（$\delta^{18}O \approx 5‰$），明显低于岩浆硬石膏的 O 同位素组成。因此在发生水解反应时，必定将降低 SO_4^{2-} 中^{18}O 的组成，从而在随后的热液体系中 SO_4^{2-} 往低^{18}O 方向演化。

　　因此，造成驱龙斑岩矿床体系中硬石膏 S-O 同位素变化的原因是：富^{18}O 的岩浆硬石膏与贫^{18}O 的岩浆流体发生反应；早期贫^{34}S 的硬石膏，由于后期发生氧化还原反应以及贫^{34}S 的硫化物沉淀，而逐渐富集^{34}S。

　　同时岩浆中原生长石、石英、黑云母的 O 同位素明显较岩浆硬石膏低，可能与 O 同位素在不同矿物相之间的分馏有关，或者与矿物结晶的早晚有关（岩浆硬石膏结晶明显较早）。

第九章 外围知不拉-浪母家果夕卡岩铜矿地质特征

如前所述，在驱龙斑岩铜钼矿体的南部 2km 和东南 4km 发育有 2 处典型的夕卡岩型铜矿，分别为知不拉和浪母家果（图 3.1、图 9.1），前者已开采多年且矿化范围还在扩大，后者系新近发现。它们的矿床特征以及与驱龙斑岩铜钼矿床的关系还有待研究。

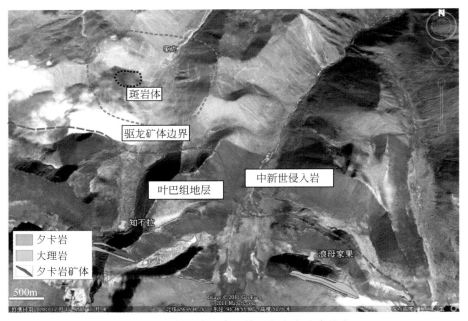

图 9.1 驱龙斑岩矿床及外围夕卡岩矿床分布

第一节 知不拉-浪母家果夕卡岩铜矿床地质特征

一、赋矿地层

夕卡岩的含矿围岩为叶巴组凝灰岩-晶屑凝灰岩（图 9.2），由安山质凝灰熔岩、流纹质岩屑凝灰岩、安山质晶屑凝灰岩、英安质凝灰岩，夹有变石英砂岩和灰岩组成。夕卡岩体和夕卡岩型矿化都是沿凝灰岩地层分布，受控于层间断层或岩性（图 9.3）。而火山岩主要蚀变为黑云母角岩、长英质角岩和斑点角岩（图 9.4）。其中知不拉矿 Cu 品位较富，矿脉产状为 0°~20°∠70°~80°，已经开采多年，辉钼矿 Re-Os 年龄为 16.9Ma（李光明等，2005）。受附近区域性大断裂以及多期次岩浆活动的影响，次级断裂构造较复杂，部分地段形成宽 5~20m 不等，长达 1000m 左右的断裂破碎带。知不拉矿段断裂构造总体可分为两组，即近东西向层间滑动断裂和北西向平推走滑断裂。近东西向层间断裂为成矿期断裂，北西向断裂为成矿期后断裂，对矿体和岩性有短距离错动（图 9.2）。

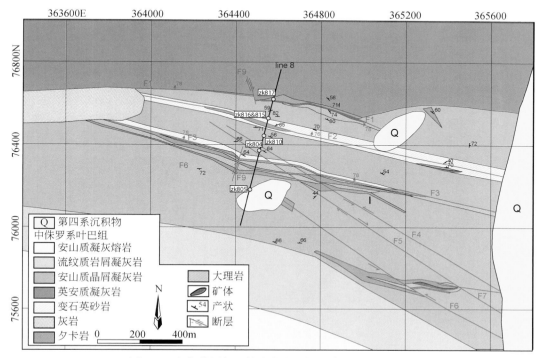

图 9.2　驱龙外围知不拉夕卡岩型铜矿床矿区地质简图

浪母家果地表出露明显的夕卡岩矿化，产状 355°~25°∠60°~85°，围岩地层是叶巴组凝灰岩及灰岩地层，灰岩地层发生明显的大理岩化（图 9.4、图 9.5、图 9.6、图 9.7）。主要断裂分为北西向的层间断裂和北东向的切穿矿体的成矿后断裂。浪母家果地表出露花岗闪长岩。

二、岩体特征及侵入岩岩石地球化学

知不拉矿区地表并未发现有侵入岩，而在深部主要为花岗闪长岩和花岗细晶岩两种岩相，钻孔中可见到花岗细晶岩侵位到花岗闪长岩中（图 9.8）。

花岗闪长岩呈灰白色，中粗粒花岗结构，局部为似斑状、块状构造，主要矿物有斜长石（40%~45%）、钾长石（15%~20%）、石英（10%~15%）、角闪石（7%~10%）、黑云母（7%~10%）；副矿物主要有榍石、磷灰石、锆石、磁铁矿及不透明金属矿物等。岩相学上与驱龙矿区中的花岗闪长岩基本一致，为荣木错拉岩体的主要组成岩性。

花岗细晶岩呈白色-粉红色，细晶结构，块状构造，主要矿物为钾长石（40%~45%）、斜长石（15%~20%）、石英（20%~25%）、黑云母（7%~10%）；副矿物为磷灰石和锆石。

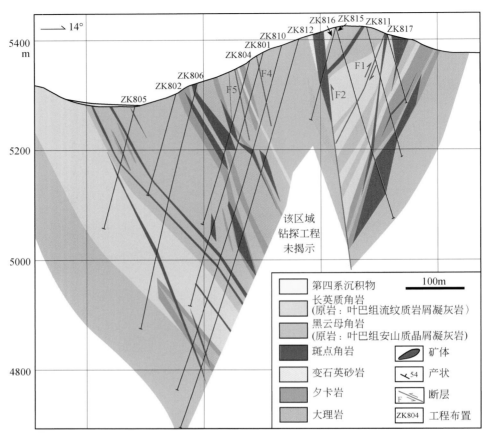

图 9.3　驱龙外围知不拉夕卡岩型铜矿床 8 线勘探线剖面简图

在浪母家果矿区，目前揭示的岩性为一套复式侵入体，主要岩性为石英闪长岩–花岗闪长岩–二长花岗斑岩–细晶岩（图 9.9）。

石英闪长岩呈灰色–灰黑色，粗粒自形–半自形粒状结构，块状构造，主要矿物有斜长石（45%～50%）、钾长石（3%～5%）、石英（3%～5%）、角闪石（15%～20%）、黑云母（15%～20%）；副矿物主要有磷灰石、锆石等。

花岗闪长岩呈灰白色，中粗粒花岗结构，块状构造，主要矿物有斜长石（40%～45%）、钾长石（15%～20%）、石英（10%～15%）、角闪石（7%～10%）、黑云母（7%～10%）；副矿物主要有榍石、磷灰石、锆石、磁铁矿及不透明金属矿物等。与知不拉的花岗闪长岩岩石学特征一致。

二长花岗斑岩呈浅灰–灰白色、浅肉红色，斑状结构。斑晶含量约为 35%～45%，主要有：斜长石，自形–半自形粒状，粒度（2～6mm），含量约为 15%～20%；钾长石，自形–半自形板柱状，粒度（4～8mm），含量约为 15%；石英，半自形粒状，粒度（1～8mm），含量 10%～15%；黑云母，半自形片状，粒度（1～4mm），含量 5%。基质：主要为隐晶质石英和长石类矿物。岩体中常含有石膏脉体。

细晶岩呈灰白色–粉红色，细晶结构，块状构造，主要矿物为钾长石（40%～45%）、

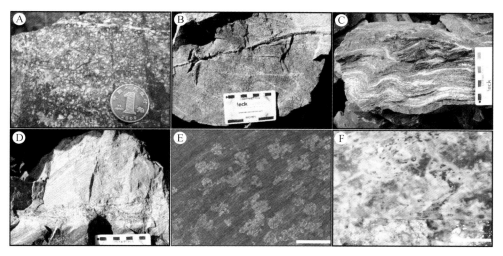

图 9.4　知不拉矿区主要地层围岩

A. 知不拉侏罗统叶巴组凝灰岩；B. 叶巴组火山岩灰岩地层；C. 黑云母角岩和灰岩地层发生揉皱；

D. 大理岩化地层中的夕卡岩岩脉；E. 斑点角岩；F. 长英质角岩（原岩为流纹质凝灰岩）

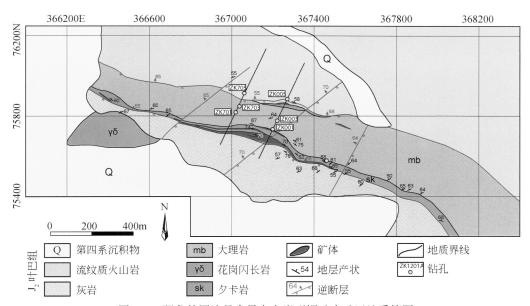

图 9.5　驱龙外围浪母家果夕卡岩型铜矿床矿区地质简图

斜长石（15%～20%）、石英（20%～25%）、黑云母（7%～10%）；副矿物为磷灰石和锆石。

　　分析结果显示（表9.1）两个夕卡岩矿区内各类侵入岩与驱龙巨型斑岩型铜-钼矿中相同岩性的岩石有着一致的岩石地球化学组成（图9.10）。在 SiO_2-K_2O+Na_2O 图解上（图9.10A），主要落在闪长岩、花岗闪长岩、石英二长闪长岩和花岗岩区域；在 SiO_2-K_2O 图上

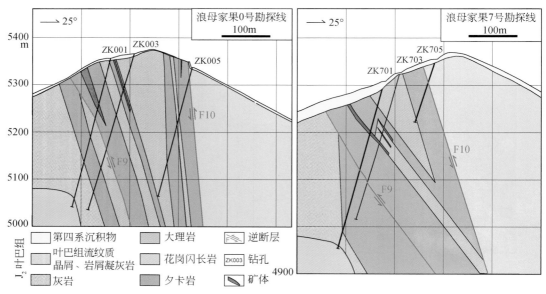

图 9.6　驱龙外围浪母家果夕卡岩型铜矿床 0 号线和 7 号线剖面简图

图 9.7　浪母家果矿区地层及断裂构造

A. 浪母家果侏罗统叶巴组地层中的灰岩；B. 夕卡岩化的叶巴组火山岩；C. 主要断裂 F9；
D. 变形的叶巴组灰岩被后期碳酸盐脉切穿；E. 夕卡岩-大理岩与灰岩接触界线；
F. 赋存在大理岩化叶巴组灰岩中的富磁铁矿夕卡岩

（图 9.10C），两个矿区的岩石绝大多数属于高钾钙碱性系列，少数为钙碱性和钾玄岩的区域；在 ACNK 图解中（图 9.10D），这些岩石绝大多数属于准铝质岩石。

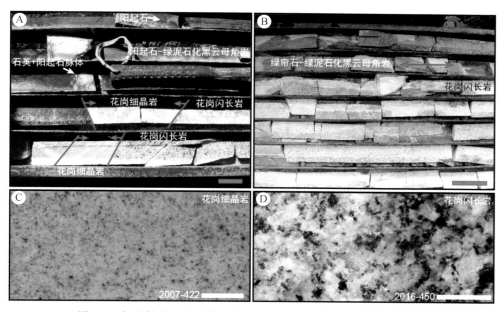

图9.8 知不拉矿区主要侵入岩（白色比例尺为1cm，红色为5cm）

A. 侵位到阳起石–绿泥石化黑云母角岩中花岗闪长岩，细晶岩脉穿切花岗闪长岩；

B. 侵位到绿帘石–绿泥石化黑云母角岩中花岗闪长岩；C. 花岗细晶岩；D. 花岗闪长岩

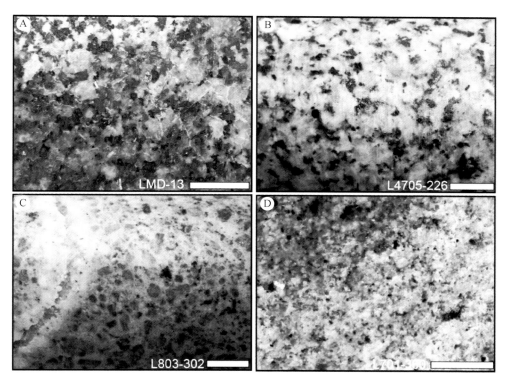

图9.9 浪母家果矿区主要侵入岩（白色比例尺为1cm）

A. 石英闪长岩；B. 花岗闪长岩；C. 含石英+硬石膏细脉的二长花岗斑岩；D. 细晶岩

表 9.1　知不拉和浪母家果矿区主要侵入岩岩石化学

样品	LMD-13	L470-226	L4705-226	L803-302	L701-360	L701-360-1	ZK2016-450	ZK2007-422	ZK2007-454
岩性	石英闪长岩	花岗闪长岩	花岗闪长岩	二长花岗斑岩	花岗细晶岩	花岗细晶岩	花岗闪长岩	花岗细晶岩	花岗细晶岩
主量元素/wt%									
SiO_2	57.17	64.58	64.44	66.79	76.95	76.70	66.25	76.46	75.59
TiO_2	0.71	0.52	0.55	0.44	0.15	0.15	0.45	0.11	0.19
Al_2O_3	16.87	16.50	16.56	15.70	12.67	12.76	16.12	12.57	13.49
MnO	0.11	0.06	0.06	0.01	0.03	0.02	0.04	0.01	0.01
Fe_2O_3	3.56	1.96	1.73	0.13	0.35	0.17	1.53	0.40	0.04
FeO	4.00	1.80	1.98	0.31	0.45	0.56	1.32	0.36	0.22
MgO	3.74	1.54	1.52	1.16	0.30	0.31	1.27	0.20	0.24
CaO	7.56	4.28	4.35	3.94	0.99	0.97	4.29	0.81	1.46
Na_2O	2.97	4.28	4.17	3.08	2.12	2.19	4.06	2.30	2.52
K_2O	1.08	2.69	2.58	5.13	5.83	5.96	2.77	6.51	6.08
P_2O_5	0.15	0.21	0.22	0.17	0.04	0.04	0.18	0.04	0.06
LOI	0.96	0.52	0.56	1.90	0.30	0.28	0.42	0.28	0.14
Sum+LOI	98.88	98.94	98.72	98.76	100.18	100.11	98.70	100.05	100.04
F	0.04	0.05	0.03	0.10	0.07	0.06	0.03	0.02	0.03
Cl	0.02	<0.01	<0.01	0.01	0.01	0.01	0.01	<0.01	0.02
S	<0.01	0.28	0.27	1.28	0.01	<0.01	0.02	<0.01	<0.01
微量元素/ppm									
V	192	95.5	95.0	82.8	13.4	12.6	85.4	15.0	23.7
Cr	33.4	11.8	12.6	10.9	1.28	1.85	10.7	1.37	2.81
Ni	13.8	12.6	14.2	6.48	1.33	1.89	12.3	1.62	2.79
Co	24.9	11.0	10.6	1.66	1.14	1.04	8.73	1.89	1.26
Rb	39.6	66.4	63.7	91.9	274	280	44.7	111	117
Sr	455	1145	1133	1035	145	153	1021	284	527
Y	23.4	9.37	9.69	9.98	10.9	8.06	8.00	5.07	14.1
Zr	24.5	16.5	17.0	16.4	20.9	13.3	15.7	12.6	13.5
Nb	4.51	4.62	4.79	3.57	8.18	8.98	4.51	2.47	3.88
Ba	174	751	710	1305	338	339	742	964	1135
La	17.0	27.1	26.8	14.8	27.4	26.3	23.2	17.8	18.4
Ce	32.9	58.3	58.7	29.2	53.1	52.3	46.4	31.7	42.6
Pr	4.11	7.33	7.44	3.73	5.85	5.84	5.64	3.60	5.57
Nd	16.3	27.9	28.7	14.6	20.1	20.2	22.1	12.2	21.7

样品	LMD-13	L470-226	L4705-226	L803-302	L701-360	L701-360-1	ZK2016-450	ZK2007-422	ZK2007-454
Sm	3.87	4.93	5.19	2.86	3.67	3.73	3.91	1.98	4.17
Eu	1.11	1.20	1.20	0.72	0.37	0.36	0.96	0.45	0.63
Gd	3.22	3.56	3.53	2.12	2.86	2.89	2.80	1.60	2.98
Tb	0.64	0.49	0.50	0.35	0.44	0.41	0.39	0.22	0.48
Dy	4.02	1.83	1.92	1.70	1.99	1.65	1.53	0.86	2.41
Ho	0.85	0.33	0.34	0.33	0.37	0.28	0.28	0.16	0.49
Er	2.46	1.07	1.09	0.96	1.10	0.82	0.88	0.53	1.48
Tm	0.42	0.14	0.14	0.14	0.17	0.11	0.12	0.08	0.24
Yb	2.47	0.84	0.86	0.84	1.06	0.64	0.77	0.50	1.49
Lu	0.37	0.12	0.12	0.12	0.15	0.09	0.12	0.08	0.22
Hf	1.41	1.09	1.16	0.75	0.97	0.69	0.99	0.57	0.66
Ta	0.39	0.41	0.44	0.28	0.86	1.03	0.43	0.39	0.56
Pb	15.9	16.3	76.2	114	71.1	72.4	14.5	26.5	26.3
Th	4.95	7.13	5.96	5.83	17.5	18.9	6.04	12.8	20.4
U	0.98	1.77	1.68	0.69	5.57	4.66	1.73	1.90	2.84

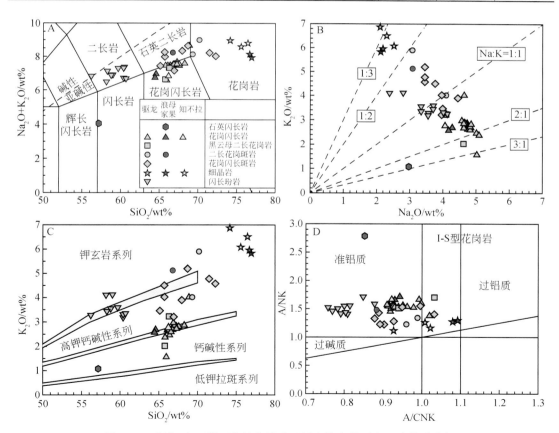

图 9.10　驱龙-知不拉-浪母家果矿区侵入体主量元素地球化学特征

中新世侵入岩的稀土配分模式呈典型的"铲状"形式，表现为强烈的 LREE 和 HREE 的分异，HREE 明显的相对亏损，具有很弱的 Eu 负异常，唯知不拉的细晶岩有很强的 Eu 负异常。在原始地幔标准化蛛网图解上（图 9.11），中新世岩石明显富集大离子亲石元素（LILE）和高场强元素（HFSE），K、Pb 的正异常，Ta、Nb、Ti 的负异常。而这些微量元素的特征与驱龙中新世除石英闪长玢岩之外的其余岩体特征相似。

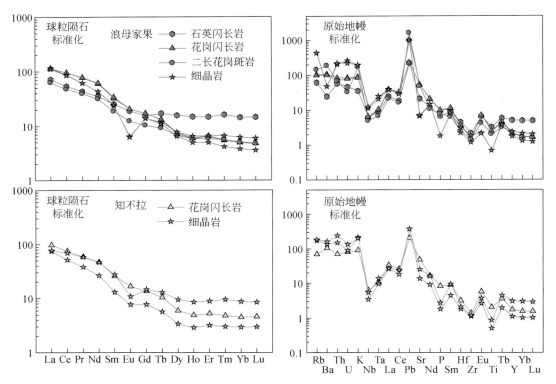

图 9.11　知不拉–浪母家果矿区侵入岩微量元素和稀土元素标准化图解

三、矿体地质特征

知不拉夕卡岩矿床中夕卡岩占主体，大理岩发育较少。主要见 2 条较厚夕卡岩矿体，矿体呈较规则的板状（厚 8～12m），向北陡倾（倾角 70°～80°），夕卡岩及矿体倾斜方向指向驱龙矿床，暗示深部可能与驱龙相连。围岩为厚层状的中–粗粒侏罗纪叶巴组晶屑凝灰岩，具明显的流纹构造，晶屑明显，具有细脉状的矿化，蚀变较弱。在知不拉东侧靠近河沟口的地方，发育有一套近直立，走向近东西，宽约 8～10m 的条带状大理岩–夕卡岩脉。

通过西藏巨龙矿业公司 2012 年储量核查工作，结合前人资料及矿化情况确定，矿区内共有四个铜矿体（八层铜矿）。其中 I、II、III、IV 号矿体均呈近东西向展布于矿区中部，呈不规则似层状，赋存于中侏罗世叶巴组一岩性段（J_2y^1）安山质晶屑凝灰岩及夕卡岩带中，在南段Ⅳ号矿体穿越安山质晶屑凝灰岩赋存于浅灰色流纹质岩屑凝灰熔岩内。矿体受近东西向断裂裂隙控制，产于 F1、F2、F3、F6、F8、F9、F10 层间断层破碎带中，近东西向层间断层为矿体的储矿构造。矿体产状严格受近东西向层间断层破碎带控制。矿体走向一般为 284°～104°，倾向 10°～15°，倾角 68°～80°。矿体走向一般长约 424～1560m，控制长 424m（Ⅲ号矿体）～1472m（Ⅰ-3 号矿体），控制延深：地表海拔标高 5316.9～4801m（地下深部），垂深 515.9m（不含推深部分）。矿体控制赋存海拔标高：地表出露海拔标高 5423.81～5136.30m（不含外推部分），地下深部海拔标高 4801m（不含深推）。矿体厚 1.84～36.60m，平均厚 12.44m。厚度变化系数为 106.27%。矿体厚度沿走向和倾向变化较稳定，局部具分枝现象。矿体岩性为绿帘石榴夕卡岩、石榴子石夕卡岩，围岩为浅灰色大理岩化灰岩、安山质晶屑凝灰构造蚀变岩，矿体与两侧围岩界线为渐变关系。矿体 Cu 平均品位 1.50wt%。各矿体详细产状及主要的矿石矿物特征见表 9.2。在矿体深部的局部地段见有花岗闪长岩与黑云母角岩相接触（20～48 勘探线），对矿体的完整性没有明显影响。

表 9.2　知不拉矿床矿体主要特征表（据西藏自治区
墨竹工卡县知不拉矿区铜多金属矿资源储量核实报告，2012）

矿体编号	形态	长度（控制）	倾向	倾角	平均品位/wt%	矿石矿物	矿石结构
Ⅰ-1	似层状	1240m	0°～15°	66°～85°	1.45	黄铜矿，次为斑铜矿	以细脉浸染状为主，局部可见致密块状黄铜矿石
Ⅰ-2	似层状	1406m	10°～18°	68°～82°	1.76	黄铜矿，次为斑铜矿、自然金、辉银矿、辉钼矿	以细脉浸染状为主，局部可见致密块状黄铜矿石和团块状辉钼矿
Ⅰ-3	似层状	1472m	10°～18°	68°～88°	1.35	黄铜矿，次为斑铜矿、自然金、辉银矿	以细脉浸染状为主，局部可见致密块状黄铜矿石和细粒状金、银矿
Ⅰ-4	似层状	57m	10°～18°	70°～79°	0.84	黄铜矿，次为斑铜矿	矿石构造以细脉浸染状为主，局部可见致密浸染状黄铜矿石
Ⅱ	似层状	628m	182°～200°	76°～85°	1.01	黄铜矿，次为斑铜矿	以细脉浸染状为主，局部可见致密块状黄铜矿石和鲕状、皮壳状孔雀石
Ⅲ	似层状	424m	10°～18°	71°～83°	0.77	黄铜矿，磁铁矿	以细脉浸染状为主（Cu），局部见团块状；呈条带状或致密块状产出（Fe）
Ⅳ-1	似层状	576m	10°	68°～79°	1.06	黄铜矿，次为斑铜矿	以细脉浸染状为主，局部可见致密块状黄铜矿石和细粒状自然金、辉银矿
Ⅳ-2	似层状	558m	10°～16°	66°～80°	0.81	黄铜矿，次为斑铜矿、自然金、辉银矿	以细脉浸染状为主，局部可见致密块状黄铜矿石和细粒状自然金、辉银矿

　　浪母家果夕卡岩矿，位于驱龙斑岩矿床东南4km、知不拉矿床以东约2km处。围岩为薄层状的中-细粒叶巴组凝灰岩和大理岩化灰岩，凝灰岩粒度很细且晶屑含量少。野外露头夕卡岩呈顺层条带状产出（图9.1），矿区地表见2条夕卡岩矿体。其中Ⅱ号矿体围岩主要是薄层状的细粒凝灰岩，夕卡岩矿体与地层产状一致，呈互层关系。地表露头长>1000m，厚度为20~25m，产状稳定（20°~35°∠65°~85°），矿体向南东沿山脊一直延伸，往西南可延伸到山脚，再往西由于第四系覆盖延伸情况不明。Ⅰ号矿体，规模较小，以磁铁矿为主，为磁铁矿-石榴子石-透辉石含Cu夕卡岩矿体，宽约6~8m，产状100°∠65°，产出在大理岩化的厚层状灰岩地层中。从地表露头和探槽揭露的情况可以清晰地发现该矿体具有明显的矿化分带：靠西主要是磁铁矿夕卡岩，靠东主要是石榴子石-透辉石夕卡岩，二者呈渐变过渡关系。探槽中见普遍而强烈的孔雀石化，铜矿化主要是与磁铁矿夕卡岩有关。该矿体最显著的特点是它与大理岩化的灰岩接触界线很截然，似乎是贯入式充填成因的。

　　知不拉与浪母家果夕卡岩矿床的产状几乎完全一致，并且在夕卡岩矿物、金属矿物组成上几乎一致，但是知不拉中未发育磁黄铁矿。虽然目前由于剥蚀以及第四系覆盖的原因造成这两个矿床之间相隔一条大沟，从而未见直接相连，但根据其产状特征以及两者之间出露的条带状大理岩-夕卡岩可以推测两者深部很可能是相连的。钻孔钻探结果发现，知不拉与浪母家果夕卡岩矿最大的差别在于：知不拉为2个厚板状的夕卡岩体及矿体，而浪母家果为多个薄层状的夕卡岩矿体。

四、夕卡岩矿物成分

　　知不拉夕卡岩矿床中，石榴子石是最主要的夕卡岩矿物，含有少量的绿帘石、绿泥石、透辉石、透闪石（图9.12）。石榴子石与硫化物密切共生，局部呈条带状分布，通常为自形粒状，深红褐色-棕色，韵律生长环带明显。绿泥石与绿帘石密切共生，局部呈粗粒的放射状集合体，但总体发育较少。浪母家果夕卡岩中主要矿物为石榴子石、透辉石、方解石及少量的硅灰石，绿泥石和绿帘石少见（图9.12）。

　　为了确定知不拉和浪母家果夕卡岩中石榴子石的种属及其成分，选择夕卡岩矿床中的石榴子石进行电子探针分析。背散色图像观察发育有典型的韵律环带结构（图9.12C，F），背散色图像中的明暗交替为石榴子石生长环带的表现。电子探针分析显示（表9.3），这种明暗变化体现在石榴子石成分上的差别，关键是石榴子石生长环带中Al、Fe含量的变化：明亮环带部分富Fe，几乎不含Al_2O_3，为纯的钙铁榴石（$Ca_3Fe_2Si_3O_{12}$），钙铁榴石的摩尔百分含量>99%；暗色和浅灰色生长环带，Al_2O_3含量增高，Fe含量降低，钙铁榴石的摩尔百分含量减少（50%~80%），而相应的钙铝榴石（$Ca_3Al_2Si_3O_{12}$）摩尔百分含量增加（20%~50%）（图9.13）。浪母家果夕卡岩中的石榴子石相对于知不拉的石榴子石，更富Al_2O_3，并且这种韵律生长环带反复交替出现。石榴子石的韵律生长环带表明在水岩交代过程中流体性质发生了多期次变化。分析结果全部落在钙铝榴石-钙铁榴石端元范围内（图9.13），其他石榴子石端元分子不超过4%。湖南柿竹园夕卡岩矿床的研究表明：水平方向，从接触带向外围及垂直方向上，Fe_2O_3含量逐渐减少，Al_2O_3含量逐渐增加；暗

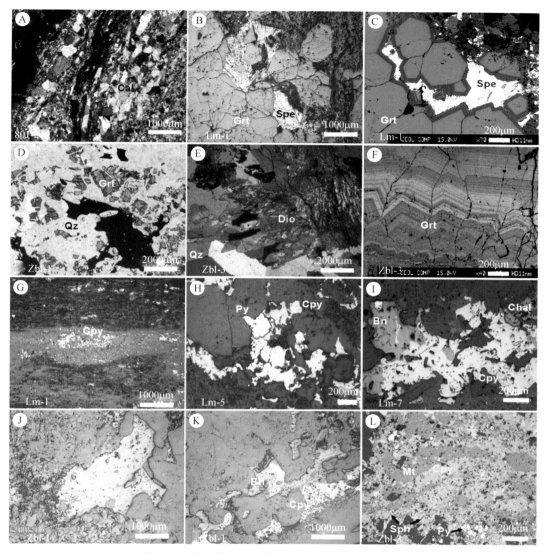

图 9.12　知不拉–浪母家果夕卡岩矿床矿物学特征

A. 浪母家果矿床中大理岩化的凝灰岩；B、C. 浪母家果夕卡岩中的石榴子石及针状镜铁矿；D、F. 知不拉夕卡岩；
E. 知不拉透辉石夕卡岩；G. 浪母家果凝灰岩地层中的黄铜矿；H. 浪母家果夕卡岩中的黄铜矿–黄铁矿–磁黄铁矿；I. 浪
母家果夕卡岩中的黄铜矿–斑铜矿–辉铜矿；J. 知不拉夕卡岩中的斑铜矿；K. 知不拉夕卡岩中的斑铜矿–黄铜矿共生；
L. 知不拉夕卡岩中的磁铁矿–黄铜矿–黄铁矿–闪锌矿共生（C、F 为背散射图像）；Cal. 方解石；Grt. 石榴子石；Qz. 石英；
　　　Mt. 磁铁矿；Spe. 镜铁矿；Dio. 透辉石；Cpy. 黄铜矿；Py. 黄铁矿；Bn. 斑铜矿；Sph. 闪锌矿

示在远离岩体方向，石榴子石的成分从钙铁榴石向钙铝榴石演化（尹京武等，2000）。同
时可见黄铜矿等金属硫化物胶结及包裹早期的石榴子石。

　　夕卡岩中石榴子石的形成和分布规律，取决于成岩成矿热液和被交代的岩石中的铁、
铝的含量及来源。氧化条件下的矿床的夕卡岩中辉石主要为透辉石，而石榴子石主要为钙
铁榴石（Lu et al.，2003）。电子探针分析结果表明知不拉和浪母家果夕卡岩矿床的成矿流

体是相对氧化性的，这与驱龙斑岩铜钼矿床的氧化性岩浆-流体系统相似（肖波等，2009；Xiao et al.，2012）。

表 9.3　知不拉-浪母家果夕卡岩铜矿中的石榴子石代表性电子探针数据

元素	浪母家果								知不拉							
SiO_2	35.02	35.30	36.28	36.52	38.14	38.08	36.22	36.00	37.43	36.90	37.94	37.76	35.96	35.92	36.66	36.65
TiO_2	0.00	0.01	0.00	0.00	0.00	0.00	0.00	0.05	0.15	0.18	0.21	0.25	0.00	0.00	0.29	0.21
Al_2O_3	1.04	1.13	4.91	4.93	11.95	11.75	7.32	7.25	6.92	6.35	9.47	9.40	0.72	1.01	5.58	5.49
Cr_2O_3	0.00	0.02	0.00	0.02	0.01	0.01	0.01	0.00	0.00	0.02	0.00	0.00	0.00	0.00	0.00	0.04
Fe_2O_3	0.00	0.00	0.00	0.00	0.00	0.00	0.00	0.00	0.00	0.00	0.00	0.00	0.00	0.00	0.00	0.00
FeO	28.15	27.86	23.36	23.04	14.25	14.56	19.96	20.27	20.53	20.94	16.92	16.71	27.95	27.90	21.78	21.71
MnO	0.51	0.48	0.45	0.49	0.78	0.75	0.79	0.87	0.26	0.14	0.14	0.16	0.07	0.05	0.19	0.20
MgO	0.01	0.00	0.02	0.00	0.00	0.00	0.01	0.00	0.00	0.02	0.00	0.03	0.11	0.10	0.05	0.07
CaO	32.52	32.83	33.66	33.65	34.43	34.41	33.83	33.70	34.02	33.89	34.46	34.56	32.98	33.08	33.85	33.94
总计	97.29	97.62	98.72	98.69	99.58	99.56	98.19	98.20	99.35	98.48	99.16	98.89	97.85	98.09	98.41	98.34
Si	2.96	2.96	2.97	2.98	3.00	3.00	2.95	2.94	3.01	3.00	3.01	3.01	3.00	2.99	2.99	2.99
Ti	0.00	0.00	0.00	0.00	0.00	0.00	0.00	0.00	0.01	0.01	0.01	0.01	0.00	0.00	0.02	0.01
Al	0.10	0.11	0.47	0.47	1.11	1.09	0.70	0.70	0.65	0.61	0.89	0.88	0.07	0.10	0.54	0.53
Cr	0.00	0.00	0.00	0.00	0.00	0.00	0.00	0.00	0.00	0.00	0.00	0.00	0.00	0.00	0.00	0.00
Fe^{3+}	1.93	1.91	1.55	1.54	0.89	0.91	1.33	1.34	1.34	1.39	1.09	1.10	1.93	1.91	1.46	1.47
Fe^{2+}	0.06	0.05	0.05	0.04	0.05	0.05	0.04	0.04	0.04	0.03	0.03	0.03	0.00	0.04	0.02	0.01
Mn	0.04	0.03	0.03	0.03	0.05	0.05	0.05	0.06	0.02	0.01	0.01	0.01	0.00	0.00	0.01	0.01
Mg	0.00	0.00	0.00	0.00	0.00	0.00	0.00	0.00	0.00	0.00	0.00	0.00	0.01	0.01	0.01	0.01
端元组成																
And	94.90	94.43	76.59	76.34	44.58	45.49	65.31	65.72	67.13	69.54	55.20	55.51	96.47	95.07	73.19	73.46
Gro	1.80	2.87	20.67	21.20	52.13	51.20	31.67	30.81	30.87	28.93	43.41	43.60	2.05	3.14	25.44	25.26
其他	3.30	2.65	2.74	2.39	3.25	3.29	2.97	3.47	1.99	1.54	1.33	0.89	1.48	1.80	1.37	1.14

分析单位：中国科学院地质与地球物理研究所电子探针实验室，仪器型号：JEOL JXA-8100，主要氧化物分析误差约为1%。

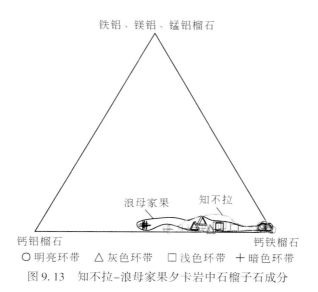

图 9.13　知不拉-浪母家果夕卡岩中石榴子石成分

五、矿化地质特征

知不拉夕卡岩中的金属矿物主要有黄铜矿、黄铁矿、斑铜矿及磁铁矿，以及少量的闪锌矿、方铅矿和辉钼矿（图9.12）。金属硫化物与石榴子石、石英关系密切，矿石以块状、条带状为主，少量的浸染状。黄铜矿含量远大于黄铁矿，斑铜矿较发育，磁铁矿很发育是知不拉夕卡岩矿床的特点，局部见条带状分布的磁铁矿+石榴子石夕卡岩，很少见磁黄铁矿。

浪母家果夕卡岩矿床中的金属矿物有黄铜矿、黄铁矿、斑铜矿、磁黄铁矿及少量的黝铜矿、镜铁矿（图9.12），磁铁矿极少见。矿石以条带状、浸染状及细脉状为主，很少见块状矿化。在知不拉夕卡岩中及角岩化的凝灰岩地层中，普遍发育磁黄铁矿，呈团斑状、细脉状。

在知不拉以及浪母家果的夕卡岩矿石中（图9.14 A、B）均发现斑铜矿中呈网格状出溶的黄铜矿（图9.14 C），表明这种夕卡岩矿体经历了>475℃条件下的突然快速冷却过程

图 9.14　知不拉-浪母家果夕卡岩型矿床黄铜矿-斑铜矿共生关系

A. 条带状夕卡岩斑铜矿+石榴子石；B. 石榴子石+黄铜矿+斑铜矿矿石；C. 斑铜矿中定向出溶的黄铜矿；

Grt. 石榴子石；Cpy. 黄铜矿；Bn. 斑铜矿

（Schwartz，1931），从而造成黄铜矿沿斑铜矿晶格发生定向固相不混溶；高温的含矿流体发生快速冷却可能是由于伴随高原的快速隆升，成矿流体经历骤然降温过程，或是高温成矿流体在浅部与冷的天水发生混合，温度剧烈降低造成的。

第二节　与驱龙斑岩铜钼矿的关系

巨型的斑岩矿床的外围往往分布着相关的夕卡岩型矿床，例如，秘鲁 Cerro de Pasco 和 Colquijirca 斑岩矿床外围的夕卡岩型铅-锌矿和浅成低温金-银矿；亚利桑那 Bisbee 斑岩型铜-钼矿外围有夕卡岩型铜-金矿产出；犹他州 Tintic 和 Bingham 斑岩型铜-钼-金矿外围分布一系列夕卡岩型铜-金矿；西南太平洋岛弧背景的印尼 Ertsberg-Grasberg 斑岩型铜-金矿外围的夕卡岩型铜-金矿；老挝的 Sepon 斑岩型铜-钼-金矿，外围发育有夕卡岩型铜-金矿等。尤其是印尼 Ertsberg-Grasberg 地区产出有全世界规模最大、品位最高的斑岩-夕卡岩型铜-金矿，其中 Wanagon 夕卡岩型金矿含有 200 万盎司约 62t 的金，Big Gossan 夕卡岩型铜-金-银矿的矿石量为 3300 万 t（Cu：2.63wt%，Au：0.92g/t，Ag：15.72g/t）（Prendergast et al.，2005）；Kucing Liar 夕卡岩型铜-金矿矿石量达 32000 万 t（Cu：1.4wt%，Au：1.4g/t）（Mathur et al.，2005）。

我国长江中下游地区，夕卡岩型铜矿常与斑岩型铜矿同时产在一个矿床内，如城门山、武山/封三洞铜矿和铜山口铜-钼矿（常印佛等，1991；翟裕生等，1992；秦克章等，1999a；赵新福等，2006）；并且成矿时代具有高度一致性（周涛发等，2008）。长江中下游地区目前的勘探显示，夕卡岩的深部或者周缘总会发育中酸性含矿斑岩体，因此顶部和浅部夕卡岩型矿化也可以作为寻找斑岩型矿床的标志之一（宋国学，2010；Song et al.，2013）。

东秦岭地区目前已成为我国最大的斑岩型-脉型-夕卡岩型钼矿成矿带。在南泥湖矿田包括南泥湖-三道庄-上房沟矿床和东沟超大型斑岩钼矿床外围探明了一批脉状铅锌银矿。这些脉状铅锌银矿与斑岩钼矿具有明显的时空关系，而且互为找矿指示（毛景文等，2009）。这些斑岩-夕卡岩型钼钨矿床、夕卡岩型多金属硫铁矿床和热液脉型铅锌银矿床往往围绕斑岩体由里往外呈规律性分布：在斑岩体内及接触带处发育斑岩型或斑岩-夕卡岩型钼钨矿床，在斑岩体外围围岩的断裂带中发育热液脉型铅锌银矿床。

藏东玉龙斑岩型铜-钼矿外围灰岩地层中发育夕卡岩型铜矿及脉状铅-锌矿（唐仁鲤等，1995；唐菊兴等，2006）。近年来随着找矿勘探工作的进行，甲玛矿区在浅部夕卡岩型铅-锌-铜矿之下已经发现了厚大的斑岩型矿体，构成典型的斑岩-夕卡岩成矿系统（唐菊兴等，2011）；沙让斑岩型钼矿外围也产出亚贵拉铅-锌-银矿床（秦克章等，2008；赵俊兴等，2011）。紧邻驱龙斑岩型铜-钼矿床南侧 2km 的知不拉夕卡岩型 Cu 矿已开采多年，同时近年西藏巨龙铜业有限公司在驱龙的东南 4km 的浪母家果夕卡岩型铜矿的找矿工作也取得了很大进展。驱龙斑岩型铜-钼矿床与知不拉-浪母家果夕卡岩型矿床，在成矿类型上一致，都以发育黄铜矿为主，含少量的辉钼矿、斑铜矿。

驱龙斑岩型铜-钼矿床南部为花岗闪长岩与叶巴组凝灰岩地层直接接触，尽管接触带附近地表未见明显的夕卡岩化，但是矿区内最南部的 ZK820 和 ZK442 钻孔岩芯，都发育有夕卡岩化；尤其是在 ZK442 孔中，花岗闪长岩以及接触带附近都发育有典型的夕卡岩化，尽管其中金属硫化物不很发育；表明驱龙中新世侵入岩的接触带附近确实可以出现典型的夕卡岩化。

　　矿床的成岩成矿年代学研究是确定矿床成因和形成背景的重要研究手段。关于驱龙斑岩型铜-钼矿床的成岩-成矿学研究已经很明确了：驱龙矿床的成岩时代为（17.9～13.1Ma，孟祥金等，2003；芮宗瑶等，2003；Hou et al.，2004；Yang et al.，2009；本书）；辉钼矿 Re-Os 年龄为 16.4±0.48Ma（孟祥金等，2003）；知不拉夕卡岩矿床的辉钼矿年龄为 16.9±0.64Ma（李光明等，2005）；两者在误差范围内一致，且两矿床在空间上如此相近，因此极可能为同一次成矿事件的结果。最新的分析测试结果表明（表9.4）：浪母家果夕卡岩矿床的辉钼矿 Re-Os 谐和年龄为 17.11±0.55Ma（图9.15A）、加权平均年龄为 17.01±0.27Ma（图9.15B）两者在误差范围内一致。这三个矿床的成矿年龄几乎一致，且在空间上如此相近，因此应为同一次成矿事件的结果。

表 9.4　浪母家果夕卡岩矿床辉钼矿 Re-Os 同位素测试结果

样号	样重/g	Re/（ng/g）	^{187}Re/（ng/g）	^{187}Os/（ng/g）	模式年龄/Ma
L003-168	0.01052	147040±1262	92417±793	25.62±0.23	16.64±0.25
L003-276	0.01285	257485±1957	161834±1230	46.00±0.40	17.06±0.24
L701-307	0.01387	174610±1358	109746±853	31.33±0.26	17.13±0.24
L403A-205	0.01360	738439±8799	464123±5530	131.59±1.1	17.01±0.28
L303-233	0.01314	253327±2137	159221±1343	45.57±0.39	17.17±0.25

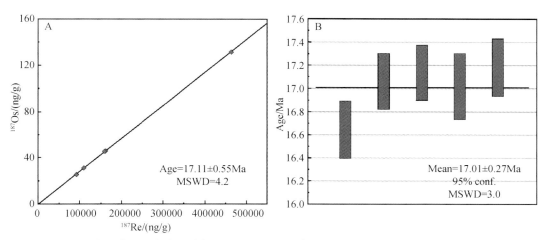

图 9.15　浪母家果夕卡岩矿床辉钼矿 Re-Os 同位素谐和年龄（A）及加权平均年龄（B）

　　最新的钻探工作揭示的浪母家果夕卡岩之下存在驱龙斑岩矿区的花岗闪长岩及黑云母二长花岗岩，说明二者是同一岩浆热液成矿系统的产物。且斑岩-夕卡岩成矿系统中，从接触带由内向外，夕卡岩成矿体系由氧化状态递变为还原状态；而驱龙矿区内的知不拉夕卡岩中普遍出现磁铁矿而浪母家果夕卡岩中则大量出现磁黄铁矿就正好表现出这一变化规律（肖波等，2011）。

　　对比驱龙矿床及其东北约 16km 的甲玛矿床，两个矿床的成矿时代、成矿岩浆性质都完全一致，因此从成矿特征上来讲应该是相同的。但是由于驱龙矿区的围岩地层为中、下侏罗统的叶巴组凝灰岩、流纹（斑）岩；而甲玛矿床的围岩为下白垩统林布宗组砂板岩和上侏罗统多底沟组灰岩、大理岩。因此目前驱龙矿床以斑岩型矿化为主，外围出现少量的夕卡岩型矿化；而甲玛矿床以夕卡岩型–角岩型矿化为主，少量的斑岩型矿化（唐菊兴等，2011）。驱龙与甲玛相比较，驱龙斑岩矿床内与成矿有关的侵入岩都已全部出露，只是斑岩体出露面积很小，而围岩地层出露在矿区南部和北部，结合花岗闪长岩成岩深度和流体包裹体沸腾深度可以断定，驱龙矿床斑岩体顶部的地层及夕卡岩型矿化都已遭受明显剥蚀，驱龙矿床比甲玛矿床的剥蚀程度略高。

第十章　成矿机制及成矿模式

斑岩型矿床作为世界上最重要的矿床类型，矿床学家通过对比研究环太平洋俯冲构造带上的斑岩型矿床，识别出斑岩铜矿床蚀变、矿化的经典模型（Lowell and Guilbert，1970；Sillitoe，1973；Hollister et al.，1974），建立了斑岩型矿床成矿理论体系，提出正岩浆成因模式（Gustafson and Hunt，1975；Burnham，1979），建立了经典的与俯冲作用有关的斑岩成矿理论。

然而近些年来对西藏冈底斯斑岩成矿带的研究证明，陆-陆碰撞造山带也能形成斑岩型矿床（侯增谦等，2004；Hou et al.，2004；Qu et al.，2004；李金祥等，2006，2007；秦克章等，2008；Li et al.，2011；Qin，2012；Xiao et al.，2012；Zhao et al.，2012，2014），极大地丰富和拓展了对斑岩矿床的认识和理解。尽管产出的构造背景不同，但形成在西藏冈底斯碰撞造山背景的斑岩型矿床与典型的与俯冲作用有关的斑岩型矿床相比，在成矿过程、岩浆-流体系统性质、矿化蚀变特征等方面具有很多的相似性。深入解剖研究西藏冈底斯中新世斑岩矿床，建立相应的成矿模式，将有助于全面深入了解碰撞造山背景下的岩浆-成矿过程。

第一节　成矿物质来源

正岩浆模型已经证实斑岩矿床中成矿元素绝大部分是来自于成矿岩浆；而浅部的斑岩株由于自身体积太小，不具备产生巨量成矿热液流体的能力，这些斑岩体通常扎根于深部的成矿母岩浆房，起着成矿流体上升的"导管"作用；因此人们逐渐认识到斑岩体与成矿之间是"兄弟"关系而非"父子"关系。多数学者认为斑岩矿床中绝大部分的 Cu、Au 和 PGE 是来源于基性熔体、下地壳或者地幔；而 Mo、W、Sn 是来源于地壳或是俯冲沉积物（Seedorff et al.，2005）。上地壳的性质决定了其不太可能形成有利的岛弧性质的成矿岩浆，但是上地壳物质的加入可以影响成矿岩浆中金属元素的比值（Kesler，1973）。南美安第斯地区的巨型斑岩矿床的成矿物质主要都是由受交代的地幔楔和/或俯冲下去的沉积物提供的（Sillitoe，1972；Hedenquist and Richards，1998；Ruiz and Mathur，1999）。伊朗南部的斑岩矿床中的金属和绝大部分的硫都是来源于地幔/下地壳底部的基性混合源区；在随后经历 MASH 过程，通过形成中酸性岩浆而重新活化（Shafiei et al.，2009）。

俯冲背景下的岛弧环境中形成的斑岩矿床，其含矿/成矿斑岩通常为典型钙碱性系列，岩性以石英闪长岩为主，少数为花岗闪长岩、石英二长岩和正长岩（Misra，2000）；而碰撞造山背景下形成的斑岩矿床的含矿/成矿斑岩主体为高钾钙碱性系列，少数为钾玄岩系列，岩性变化于花岗闪长岩-二长花岗岩之间，以高钾为其显著特征（侯增谦等，2001；Hou et al.，2004）。对于西藏冈底斯造山带环境下含矿斑岩的成因，目前尚未达成共识，归纳起来主要有以下几种成因模式：俯冲或残留特提斯洋壳的部分熔融（Qu et al.，

2004，2007）（套用经典埃达克岩石的成因模式）、板片来源的流体和/或熔体交代的上地幔的部分熔融（Gao et al.，2007）（与南美安第斯地区的矿床形成机制相同）、榴辉岩或石榴子石角闪岩相的下地壳的部分熔融（张旗等，2002，2004；Chung et al.，2003；侯增谦等，2004；Hou et al.，2004）（目前最流行的解释埃达克岩石具有高 Sr/Y 值的原因）或新生玄武质下地壳的部分熔融（侯增谦等，2005）（由于青藏高原具有巨厚的地壳，约70km），榴辉岩相的下地壳部分熔融会形成埃达克岩浆或非埃达克岩浆在深部高压条件下发生石榴子石的结晶分异作用；可以解释目前冈底斯中新世岩浆具有较小的放射性同位素模式年龄（约 500/600Ma）以及绝大部分同位素特征）。

　　Richards（2009）指出（图 10.1），后俯冲（postsubduction）/后碰撞（postcollision）环境中的岩浆活动主要是由于岩石圈加厚、重新被加热、岩石圈地幔减薄或是岩石圈伸展作用造成的。伸展作用，会造成之前被俯冲交代的软流圈上涌或岩石圈减薄从而发生部分熔融，形成基性碱性岩浆（钾玄质）。岩石圈尺度的伸展会形成岩浆上涌的通道，从而使岩浆快速上升到地表且不发生明显的地壳混染作用。碰撞加厚以及下地壳岩石圈地幔的减薄，使下地壳岩石被加热而发生部分熔融，形成的岩浆较酸性，以及具有陆壳岩石的同位素组成。早期弧岩浆组成的下地壳源区中残余角闪石以及/或石榴子石可能是造成岩浆高 Sr/Y 和 La/Yb 的原因（具有埃达克特征）。由于岩浆源区都是先前受俯冲作用交代改造的岩石圈±软流圈地幔物质，因此后俯冲背景下的岩浆岩与俯冲背景下的弧岩浆具有很多相似的岩石地球化学以及同位素特征。然而，由于后俯冲背景的岩浆活动时限较短，因此岩浆体积相对较小、源区部分熔融程度较低；且分布相对局限以及具有中等（高 K±Na 钙碱性）到强碱性特征。

　　后俯冲背景下的岩浆活动可以看作是受俯冲改造的岩石圈发生二次部分熔融（remelting）的产物；此次岩浆活动可以使俯冲阶段板片流体或熔体带入的金属元素和其他元素发生二次活化；并且由于之前俯冲阶段弧的岩浆活动在地壳底部和岩石圈地幔中形成大量的富水残留相（角闪石），因此碰撞背景下形成的岩浆，也可以富水。所以后俯冲环境中形成斑岩型矿床与俯冲背景下的弧环境中的斑岩型矿床很相似；除去微小的差异，广泛的相似性以及矿床类型表明两种环境中（俯冲与后俯冲）成矿作用具有相似的成岩及成矿过程，可能只是具有细微差别。

　　西藏冈底斯中新世的斑岩型矿床形成于典型的碰撞造山背景，而与俯冲作用没有直接联系；但是与成矿有关的岩浆岩都具有高 Sr/Y 和 La/Yb 的特征（埃达克质）（曲晓明等，2001；Chung et al.，2003；侯增谦等，2003a，2005；Li et al.，2012），这与南美安第斯陆缘弧、西南太平洋岛弧上斑岩矿床相似；但是成岩岩浆的形成机制可能截然不同。同时可能由于受到较厚的陆壳的影响，冈底斯成矿带上中新世斑岩矿床与南美安第斯都主要是铜–钼组合，而西南太平洋与中亚造山带岛弧背景的多是斑岩型铜–金组合（Sillitoe，2000；Qin et al.，2002；李金祥等，2006）。

　　通过对驱龙矿床中新世与成矿作用有关的侵入岩的年代学、岩石地球化学、同位素地球化学的综合研究，以及与区域上其他中新世斑岩矿床的对比分析，可以得出：西藏冈底斯成矿带上的中新世斑岩矿床的岩浆起源于加厚的新生下地壳的部分熔融，而造成整个冈底斯中新世岩浆–成矿事件的地球动力学背景很可能是由于碰撞加厚的岩石圈因对流减薄或

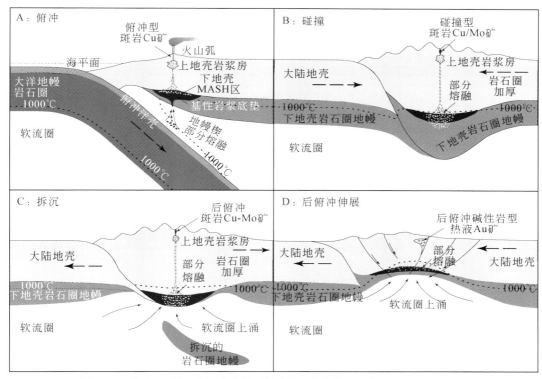

图 10.1　俯冲-碰撞-后俯冲背景下的岩浆-成矿作用（据 Richards，2009）

者拆沉作用，引起热的软流圈物质大规模上涌，进而加热了之前受俯冲交代岩浆弧根部，使其发生二次部分熔融形成高氧化的富水、富硫、富成矿物质的成矿岩浆。同时，大规模的软流圈上涌，引起区域构造环境由挤压背景向伸展背景转换，形成一系列垂直于造山带的南北向断裂，引导深部成矿岩浆快速上升到达地壳浅部成矿。此外，西藏冈底斯碰撞造山背景下，高氧化性的岩浆体系的形成机制，很有可能是深部拆沉下去的新生基性下地壳物质（中生代岛弧的根部）由于脱水作用形成的超临界流体/熔体加热到岩浆中（图 10.2）。

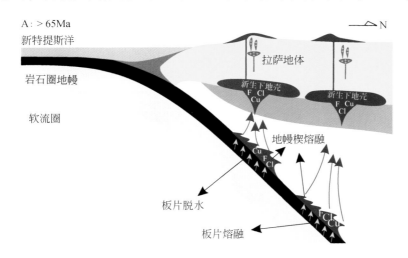

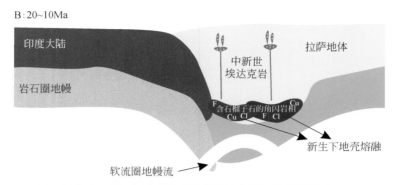

图 10.2   冈底斯俯冲–碰撞背景下的含铜斑岩的成因与形成过程（Li et al.，2011）

第二节   成矿物理化学条件

一方面，多数研究认为斑岩型矿床中的流体性质是高盐度的（>50wt% NaCl equiv.）。另一方面，也有研究发现斑岩型矿床中最原始的初始热液流体是中等–低盐度（4wt% NaCl equiv.）含 CO_2 的流体，而后期普遍发育的含石盐子晶包裹体和富气相包裹体是由该初始流体发生沸腾或不混溶形成的（Rusk et al.，2008）。Audétat 等（2008）通过 LA-ICP-MS 分析 17 个含矿和不含矿的侵入体的单个包裹体成分表明：斑岩型铜矿床中的初始流体具有高的 Cu 含量；锡–钨矿床的初始流体中 Sn、W 含量高；Ce 在 Th-U-REE 矿床的流体中含量高。可以看出，斑岩矿床的初始成矿流体应是高盐度、高温、富成矿元素的。

驱龙斑岩矿床的流体性质与其他地区典型斑岩矿床相似，具有高温、高盐度的特征。此外，驱龙包裹体中普遍出现赤铁矿，并且热液活动的直接产物中出现大量的硬石膏（$CaSO_4$），表明驱龙斑岩的成矿流体还是高氧化性、富硫的成矿流体。引起成矿物质从流体中大规模沉淀的机制主要有：成矿热液体系温度和压力的降低、体系中 SO_4^{2-}/H_2S 和 pH 的变化、围岩蚀变影响等。

一、温   度

本项目对驱龙矿床各种产状的包裹体进行的系统显微测温研究表明：从二长花岗斑岩的石英斑晶到 A 脉再到 B 脉、D 脉，流体包裹体的均一温度分别从 428℃ 降到 398℃ 再降到 293℃ 最后到 D 脉阶段降为 252℃，相应的盐度也逐渐降低。从石英斑晶到 A 脉流体温度、盐度变化不大，但是从 A 脉到 B 脉，流体温度和盐度都有显著降低。由于 B 型脉含大量硫化物，因此可以推断驱龙矿床中成矿流体的温度和盐度的降低促使硫化物的大量沉淀，可能直接导致了成矿作用的发生。由于矿化主要都是集中在黑云母二长花岗岩和二长花岗斑岩体中，矿化围岩没有明显的变化，这可能意味着围岩的变化未对成矿作用造成直接影响。此外，热液矿物稳定同位素的研究也表明，从钾硅酸盐蚀变阶段到晚期的石英–绢云母–黏土化–硫化物阶段和石英–多金属硫化物阶段，矿物沉淀温度逐渐明显降低

（580～250℃）。

二、压　力

斑岩矿床中成矿斑岩通常侵位较浅，一般 1～4km，且具有多期次侵位特点。不仅成矿前、成矿期、成矿后的侵位相在空间上共存，而且最晚期隐爆角砾岩筒常相伴发育。Proffet（2009）研究表明深部岩浆房顶部岩钟的就位深度决定着岩浆房中流体挥发分出溶的方式和出溶流体的组成，较深（>5.5km）的条件下（高压环境），从岩浆中出熔的流体为单相流体；浅部（<5.5km）（低压条件），出溶为高盐度的盐水相和低盐度的气相。

研究表明，在二长花岗斑岩的石英斑晶和早期 A 脉中都存在流体沸腾现象。沸腾包裹体是估算流体捕获压力的最直接方法。石英斑晶中的包裹体约在 460～510℃ 发生流体沸腾，对应的压力范围 35～60MPa，相应的深度为 1.4～2.4km；该沸腾作用可能是由于岩体侵位到浅部，由于外界围岩压力的降低而造成的。随着流体上升和温度的降低，在形成A 脉阶段，由于温度降低流体又发生了一次沸腾作用，压力范围为 28～42MPa，相应的深度为 1.1～1.7km。驱龙斑岩矿床流体发生沸腾的深度较浅，结合目前矿床中岩体和矿体的地表出露情况，以及斑岩系统顶部浅层的岩浆热液角砾岩还未遭受严重的剥蚀，可以认为驱龙斑岩矿床在形成以后没有遭受明显的剥蚀，深部找矿还有很大空间。

三、高氧化性

已知岛弧背景下的成矿岩浆是高度演化的、富水、富挥发分、富硫和其他不相容元素，且具有相对高的氧逸度条件，确保其中的硫是以硫酸盐的形式存在，导致亲硫元素（亲铜元素）例如 Cu、Au 等元素在岩浆系统中依然保持着不相容性行为。众多研究者推测并强调：埃达克与斑岩型型铜-钼-金矿床存在密切成生联系（Sajona and Muary，1998；Defant and Kepezhinskas，2001；张旗等，2004）的原因是埃达克质岩浆以富挥发分、高氧逸度 fO_2 和富硫为特征（Oyarzun et al.，2001）。同时，氧逸度的提高还引起岩浆系统中 SO_2/H_2S 值急剧增大，从而导致硫从熔体中完全分离（Burnham，1979）。对与板片熔融有关的埃达克岩石的成矿潜力已经有很多研究和实际例子，目前对于西藏冈底斯中新世的埃达克岩石的成因和性质，以及成矿属性的研究也引起广泛关注。

驱龙矿床中岩浆阶段共生的石英+角闪石+榍石、钛铁矿+磁铁矿，与成矿有关的中新世侵入岩中发现的岩浆硬石膏以及与之共生富硫磷灰石，明确指示其成矿母岩浆具有富硫、高氧逸度的特征。根据实验岩石学的实验结果（Jugo，2009），推算驱龙矿床成矿母岩浆的氧逸度值（fO_2）为 $\Delta FMQ_C=+2.08$（ΔFMQ_C 为硫酸盐和硫化物同时达到饱和的氧逸度值）。成矿母岩浆高的氧逸度、富硫的特征是驱龙斑岩型铜-钼矿床中岩浆硬石膏形成的直接条件。热液阶段沉淀的大量热液硬石膏以及热液磷灰石中具有较高的 SO_3 含量，表明该矿床中成矿流体也继承了岩浆体系富硫的特征。

驱龙高氧化性岩浆中出溶的高氧化性、富硫岩浆流体，在成矿前/硬石膏-硫化物沉淀前，与岩浆发生水岩反应，形成磁铁矿，还原了高氧化性的富 SO_4^{2-} 的初始成矿流体，使成

矿流体中 SO_4^{2-}/H_2S 显著降低，正是这一还原作用，使得体系中的硫转变为还原态，有利于硫化物沉淀。

第三节　　富铜富硫成矿流体对形成巨型斑岩铜钼矿的控制

通过本项目的研究发现，驱龙矿床中与成矿有关的中新世侵入岩的全岩主量元素数据中全铁（FeO^*）和 Fe_2O_3、FeO 的数据（除石英闪长玢岩和强黏土化的黑云母二长花岗岩外）表明中新世与成矿密切相关侵入岩都是强氧化性的（图5.33）。同时这些与成矿有关的侵入岩中发育有岩浆成因的硬石膏更直接表明驱龙矿床的成矿母岩浆具有富硫、高氧逸度特征。并且计算得出驱龙斑岩矿床中新世侵入岩熔体中的硫含量为 $155\sim329ppm$，为富硫岩浆。硫在该岩浆体系中以氧化态的 SO_4^{2-} 形式存在。这种高氧化性的、富硫岩浆具有很大的携带 Cu、Mo 等成矿元素的能力，这应该是碰撞造山背景下形成巨型成矿物质的必备条件。同时这种高氧化性的岩浆体系中，还原态的（S^{2-}）硫化物相不易达到饱和，岩浆过程中不会造成硅酸盐熔体中成矿元素 Cu、Mo 等的亏损；从而在岩浆演化后期成矿流体出溶时，大量的成矿物质进入流体相，随着氧化还原作用、热液流体冷却和沸腾富集成矿。目前驱龙斑岩矿床提交的资源量为 Cu 约 1000 万 t，根据我们的观察和大概估算，按照矿体内矿石中含硫成分为 FeS_2：$CuFeS_2=2.5$：1 和 $CaSO_4$：$CuFeS_2=3$：1（质量比，并省略 Mo 及 Pb、Zn 所储存的少量硫）得出，要形成驱龙矿床的矿体至少需要 6000 万 t 的硫；如果再考虑矿体围岩中大量的黄铁矿，则势必需要更多的硫。同时，对矿床内众多黄铜矿、黄铁矿、辉钼矿、闪锌矿、方铅矿和硬石膏的硫同位素研究表明，所有的硫都是岩浆硫，而没有地壳硫的加入。因此，驱龙斑岩矿床的成矿岩浆–热液体系必须是富硫的。驱龙矿床中后期普遍发育的热液硬石膏就是这种富硫热液流体的特征产物。

因此，驱龙矿床中高氧化性的岩浆以及富硫成矿热液流体，具有极强的溶解和携带搬运亲硫元素（Cu、Mo 等）的能力，因此具有很强的成矿能力，有利于在西藏冈底斯碰撞造山背景下形成巨型斑岩铜矿。

第四节　　锆石–磷灰石（U-Th）/He 定年与冷却–隆升过程研究

来自围岩花岗闪长岩的 3 颗锆石（U-Th）/He 年龄分布范围为 $13.0\sim15.2Ma$，平均值为 14.0Ma，4 颗磷灰石（U-Th）/He 年龄分布范围为 $10.9\sim15.0Ma$，平均值为 12.4Ma。围岩黑云母二长花岗岩 3 颗锆石（U-Th）/He 年龄分布范围为 $14.8\sim17.1Ma$，平均值为 15.7Ma，4 颗磷灰石（U-Th）/He 年龄分布范围为 $12.8\sim15.2Ma$，平均值为 13.6Ma。成矿的二长花岗斑岩 3 颗锆石（U-Th）/He 年龄分布范围为 $12.3\sim16.6Ma$，平均值为 14.7Ma，4 颗磷灰石（U-Th）/He 年龄分布范围为 $12.2\sim13.4Ma$，平均值为 12.8Ma。成矿期的花岗闪长斑岩 3 颗锆石（U-Th）/He 年龄分布范围为 $14.7\sim15.8Ma$，平均值为 15.1Ma，4 颗磷灰石（U-Th）/He 年龄分布范围为 $13.0\sim13.5Ma$，平均值为 13.1Ma。4 种岩性所有锆石和磷灰石（U-Th）/He 年龄分析结果见图10.3。

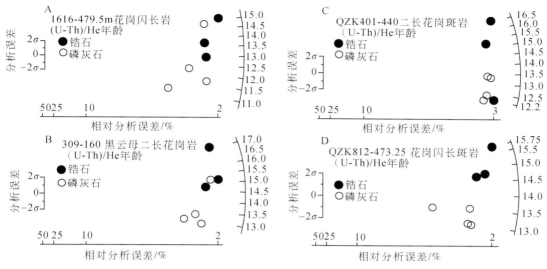

图 10.3　驱龙矿床锆石–磷灰石（U-Th）/He 年龄分布图

利用 Fu 等（2010）开发的 4dtherm 软件，我们对驱龙斑岩铜矿进行了构造热事件模拟，其中软件模拟采用的数据如下：成矿二长花岗斑岩的锆石 U-Pb 年龄（15.6±0.8Ma，肖波等，2010）、辉钼矿 Re-Os 成矿年龄（15.4±0.2Ma，郑有业等，2004）、热液黑云母 $^{40}Ar/^{39}Ar$ 年龄（15.7±0.2Ma）以及绢云母 $^{40}Ar/^{39}Ar$ 年龄（15.7±0.2Ma）年龄，结合本次新获得的成矿二长花岗斑岩的锆石（U-Th）/He 年龄（15.2±0.5Ma）和磷灰石（U-Th）/He 年龄（12.8±0.4Ma）。当模拟趋势线通过以上所有数据时，该模拟结果较为可靠。经过多次模拟得出以下模拟结果：前述成矿斑岩侵位深度推算为 2.6km，侵位时间为 15.6Ma，斑岩体冷却时间为约 13.5Ma，剥露时间为约 12.2Ma（图 10.4）。如果将成矿二

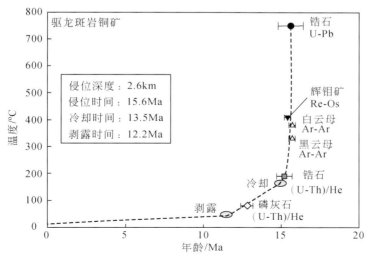

图 10.4　驱龙矿床构造热演化模拟图

长花岗斑岩的锆石 U-Pb 年龄代表成矿岩体侵位时限，辉钼矿 Re-Os 成矿年龄、热液黑云母^{40}Ar/^{39}Ar 以及绢云母^{40}Ar/^{39}Ar 年龄代表热液开始的时限，而锆石（U-Th）/He 年龄代表热液结束的时限，可以限定驱龙矿床的岩浆侵位–热液冷却时限为（200 ~ 750℃）小于0.5Ma，暗示该矿床的形成经历了短暂时间内的快速隆升；而模拟出斑岩体侵位深度约为2.6km，驱龙矿床在 15 ~ 13Ma 发生隆升，这与藏南约 15Ma 构造隆升事件相对应，暗示驱龙成矿事件与高原隆升相伴生。

而成矿稍后（即 12 ~ 13Ma 之后）基本没有显著抬升，驱龙矿床得以完好保存下来，基本没被剥蚀。

第五节　成矿模式

基于对驱龙斑岩型铜–钼矿的年代学、岩石地球化学、蚀变岩石–矿物学、流体包裹体、矿物成分等研究，初步建立起其成矿模式（图 10.5）。

驱龙矿床与成矿作用直接相关的侵入岩为中新世的复式岩体，它们具有极其相似的矿物组成与岩石地球化学特征，是共同的岩浆源区产生的岩浆在深部形成的同一岩浆房不断分异演化的产物。岩浆侵位活动从约 18Ma 一直持续到约 13Ma，岩体侵位顺序从老到新依次为：①如图 10.5A，约 18Ma，花岗闪长岩呈大的岩株状侵位到古深度下约 3 ~ 7km 处，在岩体与地层接触带附近以及受区内深部裂隙、断层或地层岩性的影响，成矿流体沿与岩体接触的地层中的断裂形成了大量的夕卡岩化及矿化（知不拉和浪母家果）；②如图 10.5B，之后在很短的时间间隔（≤1Ma）内，（似斑状）黑云母二长花岗岩沿相同的岩浆通道呈岩株状侵入到花岗闪长岩中（约 17Ma），侵位深度约为 3 ~ 4km，此时由于该岩体携带了较多的流体，形成较弱的黑云母化、钾长石化及硬石膏化，并伴随金属矿化作用，造成花岗闪长岩体发生弱绿泥石（±绿帘石）化蚀变；③如图 10.5C，约 16Ma，呈岩株状侵位的二长花岗斑岩，侵位深度约为 2 ~ 4km，由于携带了大量的成矿流体，强烈叠加早期蚀变矿化，使驱龙铜矿进一步富集，在其浅部黏土化及绢云母+黄铁矿+硅化+黏土化+硬石膏化，并且其顶部形成隐爆角砾岩；④如图 10.5D，约 15Ma，花岗闪长斑岩侵位，侵位深度约为 2 ~ 3km，流体活动明显减弱，没有明显的矿化及蚀变作用叠加，并在其顶部发育有岩浆角砾岩；该花岗闪长斑岩的侵入表明矿区内整个斑岩成矿岩浆热液系统的衰竭；⑤如图 10.5E，此后矿区内再无明显与成矿有关的岩浆活动，只是在约 13Ma，成矿后的石英闪长玢岩呈小的岩脉状侵入，但未对矿体产生影响。在 18 ~ 13Ma，驱龙铜钼矿床形成过程中伴随高原的强烈隆升；⑥如图 10.5F，从 13Ma 到现在，驱龙矿区只是受到高原的隆升以及地表剥蚀作用；形成了如今的地形地貌及矿床地表出露情况。

通过对驱龙矿床细致的热液蚀变–矿化以及稳定同位素的研究，发现驱龙岩浆硬石膏相对热液硬石膏明显富^{18}O，而贫^{18}O 的流体参与了岩浆硬石膏到热液硬石膏的转变，使高氧化性、富硫岩浆中的硫进入到热液流体体系中，并降低热液中 SO_4^{2-} 的 δ^{18}O 值。岩浆硬石膏发生分解作用，释放出 SO_2，SO_2 与贫^{18}O 的水发生水解反应，形成 H_2S 和 H_2SO_4，此时流体中的 pH 降低，并发生硫同位素分馏；随着流体演化，流体中的成矿物质 Cu^+ 和 Fe^{2+} 与 H_2S 发生反应，形成黄铜矿沉淀，进一步释放 H^+，流体中的 pH 进一步降低；磁铁

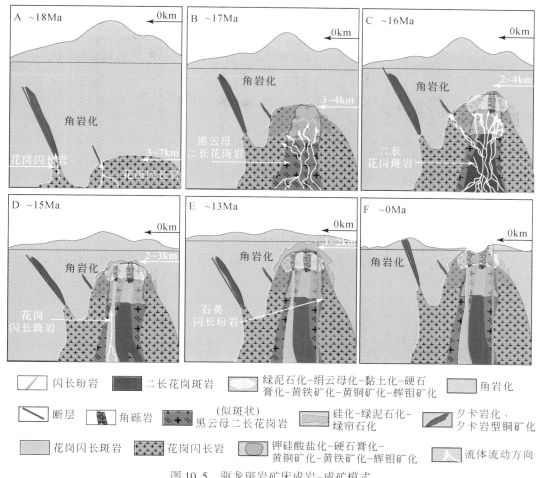

图 10.5 驱龙斑岩矿床成岩-成矿模式

矿的沉淀显著改变流体的 pH 和 SO_4^{2-}/H_2S 值，是成矿体系中硫由氧化态转变为还原态的重要缓冲剂。随着蚀变矿化作用的进行，流体中的 H^+ 逐渐增多，pH 也逐渐降低，造成绢云母化和黏土化蚀变增强；整个过程伴随着硫固定和硫化物沉淀（图 10.6）。蚀变矿化过程中一系列水岩反应造成流体的 O 同位素组成向贫 ^{18}O 方向发生漂移；并且早期阶段的热液矿物，受到后期阶段流体的影响。从早期钾硅酸盐-硫化物阶段到晚期石英-多金属阶段，由于贫 ^{34}S 的硫化物和富 ^{34}S 的硬石膏的沉淀以及新的岩浆流体的参与，造成不同阶段流体中 SO_4^{2-}/H_2S 值的变化，进而使阶段性流体中总硫的组成（$\delta^{34}S_{\Sigma S}$）发生变化。多种矿物温度计结果证明，从钾硅酸盐化→石英-绢云母-绿泥石化→石英-绢云母-黏土化→石英-多金属阶段，蚀变与成矿的温度逐渐降低。

通常斑岩型矿床及其外围的与之有成因联系的夕卡岩型-脉状矿床共同组成了斑岩成矿系统，典型的斑岩型铜-钼-（金）矿床的外围出现夕卡岩型铜-钼-（金）矿床（Sillitoe，2010）。研究提出驱龙斑岩矿床和外围的知不拉、浪母家果夕卡岩型 Cu 矿床共同构成一个完整的斑岩成矿系统（肖波等，2011）。从前述驱龙斑岩成矿系统的岩浆侵位与蚀变矿化过程可以看出：矿区内的夕卡岩型矿床的形成与早期的花岗闪长岩侵位有关（图6.26）；并且从知不拉到浪母家果，由大量出现磁铁矿演变为出现磁黄铁矿的事实，也很好地符合了斑岩-夕卡岩成矿系统中从成矿中心往外，成矿环境从氧化状态逐渐演变为还原状态规律。区内的夕卡岩矿床的勘探工作还很薄弱，且垂向控制深度较浅，因此深部找矿潜力还有待发掘，尤其是知不拉夕卡岩矿床深部与驱龙斑岩矿床的接触和过渡部位，找矿空间广阔。

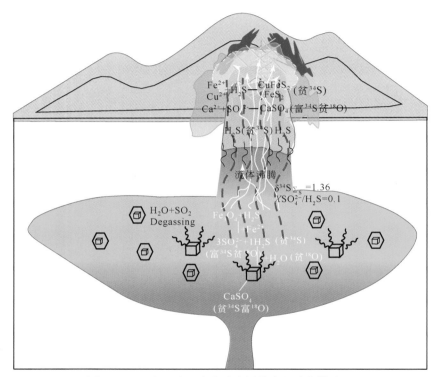

图10.6　驱龙斑岩矿床中稳定同位素的演化模式图

第六节　成矿关键控制因素

通过系统研究，归纳总结出驱龙矿区的成矿关键控制因素有以下4个。

一、构造背景——东西向伸展的扳机效应

单个斑岩矿床倾向定位于挤压背景下或挤压向伸展过渡的局部扩容部位，且往往与阶段性的地壳加厚有关（Tosdal and Richards，2001；Qin et al.，2005）。大量研究表明，斑岩矿床的形成往往伴随着区域性的挤压或挤压向伸展转换背景。冈底斯中新世的侵入岩整体上东西成带，平行于冈底斯逆冲带展布；局部南北成串，沿近南北向的正断层分布，常常受近东西向逆冲断裂带和近南北向正断层系交汇点控制。来自冈底斯斑岩铜矿带典型矿

床（甲玛、驱龙、厅宫、南木、冲江、拉抗俄）的 40 件辉钼矿 Re-Os 同位素定年资料表明，成矿年龄变化于 13.6 ~ 16.7Ma（侯增谦等，2003b；芮宗瑶等，2003；孟祥金等，2003），反映成矿作用发生于斑岩岩浆系统演化的中晚阶段，可能与晚碰撞伸展及南北向裂谷作用密切相关。

众所周知，从古新世开始，随着新特提斯洋的闭合、印度－欧亚大陆的碰撞，持续向北俯冲的新特提斯洋壳在 45Ma 发生了断离，使得安第斯型的冈底斯岩浆弧活动停止；随后继续跟进向北俯冲的印度大陆岩石圈地幔使得藏南拉萨地体的岩石圈地幔持续加厚，进而在 25Ma 左右发生地幔对流，造成该加厚的拉萨下地壳根部发生去根作用或拆沉作用（Chung et al.，2003，2005，2009；Ji et al.，2009；Li et al.，2011）。在此之前，西藏冈底斯地区由于受到南北向的挤压作用发生了强烈的碰撞造山以及缩短变形过程，整体上处于强烈的挤压构造背景下。因此，25 ~ 40Ma 的岩浆活动在整个冈底斯带上相对很匮乏，至少在冈底斯东段（拉萨－林芝）是这种情况（纪伟强，2010）。近年在冈底斯南缘雅江北岸新识别出渐新世的岩浆活动和成矿作用（李光明等，2006；陈雷等，2011；范新等，2011；Qin，2012；Chen et al.，2012）。

渐新世末（约 25Ma），西藏冈底斯地区由于加厚的地壳（约 78km，Mo et al.，2007）发生大规模的拆沉或对流减薄作用，使得大量高温的软流圈物质上涌，造成新生下地壳物质直接与地幔物质接触，并受到明显的加热作用，使其在深部发生部分熔融形成埃达克质的岩浆以及地幔物质的减压熔融形成钾质－超钾质岩浆岩。同时，大规模软流圈物质的上涌，造成冈底斯地区的构造背景发生显著变化，由挤压背景主导转变为伸展背景，因此造成了横跨冈底斯带的南北向裂谷（Ding et al.，2003）或正断层。正是这些南北向的深大断裂，为深部埃达克质和钾质－超钾质岩浆提供了上升的通道；同时南北向断裂必定会与区域上先前广泛发育的东西向断裂交汇，而这些交汇处附近，可能为深部的岩浆的就位提供了极好的空间。

因此，可以得出以下结论：西藏冈底斯中新世众多具有埃达克质成矿岩浆的侵位，是由于深部加厚地壳的拆沉，导致区域构造背景发生转换（从挤压到伸展）造成的。南北向正断层起到扳机效应，构造背景的转换是触发岩浆侵位的关键因素。

二、侵位前构造——褶皱与断裂

区域上，整个冈底斯成矿带上的中新世侵入岩都没有发生明显的变形及断裂构造，而侵入岩的围岩地层，由于受到自古近纪以来，印度－欧亚大陆的陆陆碰撞的强烈影响而发生了大规模的褶皱变形、加厚。通常，岩浆热液矿床的浅部成矿环境，需要一个相对封闭的环境，才有利于成矿岩浆热液流体的聚集。在驱龙矿区范围内及外围的侏罗纪叶巴组地层呈现明显的褶皱构造，而非破裂构造，这对于斑岩成矿系统是极好的成矿浅部围岩条件，有利于浅成斑岩系统中含矿岩浆热液的聚集和成矿。

同时区域上广泛发育的东西向走滑及逆冲断裂构造与南北向正断层断裂系统的交汇部位，可能为整个冈底斯中新世成矿事件中的成矿岩浆提供了上升侵位的通道及岩浆在浅部就位的空间。只是由于矿区所处的高寒高海拔地区以及第四纪冰积物的发育，限制了在矿区及外围开展构造追索的工作，并且断裂系统原有空间可能主体已被中新世侵入杂岩体所占据。

此外，驱龙矿床中最主要的含矿岩石是中新世的黑云母二长花岗岩，成矿的二长花岗斑岩直接侵入其中，这也是有利的围岩条件。而驱龙斑岩矿床中新世围岩的叶巴组火山–沉积地层中，碳酸盐岩呈薄层状分布在凝灰岩中，这种岩石组合为矿区内的夕卡岩化提供了理想的成矿围岩条件。

三、岩浆岩系统

归纳总结驱龙矿区中新世岩浆活动存在以下几个特点：①高氧化性同源岩浆多期次的侵位活动，暗示深部存在统一的有较大规模的中间岩浆房。该深部岩浆房持续的供给，不断地为驱龙斑岩成矿系统提供巨量的物质和能量。②矿区内与成矿有关的侵入岩都具有埃达克质岩石的特征，这种岩石地球化学特征表明成矿岩浆起源较深，具有富水、高氧化性的特征，具有很好的成矿潜力。③矿区内岩浆硬石膏及富硫磷灰石的发现，直接表明其成矿母岩浆具有富硫、高氧逸度的特征，这种特征对成矿是至关重要的。④成矿过程，氧化态的硫（SO_4^{2-}）必须经过一系列氧化还原过程，使 SO_4^{2-} 转变为 S^{2-}，才有利于成矿金属元素沉淀。

四、岩浆流体活动强度

驱龙矿床整个成矿过程中，岩浆流体起了绝对主导的作用，只在最晚期石英–多金属阶段，有地表外来流体的参与，成矿物质几乎全部通过岩浆流体运移。巨型斑岩矿床的形成，需要大规模的流体活动。驱龙矿床内大面积的蚀变范围（约 $32km^2$）、丰富的热液脉系，都证明了存在强烈的巨量岩浆流体活动。巨量的富硫、高氧化性的岩浆流体，造成了巨量的金属矿物沉淀。

此外，驱龙斑岩矿床地区从约 $15Ma$ 以来，没有经受明显的抬升和剥蚀作用，是该矿床得以完好保存的重要条件。

第十一章 主要成果及研究展望

第一节 取得的主要成果

一、系统厘定了驱龙高氧化性岩浆多期次演化序列及岩浆来源

基于对驱龙中新世杂岩体详细的野外穿插关系追溯、岩石学、岩相学及年代学研究，系统厘定了驱龙杂岩体的岩浆演化序列。从早到晚可划分为：成矿前、成矿期和成矿后三期岩浆作用。成矿前为中侏罗世叶巴组火山岩，为驱龙矿区最早的岩浆活动，岩性为凝灰岩+流纹（斑）岩，与成矿作用没有直接成因联系。成矿期岩浆活动为中新世侵位的中酸性复式杂岩体，根据蚀变矿化特征又可细分为：成矿早期的花岗闪长岩、黑云母二长花岗岩及似斑状黑云母二长花岗岩；主成矿期为二长花岗斑岩及其相变的花岗斑岩，与成矿直接相关，为成矿斑岩；成矿晚期为新鲜的花岗闪长斑岩；最后为成矿后的石英闪长玢岩。岩浆演化从 17.9Ma 到成矿后脉岩的 13.1Ma，岩浆活动时限为 4.8Ma；而与成矿有关的岩浆活动时限约为 2.5Ma。

在成矿期的二长花岗斑岩、花岗闪长斑岩中，共生岩浆硬石膏和富硫磷灰石（SO_3 含量为 0.11wt%～0.44wt%）的产出表明驱龙矿床的成矿母岩浆具有高氧化性、富硫、富水的特征，成矿母岩浆的氧逸度值（fO_2）为 $\Delta FMQ_C = +2.08$（ΔFMQ_C 为硫酸盐和硫化物同时达到饱和的氧逸度值），成矿岩浆熔体中的硫含量为 155～329ppm。硫在该岩浆体系中存在氧化态的 SO_4^{2-} 形式。

岩石地球化学、Sr-Nd-Pb 同位素、锆石 Hf 同位素研究揭示，驱龙矿床内的中新世侵入岩具有典型的埃达克质岩石的地球化学特征，并具有极其相似的同位素组成以及成岩年龄（除石英闪长玢岩外），说明它们具有相同的岩浆起源。驱龙矿床深部具有统一的岩浆房，岩浆源区最有可能是基性的新生下地壳（岩浆弧根部）；而成矿后的石英闪长玢岩则可能是拆沉下去的地壳熔体与地幔橄榄岩发生交代形成的，或是钾质–超钾质岩浆与埃达克质岩浆混合形成的。研究表明在碰撞造山带背景下同样也能产生类似俯冲消减带的具有高氧化性的岩浆，这有助于深入理解青藏高原造山带深部壳幔相互作用及地质流体的性质。

二、对驱龙矿床系统的蚀变岩石学研究及细致的蚀变组合和分带划分

系统厘定了驱龙矿床的蚀变类型及蚀变分带，同时对蚀变矿物进行了系统的矿物学研究。与世界上典型斑岩型矿床的蚀变特征和蚀变类型相比，驱龙矿床的热液蚀变类型既有

相同之处又具有其自身特点。驱龙斑岩铜钼矿床的蚀变类型主要有：黑云母化、钾长石化、钠长石化、绢云母化、硬石膏化、黏土化、硅化、绿泥石–绿帘石化、磁铁矿化等蚀变。

系统划分了驱龙铜钼矿床的蚀变分带：以二长花岗斑岩、（似斑状）黑云母二长花岗岩为中心，具有中心环状对称蚀变分带的特征；从岩体内向外、由深到浅，依次出现钠长石–榍石–硬石膏–绿帘石带、钾硅酸盐化（钾长石–硬石膏化、黑云母–硬石膏化）蚀变带、石英–绢云母–绿泥石化带、石英–弱绢云母化–黏土化蚀变带、硅化–绿泥石（±绿帘石）蚀变带、青磐岩化蚀变带或角岩化及夕卡岩化带；在中新世杂岩体的各种蚀变类型中普遍发育硬石膏，尤其是钾硅酸盐化和绢云母化蚀变带中大量出现硬石膏为该矿床的显著特点。矿区的蚀变分带和蚀变矿物组合特征与国内外典型的斑岩型矿床基本相似，但是弥散状的钾长石化蚀变较弱或还未被揭示出来，斑岩核心部位（深部）的硅化网脉带（钼矿主带）也未完全被揭示出来。平面上，由于各斑岩体的蚀变带相互交织和叠加而使整个蚀变显得比较复杂。

驱龙斑岩矿床中，原生岩浆黑云母全部为再平衡原生黑云母，且与次生黑云母在 X_{Mg} 值、TiO_2、MnO、K_2O、Cl 含量上存在显著差异。不同蚀变带中次生黑云母的成分具有差异，钾化蚀变带与钠钙蚀变中的次生黑云母成分差异显著，对应的热液流体成分存在富 Cl 和贫 Cl 之别；且钠钙蚀变带中的黑云母成分变化大，不是在稳定的温度、流体条件下形成的，可能受后期流体的改造。造成钾化蚀变、石英–绢云母化蚀变的流体也是不同的；驱龙矿床的流体具有显著高的 $\log (fH_2O) / (fHCl)$ 和 $\log (fHF) / (fHCl)$ 值，与世界上其他矿床都很不相同。不同蚀变带中的金红石成分也存在显著差异。

三、系统研究了矿化与脉系特征，勾画出原生金属矿物分带与矿化中心

驱龙矿床内，由于多期次的岩浆侵位，形成了大面积的围岩蚀变以及丰富的热液脉系。矿石最主要的类型是细脉状、细脉浸染状，大部分矿化都分布在各种热液脉中。总结出驱龙斑岩型铜–钼矿床中脉系种类有 A 脉、EB 脉、B 脉、C 脉及 D 脉。通过详细的岩芯观察及镜下鉴定，系统总结了这些脉系特征，驱龙斑岩矿床的成矿过程大致分为 4 个期次：岩浆期、岩浆–热液过渡期、热液成矿期、表生成矿期。其中最主要的矿化及金属矿物沉淀发生在热液成矿期，根据脉系穿插关系及矿物生成顺序，又可进一步将其划分为 4 个：早期钾硅酸盐–硫化物阶段、硅化–绢云母化–绿泥石–硫化物阶段、硅化–绢云母化–黏土化–硫化物阶段、石英–多金属硫化物阶段。总体上，钼矿化稍晚于铜矿化，以石英+辉钼矿细脉为主。

在系统的镜下鉴定和统计的基础上，勾画了驱龙矿床 8 线、0 线和 05 线的原生金属矿物分带，矿床中的黄铁矿在剖面上总体上趋于在蚀变–矿化区域的上部和边部富集，而黄铜矿的分布则与之相反；矿床中斑铜矿分布较少。

驱龙斑岩矿床中蚀变矿物与金属硫化物的含量和空间分布揭示矿区内铜矿化与钾化和绢云母化蚀变密切相关；热液硬石膏的分布与钾化、绢云母化在空间上吻合。

四、流体包裹体及稳定同位素研究揭示驱龙
矿床的正岩浆流体成矿过程

驱龙斑岩成矿流体成分以富 SO_4^{2-} 为显著特征，包裹体中出现子矿物硬石膏（$CaSO_4$）以及大量的热液硬石膏；成矿流体为复杂的 H_2O-$NaCl$-KCl-$CaSO_4$ 体系。对矿床中各种产状、不同期次的流体包裹体的测温结果表明：二长花岗斑岩的石英斑晶及 A 脉石英中含有沸腾包裹体；从石英斑晶到 A 脉再到 B 脉、D 脉，流体包裹体的均一温度分别从 428℃ 降到 398℃ 再降到 293℃ 最后到 D 脉阶段降为 252℃；相应的盐度亦逐渐降低。从石英斑晶到 A 脉流体温度盐度变化不大，但是从 A 脉到 B 脉，流体温度和盐度都有显著降低，因此可以推断流体的早阶段沸腾、晚阶段冷却导致了成矿作用的发生、促使硫化物大量沉淀。

对二长花岗斑岩的石英斑晶和早期 A 脉中沸腾包裹体的研究，得出石英斑晶中的包裹体约在 460～510℃ 发生流体沸腾，对应的压力范围 35～60MPa，相应的深度为 1.4～2.4km；随着流体上升和温度的降低，在形成 A 脉时，流体又发生了一次沸腾作用，压力范围为 28～42MPa，相应的深度为 1.1～1.7km。驱龙斑岩矿床流体发生沸腾的深度较浅，结合目前该矿床中岩体和矿体的地表出露情况，可以认为该矿床形成以后没有遭受明显的剥蚀。

本书详细研究了驱龙斑岩铜钼矿床的硫酸盐和与之共生的硫化物的硫同位素，其中 34 件黄铁矿的硫同位素值在 -2.37‰～-1.17‰，平均为 +0.19‰，21 件黄铜矿的硫同位素值在 -6.18‰～+0.43‰，平均为 -0.7‰，8 件辉钼矿的硫同位素值在 +0.01‰～+0.85‰，平均为 +0.24‰，而两件方铅矿的硫同位素值为 -3.93‰ 和 -2.75‰，两件闪锌矿的硫同位素值为 -0.16‰ 和 +0.32‰，除了一件来自夕卡岩化中的黄铜矿具有明显低的硫同位素组成外，其他所有的硫化物的硫同位素组成变化极小（-3.93‰～+1.17‰）；而所有 22 件硬石膏的硫同位素值在 +7.5‰～+19.0‰，平均为 +12.6‰。硫同位素结果显示，硫酸盐-硬石膏远比与之共生的硫化物富集 ^{34}S。

根据硬石膏-硫化物矿物对硫同位素温度计估算的钾硅酸盐蚀变阶段为 580℃，石英-绢云母-绿泥石-硫化物阶段为 476℃，石英-绢云母-黏土化-硫化物阶段为 462℃，而石英-多金属硫化物阶段为 384℃，方铅矿-闪锌矿温度计估算温度为 272℃，从早到晚成矿温度明显依次降低。驱龙斑岩铜钼矿床热液体系中总硫同位素组成（$\delta^{34}S_{\Sigma S}$）为 1.36‰，相应地，流体中 SO_4^{2-} 的浓度（$X_{SO_4^{2-}}$ 摩尔数）为 0.1。驱龙斑岩铜钼矿床从早钾硅酸盐阶段到晚阶段的石英-绢云母-黏土化阶段，硫酸盐和硫化物的硫同位素具有较好的线性关系，并且硫同位素在空间上没有明显的分带，反映了在驱龙斑岩铜钼矿床成矿体系中的硫来源比较单一，均来自于岩浆，没有围岩硫的加入；下伏岩浆房持续不断的去气为驱龙铜矿在 2.5Ma 的时间间隔内形成千万吨级铜矿提供了物质条件，系碰撞造山背景下典型的正岩浆成矿实例。

驱龙斑岩矿床经历了复杂的岩浆-热液过程和蚀变-矿化作用。从钾化-硫化物阶段到石英-绢云母-绿泥石-硫酸盐-硫化物阶段、石英-绢云母-黏土化-硫酸盐-硫化物阶段及石英-硫酸盐-多金属硫化物阶段，随着流体蚀变-矿化温度逐渐降低，成矿流体体系中

SO_4^{2-} 和 H_2S 含量以及硫同位素组成发生动态变化；这种动态变化与流体演化（沸腾和冷却）、矿物沉淀以及新的岩浆热液流体注入有关。驱龙高氧化性岩浆中早期成矿流体出溶之前，驱龙深部的岩浆房就已经经历了大量的去气过程，释放的大量 SO_2 以及富 SO_4^{2-} 流体在岩浆-热液过渡阶段与岩浆中的 Fe^{2+} 发生了氧化还原反应（$Fe^{2+}+H_2O+SO_4^{2-} \rightarrow Fe_3O_4+H_2S$），使流体中 SO_4^{2-} 大量转变为 H_2S，造成流体具有低的 SO_4^{2-} 摩尔数（$X_{SO_4^{2-}}=0.10$）和硫同位素的分馏。驱龙热液硬石膏的硫-氧同位素几乎都位于典型的岩浆热液区域，但是在成矿热液-蚀变过程，硬石膏的硫-氧同位素组成明显随着流体演化而变化。不同阶段硬石膏的硫-氧同位素逐渐向富 ^{34}S 和贫 ^{18}O 方向演化，原因是：富 ^{18}O 的岩浆硬石膏与贫 ^{18}O 的岩浆流体发生反应；早期贫 ^{34}S 的硬石膏，由于后期发生氧化还原反应以及贫 ^{34}S 的硫化物沉淀，而逐渐富集 ^{34}S。

成矿初始流体的氢-氧同位素组成（$\delta^{18}O=5.7‰ \sim 8.7‰$ 和 $\delta D=-107.9‰ \sim -119.6‰$，平均为 $\delta^{18}O=7.6‰$ 和 $\delta D=-113.8‰$），显著低的 δD 值表明早期岩浆房发生大规模的岩浆去气作用。随着流体演化、温度降低、水岩反应过程，流体逐渐贫 ^{18}O，表现出同位素漂移，而 D 含量浮动变化不大；成矿过程中没有明显的外来地表水的参与，只是最晚期石英-多金属阶段，可能由于浅部地表水的参与，氧同位素出现增高趋势。

剖面上，大致以成矿斑岩体为中心，往外围以及浅部，流体的氧同位素组成呈现由高到低的变化趋势（$\delta^{18}O=7‰ \rightarrow 2‰$），流体氧同位素的高值区域可能受成矿斑岩体的形态和产状控制。

五、归纳建立驱龙的成岩-成矿过程、成矿模式及成矿关键控制因素

基于对驱龙斑岩铜钼矿床的成矿年代学、岩石地球化学、流体包裹体、稳定同位素、矿物成分等的研究，建立起驱龙的成岩-成矿过程和成矿模式。与驱龙矿床成矿作用直接相关的侵入岩为中新世的同源演化的复式岩体，岩浆侵位活动从约18Ma一直持续到约13Ma。成岩-成矿过程大概为：①约18Ma，花岗闪长岩，呈大的岩株状侵位到古深度下约3~7km处，在岩体与地层接触带附近以及受区内深部裂隙、断层或地层岩性的控制，在叶巴组地层中形成了不含矿的早期夕卡岩矿化（如浪母家果中的细粒石榴子石-硅灰石-石英夕卡岩）以及在早期夕卡岩化的基础上叠加形成了大量的夕卡岩化及矿化（知不拉和浪母家果）。②之后在很短的时间间隔（≤1Ma）内，（似斑状）黑云母二长花岗岩沿相同的岩浆通道呈岩株状侵入到花岗闪长岩中（约17Ma），此时由于该岩体携带了较多的流体，形成较弱的黑云母化、钾长石化及硬石膏化，并伴随部分金属矿化作用和造成花岗闪长岩体发生弱绿泥石（±绿帘石）化蚀变。③约16Ma，呈岩株状侵位的二长花岗斑岩，由于携带了大量的成矿流体，强烈叠加早期蚀变矿化，形成大量的热液脉系使矿化进一步富集，深部形成广泛的钠钙蚀变和钾硅酸盐化蚀变，在浅部造成黏土化及绢云母+黄铁矿+硅化+硬石膏化，并且其顶部形成隐爆角砾岩；在早期干夕卡岩化之上叠加了湿夕卡岩化，形成夕卡岩型工业矿体。④约15Ma，花岗闪长斑岩侵位，此时流体活动明显减弱，没有明显的矿化及蚀变叠加作用，但在其顶部发育有岩浆角砾岩；该花岗闪长斑岩的侵入表明矿区内整个斑岩成矿岩浆热液系统的衰竭。⑤此后矿区内再无明显与成矿有关的岩浆活

动，只是在约 13Ma，成矿后的石英闪长玢岩呈小的岩脉状侵入，但未对矿体产生影响。在 18～13Ma，驱龙铜钼矿床形成过程中伴随高原的强烈隆升。⑥从 13Ma 到现在，驱龙矿区未受到明显的隆升以及剥蚀作用；形成了如今的地形地貌及矿床地表局部出露情况。

藏南中新世加厚的新生基性下地壳发生大规模的主动拆沉或被动减薄作用，造成大规模热的软流圈物质上涌，并加热下地壳使其部分熔融以及软流圈减压部分熔融是形成中新世成矿埃达克岩石的区域地球动力学机制；成矿关键控制因素主要有东西向伸展的扳机（触发）效应、成矿岩浆侵位前褶皱-断裂构造、源于同一岩浆房的多期次活动的富硫岩浆系统、大规模的流体活动、持续不断的岩浆硫的供给等因素，形成了千万吨级的驱龙斑岩铜钼矿床。

第二节　研究展望及找矿勘查意义

虽然目前学术界对斑岩型矿床的研究已经取得了大量的成果和显著的进步，但是还是存在一些关键性的问题有待进一步思考和研究：①区域性的地幔和/或地壳的哪些基本因素决定了在年轻的陆缘弧产出众多巨型斑岩矿床（例如安第斯中部）；或是只在陆缘弧的早期有产出（例如加拿大和美国西部）；或者根本没有产出（例如日本岛弧）？②横穿岩浆弧的线性断裂及平行造山带的断裂带分布是什么性质？以及它们是如何联合控制斑岩矿床的定位？③基性岩浆对于形成斑岩矿床深部成矿母岩浆房的重要意义是什么，以及它们是否提供了成矿物质？④岩浆流体是如何从岩浆房进入斑岩体的？流体出溶机制是什么？以及流体从岩浆房中出溶到发生相分离的空间距离有多大？⑤控制不同斑岩系统活动时限长短的深部过程是什么？⑥哪些原因造成了某些斑岩矿床具有大体积、高品位的岩浆热液角砾岩，而有些斑岩矿床却很少甚至没有角砾岩？⑦控制斑岩矿床中 Cu/Au/Mo 比值的机制是什么等。解决以上的这些问题，需要更多的对比研究全球范围的斑岩型矿床，以及将区域尺度与手标本尺度甚至显微尺度的观察和研究很好地结合起来（Sillitoe，2010）；尤其是加强岩浆演化与成矿过程的研究。

本研究工作主要是依据 2006～2012 年驱龙斑岩矿床详查和勘探及后续知不拉和浪母家果夕卡岩型铜矿补充勘查期间采集的样品分析测试结果进行研究。我们竭尽全力，以保证整体分析数据能够出来，但对已获得的某些数据还没有来得及充分消化吸收。研究工作中，我们尽可能地从写实的角度出发，对驱龙矿床进行深入描述与研究，但有些地质现象可能还没有观察到或遗漏，使我们对矿床的形成和演化的整体认识可能还不完整。同时，本次工作对与驱龙斑岩矿床有关的夕卡岩矿床如知不拉和浪母家果矿床的研究尚刚刚开始，将在以后的工作中继续加强夕卡岩矿床中流体包裹体、稳定同位素、夕卡岩矿物学的研究工作。对于西藏冈底斯中新世斑岩成矿带的研究，目前大量的研究工作还是停留在成矿、成岩时代以及岩石地球化学的测定，仍然缺乏对已知斑岩矿床的精细解剖和系统的成矿-蚀变过程的研究。如何区分区域上同时代的埃达克质岩石是否具有成矿的潜力？如何区分冈底斯中新世成矿斑岩与非成矿斑岩？尚需进一步对比研究，总结规律。

由于受野外高寒地貌及第四纪冰积物覆盖的限制，目前为止我们对冈底斯中新世斑岩矿床形成的构造控制因素还是知之甚少。笼统的"东西向伸展、南北向裂谷"，既不利于加深对碰撞造山背景下斑岩成矿作用的理解和研究，也不能够为野外找矿工作提供准确的指导和准确的选区定位。因此，必须加强区域大尺度的构造与已知矿床的矿区尺度构造的研究工作，并将二者有机结合起来。

此外，对冈底斯成矿带上的多个矿床的勘查和研究已经表明，夕卡岩矿化与斑岩矿化在时间上、空间上、成因上具有密切联系（如甲玛、羌堆、邦铺等）。通过本项研究，我们认为驱龙铜钼矿床及其外围的夕卡岩型矿化的全貌还未被充分揭示出来，驱龙矿床斑岩矿体总体剥蚀较浅，南部知不拉夕卡岩矿体深部延伸情况不明，因此在驱龙矿区中新世侵入体与围岩接触部位以及知不拉深部寻找夕卡岩矿化还有很大潜力。如果有机会，建议今后实施深部钻孔工程，力求揭露驱龙斑岩铜钼矿床的完整体系，为西藏冈底斯今后的斑岩矿床找矿勘查提供范例和参考，以及拓宽找矿勘探工作的思路和范围。矿区内还需要实际地质工作查证知不拉夕卡岩矿体沿走向向东延伸是否与浪母家果矿体相连。

此外整个冈底斯成矿带上，从东到西数百千米范围内均有中新世的岩浆活动，找矿思路应该为：在侵入岩出露地区寻找斑岩型矿床，而地层覆盖地区注意寻找夕卡岩型–脉状矿床。在寻找斑岩型矿床的同时，当围岩是侏罗系灰岩、凝灰岩地层时应该注意寻找夕卡岩型矿床，如羌堆铜钼矿床（李金祥等，2011）等。

大型–超大型矿床和富矿体，不仅在储量和品位方面，而且在主要控矿因素以及与其有关的地质特征方面，可能都是极其独特的。至关重要的是，是什么因素产生了大型–超大型矿床的富矿体，而在只产生"矿化"显示的地方，可能缺少某些关键性的因素。作者从多个方面对驱龙型超大型铜矿床的主要控制因素进行了有益的探讨，厘定了关键控矿因素。但驱龙巨型铜矿与冈底斯带上同类大、中、小型矿床的系统比较还没有进行，浅部斑岩株与深部成矿母岩浆房的结构与岩浆演化动力过程，相关岩相学、矿物学、成矿作用的地球化学特征标志、元素迁移–沉淀的地球化学障及斑岩体含矿性评价标志也亟待系统研究总结。

由于多期次斑岩体的侵位，驱龙矿区范围内发育广泛的热液蚀变，形成了国内迄今为止规模最为宏大的蚀变带（东西长8km，南北宽4km），面积约32km^2。其热液蚀变规模可与全球第二大斑岩铜矿——智利的丘基卡马塔铜矿（蚀变面积约40km^2）相媲美，但后者铜储量达7000万t，露天采坑已达1200m深（不含开采前原来顶部的数百米高的正地形山丘）。也从另一方面预示着驱龙铜钼矿区成矿空间巨大。驱龙钻孔所揭露出的驱龙矿区蚀变垂直分带：浅部（上带）是以弱黄铁绢英岩化、弱黏土化、黑云母化为主，少见绿泥石化；中部（中带），蚀变主要为强硅化、弱黏土化、黑云母化，局部硅化–绿泥石化很强，几乎所有钻孔中黑云母二长花岗岩局部都发育有厚度不等（0.5~3m）的脉状强黏土化；深部（下带），主要是在钻孔802、钻孔811、钻孔005三个深孔中，700m以下，蚀变主要为强硅化、弱黏土化、强黑云母化、中等钾长石化，少见绿泥石化。深部钾化较弱，钾长石化主要表现为出现钾长石细脉和稀疏浸染状的钾长石。

二长花岗斑岩的侵位深度为1.4~2.4km，且驱龙斑岩矿床流体发生沸腾的深度较浅，结合目前该矿床中岩体和矿体的地表出露情况，可以认为该矿床形成以后没有遭受明显的剥蚀。矿区的蚀变分带和蚀变矿物组合特征与国内外典型的斑岩型矿床基本相似，平面上，由于各斑岩体的蚀变带相互交织和叠加而使整个蚀变显得比较复杂。蚀变矿物与金属硫化物的含量统计和空间分布表明，铜矿化与钾化和绢云母化蚀变密切相关；热液硬石膏的分布与钾化、绢云母化在空间上吻合。驱龙矿区现有勘探深度（主体 500m，少数钻孔达 980m）还未将弥散状的钾长石化揭示出来，斑岩核心部位（深部）的硅化网脉带（钼矿主带）也根本未被揭示出来。预计驱龙的蚀变矿化深度可从目前钻探所控制的 1350m 深度（地表高差+钻孔联合控制）至少延至 1800~2000m 深度，深部找矿特别是钼矿找矿的潜力还相当大，有可能铜储量增加 1/3，钼储量增加至 200 万 t。

　　驱龙斑岩铜钼矿床和外围的知不拉、浪母家果两个夕卡岩型铜矿，构成一个完整的斑岩–夕卡岩成矿系统。因此在驱龙矿区中新世侵入体与围岩接触部位以及知不拉深部寻找夕卡岩矿化还有很大潜力。建议今后能实施深部钻孔工程，力求揭露驱龙斑岩铜钼矿床的完整体系，为西藏冈底斯今后的斑岩矿床找矿勘查提供范例和借鉴，以及拓宽找矿勘探工作的思路和范围。

　　进一步深化研究驱龙这一我国迄今规模最大、形成时代最新、记录保存最完整、晚碰撞构造环境比较明确的典型斑岩铜钼矿床，有望突破"碰撞环境斑岩大规模成矿机制"这一核心科学问题，揭示碰撞造山过程中重大深部事件和斑岩–夕卡岩矿床大规模成矿的耦合关系，以及与经典俯冲环境斑岩型铜矿床的成因机制和成矿过程的差异，从而发展碰撞造山带环境斑岩成矿理论，服务于国家在特提斯成矿域的资源勘查。

参 考 文 献

曹明坚，秦克章，李继亮．2011．平坦俯冲及其成矿效应的研究进展、实例分析与展望．岩石学报，
    27（12）:3727-3748.

常印佛，刘相培，吴言昌，1991．长江中下游铜铁成矿带．北京：地质出版社，1-206.

陈雷，秦克章，李光明，李金祥，肖波，江化寨，赵俊兴，范新，江善元．2012．西藏冈底斯南缘努日铜
    钨钼矿床地质特征与夕卡岩矿物学研究．矿床地质，31（3）：417-437.

陈雷，秦克章，李光明，肖波，李金祥，江化寨，陈金标，赵俊兴，范新，韩逢杰，黄树峰，琚宜太．
    2011．西藏山南努日铜钼钨矿床夕卡岩地球化学特征及成因．地质与勘探，47（1）：78-88.

陈衍景，倪培，范宏瑞，Pirajno F，赖勇，苏文超，张辉．2007．不同类型热液金矿系统的流体包裹体特
    征．岩石学报，23（9）：2085-2108.

董彦辉，许继峰，曾庆高，王强，毛国政，李杰．2006．存在比桑日群弧火山岩更早的新特提斯洋俯冲记
    录么？岩石学报，22（3）：661-668.

多吉，张金树，刘鸿飞等．2012．冈底斯东段典型金属矿床地质特征及找矿潜力．北京：地质出版社，
    1-357.

范新，陈雷，秦克章，肖波，李金祥，李秋平，陈玉水，陈金标，赵俊兴，李光明，黄树峰，琚宜太.
    2011．西藏山南地区明则斑岩钼矿床蚀变矿化特征与成矿时代．地质与勘探，47（1）：89-99.

高顺宝，郑有业，2006．西藏驱龙超大型斑岩铜矿床成矿作用的地球化学控制．地质科技情报，25（2）：
    41-46.

耿全如，潘桂堂，金振民，王立全，朱弟成，廖忠礼．2005．西藏冈底斯带叶巴组火山岩地球化学及成
    因．地球科学（中国地质大学学报），30（6）：747-760.

耿全如，潘桂堂，王立全，朱弟成，廖忠礼．2006．西藏冈底斯带叶巴组火山岩同位素地质年代．沉积与
    特提斯地质，26：1-7.

华仁民，李晓峰，陆建军，陈培荣，邱德同，王果．2000．德兴大型铜金矿集区构造环境和成矿流体研究进
    展．地球科学进展，15：525-533.

侯增谦．2010．大陆碰撞成矿论．地质学报，84（1）：30-58.

侯增谦，曲晓明，黄卫等．2001．冈底斯斑岩铜矿带有望成为西藏第二条"玉龙"铜矿带．中国地质，
    28（10）:27-29.

侯增谦，高永丰，孟祥金，曲晓明，黄卫．2004．西藏冈底斯中新世斑岩铜矿带：埃达克质斑岩成因与构
    造控制．岩石学报，20（2）：239-248.

侯增谦，孟祥金，曲晓明，高永丰．2005．西藏冈底斯斑岩铜矿带埃达克质斑岩含矿性：源岩相变及深部
    过程约束．矿床地质，24（2）：108-121.

侯增谦，莫宣学，高永丰，曲晓明，孟祥金．2003a．埃达克岩：斑岩铜矿的一种可能的重要含矿母岩-以
    西藏和智利斑岩铜矿为例．矿床地质，22（1）：1-12.

侯增谦，曲晓明，王淑贤，高永丰，杜安道，黄卫．2003b．西藏高原冈底斯斑岩铜矿带辉钼矿 Re-Os 年
    龄：成矿作用时限与动力学背景应用．中国科学（D 辑），（33）：609-618.

侯增谦，杨竹森，徐文艺，莫宣学，丁林，高永丰，董方浏，李光明，曲晓明，李光明，赵志丹，江思
    宏，孟祥金，李振清，秦克章，杨志明．2006a．青藏高原碰撞造山带：I. 主碰撞造山成矿作用．矿床
    地质，25（4）：337-458.

侯增谦，杨竹森，徐文艺，莫宣学，丁林，高永丰，董方浏，李光明，曲晓明，李光明，赵志丹，江思

宏，孟祥金，李振清，秦克章，杨志明.2006b.青藏高原碰撞造山带：Ⅰ.主碰撞造山成矿作用.矿床
　　地质，25（4）：337-458.

侯增谦，曲晓明，杨竹森，孟祥金，李振清，杨志明，郑绵平，郑有业，聂凤军，高永丰，江思宏，李
　　光明.2006c.青藏高原碰撞造山带：Ⅱ.后碰撞伸展成矿作用.矿床地质，25（6）：629-651.

纪伟强.2010.藏南冈底斯岩基东段花岗岩时代与成因.中国科学院博士学位论文.

康亚龙，王随中，尹利君.2004.西藏自治区驱龙斑岩型铜矿床地质特征及找矿方向.甘肃冶金，
　　26（1）：25-27.

李光明，芮宗瑶.2004.西藏冈底斯成矿带斑岩铜矿的成岩成矿年龄.大地构造与成矿学，28（2）：
　　165-170.

李光明，芮宗瑶，王高明，林方成，刘波，佘宏全，丰成友，屈文俊.2005.西藏冈底斯成矿带甲玛和知
　　不拉铜多金属矿床的 Re-Os 同位素年龄及其意义.矿床地质，24（5）：481-489.

李光明，秦克章，丁奎首，李金祥，王少怀，江善元，林金灯，江化寨，方树元，张兴春.2006.冈底斯
　　东段南部第三纪夕卡岩型 Cu-Au±Mo 矿床地质特征、矿物组合及其深部找矿意义.地质学报，80（9）：
　　1407-1421.

李光明，李金祥，秦克章，张天平，肖波.2007.西藏班公湖带多不杂超大型富金斑岩铜矿的高温高盐高
　　氧化成矿流体：流体包裹体证据.岩石学报，23（5）：935-952.

李光明，秦克章，陈雷，陈金标，范新，琚宜太.2011.冈底斯东段山南地区第三纪夕卡岩-斑岩 Cu-Mo-
　　W（Au）多金属矿床勘查模型及深部找矿意义.地质与勘探，47（1）：20-30.

李海平，张满社.1995.西藏桑日地区桑日群火山岩石地球化学特征.西藏地质，（1）：84-92.

李金祥，秦克章，李光明.2006.富金斑岩型铜矿床的基本特征、成矿物质来源与成矿高氧化岩浆-流体
　　演化.岩石学报，22（3）：678-688.

李金祥，秦克章，李光明，杨列坤.2007.冈底斯中段尼木斑岩铜矿田的 K-Ar、^{40}Ar/^{39}Ar 年龄对岩浆-热液
　　系统演化和成矿构造背景的制约.岩石学报，23（5）：954-966.

李金祥，秦克章，李光明，林金灯，肖波，江化寨，韩逢杰，黄树峰，陈雷，赵俊兴.2011.冈底斯东段
　　羌堆铜钼矿床年代学、夕卡岩石榴石成分及其意义.地质与勘探，47（1）：11-19.

刘斌，沈昆.1999.流体包裹体热力学.北京：地质出版社，249-281.

刘鸿飞.1993.拉萨地区林子宗火山岩系的划分和时代归属.西藏地质，2：15-24.

卢焕章，范宏瑞，倪培，欧光习，沈昆，张文淮.2004.流体包裹体.北京：科学出版社，1-487.

毛景文，叶会寿，王瑞廷，代军治，简伟，向君峰，周珂，孟芳.2009.东秦岭中生代钼铅锌银多金属矿
　　床模型及其找矿评.地质通报，28（1）：72-79.

孟祥金，侯增谦，李振清.2006.西藏驱龙斑岩铜矿 S、Pb 同位素组成：对含矿斑岩与成矿物质来源的指
　　示.地质学报，80（4）：554-560.

孟祥金，侯增谦，高永丰，黄卫，曲晓明，屈文俊.2003.西藏冈底斯成矿带驱龙铜矿 Re-Os 年龄及成矿
　　学意义.地质评论，49（6）：660-666.

莫济海，梁华英，喻亨祥，谢应雯，张玉泉.2006.冈底斯斑岩铜矿带冲江及驱龙含矿斑岩体锆石 ELA-
　　ICP-MS 及 SHRIMP 定年对比研究.大地构造与成矿，30（4）：504-509.

莫宣学，赵志丹，邓晋福，董国臣，周肃，郭铁鹰，张双全，王亮亮.2003.印度-亚洲大陆主碰撞过程
　　的火山作用响应.地学前缘，10（3）：135-148.

莫宣学，董国臣，赵志丹，周肃，王亮亮，邱瑞照，张风琴.2005.西藏冈底斯带花岗岩的时空分布特征
　　及地壳生长演化信息.高校地质学报，11（3）：281-290.

秦克章.1993.试论大型-超大型铜矿床的主要控制因素.地学探索，（8）：39-45.

秦克章.1998a.额尔古纳南段中生代斑岩-次火山岩-浅成低温 Cu、Mo、Pb、Zn、Ag 成矿系统（第六届

全国矿床会议大会报告）．矿床地质，17 卷（增刊）：201-206．

秦克章．1998b. 陆相火山-斑岩 Au、Ag、Pb、Zn、Cu 矿床系统与 VHMS 矿床系统的对比研究．黄金科学技术，6（3）：6-17．

秦克章，汪东波，王之田，孙枢．1999a. 中国东部铜矿床类型、成矿环境、成矿集中区与成矿系统．矿床地质，18（4）：359-371．

秦克章，李伟实，李惠民，Ishihara S. 1999b. 乌奴格吐山斑岩铜钼矿床燕山早期成岩成矿的同位素年代学证据．地质论评，45（2）：180-185．

秦克章，李光明，赵俊兴，李金祥，薛国强，严刚，粟登奎，肖波，陈雷，范新．2008. 西藏首例独立钼矿-冈底斯沙让大型斑岩钼矿的发现及其意义．中国地质，35（6）：1101-1112．

曲晓明，侯增谦，黄卫．2001. 冈底斯斑岩铜矿（化）带：西藏第二条"玉龙"铜矿带？矿床地质，4：355-366．

曲晓明，侯增谦，李振清．2003. 冈底斯铜矿带含矿斑岩的 ^{40}Ar/^{39}Ar 年龄及其地质意义．地质学报，77（2）：245-252．

芮宗瑶，黄崇轲，齐国明，徐珏，张洪涛．1984. 中国斑岩铜（钼）矿床．北京：地质出版社，1-350．

芮宗瑶，侯增谦，曲晓明，张立生，王龙生，刘玉琳．2003. 冈底斯斑岩铜矿成矿时代及青藏高原隆升．矿床地质，22（3）：217-225．

佘宏全，丰成友，张德全，李光明，刘波，李进文．2006. 西藏冈底斯铜矿带甲玛夕卡岩型铜多斑岩型铜矿流体包裹体特征对比研究．岩石学报，22（3）：689-696．

宋国学．2010. 长江中下游池州地区夕卡岩-斑岩型钨钼矿成岩成矿作用与成矿系统研究．中国科学院地质与地球物理研究所博士学位论文．

孙卫东，凌明星，杨晓勇，范蔚茗，丁兴，梁华英．2010. 洋脊俯冲与斑岩铜金矿成矿．中国科学（地球科学），40（2）：127-137．

唐菊兴，张丽，陈志军，陈建平，黄卫，王乾．2006. 西藏玉龙铜矿床-鼻状构造圈闭控制的特大型矿床．矿床地质，25（6）：652-662．

唐菊兴，邓世林，郑文宝，应丽娟，汪雄武，钟康惠，秦世鹏，丁枫，黎枫佶，唐晓倩，钟裕峰，彭慧娟．2011. 西藏墨竹工卡县甲玛铜多金属矿床勘察模型．矿床地质，32（2）：179-196．

唐仁鲤，罗怀松等．1995. 西藏玉龙斑岩铜（钼）矿带地质．北京：地质出版社．

王保弟，许继峰，陈建林，张兴国，王立全，夏抱本．2010. 冈底斯东段汤不拉斑岩 Mo-Cu 矿床成岩成矿时代与成因研究．岩石学报，26（6）：1820-1832．

王成善，李亚林，刘志飞，李祥辉，唐菊兴．2005. 雅鲁藏布江蛇绿岩再研究：从地质调查到矿物记录．地质学报，79（3）：323-330．

王亮亮，莫宣学．2006. 西藏驱龙斑岩铜矿含矿斑岩的年代学与地球化学．岩石学报，22（4）：1001-1008．

王亮亮，莫宣学，李冰，董国臣，赵志丹．2006. 西藏驱龙斑岩铜矿含矿斑岩的年代学与地球化学．岩石学报，22（4）：1001-1008．

王之田，秦克章．1987. 乌奴格吐山下壳源斑岩铜钼矿床地质地球化学特征与成矿物质来源．矿床地质，7（4）：3-15．

王之田，秦克章．1988. 中国铜矿床类型、成矿环境及其时空分布特点．地质学报，62（3）：257-267．

王之田，秦克章，张守林．1994. 大型铜矿地质与找矿．北京：冶金工业出版社，1-162．

吴福元，黄宝春，叶凯，方爱民．2008. 青藏高原造山带的垮塌与高原隆升．岩石学报，24（1）：1-30．

吴元保，郑永飞．2004. 锆石成因矿物学研究及其对 U-Pb 年龄解释的制约．科学通报，49（16）：1589-1604．

西藏巨龙铜业有限公司. 夏代祥，周敏，秦克章，李光明，多吉，丁俊，唐菊兴，杜光伟，蒋光武，肖波，李金祥，李振林，马爱玲，彭秀运，杨志明. 2008. 西藏自治区墨竹工卡县驱龙矿区铜多金属矿勘探报告.

夏代祥. 1985. 班公湖—怒江、雅鲁藏布江缝合带中段演化历程的剖析. 青藏高原地质文集（9）：123-138.

夏代祥，张平，周详. 1993. 西藏自治区区域地质志. 北京：地质出版社，1-477.

肖波，李光明，秦克章，李金祥，赵俊兴，刘小兵，夏代祥，吴兴炳，彭震威. 2008. 冈底斯驱龙斑岩铜钼矿床的岩浆侵位中心和矿化中心：破裂裂隙和矿化强度证据. 矿床地质，27（2）：200-208.

肖波，秦克章，李光明，李金祥，夏代祥，陈雷，赵俊兴. 2009. 西藏驱龙巨型斑岩 Cu-Mo 矿床的富 S、高氧化性含矿岩浆——来自岩浆成因硬石膏的证据. 地质学报，83（12）：1860-1869.

肖波，秦克章，李光明，李金祥，陈雷，赵俊兴，范新. 2011. 冈底斯驱龙斑岩铜-钼矿区外围夕卡岩型铜矿的分布、特征及深部找矿意义. 地质与勘探，47（1）：43-53.

薛春纪，赵占峰，吴淦国，董连慧，冯京，张招崇，周刚，迟国祥，高景岗. 2010. 中亚构造域多期叠加斑岩铜矿化：以阿尔泰东南缘哈腊苏铜矿地质、地球化学和成岩成矿时代研究为例. 地学前缘，（17）：53-82.

闫学义，黄树峰，秦克章，琚宜太，陈雷，黄照强，赵珍梅，陈自康. 2012. 冈底斯东段走滑性陆缘铜多金属成矿系统理论与勘查应用. 北京：地质出版社.

杨志明. 2008. 西藏驱龙超大型铜矿床-岩浆作用与矿床成因. 中国地质科学院博士学位论文.

杨志明，侯增谦. 2009. 西藏驱龙超大型斑岩铜矿的成因-流体包裹体及 H-O 同位素证据. 地质学报，83（12）：1838-1859.

杨志明，谢玉玲，李光明，徐九华. 2005. 西藏冈底斯斑岩铜矿带驱龙铜矿成矿流体特征及其演化. 地质与勘探，41（2）：21-26.

杨志明，谢玉玲，李光明，徐九华. 2006. 西藏冈底斯斑岩铜矿带成矿流体的扫描电镜（能谱）约束. 矿床地质，25（2）：147-154.

杨志明，侯增谦，夏代祥，宋玉财，李政. 2008. 西藏驱龙铜矿西部斑岩与成矿关系的厘定：对矿床未来勘探方向的重要启示. 矿床地质，27（1）：28-36.

姚春亮，陆建军，郭维民. 2007. 江西省铜厂斑岩铜矿磷灰石世代和成分特征研究. 矿物学报，27（1）：31-40.

姚鹏，李金高，王全海，顾雪祥，唐菊兴，惠兰. 2006. 西藏冈底斯南缘火山：岩浆弧带中桑日群 adakite 的发现及其意义. 岩石学报，22（3）：612-620.

冶金部地质研究所. 1984. 中国斑岩铜矿. 北京：冶金工业出版社，1-240.

尹京武，李铱具，崔庆国，金尚中. 2000. 湖南省柿竹园夕卡岩矿床中石榴石特征. 地球科学（中国地质大学学报），25（2）：163-171.

应立娟，唐菊兴，王登红，畅哲生，屈文俊，郑文宝. 2009. 西藏甲玛铜多金属矿床夕卡岩中辉钼矿铼-锇同位素定年及其成矿意义. 岩矿测试，28（3）：265-268.

翟裕生，姚书振，林新多，周珣若等. 1992. 长江中下游地区铁铜（金）成矿规律. 北京：地质出版社，1-11.

张德会，张文淮，许建国. 2001. 岩浆热液出溶和演化对斑岩成矿系统金属成矿的制约. 地学前缘，8（3）：193-202.

张旗，王元龙，张福勤，王强，王焰. 2002. 埃达克岩与斑岩铜矿. 华南地质与矿产，（3）：85-90.

张旗，秦克章，王元龙，张福勤，刘红涛，王焰. 2004. 加强埃达克岩研究，开创中国 Cu、Au 等找矿工作的新局面. 岩石学报，20（2）：195-204.

赵俊兴, 秦克章, 李光明, 李金祥. 2011. 冈底斯北缘沙让斑岩钼矿蚀变矿化特征及与典型斑岩钼矿床的对比. 地质与勘探, (47): 54-70.

赵文津, INDEPTH 项目组. 2001. 喜马拉雅山及雅鲁藏布江缝合带深部结构与构造研究. 北京: 地质出版社.

赵新福, 李建威, 马昌前. 2006. 鄂东南铁铜矿集区铜山口铜 (钼) 矿床 ^{40}Ar/^{39}Ar 年代学及对区域成矿作用的指示. 地质学报, 80 (6): 849-862.

赵志丹, 莫宣学, Nomade S, Renne P R, 周肃, 董国臣, 王亮亮, 朱弟成, 廖忠礼. 2006. 青藏高原拉萨地块碰撞后超钾质岩石的时空分布及其意义. 岩石学报, 22 (04): 787-794.

郑淑蕙, 张知非, 倪葆龄, 侯发高, 沈敏子. 1982. 西藏地热水的氢氧稳定同位素研究. 北京大学学报 (自然科学版), 18: 99-106.

郑永飞. 2001. 稳定同位素体系理论模式及其矿床地球化学应用. 矿床地质, 20 (1): 57-70.

郑永飞, 陈江峰. 2000. 稳定同位素地球化学. 北京: 科学出版社, 218-278.

郑有业, 多吉, 王瑞江, 程顺波, 张刚阳, 樊子珲, 高顺宝, 代芳华. 2007. 西藏冈底斯巨型斑岩铜矿带勘查研究最新进展. 中国地质, 34 (2): 324-334

郑有业, 高顺宝, 张大权, 张刚阳, 马国桃, 程顺波. 2006. 西藏驱龙超大型斑岩铜矿床成矿流体对成矿的控制. 地球科学 (中国地质大学学报), 31 (3): 349-354.

郑有业, 王保生, 樊子珲, 张华平. 2002. 西藏冈底斯东段构造演化及铜金多金属成矿潜力分析. 地质科技情报, 21 (2): 55-60.

郑有业, 薛迎喜, 程力军, 樊子珲, 高顺宝. 2004. 西藏驱龙超大型斑岩铜 (钼) 矿床: 发现、特征及意义. 地球科学 (中国地质大学学报), 29 (1): 103-108.

钟大赉, 丁林. 1996. 青藏高原隆起过程及其机制探讨. 中国科学 D 辑, 26 (4): 289-295.

周肃, 莫宣学, 董国臣, 赵志丹, 丘瑞照, 王亮亮, 郭铁鹰. 2004. 西藏林周盆地林子宗火山岩 ^{40}Ar/^{39}Ar 年代格架. 科学通报, 49 (20): 2095-2103.

周涛发, 范裕, 袁峰. 2008. 长江中下游成矿带成岩成矿研究进展. 岩石学报, 24 (8): 1665-1678.

周雄, 温春齐, 霍艳, 费光春, 吴鹏宇. 2010. 西藏墨竹工卡地区邦铺钼铜多金属矿床成矿流体的特征. 地质通报, 29 (7): 1039-1048.

朱弟成, 潘桂堂, 王立全, 莫宣学, 赵志丹, 周长勇, 廖忠礼, 董国臣, 袁四化. 2008. 西藏冈底斯带中生代岩浆岩的时空分布和相关问题的讨论. 地质通报, 27 (9): 1535-1550.

朱和平, 王莉娟, 刘建明. 2004. 不同成矿阶段流体包裹体气相成分的四极质谱测定. 岩石学报, 19 (2): 314-318.

朱永峰. 1998. 硫在岩浆熔体中的溶解行为综述. 地质科技情报, 17 (2): 35-38.

Aguillón-Robles A, Caimus T, Bellon H, Maury R C, Cotton J, Bourgois J, Michaud F. 2001. Late Miocene adakites and Nb-enriched basalts from Vizcaino Peninsula, Mexico: indicators of East Pacific Rise subduction below southern Baja California. Geology, 29: 531-534.

Aitchison J C, Ali J R, Davis A M. 2007. When and where did India and Asia collide? Journal of Geophysical Research 112, B05423. doi: 10.1029/2006JB004706.

Allègre C J, Ben O D. 1980. Nd-Sr isotopic relationship in granitoid rocks and continental crust development: a chemical approach to orogenesis. Nature, 286: 335-342.

Anderson A T. 1968. Oxidation of the Lablache Lake titaniferous magnetite deposit, Quebec. The Journal of Geology: 528-547.

Alsdorf D, Brown L, Nelson K D, Makovsky Y, Klemperer S, Zhao W. 1998. Crustal deformation of the Lhasa terrane, Tibet plateau from Project INDEPTH deep seismic reflection profiles. Techonics, 17 (4): 501-519.

Anderson T. 2002. Correction of common lead in U-Pb analyses that do not report ^{204}Pb. Chemical Geology, 192: 59-79.

Atherton M P, Petford N. 1993. Generation of sodiumrich magmas from newly underplated basaltic crust. Nature, 362: 144-146.

Audétat A, Pettke T. 2006. Evolution of a porphyry-Cu mineralized magma system at Santa Rita, New Mexico (United States). Journal of Petrology, 47: 2021-2046.

Audétat A, Pettke T, Dolejs D. 2004. Magmatic anhydrite and calcite in the ore-forming quartz-monzodiorite magma at Santa Rita, New Mexico (USA): genetic constraints on porphyry-Cu mineralization. Lithos, 72: 147-161.

Audétat D, Pettke T, Heinrich C R, Bodnar R J. 2008. The composition of magmatic-hydrothermal fluids in barren and mineralized intrusions. Economic Geology, 103: 877-908.

Baker L L, Rutherford M J. 1996. Crystallisation of anhydrite-bearing magmas. Special Paper 315: The Third Hutton Symposium on the Origin of Granites and Related Rocks, 243-250.

Barley M E, Pickard A L, Zaw K, Rak P, Doyle M G. 2003. Jurassic to Miocene magmatism and metamorphism in the Mogok metamorphic belt and the India-Eurasia collision in Myanmar. Tectonics, 22. doi: 10. 1029/2002TC001398.

Barth A P, Dorais M J. 2000. Magmatic anhydrite in granitic rocks: first occurrence and potential petrologic consequences. American Mineralogist, 85: 430-435.

Beane R E, Titley S R. 1981. Porphyry copper deposits: Part II. Hydrothermal alteration and mineralization. Economic Geology 75th Anniversary Volume, 235-263.

Ben O D, Polve M, Allegre C J. 1984. Nd-Sr isotopic composition of granulites and constraint on the evolution of the lower continental crust. Nature, 307: 510-515.

Bernard A, Demaiffe D, Mattielli N. 1991. Anhydrite-bearing pumices from Mount Pinatubo: further evidence for the existence of sulfur-rich silicic magmas. Nature, 354: 139-140.

Bischoff J L. 1991. Densities of liquids and vapors in boiling NaCl-H$_2$O solutions: A PVTX summary from 300℃ to 500℃. American Journal of Science, 289: 309-338.

Blevin P L. 2004. Redox and Compositional Parameters for Interpreting the Granitoid Metallogeny of Eastern Australia: Implications for Gold-rich Ore Systems. Resource Geology, 54: 241-252.

Bottinga Y, Javoya M. 1973. Comments on oxygen isotope geothermometry. Earth and Planetary Science Letters, 20: 250-265.

Bottinga Y, Javoy M. 1975. Oxygen isotope partitioning among the minerals in igneous and metamorphic rocks. Reviews of Geophyscics, 13: 401-418.

Bouzari F, Clark A H. 2006. Prograde evolution and geothermal affinities of a major porphyry copper deposit: The Cerro Colorado hypogene protore, I Regin, Northern Chile. Economic Geology, 101: 95-134.

Bulith G J S, Doiron S D, Schnetzler C C. 1992. Global tracking of the SO$_2$ clouds from the June, 1991 Mount Pinatubo eruptions. Geophysical Research Letters, 19: 151-154.

Burnham C W. 1979. Magmas and hydrothermal fluids. In: Barnes H L (ed.). Geochemistry of Hydrothermal Ore Deposits (2d ed.). New York, John Wiley and Sons, 71-136.

Burnham C W. 1997. Magma and hydrothermal fluids. In: Barnes H L (ed.). Geochemistry of Hydrothermal Ore Deposits (3rd ed.). Wiley, New York, 71-136.

Camus F. 2005. Andean porphyry systems. In: Porter T M (ed.). Super Porphyry Copper and Gold Deposits, a Global Perspective. Adelaide, Porter GeoConsultancy Publishing, v1: 45-63.

Candela P A. 1997. A review of shallow, ore- related granites: textures, volatiles, and ore metals. Journal of Petrology, 38: 1619-1633.

Cannell J, Cooke D R, Walshe J L, Stein H. 2005. Geology, mineralization, alteration, and sttuctaral evolution of the EI Teniente porphyry Cu-Modeposit. Economic Geology, 100 (5): 979-1003.

Carmichael I S E. 1967. The iron- titanium oxides of salic volcanic rocks and their associated ferromagnesian silicates. Contributions to Mineralogy and Petrology, 14: 36-64.

Carroll M R, Rutherford M J. 1985. Sulfide and sulfate saturation in hydrous silicate melts. Proc 15th Lunar Planet Sci Conf, Journal of Geophysical Research 90: 601-612.

Carroll M R, Rutherford M J. 1987. The stability of igneous anhydrite: experimental results and implications for sulfur behavior in the 1982 El Chichón trachyandesite and other evolved magmas. Journal of Petrology, 28: 781-801.

Carroll M R, Rutherford M J. 1988. Sulfur speciation in hydrous experimental glasses of varying oxidation state: results from measured wavelength shifts of sulfur X- rays. American Mineralogist, 73: 845-849.

Castelli D, Rubatto D. 2002. Stability of Al and F- rich titanite in metacarbonate: Petrologic and isotopic constraints from a polymetamorphic eclogitic marble of the internal Sesia Zone (Western Alps). Contributions to Mineralogy and Petrology, 142: 627-639.

Cathelineau M. 1988. Cation site occupancy in chlorites and illites as a function of temperature. Clay Mnerals, 23: 471-485.

Chacko T, Riciputi R, Cole R, Horita J. 1999. A new technique for determining equilibrium hydrogen isotope fractionation factors using the ion microprobe: application to the epidote- water system. Geochimica et Cosmochimica Acta, 63: 1-10.

Chambefort I, Dilles J H, Kent A J R. 2008. Anhydrite- bearing andesite and dacite as a source for sulfur in magmatic- hydrothermal mineral deposits. Geology, 36: 719-722.

Chen J S, Huang B C, Sun L S. 2010. New constraints to the onset of the India-Asia collision: Plaeomagnetic reconnaissance on the Linzizong Group in the Lhasa Block, China. Tectonophysics, 489: 189-209.

Chen L, Qin K Z, Li J X, Xiao B, Li G M, Zhao J X, Fan X. 2012. Fluid inclusions and hydrogen, oxygen, sulfur isotopes of Nuri Cu- W- Mo deposit in the southern Gangdese, Tibet. Resource Geology, 62: 42-62.

Chiba H, Kusakabe M, Hirano S I, Matsuo S, Somiya S. 1981. Oxygen isotope fractionation factors between anhydrite and water from 100 to 550℃. Earth and Planetary Science Letters, 53: 55-62.

Chu M F, Chung S L, Song B, Liu D Y, O'Reilly S Y, Pearson N J, Ji J Q, Wen D J. 2006. Zircon U-Pb and Hf isotope constraints on the Mesozoic tectonics and crustal evolution of southern Tibet. Geology, 34: 745-748.

Chu M F, Wang K L, Griffin W L, Chung S L, O'Reilly S Y, Pearson N J, Iizuka Y. 2009. Apatite composition: Tracing petrogenetic processes in Transhimalayan granitoids. Journal of Petrology, 50: 1829-1855.

Chung S L, Liu D Y, Ji J, Chu M F, Lee H Y, Wen D J, Lo C H, Lee T Y, Qian Q, Zhang Q. 2003. Adakites from continental collision zones: melting of thickened lower crust beneath southern Tibet. Geology, 31: 1021-1024.

Chung S L, Chu M F, Zhang Y Q, Xie Y W, Lo C H, Lee T Y, Lan C Y, Li X H, Zhang Q, Wang Y Z. 2005. Tibetan tectonic evolution inferred from spatial and temporal variations in post- collisional magmatism. Earth-Science Reviews, 68: 173-196.

Chung S L, Chu M F, Ji J Q, O'Reilly S Y, Pearson N J, Liu D Y, Lee T Y, Lo C H. 2009. The nature and timing of crustal thickening in Southern Tibet: Geochemical and zircon Hf isotopic constraints from postcollisional adakites. Tectonophysics, 477: 36-48.

Clark A H. 1993. Are outsize porphyry copper deposits either anatomically or environmentally distinctive? Society of Economic Geologist Special Publication, 2: 213-283.

Clemente B, Scaillet B, Pichavant M. 2004. The solubility of sulfur in hydrous rhyolitic melts. Journal of Petrology, 45: 2171-2196.

Cline J S, Bodnar R J. 1991. Can economic porphyry copper mineralization be generated by a typical calc-alkaline melt? Journal of Geophysical Research, 96: 8113-8126.

Cloos M. 2001. Bubbling magma chambers, cupolas, and porphyry copper deposits. International Geology Review, 43: 285-311.

Cole D R, Ripley E M. 1999. Oxygen isotope fractionation between chlorite and water from 170 to 350℃: a preliminary assessment based on partial exchange and fluid/rock experiments. Geochimica et Cosmochimica Acta, 63: 449-457.

Cooke D R, Hollings P, Walshe J L. 2005. Giant Porphyry Deposits: Characteristics distribution, and tectonic controls. Economic Geology, 100: 801-818.

Coulon C, Maluski H, Bollinger C, Wang S. 1986. Mesozoic and Cenozoic volcanic rocks from central and southern Tibet: ^{40}Ar/^{39}Ar dating, petrological characteristics and geodynamical significance. Earth and Planetary Science Letters, 79: 281-302.

Czamanski G K, Force E R, Moore W J. 1981. Some geologic and potential resource aspects of rutile in porphyry copper deposits. Economic Geology, 76: 2240-2256.

Debon F, Le Fort P, Sheppard S M, Sonet J. 1986. The four plutonic belts of the Transhimalaya- Himalaya: A chemical, mineralogical, isotopic, and chronological synthesis along a Tibet-Nepalsection. Journal of Petrology, 27: 219-250.

Defant M J, Drummond M S. 1990. Derivation of some modern arc magmas by melting of young subducted lithosphere. Nature, 347: 662-665.

Defant M J, Kepezhinskas P. 2001. Adakites: A review of slab melting over the past decade and the case for a slab-melt component in arcs. EOS, Transactions, 82: 68-69.

Defant M J, Xu J F, Kepezhinskas P, Wang Q, Zhang Q, Xiao L. 2002. Adakites: some variations on a theme. Acta Petrologica Sinica, 18: 129-142.

Dewey J F, Shackleton R M, Chang C F, Sun Y Y. 1988. The tectonic evolution of the Tibetan Plateau: Philosophical Transactions of the Royal Society of London (Series A). Mathematical and Physical Sciences, 327: 379-413.

Dilles J H. 1987. Petrology of the Yerington Batholith, Nevada: Evidence for evolution of porphyry copper ore fluids. Economic Geology, 82: 1754-1789.

Dilles J H, Einaudi M T. 1992. Wall-rock alteration and hydrothermal flow paths about the Ann-Mason porphyry copper deposit, Nevada; a 6-km vertical reconstruction. Economic Geology, 87: 1963-2001.

Ding L, Kapp P, Zhong D, Deng W. 2003. Cenozoic volcanism in Tibet: evidence for a transition from oceanic to continental subduction. Journal of Petrology, 44: 1833-1865.

Dong G C, Mo X X, Zhao Z D, Guo T Y, Wang L L, Chen T. 2005. Geochronologic constraints on the magmatic underplating of the Gangdese belt in the India- Eurasia collision: evidence of SHRIMP II zircon U- Pb dating. Acta Geologica Sinica 79: 787-794.

Dobson P F, Epstein S, Stopler E M. 1989. Hydrogen isotope fractionation between coexisting vapor and silicate glasses and melts at low pressure. Geochimica et Cosmochimica Acta, 53: 2723-2730.

Downs W F, Touysinltthiphoneeaxy Y, Deines P. 1981. A direct determination of the oxygen isotope fractionation of quartz and magnetite at 600 and 800℃ and 5 kbar. Geochimica et Cosmochimica Acta, 45: 2065-2072.

Drummond M S, Defant M J, Kepezhinskas P K. 1996. The petrogenesis of slab derived trondhjemite- tonalite-dacite/adakite magmas. Transactions of the Royal Society of Edinburgh-Earth Sciences, 87: 205-216.

Dürr S B. 1996. Provenance of Xigaze fore-arc basin clastic rocks (Cretaceous, south Tibet). Geological Society of America Bulletin, 108 (6): 669-684.

Eastoe C J. 1983. Sulfur isotope data and the nature of the hydrothermal systems at the Panguna and Frieda porphyry copper deposits, Papua New Guinea. Economic Geology, 78: 201-213.

Einsele G, Liu B, Dürr S, Frisch W, Liu G, Luterbacher H, Ratschbacher L, Ricken W, Wendt J, Wetzel A. 1994. The Xigaze forearc basin: evolution and facies architecture (Cretaceous, Tibet). Sedimentary Geology, 90 (1): 1-32.

England P, Houseman G. 1989. Extension during continental convergence, with application to the Tibetan Plateau. Journal of Geophysical Research, 94: 561-579.

Field C W, Gustafson L B. 1976. Sulfur isotopes in the porphyry copper deposit at El Salvador. Chile Economic Geology, 71: 1533-1548.

Field C W, Zhang L, Dilles J H, Rye R O, Reed M H. 2005. Sulfur and oxygen isotopic record in sulfate and sulfide minerals of early, deep, pre-Main Stage porphyry Cu- Mo and late, shallow Main Stage base- metal mineral deposits, Butte district, Montana. Chemical Geology, 215: 61-93.

Forster M D. 1960. Interpretation of the composition of trioctahedral micas. US Geol survey prof aper, 354- B.

Frost B R, Chamberlain K R, Schuhmacher J C. 2000. Sphene (titanite): Phase relations and role as a geochronometer. Chemical Geology, 172: 131-148.

Gao Y F, Hou Z Q, Kamber B S, Wei R H, Meng X J, Zhao R S. 2007. Adakite- like porphyries from the southern Tibetan continental collision zones: evidence for slab melt metasomatism. Contributions to Mineralogy and Petrology153: 105-120.

Gao Y F, Yang Z S, Santosh M, Hou Z Q, Wei R H, Tian S H. 2010. Adakitic rocks from slab melt- modified mantle sources in the continental collision zone of southern Tibet. Lithos, 119: 651-663.

Ghiorso M S, Sack O. 1991. Fe- Ti oxide geothermometry: thermodynamic formulation and the estimation of intensive variables in silicic magmas. Contributions to Mineralogy and Petrology, 108: 485-510.

Giggenbach W F. 1997. The origin and evolution of fluids in magmatic- hydrothermal systems. In: Barnes H L (ed.). Geochemistry of Hydrothermal Ore Deposits, 3rd ed. Wiley, New York, 737-796.

Graham C M, Sheppard S M F, Heaton T H E. 1980. Experimental hydrogen isotope studies: Hydrogen isotope fractionation in the systems epidote- H_2O, zoisite- H_2O and AlO (OH) - H_2O. Geochimica et Cosmochimica Acta, 44: 353-364.

Graham C M, Harmon R S, Sheppard S M F. 1984. Experimental hydrogen isotope studies: Hydrogen isotope exchange between amphibole and water. American Mineralogist, 69: 128-138.

Graham J, Moms R C. 1973. Tungsten and antimony substituted rutile. Mineralogical Magazine, 39: 470-473.

Grant J A. The isocon diagram-a simple solution to Gresens equation for metasomatic alteration. Economic Geology, 81: 1976-1982.

Guo Z F, Wilson M, Liu J Q. 2007. Post- collisional adakites in south Tibet: Products of partial melting of subduction- modified lower crust. Lithos, 96: 205-224.

Gustafson L B, Hunt J P. 1975. The porphyry copper deposit at El Salvador, Chile Economic Geology, 70: 857-912.

Gustafson L B, Quiroga G J. 1995. Patterns of mineralization and alteration below the porphyry copper orebody at

El Salvador, Chile. Economic Geology, 90: 2-16.

Guynn J H, Kapp P, Pullen A, Gehrels G, Heizler M, Ding L. 2006. Tibetan basement rocks near Amdo reveal "missing" Mesozoic tectonism along the Bangong suture, central Tibet. Geology, 34: 505-508.

Hall D L, Sterner S M, Bodnar R J. 1988. Freezing point depression of NaCl-KCl-H_2O solutions. Economic Geology. 83: 197-202.

Halter W E, Heinrich C A, Tettke T. 2005. Magma evolution and the formation of porphyry Cu- Au ore fluids. Evidence from silicate and sulfide melt inclusions. Mineralium Deposita, 39: 845-863.

Hammarstrom J M, Zen E. 1986. Aluminum in hornblende: An empirical igneous geobarometer. American Mineralogist, 71: 1297-1313.

Harris A C, Golding S D, White N C. 2005. Bajo de la Alumbrera copper-gold deposit: Stable isotope evidence for a porphyry- related hydrothermal system dominated by magmatic aqueous fluids. Economic Geology, 100: 863-886.

Harris A C, Kamenetsky V S, White N C, Achterbergh E V, Ryan C G. 2003. Melt inclusions in veins: Linking magmas and porphyry Cu deposits. Science, 302: 2109-2111.

Harris A C, Kamenetsy V S, White N C, Steele D A. 2004. Volatile phase separation in silicic magmas at Bajo de la Alumbrera porphyry Cu-Au deposit, NW Argentina. Resource Geology, 54: 341-356.

Harris N B W, Xu R, Lewis C L, Jin C W. 1988a. Plutonic rocks of the 1985 Tibet Geotraverse, Lhasa to Golmud. Philosophical Transactions of the Royal Society of London, A327: 145-168.

Harris N B W, Xu R, Lewis C L, Hawkeworth C J, Zhang Y. 1988b. Isotope geochemistry of the 1985 Tibet Geotraverse, Lhasa to Golmud. Philosophical Transactions of the Royal Society of London, A327: 263-285.

Harrison T M, Yin A, Grove M, Lovera OM, Ryerson F, Zhou X. 2000. The Zedong Window: A record of superposed Tertiary convergence in southeastern Tibet. Journal of Geophysical Research: Solid Earth (1978-2012), 105 (B8): 19211-19230.

He S, Kapp P, DeCelles P G, Gehrels G E, Heizler M. 2007. Cretaceous-Tertiary geology of the Gangdese Arc in the Linzhou area, southern Tibet. Tectonophysics, 433: 15-37.

Hedenquist J W, Lowenstern J B. 1994. The role of magmas in the formation of hydrothermal of deposits. Nature, 370: 519-527.

Hedenquist J W, Richards J P. 1998. The influence of geochemical techniques on the development of genetic models for porphyry copper deposits. Reviews in Economic Geology, 10: 235-256.

Heinrich C A. 2005. The physical and chemical evolution of low- salinity magmatic fluids at the porphyry to epithermal transition: a thermodynamic study. Mineralium Deposita, 39: 864-889.

Heinrich C A, Günther D, Aude'tat A, Ulrich T, Frischknecht R. 1999. Metal fractionation between magmatic brine and vapor, and the link between porphyry-style and epithermal Cu-Au deposits. Geology, 27: 755-758.

Hezarkhani A. 2002. Mass changes during hydrothermal a Heration/mineralization in a porphyry copper deposit, eastern snmgun, northern Iran. Journal of Asian Earth Science, 20: 567-588.

Hezarkhani A, Williams-Jones A E. 1998. Controls of alteration and mineralization in the Sungun porphyry copper deposit, Iran: evidence from fluid inclusions and stable isotopes. Economic Geology, 93: 651-670.

Holland H D. 1965. Some applications of thermochemical data to problems of ore deposits: II. Mineral assemblages and the compositions of ore-forming fluids. Economic Geology, 60: 1101-1166.

Hollister L S, Grissom G C, Peters E K, Stowell H H, Sisson V B. 1987. Confirmation of the empirical correlation of Al in hornblende with pressure of solidification of calc-alkaline plutons. American Mineralogist, 72: 231-239.

Hollister V F, Potter R R, Barker A L. 1974. Porphyry- type deposits of the Appalachian orogen. Eoconomic

Geology, 69：618-630.

Honegger K H, Dietrich V, Frank W, Gansser A, Thommsdorf M, Thommsdorf K. 1982. Magmatism and metamorphism in the Ladakh Himalayas. Earth and Planetary Science Letters, 60：253-292.

Hou Z Q, Gao Y F, Qu X M, Rui Z Y, Mo X X. 2004. Origin of adakitic intrusives generated during mid-Miocene east-west extension in southern Tibet. Earth and Planetary Science Letters, 220：139-155.

Hou Z Q, Yang Z M, Qu X M, Meng X J, Li Z Q, Beaudoin G, Rui Z Y, Gao Y F. 2009. The Miocene Gangdese porphyry copper belt：generated during postcollisional extension in the Tibetan orogen. Ore Geology Reviews, 36：25-51.

Hou Z Q, Zhang H R, Pan X F, Yang Z M. 2011. Porphyry Cu (-Mo-Au) deposits related to melting of thickened mafic lower crust：Examples from the eastern Tethyan metallogenic domain. Ore Geology Reviews, 39：21-45.

Hu Z C, Gao S, Liu Y S, Hu S H, Chen H H, Yuan H L. 2008. Signal enhancement in laser ablation ICP-MS by addition of nitrogen in the central channel gas. Journal of Analytical Atomic Spectrometry, 23：1093-1101.

Idrus A, Kolb J, Meyer E M. 2009. Mineralogy, lithogeochemistry and elemental mass balance of the hydrothermal alteration associated with the gold-rich Batu Hijau porphyry copper deposits, Sumbawa Island, Indonesia. Recourse Geology, 59：215-230.

Imai A. 2002. Metallogenesis of porphyry Cu deposits of the western Luzon arc, Philippines：K-Ar ages, SO_3 contents of microphenocrystic apatite and significance of intrusive rocks. Resource Geology, 52：147-161.

Imai A. 2004. Variation of Cl and SO_3 contents of microphenocrystic apatite in intermediate to silicic igneous rocks of Cenozoic Japanese island arcs：Implications for porphyry Cu metallogenesis in the Western Pacific Island arcs. Resource Geology, 54：357-372.

Imai A, Listanco E L, Fujii T. 1993. Petrologic and sulfur isotopic significance of highly oxidized and sulfur-rich magma of Mt. Pinatubo, Philippines. Geology, 21：699-702.

Ishihara S. 1977. The magnetite-series and ilmenite-series granitic rocks. Mining Geology, 27：293-305.

Ishihara S. 1981. The granitoid series and mineralization. Economic Geology, 75th anniversary volume, 458-484.

Ishihara S. 1998. Granitoid series and mineralization in the Circum-Pacific Phanerozoic granitic belts. Resource Geology, 48：219-224.

Ishihara S, Sawata H, Arpornsuwan S, Busaracome P, Bungbrakarti N. 1979. The magnetite-series and ilmeniteseries granitoids and their bearing on tin mineralisation, particularly on the Malay Peninsular region. Geological Society of Malaysia Balletin, 11：103-110.

Ji W Q, Wu F Y, Chung S L, Li J X, Liu C Z. 2009. Zircon U-Pb geochronological and Hf isotopic constraints on petrogenesis of the Gangdese batholith in Tibet. Chemical Geology, 262：229-245.

Johnson K, Barnes C G, Miller C A. 1997. Petrology, geochemistry, and genesis of high-Al tonalite and trondhjemites of the Cornucopia stock, Blue Mountains, Northeastern Oregon. Journal of Petrology, 38：1585-1611.

Johnson M C, Rutherford M J. 1989. Experimental calibration of the aluminum-in-hornblende geobarometer with application to Long Valley caldera (California) volcanic rocks. Geology, 17：837-841.

Jowett E C. 1991. Fitting iron and magnesium into the hydrothermal chlorite geothermometer. GAC/SEG Joint Annual Meeting, Toronto, Program with Abstracts 16, A62.

Jugo P J. 2009. Sulfur content at sulfide saturation in oxidized magmas. Geology, 37：415-418.

Jugo P J, Lesher C M. 2005. Redox changes caused by evaporite and carbon assimilation at Noril'sk and their role in sulfide precipitation. Geological Society of America Abstracts with Programs, 39：360.

Jugo P J, Candela P A, Piccoli P M. 1999. Magmatic sulfides and Au: Cu ratios in porphyry deposits: an experimental study of copper and gold partitioning at 850℃, 100MPa in a haplogranitic melt- pyrrhotite- intermediate solid solution-gold melts assemblage, at gas saturation. Lithos, 46: 573-589.

Jugo P J, Robert W L, Jeremy P R. 2005. An Experimental Study of the Sulfur Content in Basaltic Melts Saturated with Immiscible Sulfide or Sulfate Liquids at 1300℃ and 1.0 GPa. Journal of Petrology, 46: 783-798.

Kajiwara Y, Date J. 1971. Sulfur isotopic partitioning in meltallic systems. Canadian Journal of Earth Sciences, 8 (11):1397-1408.

Kay S M. Ramos V A, Marquez M. 1993. Evidence in Cerro Pampa volcanic rocks of slab melting prior to ridge trench collision in southern South America. Journal of Geology, 101: 703-714.

Keith J D, Whitney J A, Hattori K, Ballantyne G H, Christiansen E H, Barr D L, Cannan T M, Hooks C J. 1997. The role of magmatic sulphides and mafic alkaline magmas in the Bingham and Tintic mining districts, Utah. Journal of Petrology, 38: 1679-1690.

Kesler S E. 1973. Copper, molybdenum, and gold abundances in porphyry copper deposits. Economic Geology, 68: 106-112.

Kesler S E, Chryssoulis S L, Simon G. 2002. Gold in porphyry copper deposits: its distribution and fate. Ore Geology Reviews, 21: 103-124.

Kiyosu Y. 1973. Sulfur isotopic fractionation among sphalerite, galena and sulfide ions. Geochemical Journal, 7: 191-199.

Kiyosu Y, Kurahashi M. 1983. Origin of sulfur species in acid sulfate- chloride thermal waters, northeastern Japan. Geochimica et Cosmochimica Acta, 47: 1237-1245.

Kohn M, Parkinson C D. 2002. Petrologic case for Eocene slab breakoff during the Indo-Asian collision. Geology, 30: 591-594.

Kress V. 1997. Magma mixing as a source for Pinatubo sulphur. Nature, 389: 591-593.

Kusakabe M, Nakagawa S, Hori S, Matsuhisa Y, Ojeda J M, Serrano L. 1984. Oxygen and sulfur isotopic compositions of quartz, anhydrite, and sulfide minerals from the El Teniente and Rio Blanco porphyry copper deposits, Chile. Gelogical Survey of Japan, Bulletin, 35: 583-614.

Lang R, Guan Y, Eastoe J. 1989. Stable isotope studies of sulfates and sulfides in the Mineral Park Porphyry Cu- Mo system, Arizona. Economic Geology, 84: 650-662.

Larocque A C L, Stimac J A, Keith J D, Huminicki M A E. 2000. Evidence for open- system behavior in immiscible Fe-S-O liquids in silicate magmas: Implications for contributions of metals and sulfur to ore-forming fluids. Canadian Mineralogist, 38: 1233-1249.

Lattard D, Sauerzapf U, Käsemann M. 2005. New calibration data for the Fe-Ti oxide thermo-oxybarometers from experiments in the Fe- Ti- O system at 1 bar, 1, 000- 1, 300℃ and a large range of oxygen fugacities. Contributions to Mineralogy and Petrology, 149: 735-754.

Lee H Y, Chung S L, Lo C H, Ji J Q, Lee T Y, Qian Q, Zhang Q. 2009. Eocene Neotethyan slab breakoff in southern Tibet inferred from the Linzizong volcanic record. Tectonophysics, 477: 20-35.

Li C S, Ripley E M, Naldrett A J, Schmitt A K, Moore C H. 2009a. Magmatic anhydrite- sulfide assemblages in the plumbing system of the Siberian Traps. Geology, 37: 259-262.

Li C S, Ripley E M, Naldrett A J. 2009b. A new genetic model for the giant Ni- Cu- PGE sulfide deposits associated with the Siberian flood basalts. Economic Geology, 104: 291-301.

Li G M, Li J X, Qin K Z, Duo J, Zhang T P, Xiao B, Zhao J X. 2012. Geology and hydrothermal alteration of the Duobuza gold- rich porphyry copper district in the Bangongco metallogenetic belt, northwestern Tibet.

Resource Geology, 62 (1): 99-118.

Li G M, Qin K Z, Ding K S, Liu T B , Li J X, Wang S H, Jiang S Y, Zhang X C. 2006. Geology, Ar- Ar age and mineral assemblage of Eocene Skarn Cu-Au±Mo deposits in the Southeastern Gangdese arc, Southern Tibet: implications for deep exploration. Resource Geology, 56 (3): 197-217.

Li J X, Li G M, Qin K Z, Xiao B. 2011. High-temperature magmatic fluid exsolved from magma at the Duobuza porphyry copper-gold deposit, Northern Tibet. Geofluids, 11: 134-143.

Li J X, Qin K Z, Li G M, Xiao B, Chen L, Zhao J X. 2011. Post-collisional ore-bearing adakitic porphyries from Gangdese porphyry copper belt, southern Tibet: melting of thickened juvenile arc lower crust. Lithos, 126 (3-4): 65-277.

Liang H Y, Sun W D, Su W C, Zartman R E. 2009. Porphyry copper-gold mineralization at Yulong, China, promoted by decreasing redox potential during magnetite alteration. Economic Geology, 104 (4): 587-596.

Li W, Jackson S E, Pearson N J, Graham S. 2010. Copper isotopic zonation in the Northparkes porphyry Cu-Au deposit, SE Australia. Geochimica et Cosmochimica Acta, 74 (14): 4078-4096.

Lindsley D H, Spencer K J. 1982. Fe-Ti oxide geothermometry: Reducing analyses of coexisting Ti-magnetite (Mt) and ilmenite (llm). EOS, 63: 471.

Liu Y, Comodi P. 1993. Some aspects of the crystal-chemistry of apatites. Mineralogical Magazine, 57: 709-719.

Liu Y, Gao S, Hu Z, Gao C, Zong K, Wang D. 2010. Continental and oceanic crust recycling-induced melt-peridotite interactions in the Trans-North China Orogen: U-Pb dating, Hf isotopes and trace elements in zircons of mantle xenoliths. Journal of Petrology, 51: 537-571.

Loucks R R, Mavrogenes J A. 1999. Gold solubility in supercritical hydrothermal brines measured in synthetic fluid inclusions. Science, 284: 2159-2163.

Lowell J D, Guilbert J M. 1970. Lateral and vertical alteration-mineralization zoning in porphyry ore deposits. Economic Geology, 65: 373-408.

Lu Y, Liu C, Xu W Y, Li H. 2003. Mineralization and fluid inclusion study of the Shizhuyuan W-Sn-Bi-Mo-F skarn deposit, Hunan Province, China. Economic Geology, 98: 955-974.

Ludwig K R. 2003. User's Manual for Isoplot 3.0: A Geochronological Toolkit for Microsoft Excel. Berkeley Geochronology Center. Special publication, 4: 1-71.

Luhr J F. 1990. Experimental phase relations of water and sulfur-saturated arc magmas and the 1982 eruptions of El Chichón Volcano. Journal of Petrology, 31: 1071-1114.

Luhr J F. 2008. Primary igneous anhydrite: Progress since its recognition in the 1982 El Chichón trachyandesite. Journal of Volcanology and Geothermal Research, 175: 394-407.

Luhr J F, Carmichael I S E, Varekamp J C. 1984. The 1982 eruptions of El Chichón Volcano, Chiapas, México: mineralogy and petrology of the anhydrite-bearing pumices. Journal of Volcanology and Geothermal Research, 23: 69-108.

Mahoney J J, Frei R, Tejada M L G, Mo X X, Leat P T, Nägler T F. 1998. Tracing the Indian Ocean Mantle Domain through time: Isotopic results from Old West Indian, East Tethyan, and South Pacific Seafloor. Journal of Petrology, 39: 1285-1306.

Martin H, Smithies R H, Rapp R, Moyen J F, Champion D. 2005. An overview of adakite, tonalite-trondhjemite-granodiorite (TTG), and sanukitoid: relationships and some implications for crustal evolution. Lithos, 79: 1-24.

Mathur R, Titley S, Ruiz J, Gibbins S, Friehauf K. 2005. A Re-Os isotope study of sedimentary rocks and copper-gold ores from the Ertsberg District, West Papua, Indonesia. Ore Geology Reviews, 26: 207-226.

Matsuhisa Y, Goldsmith J R, Clayton R N. 1979. Oxygen isotopic fractionation in the system quartz-albite-anorthite-water. Geochimica et Cosmochimica Acta, 43: 1131-1140.

Matthews A, Goldstnith J R, Clayton R N. 1983. Oxygzn isotope fractionations involving pyrosenes: the calibration of mineral-pair geothermometers. Geochttnica et Cosmochimicn Acta, 47: 631-644.

Matthews S J, Moncrieff D H S, Carroll M R. 1999. Empirical calibration of the sulfur valence oxygen barometer from natural and experimental glasses, method and applications. Mineralogical Magazine, 63: 421-431.

McDermid I R, Aitchison J C, Davis A M, Harrison T M, Grove M. 2002. The Zedong terrane: a Late Jourassic intra-oceanic magmatic arc within the Yarlung-Tsangpo suture zone, southeastern Tibet. Chemical Geology, 187 (3):267-277.

McInnes B I A, Evans N J, Fu F Q, Garwin S, Belousova E, Griffin W L, Bertens A, Sukarna D, Permanadewi S, Andrew R L, Deckart K. 2005. Thermal history analysis of selected Chilean, Indonesian and Iranian Porphyry Cu-Mo-Au Deposits. In: Porter T M (ed.). Super Porphyry Copper and Gold Deposits: A Global Perspective; PGC Publishing, Adelaide, 1-16.

Miller C F, McDowell S M, Mapes R W. 2003. Hot and cold granites? Implications of zircon saturation temperatures and preservation of inheritance. Geology, 31: 529-532.

Miller C, Schuster R, Klotzli U, Frank W, Purtscheller F. 1999. Post-Collisional Potassic and Ultrapotassic Magmatism in SW Tibet: Geochemical and Sr-Nd-Pb-O Isotopic Constraints for Mantle Source Characteristics and Petrogenesis. Journal of Petrology, 40: 1399-1424.

Misra K C. 2000. Understanding mineral deposits. Kluwer Academic Publishers, 353-413.

Mo X X, Hou Z Q, Niu Y L, Dong G C, Qu X M, Zhao Z D, Yang Z M. 2007. Mantle contributions to crustal thickening during continental collision: Evidence from Cenozoic igneous rocks in southern Tibet. Lithos, 96: 225-242.

Mo X X, Niu Y L, Dong G C, Zhao Z D, Hou Z Q, Zhou S, Ke S. 2008. Contribution of syn-collisional felsic magmatism to continental crust growth: a case study of the Paleogene Linzizong volcanic succession in southern Tibet. Chemical Geology, 250: 49-67.

Mo X X, Dong G C, Zhao Z D, Zhou S, Wang L L, Qiu R Z, Zhang F Q. 2005a. Spatial and temporal distribution and characteristics of granitoids in the Gangdese, Tibet and implication for crustal growth and evolution (in Chinese with English abstract). Geological Journal of China Universities, 11: 281-290.

Mo X X, Dong G C, Zhao Z D, Guo T Y, Wang L L, Chen T. 2005b. Timing of magma mixing in Gangdise magmatic belt during the India – Asia collision: zircon SHIRMP U-Pb dating (in Chinese with English abstract). Acta Geologica Sinica, 79: 66-76.

Moyen J F. 2009. High Sr/Y and La/Yb ratios: The meaning of the "adakitic signature". Lithos, 112: 556-574.

Muir R J, Weaver S D, Bradshaw J D, Eby G N, Evans J A. 1995. Geochemistry of the Cretaceous Separation Point Batholith, New Zealand: granitoid magmas formed by melting of mafic lithosphere. Journal of the Geological Society, London, 152, 689-701.

Munoz J L. 1984. F-OH and Cl-OH exchange in micas with applications to hydrothermal ore deposits. In: Bailey S W (ed.). Micas Rev Mineral, 13: 469-494.

Munoz J L. 1992. Calculation of HF and HCl fugacities from biotite compositions: revised equations. Geological Society of America Abstracts with Programs, 24, A221.

Nachit H, Ibhi A, Abia E H, Ohoud M B. 2005. Discrimination between primary magmatic biotites, reequilibrated biotites and neoformed biotites. Comptes Rendus Geoscience, 337: 1415-1420.

Nagaseki H, Hayashi K. 2008. Experimental study of the behavior of copper and zinc in a boiling hydrothermal system. Geology, 36: 27-30.

Najman Y. 2006. The detrital record of orogenesis: a review of approaches and techniques used in the Himalayan sedimentary basins. Earth-Science Reviews, 74: 1-72.

Naney M T. 1983. Phase equilibria of rock-forming ferromagnesian silicates in granitic systems. American Journal of Science, 283: 993-1033.

Nash J T. 1976. Fluid inclusion petrology: data from porphyry copper deposits and applications to exploration. US Geological Survey Professional Paper, 907D, 16.

Nomade S, Renne P R, Mo X, Zhao Z, Zhou S. 2004. Miocene volcanism in the Lhasa Block, Tibet: spatial trends and geodynamic implications. Earth and Planetary Science Letters, 221: 227-243.

Norton D. 1982. Fluid and heat transport phenomena typical of copper bearing pluton environments: Southeastern Arizona. In: Titley S R (ed.). Advances in geology of the porphyry copperd eposits, southwestern North America: Tucson, Univ Arizona Press, 59-72.

Ohmoto H. 1972. Systematics of sulfur and carbon isotopes in hydrothermal ore deposits. Economic Geology, 67: 551-578.

Ohmoto H. 1986. Stable isotope geochemistry of ore deposits. In: Valley J W, Taylor H P and O'Neil J R (eds.). Stable isotope in high temperature geological processes. Reviews in Mineralogy, 16: 491-559.

Ohmoto H, Goldhaber M. 1997. Sulfur and carbon isotopes. In: Barnes H D (ed.). Geochemistry of hydrothermal ore deposits, 3rd edition. New York, John Wiley and Sons, 517-611.

Ohmoto H, Lasaga A C. 1982. Kinetics of reactions between aqueous sulfates and sulfides in hydrothermal systems. Geochimica et Cosmochimica Acta, 46: 1727-1745.

Ohmoto H, Rye R O. 1979. Isotopes of sulfur and carbon. In: Barnes H L (ed.). Geochemistry of hydrothermal ore deposits, 2nd ed. New York, John Wiley and Sons, 509-567.

Oyarzun R, Márquez A, Lillo J, López I, Rivera S. 2001. Giant versus small porphyry copper deposits of Cenozoic age in northern Chile: Adakitic versus normal calc-alkaline magmatism. Mineralium Deposita, 36: 794-798.

Pan G T, Wang L Q, Li R S, Yuan S H, Ji W H, Yin F G, Zhang W P, Wang B D. 2012. Tectonic evolution of the Qinghai-Tibet Plateau. Journal of Asian Earth Sciences, 53: 3-14.

Patzelt A, Li H M, Wang J D, Appel E. 1996. Paleomagnetism of Cretaceous to Tertiary sediments from southern Tibet: evidence for the extent of the northern margin of India prior to the collision with Eurasia. Tectonophysics, 259: 259-284.

Pearce J A, Parkinson I J. 1993. Trace element models for mantle melting: application to volcanic arc petrogenesis. Geological Society, London, Special Publication, 76: 373-403.

Peng G Y, Luhr J F, McGee J J. 1997. Factors controlling sulfur concentrations in volcanic apatite. American Mineralogist, 82: 1210-1224.

Petford N, Atherton M. 1996. Na-rich partial melts from newly underplated basaltic crust: the Cordillera Blanca Batholith, Peru. Journal of Petrology, 37: 1491-1521.

Piccoli P M, Candela P A. 1994. Apatite in felsic rocks: a model for the estimation of initial halogen concentrations in the Bishop Tuff (Long Valley) and Tuolumne Intrusive Suite (Sierra Nevada Batholith) magmas. American Journal of Science, 294: 92-135.

Piccoli P M, Candela P A, Williams T J. 1999. Estimation of aqueous HCl and Cl concentrations in felsic systems. Lithos, 46: 591-604.

Pokrovski G S, Borisova A Y, Harrichoury J C. 2008. The effect of sulfur on vaporliquid fractionation of metals in hydrothermal systems. Earth and Planetary Science Letters, 266: 345-362.

Polat A, Münker C. 2004. Hf-Nd isotope evidence for contemporaneous subduction processes in the source of late Archean arc lavas from the Superior Province, Canada. Chemical Geology, 213: 403-429.

Prendergast K, Clarke G W, Pearson N J, Harris K. 2005. Genesis of Pyrite-Au-As-Zn-Bi-Te Zones Associated with Cu-Au Skarns: Evidence from the Big Gossan and Wanagon Gold Deposits, Ertsberg District, Papua, Indonesia. Economic Geology, 100: 1021-1050.

Proffett J M. 2009. High Cu grades in porphyry copper deposits and their relationship to emplacement depth of magmatic sources. Geology, 37: 675-678.

Qin K Z. 2012. Preface for Thematic Articles "Porphyry Cu-Au-Mo deposits in Tibet and Kazakhstan". Resource Geology, 62 (1): 1-3.

Qin K Z, Ishihara S. 1998. On the possibility of porphyry copper mineralization Japanese Islands. International Geology Review, 40: 539-551.

Qin K Z, Li H M, Ishihara S. 1997. Intrusive and mineralization ages of Wunugetushan porphyry Cu-Mo deposit, NE-China: Evidence from single grain zircon U-Pb, Rb-Sr isochron and K-Ar ages. Resource Geology, 47: 293-298.

Qin K Z, Wang Z T, Pan L J. 1995. Magmatism and metallogenic systematics of the Southern Ergun Mo, Cu, Pb, Zn and Ag belt, Inner Mongolia, China. Resource Geology Special Issue, 18: 159-169.

Qin K Z, Tosdal R M, Li G M, Zhang Q, Li J L. 2005. Formation of the Miocene porphyry Cu (-Mo-Au) deposits in the Gangdese arc, southern Tibet, in a transitional tectonic setting. In: Zhao C S and Guo B J (eds.). Mineral Deposit Research: Meeting the Global Challenge. China Land Publishing House, 3: 44-47.

Qin K Z, Sun S, Li J L, Fang T H, Wang S L, Liu W. 2002. Paleozoic epithermal Au and porphyry Cu Deposits in North Xinjiang, China: Epochs, Features, Tectonic Linkage and Exploration Significance. Resource Geology, 52 (4): 291-300.

Qu X M, Hou Z Q, Li Y G. 2004. Melt components derived from a subducted slab in late orogenic ore-bearing porphyries in the Gangdese copper belt, southern Tibetan plateau. Lithos, 74: 131-148.

Qu X M, Hou Z Q, Khin Z, Li Y G. 2007. Characteristics and genesis of Gangdese porphyry copper deposits in the southern Tibetan Plateau: Preliminary geochemical and geochronological results. Ore Geology Reviews, 31: 205-223.

Redmond P B, Einaudi M T, Inan E E, Landtwing M R, Heinrich C A. 2004. Copper deposition by fluid cooling in intrusion-centered systems: New insights from the Bingham porphyry ore deposit, Utah. Geology, 32: 217-220.

Rice C M, Darke K E, Still J W, Lachowski E E. 1998. Tungsten bearing futile from the Kori Kollo gold mine, Bolivia. Mineralogical Magazine, 62: 421-429.

Richards J P. 2003. Tectono-magmatic precursors for porphyry Cu-(Mo-Au) deposit formation. Economic Geology, 98: 1515-1533.

Richards J P. 2005. Cumulative factors in the generation of giant calc-alkaline porphyry copper deposits. In: Porter T M (ed.). Super porphyry copper and gold deposits: A global perspective. Adelaide, Porter GeoConsultancy Publishing, 1: 7-25.

Richards J P. 2009. Post-subduction porphyry Cu-Au and epithermal Au deposits: Products of remelting of subduction modified lithosphere. Geology, 37: 247-250.

Richards J P, Kerrich R. 2007. Adakite-like rocks: Their diverse origins and questionable role in metallogenesis.

Economic Geolgoy, 102: 537-576.

Richards J P, Boyce A J, Pringle M S. 2001. Geologic evolution of the Escondida area, northern Chile: a model for spatial and temporal location of porphyry Cu mineralization. Economic Geology, 96: 271-306.

Roedder E. 1984. Fluid inclusions. Reviews in Mineralogy, 12: 1-644.

Roedder E. 1992. Fluid inclusion evidence for immiscibility in magmatic differentiation. Geochimica et Cosmochimica Acta, 56: 5-20.

Rouse R C, Dunn P J. 1982. A contribution to the crystal chemistry of ellestadite and the silicate sulfate apatites. American Mineralogist, 67: 90-96.

Ruiz J, Mathur R. 1999. Metallogenesis in continental margins-Re-Os evidence from porphyry copper deposits in Chile. Reviews in Economic Geology, 12: 1-28.

Rusk B G, Reed M H, Dills J H. 2008. Fluid inclusion evidence for magmatic-hydrothermal fluid evolution in the porphyry copper-molybdenum deposit at Butte, Montana. Economic Geology, 103: 307-334.

Rusk B G, Reed M H, Dilles J H, Klemm L M, Heinrich C A. 2004. Compositions of magmatic hydrothermal fluids determined by LAICP-MS of fluid inclusions from the porphyry copper-molybdenum deposit at Butte, MT. Chemical Geology, 210: 173-199.

Rye R O. 2005. A review of the stable-isotope geochemistry of sulfate minerals in selected igneous environments and related hydrothermal systems. Chemical Geology, 215: 5-36.

Sajona F G, Maury R C. 1998. Association of adakites with gold and copper mineralization in the Philippines: Comptes rendus de l'Académie des sciences. Série II, Sciences de la terre et des planètes, 326 : 27-34.

Sajona F G, Naury R C, Pubellier M, Leterrier J, Bellon H, Cotton J. 2000. Magmatic source enrichment by slab-derived melts in a young post-collision setting, central Mindanao (Philippines). Lithos, 54: 173-206.

Sakai H. 1968. Isotopic properties of sulfur compounds in hydrothermal processes. Geochem J (Japan), 2: 29-49.

Sasaki A, Ishihara S. 1979. Sulfur isotopic composition of the Magnetite-Series and Ilmenite-Series granitoids in Japan. Contributions to Mineralogy and Petrology, 68: 107-115.

Scaillet B, Clemente B, Evans B W, Pichavant M. 1998. Redox control of sulfur degassing in silicic magmas. Journal of Geophysical Research, 103: 23937-23949.

Schärer U, Xu R H, Allègre C J. 1984. U-Pb geochronology of Gandese (Transhimalaya) plutonism in the Lhasa-Xigaze region Tibet. Earth and plantery Science Letters, 69: 311-320.

Schmidt M W. 1992. Amphibole composition in tonalite as a function of pressure: An experimental calibration of the Al-in-hornblende barometer. Contributions to Mineralogy and Petrology, 110: 304-310.

Schwartz G M. 1931. Intergrowths of bornite and chalcopyrite. Economic Geology, 26: 186-201.

Scott D J, St-Onge M R. 1995. Constraints on Pb closure temperature in titanite based on rocks from the Ungava Orogen, Canada; implications for U-Pb geochronology and P-T-t path determinations. Geology, 23: 1123-1126.

Scott K M. 2005. Rutile geochemistry as a guide to porphyry Cu-Au mineralization, Northparkes, New South Wales, Australia. Geochemistry: Exploration, Environment, Analysis, 5: 247-253.

Seal II R R. 2006. Sulfur isotope geochemistry of sulfide minerals. Reviews in Mineralogy & Geochemistry, 61 (1):633-677.

Searle M P, Kahn M A, Fraser J E, Gough S J. 1999. The tectonic evolution of the Kohistan-Karakoram collision belt along the Karakoram Highway transect, north Pakistan. Tectonics, 18: 929-949.

Searle M P, Noble S R, Cottle J M, Waters D J, Mitchell A H G, Hlaing T, Horstwood M S A. 2007. Tectonic evolution of the Mogok metamorphic belt, Burma (Myanmar) constrained by U-Th-Pb dating of metamorphic and magmatic rocks. Tectonics, 26, TC3014. doi: 10. 1029/2006TC002083.

Searle M P, Windley B F, Coward M P, Cooper D J W, Rex A J, Li T D, Xiao X C, Jan M Q, Thakur V C, Kumar S. 1987. The closing of Tethys and the tectonics of the Himalaya. Geological Society of America Bulletin, 98: 678-701.

Seedorff E, Dilles J H, Proffett J M, Jr Einaudi M T, Zurcher L, Stavast W J A, Johnson D A, Barton M D. 2005. Porphyry Deposits: Characteristics And Origin Of Hypogene Features. Economic Geology, 100th Anniversary Volume, 251-298.

Selby D, Nesbitt B E. 2000. Chemical composition of biotite from the Casino porphyry Cu-Au-Mo mineralization, Yukon, Canada: evaluation of magmatic and hydrothermal fluid chemistry. Chemical Geology, 171: 77-93.

Sha L K, Chappell B W. 1999. Apatite chemical composition, determined by electron microprobe and laser-ablation inductively coupled plasma mass spectrometry, as a probe into granite petrogenesis. Geochimica et Cosmochimica Acta, 63: 3861-3881.

Shafiei B, Haschke M, Shahabpour J. 2009. Recycling of orogenic arc crust triggers porphyry copper mineralization in Kerman Cenozoic arc rocks, southeastern Iran. Mineralium Deposita, 44: 265-283.

Shelton K L, Rye D M. 1982. Sulfur isotopic compositions of ores from Mines Gaspe', Quebec: an example of sulfate- sulfide isotopic disequilibria in ore- forming fluids with applications to other porphyry type deposits. Elonomic Geology, 77: 1688-1709.

Sheppard S M F, Gustafson L B. 1976. Oxygen and hydrogen isotopes in the porphyry copper deposit at El Salvador, Chile. Economic Geology, 71: 1549-1559.

Sheppard S M F, Nielsen R L, Taylor H P. 1971. Hydrogen and oxygen isotope ratios in minerals from porphyry copper deposits. Economic Geology, 66: 515-542.

Sillitoe R H. 1972. A plate tectonic model for the origin of porphyry copper deposits. Economic Geology, 67: 184-197.

Sillitoe R H. 1973. Geology of the Los Pelambres porphyry copper deposit, Chile. Economic Geology, 68: 1-10.

Sillitoe R H. 2000. Gold- rich porphyry deposits: Descriptive and genetic models and their role in exploration and discovery. Reviews in Economic Geology, 13: 315-345.

Sillitoe R H. 2010. Porphyry Copper Systems. Economic Geology, 105: 3-41.

Sillitoe R H, Perelló J. 2005. Andean copper province: Tectonomagmatic settings, deposit types, metallogeny, exploration, and discovery. Society of Economic Geologists, Economic Geology 100th Anniversary Volume, 845-890.

Singer D A, Berger V I, Moring B C. 2008. Porphyry copper deposits of the world-Database and grade and tonnage models, 2008. US Geological Survey Open- File Report 2008-1155, 45.

Song G X, Qin K Z, Li G M, Chen L. 2013. Geochronology and Ore- Forming Fluids of the Baizhangyan W- Mo Deposit in the Chizhou Area, Middle- Lower Yangtze Valley, SE- China. Resource Geology, 63 (1): 57-71.

Stern C R, Kilian R. 1996. Role of the subducted slab, mantle wedge and continental crust in the generation of adakites from the Austral Volcanic Zone. Contributions to Mineralogy and Petrology, 123: 263-281.

Stern C R, Skewes M A. 2005. Origin of giant Miocene and Pliocene Cu- Mo deposits in central Chile: Role of ridge subduction, decreased subduction angle, subduction erosion, crustal thickening and long- lived, batholith sized, open- system magma chambers. In: TM Porter (ed.). Super porphyry copper and gold deposits-a global perspective. Adelaide, Australia, Porter Geoconsultancy Publishing, 1: 65-82.

Stern C R, Funk J A, Skewes M A. 2007. Magmatic anhydrite in plutonic rocks at the El Teniente Cu-Mo deposit, Chile, and the role of sulfur-and copper-rich magmas in its formation. Economic Geology, 102: 1335-1344.

Stormer J C. 1983. The effects of recalculation on estimates of temperature and oxygen fugacity from analyses of multicomponent-iron-titanium oxides. American Mineralogist, 68: 586-594.

Streck M J, Dilles J H. 1998. Sulfur evolution of oxidized arc magmas as recorded in apatite from a porphyry copper batholith. Geology, 26: 523-526.

Sun W D, Arculus R J, Kamenetsky V S, Binns R A. 2004. Release of gold-bearing fluids in convergent margin magmas prompted by magnetite crystallization. Nature, 431: 975-978.

Sun S S, McDonough W F. 1989. Chemical and isotopic systematics of ocean basalts: implications for mantle composition and processes. In: Saunders A D, Norry M J (eds.). Magmatism in the Ocean Basins. Special Publications, vol. 42. Geological Society, London, 313-345.

Suzuoki T, Epstein S. 1976. Hydrogen isotope fractionation between OH-bearing minerals and water. Geochimica et Cosmochimica Acta, 40: 1229-1240.

Symonds R B, Rose W I, Bluth G J S, Gerlach T M. 1994. Volcanic-gas studies: methods, results, and applications. In: Carroll, MR, Holloway J R (eds.). Volatiles in Magmas. Rev Mineral, 30: 1-66.

Taylor H P. 1974. The Application of Oxygen and Hydrogen Isotope Studies to Problems of Hydrothermal Alteration and Ore Deposition. Economic Geology, 69: 843-883.

Taylor B E, Eichelberger J C, Westrich H R. 1983. Hydrogen isotopic evidence of rhyolitic magma degassing during shallow intrusion and eruption. Nature, 306: 541-545.

Titely S R, Beane R E. 1981. Porphyry copper deposits. Economic Geology, 75th Anniversary volume: 214-269.

Tosdal R M, Richards J P. 2001. Magmatic and structural controls on the development of porphyry copper ±Mo ±Au deposits. Reviews in Economic Geology, 14: 157-181.

Troitzsch U, Ellis D J. 2002. Thermodynamic proterties and stability of AlF-bearing titanite $CaTiOSiO_4$-$CaAlFSiO_4$. Contrib Mineral Petrol, 142: 543-563.

Tropper P, Manning C E, Essene E J. 2002. The substitution of Al and F intitanite at high pressure and temperature: experimental constraints on phase relations and solid solution properties. Journal of Petrology, 43: 1787-1814.

Turner S, Hawksworth C, Lin J Q, Ogers N, Kelley S, Calsteren P V. 1993. Timing of Tibetan uplift constrained by analysis volcanic rocks. Nature, 364: 50-53.

Turner S, Arnaud N, Liu J, Rogers N, Hawkesworth C, Harris N, Kelley S, Calsteren P V, Deng W M. 1996. Post-collisional, shoshonitic volcanism on the Tibetan Plateau: implications for convective thinning of the lithosphere and the source of ocean island basalts. Journal of Petrology, 37: 45-71.

Ulrich T, Heinrich C A. 2001. Geology and alteration of the porphyry Cu-Au deposit at Bajo de la Alumbrera, Argentina. Economic Geology, 97: 1865-1888.

Ulrich T, Gunther D, Heinrich C A. 1999. Gold concentrations of magmatic brines and the metal budget of porphyry copper deposits. Nature, 399: 676-679.

Wang Q, Zhao Z H, Xu J F, Li X H, Bao Z W, Xiong X L. 2004a. Petrogenesis and metallogenesis of the Yanshanian adakite-like rocks in the Eastern Yangtze Block. Science in China, Series D, 46 (supp.): 164-176.

Wang Y J, Fan W M, Guo F, Pen T P, Li C W. 2004b. Geochemistry of Mesozoic mafic rocks adjacent to Chenzhou-Linwu fault, South China: implications for the lithospheric boundary between the Yangtze and Cathaysia Blocks. International Geology Review, 45: 263-286.

Wang Q, Xu J F, Jian P, Bao Z W, Zhao Z H, Li C F, Xiong X L, Ma J L. 2006. Petrogenesis of adakitic porphyries in an extensional tectonic setting, Dexing, South China: implications for the genesis of porphyry copper mineralization. Journal of Petrology, 47: 119-144.

Watson E B, Harrison T M. 1983. Zircon saturation revisited: temperature and composition effects in a variety of crustal magma types. Earth and Planetary Science Letters, 64: 295-304.

Wen D R, Chung S L, Song B, Iizuka Y, Yang H J, Ji J Q, Liu D Y, Gallet S. 2008. Late Cretaceous Gangdese intrusions of adakitic geochemical characteristics, SE Tibet: Petrogenesis and tectonic implications. Lithos, 105: 1-11.

Wenner D B, Taylor H P. 1971. Temperatures of serpentinization of ultramafic rocks based on $^{18}O/^{16}O$ fractionation between coexisting serpentine and magnetite. Contributions to Mineralogy and Petrology, 32: 165-185.

Whitney J A. 1984. Volatiles in magmatic systems. In: Robertson J M (ed.). Fluid-Mineral Equilibria in Hydrothermal Systems. Reviews in Economic Geology, 1: 155-175.

Williams S A, Cesbron F P. 1977. Rutile and apatite: useful prospecting guides for porphyry copper deposits. Mineralogical Magazine, 41: 288-292.

Williams H M, Turner S, Kelley S, Harris N. 2001. Age and composition of dikes in Southern Tibet: new constraints on the timing of east-west extension and its relationship to postcollisional volcanism. Geology, 29: 339-342.

Williams H M, Turner S P, Pearce J A, Kelley S P, Harris B W. 2004. Nature of the source regions for post-collisional, potassic magmatism in southern and northern Tibet from geochemical variations and inverse trace element modelling. Journal of Petrology, 45: 555-607.

Wones D R. 1989. Significance of the assemblage titanite+magnetite+quartz in graniticrocks. American Mineralogist, 74: 744-749.

Wones D R, Eugster H P. 1965. Stability of biotite: experiment, theory, and application. American Mineralogist, 50: 1228-1272.

Wu F Y, Yang Y H, Xie L W, Yang J H, Xu P. 2006. Hf isotopic compositions of the standard zircons and baddeleyites used in U-Pb geochronology. Chemical Geology, 234: 105-126.

Wu F Y, Ji W Q, Liu C Z, Chung S L. 2010. Detrital zircon U-Pb and Hf isotopic data from the Xigaze fore-arc basin: Constraints on Transhimalayan magmatic evolution in southern Tibet. Chemical Geology, 271: 13-25.

Xia B, Wei Z Q, Zhang Y Q, Xu L F, Li J F, Wang Y B. 2007. SHRIMP U-Pb zircon dating of granodiorite in the Kangrinboqe pluton in western Tibet, China and its geological implications. Geological Bulletin of China, 26: 1014-1017. (in Chinese with English Abstract)

Xiao B, Qin K Z, Li G M, Li J X, Xia D X, Chen L, Zhao J X. 2012. High oxidized magma and fluid evolution of Miocene Qulong giant porphyry Cu-Mo deposit, Southern Tibet, China. Resource Geology, 62: 4-18.

Xiong X L, Li X H, Xu J F, Li W X, Zhao Z H, Wang Q. 2003. Extremely high-Na adakite-like magmas derived from alkali-rich basaltic underplate: the Late Cretaceous Zhantang andesites in the Huichang Basin, SE China. Geochemical Journal, 37: 233-252.

Xirouchakis D, Lindsley D H. 1998. Equilibria among titanite, hednbergite, fayalite, quartz, ilmenite and magnetite: experiments and internally consistent thermodynamic data for titanite. American Mineralogist, 83: 712-725.

Xu J F, Shinjio R, Defant M J, Wang Q, Rapp R P. 2002. Origin of Mesozoic adakitic intrusive rocks in the Ningzhen area of east China: partial melting of delaminated lower continental crust? Geology, 12: 1111-1114.

Xu R H, Schärer U, Allegre C J. 1985. Magmatism and metamorphism in the Lhasa block (Tibet): A geochronological study. Journal of Geology, 93: 41-57.

Yang Z M, Hou Z Q, White N C, Chang Z S, Li Z Q, Song Y. 2009. Geology of the postcollisional porphyry copper-molybdenum deposit at Qulong, Tibet. Ore Geology Reviews, 36: 133-159.

Yin A, Harrison T M. 2000. Geologic evolution of the Himalayan-Tibetan orogen. Annual Review of Earth and Planetary Sciences, 28: 211-280.

Zhang H F, Xu W C, Guo J Q, Zong K Q, Cai H M, Yuan H L. 2007. Indosinian orogenesis of the Gangdese terrane: evidences from zircon U-Pb dating and petrogenesis of granitoids. Earth Science—Journal of China University of Geosciences, 32: 155-166.

Zhao J, Qin K, Li G, Li J, Xiao B, Chen L, Yang Y, Li C, Liu Y. 2014. Collision-related genesis of the Sharang porphyry molybdenum deposit, Tibet: Evidence from zircon U-Pb ages, Re-Os ages and Lu-Hf isotopes. Ore Geology Reviews, 56: 312-326.

Zhao J X, Qin K Z, Li G M, Li J X, Xiao B, Chen L. 2012. Geochemistry and Petrogenesis of granitoids at Eocene Sharang porphyry Mo deposit in the main-stage of India-Asia continental collision, northern Gangdese, Tibet. Resource Geology, 62 (1): 84-98.

Zhang Z J, Klemperer S. 2010. Crustal structure of the Tethyan Himalaya, southern Tibet: new constraints from old wide-angle seismic data. Geophysical Journal International, 181: 1247-1260.

Zhao Z D, Mo X X, Dilek Y, Niu Y L, DePaolo D J, Robinson P, Zhu D C, Sun C G, Dong G C, Zhou S, Luo Z H, Hou Z Q. 2009. Geochemical and Sr-Nd-Pb-O isotopic compositions of the post-collisional ultrapotassic magmatism in SW Tibet: petrogenesis and implications for India intra-continental subduction beneath southern Tibet. Lithos, 113: 190-212.

Zheng Y F. 1991. Sulphur isotopic fractionation between sulphate and sulphide in hydrothermal ore deposits: disequilibrium vs equilibrium processes. Terra Nova, 3: 510-516.

Zheng Y F. 1993. Calculation of oxygen isotope fractionation in anhydrous silicate minerals. Geochimica et cosmochimica Acta, 57: 1079-1091.

Zheng Y F. 1999. Oxygen isotope fractionation in carbonate and sulfate minerals. Geochemical Journal, 33: 109-126.

Zhou S, Mo X X, Zhao Z D, Qiu R Z, Niu Y L, Guo T Y, Zhang S Q. 2010. $^{40}Ar/^{39}Ar$ geochronology of post-collisional volcanism in the middle Gangdese Belt, southern Tibet. Journal of Asian Earth Sciences, 37: 246-258.

Zhu D C, Pan G T, Chung S L, Liao Z L, Wang L Q, Li G M. 2008. SHRIMP zircon age and geochemical constraints on the origin of Early Jurassic volcanic rocks from the Yeba Formation, southern Gangdese in south Tibet. Internationcl Gelogy Review, 50: 442-471.

Zhu D C, Zhao Z D, Pan G T, Lee H Y, Kang Z Q, Liao Z L, Wang L Q, Li G M, Dong G C, Liu B. 2009a. Early Cretaceous subduction-related adakite-like rocks in the Gangdese belt, southern Tibet: products of slab melting and subsequent melt-peridotite interaction? Journal of Asian Earth Sciences, 34: 298-309.

Zhu D C, Mo X X, Niu Y L, Zhao Z D, Yang Y H, Wang L Q. 2009b. Zircon U-Pb dating and in-situ Hf isotopic analysis of Permian peraluminous granite in the Lhasa terrane, southern Tibet: Implications for Permian collisional orogeny and paleogeography. Tectonophysics, 469: 48-60.

Zhu D C, Zhao Z D, Niu Y L, Mo X X, Chung S L, Hou Z Q, Wang L Q, Wu F Y. 2011. The Lhasa Terrane: Record of a microcontinent and its histories of drift and growth. Earth and Planetary Science Letters, 301: 241-255.